普通高等教育"十一五"国家级规划教材

电 气 照 明

（第四版）

俞丽华 编著

U0347457

同济大学 出版社
TONGJI UNIVERSITY PRESS

·上海·

内 容 提 要

本书以电气照明设计为轴线,系统阐述了照明工程的基础理论、基本计算和设计方法。全书共12章,分别介绍光、视觉、颜色方面的基础知识,照明光源、灯具的常识,并详细讲解了照明控制、照明基本计算、光照设计、室外环境照明、照明电气设计、光的测量等,书中还结合工程实例系统地介绍了照明设计的基本流程。全书采用了国际照明委员会(CIE)、国际电工委员会(IEC)以及最新的照明设计国家标准。

本书适合高等院校照明工程、建筑电气、工业自动化及相关专业用作教材,也可供有关工程技术人员参考。

图书在版编目(CIP)数据

电气照明/俞丽华编著.--4 版.--上海:同济大学出版社,2014.1(2023.1 重印)

普通高等教育"十一五"国家级规划教材

ISBN 978-7-5608-5417-5

Ⅰ.①电… Ⅱ.①俞… Ⅲ.①电气照明—高等学校—教材 Ⅳ.①TM923

中国版本图书馆 CIP 数据核字(2014)第 025655 号

普通高等教育"十一五"国家级规划教材

电气照明(第四版)

俞丽华 编著

责任编辑 张平官   责任校对 徐春莲   装帧设计 陈益平

出版发行	同济大学出版社 www.tongjipress.com.cn	
	(地址:上海市四平路1239号 邮编:200092 电话:021—65985622)	
经　销	全国各地新华书店	
印　刷	启东市人民印刷有限公司	
开　本	787mm×1092mm 1/16	
印　张	24.25 插页:1页	
字　数	592000	
印　数	8301—9400	
版　次	2014年1月第4版	
印　次	2023年1月第4次印刷	
书　号	ISBN 978-7-5608-5417-5	
定　价	55.00 元	

前　言

　　《电气照明》一书自 1990 年第一版闻世以来,于 2001 年出第二版、2011 年出第三版,前后获得电子工业部优秀教材二等奖,第一届(首届)中照照明"教育与学术贡献"一等奖,被评选为普通高等教育"十一五"国家级规划教材。

　　第三版出版至今的这些年,LED 固态光源科学与技术发展突飞猛进。虽然,目前 LED 灯产品的成本和价格还较高,光品质及光生物安全,以及各种场合应用的适用性和稳定性等方面还待深入研究,但国内已有四千多家企业从事与 LED 有关的产品开发与生产,每年以约 20% 的增幅增长,中国将是世界上最重要的 LED 光源生产基地,也将是世界上最重要的 LED 照明市场。LED 照明已从城市的室外景观照明大阔步地向室内功能照明与装饰照明挺进。

　　同时,节能减排,保护我们的生态环境已刻不容缓,绿色建筑节能评价体系的建立,我国各相关的标准已颁布。随着人们对人类自身认识的深化,"光生物安全"的概念已树立,人对光环境的要求也日益清晰。《建筑照明设计标准》(GB50034—2013)公布,对 LED 灯进入室内照明进行了一系列的规范。《城市道路照明设计标准》(CJJ45—2006)与《城市夜景照明设计规范》(JCJ/T163—2008)对 LED 灯的选用都列入了规范,且都对照明节能做了相应的要求。《城市照明节能评价标准》(JGJ/T307—2013)已由住建部正式批准公布,于 2014 年 2 月 1 日正式实施。

　　在此大背景下,为了使读者与时俱进,本书在保持第三版整个体系与特色的基础上做了再次修订,修订的内容有以下四个方面:

　　(1) LED 灯(灯具)应用在照明工程中需掌握的基本原理、产品特性、使用条件、对照明质量的影响及光生物安全等内容加以充实。

　　(2)"照明节能"已提到非常重要的地位,且绿色照明 LEED 认证的实施,对照明设计师的工作提出了新的挑战,本版对相关知识进行了扩充。

　　(3)为使青年人能正确理解"高质量光环境的照明设计"内涵及对照明设计师工作的要求,并在今后的工作中加以实践,本版作了相应的补充。

　　(4)以原书中与新国标不一致的提法与规定,作了更新。

　　本次第四版的修订工作由俞丽华教授主编完成。

　　本次修订工作得到了下列同志的大力支持:

　　海峡光电产业技术研究院院长、威廉照明电气有限公司总裁俞志龙提供了 IES 有关资料及美国能源部颁布有关 LED 的一些标准。

　　INTERTEK 集团电子电气产品证书部经理、国际电工委员会注册审核员胡柱利提供了有关 LED 光源及灯具的有关资料,并对书稿第 4 章及第 5 章的修订部分内容进行了技术校对。

　　美国 CD+M Lighting Design Group 公司高级设计师、项目总监罗红提供了 IES 的最新资料,并撰写了第 8 章"高质量光环境的照明设计"及第 12 章的"实施 LEED 认证系统对照明设计师工作的影响"两部分。

上海同华照明设计有限公司卢季坤工程师、王仪超设计师承担了书稿修订打字、绘图及资料整理工作。

中国稀土行业协会光功能材料分会秘书长、上海市照明学会理事吴虹为本书提供了不少 LED 技术发展的资料。在此对他们的付出一并表示感谢。

特别要感谢本书责任编辑张平官编审,本次修订是在他的提议下进行的,他对本书第四版的出版作了重要贡献。

由于修订时间仓促,书中难免有不当之处,请读者批评指正。

编著者

2014 年 1 月于同济园

第三版前言

　　《电气照明》第二版自 2001 年出版至今又有 10 年。在这 10 年中,本书除各类学校作为教材外,各设计单位、施工单位、灯具厂商以及跨国公司在中国机构都纷纷采用作为技术人员的培训教材。承蒙广大读者的认可及业内人士的关爱,《电气照明》第一版在 1995 年获电子工业部优秀教材二等奖后,第二版又于 2007 年获得第一届(首届)中照照明"教育与学术贡献"一等奖。2005 年由同济大学出版社组织申报,经国家评审通过,《电气照明》第三版被列为普通高等教育"十一五"国家级规划教材。

　　2001～2010 年这 10 年,在党中央领导下我国经历了国民经济发展的第十个五年计划与第十一个五年计划,是全面建设小康社会的 10 年,是政府积极推进城市"绿色照明"项目实施的 10 年。在经济全球化、科技发展突飞猛进的背景下,照明行业与其他行业一样遇到了前所未有的大好发展时期,光源、灯具、控制系统等产品都有了新的发展与突破,特别是 LED 光源的出现。这 10 年,我国有关照明产品及照明设计的标准、规范陆续修订与完善(新增);这 10 年,国际上 CIE 出版的技术文件,各种"指南"、"建议"纷纷更新、完善;这 10 年,作者有机会参与了我国重大照明工程项目的评审、规划、设计,其中包括 2010 年上海世博会有关的项目。在第三版中,我们尽力把新的技术、新的理念、新的信息奉献给读者。

　　第三版在保留原有体系与特色的基础上与时俱进,以"绿色照明"、"低碳照明"为纲,删去了过时的内容,增加了目前国际国内新的研究成果。

　　全书增加的内容有:

　　"司辰视觉"、"中间视觉";CIE 均匀色空间与色差方程;LED、OLED、陶瓷金卤灯、无极荧光灯等新光源;目前用得较多的 DMX512、DALI、无线控制、载波控制、天然光与人工照明联合控制等控制协议与系统;LED 灯具测量与室内亮度测量等。

　　按照利用计算机软件进行照明计算与设计的思路,重新组织"照明计算"的内容,删去了大量的灯具图表。

　　根据新的设计规范,以及作者参与的设计、科研新成果,对室内、外照明设计的有关内容进行了充实与更新,并将"照明设计的基本流程及内容"作为照明设计师应掌握的基本工作方法列入教材(见第 12 章)。

　　本次第三版由俞丽华教授主编,肖辉副教授、徐向东讲师参编。第 6 章"照明控制"、第 7 章"照度计算"、第 11 章"光的测量",由肖辉副教授修订,其他各章均由俞丽华教授修订。徐向东讲师参与了教材资料收集等工作。

　　本书第三版编制过程中得到了同济大学杨公侠教授的鼎力支持,他对全部书稿进行了审阅,并提出了许多宝贵意见。

　　原奥德堡(ZUMTOBEL)照明中国区商务总监郭菲为本书提供了所需资料,并对书稿第 8 章和第 9 章进行了技术校对。罗红高级工程师为本书提供了所需资料,并对书稿第 12 章进行了技术校对。同济大学建筑设计研究院金海工程师对书稿第 11 章进行了技术校对;上海同华照明设计有限公司郝建实工程师承担了原版外文资料的查阅及书稿资料汇总工作;张中原设计师承担了主要书稿的打字、绘图及资料整理工作。

国家电光源(灯具)检测中心施晓红高工为本书提供了 CIE 出版的有关标准和指南。欧科(ERCO)照明大中华区经理沈迎九也为本书提供了不少资料。在此对他们的付出一并表示感谢。

特别要感谢同济大学出版社常务副总编、本书责任编辑张平官编审,他熟悉专业,积极与作者沟通,为本书第一版、第二版、第三版的出版作出了重大的贡献。

在第三版出版之时,第一版作者之一的朱桐城教授已谢世,我们再次感谢他在第一版中所做的重要贡献。

在本书即将付梓之际,对关心和支持本书的有关领导:中国照明学会名誉理事长甘子光、中国照明学会理事长王锦燧、中国照明学会顾问上海市照明学会理事长章海骢、中国照明学会副理事长邴树奎、常务理事徐长生等表示衷心的感谢。

由于编写时间仓促,书中难免有不当之处,请读者批评指正。

编著者

2010. 12

第二版前言

《电气照明》一书自1990年出版以来已十年。这十年中,此书得到了广大读者的认可,并荣获电子工业部第三届全国工科优秀教材二等奖,全国不少高校都采用此书为教材。这十年间期,照明设备(光源、灯具、控制等)及照明技术都有了长足的发展。这十年中,作者在同济大学自动化专业教授"电气照明"课程,同时指导同济大学建筑技术科学专业研究生进行了许多照明方面的研究,在室内外环境照明的工程设计、教学科研方面获得了不少成果。在此再版之际,愿把这些成果以及新的技术、新的理念、新的信息奉献给读者。

本书在保留原书体系的基础上,增加了全新的两章:"照明控制"(第六章)与"室外环境照明"(第九章)。"照明控制"一章阐述了照明控制的作用、控制策略、控制方式、控制系统及当前国际上的先进产品与技术,此章是作为照明设计的基础知识推给读者的。"室外环境照明"一章对室外环境照明设计的要求与原则、城市夜景照明规划、投光(泛光)照明、室外装饰照明、城市广场环境照明等作了详细的阐述,此章是从照明设计应用角度介绍给大家的。其他各章中都删除了一些陈旧过时的内容,补充了新的领先技术。还介绍了一些新的理论。如:国际照明委员会(CIE)推出的统一眩光评价系统(UGR);CIE作为道路照明眩光评价指标的TI;照明质量评价体系等。

此次再版,我国行业标准《建筑照明术语标准》(JGJ/T 119-98)已公布,书中所用之名词术语基本上都按此标准;《建筑电气工程设计常用图形和文字符号》图集(00DX001)建设部也正式批准执行(设备及路线标注都用英文),书中电气施工图就按此要求执行。

本书在再版过程中得到了同济大学杨公侠教授的大力支持,他对全部书稿进行了审阅,并提出了许多宝贵意见。同济大学信控系肖辉讲师对书稿进行了认真的校对,并对各章"思考与练习"中的题目进行了补充与完善。同济大学建筑技术专业研究生李奇峰承担了主要的书稿打字、绘图及资料整理工作。解全花、郭菲为本书的再版也付出了不少精力。中国航空工业规划设计研究院赵振民高级工程师、中国建筑标准设计研究所李雪佩高级工程师都及时将最新的资料提供给作者,在此谨向他们表示深深的谢意。另外向所有为本书奉献力量的照明界同行、我的研究生以及本科生表示感谢。

在本书再版之际,我特别要感谢同济大学朱桐城教授在本书第一版中所作出的重要贡献。

因编写时间仓促,书中有些示例采用的数据、图表资料没能及时更新,虽然它们尚不影响对基本原理及计算方法的说明,但仍感缺憾,请读者谅解。另外,书中难免还有不当之处,请读者批评指正。

编著者

2001.5

初版前言

　　本书是在同济大学 1983 年及 1986 年编写的《电气照明》讲义的基础上，根据多年的教学经验和编者本人从事电气照明工程设计的实践重新充实、改写完成的。

　　本书以中、高等院校中照明工程、建筑电气、工业电气自动化等专业的学生为主要读者对象，并力求兼顾有关技术人员在照明工程设计中的需要。本书以电气照明设计为轴线，阐述了照明工程的基础理论、基本计算和设计方法。书中采用了国际照明委员会(CIE)、国际电工委员会(IEC)以及我国照明设计标准中最新的规定和建议。

　　全书共十章，前三章介绍了有关光、视觉、颜色方面的基础知识；第四章到第九章阐述了照明设计的基本计算、设计方法、光源和灯具的选用、施工图的绘制以及有关照度和亮度等光度量的工程测量；第十章列举了车间照明、教室照明等设计实例，并在附录中收集了常用的数据图表；为方便读者自学，各章还分别列出"思考与练习"。打 * 的章节属选读内容。

　　本书第一、二、三章由朱桐城副教授撰写，第四、五、六、七、八、九、十章及附录由俞丽华副教授撰写。在撰写过程中得到了同济大学杨公侠教授、复旦大学何鸣皋教授、上海灯具研究所章海骢高级工程师、上海民用建筑设计院黄德明高级工程师、曾国英工程师的指导与帮助；王声洋高级工程师对全部书稿进行了审阅，并提出了许多宝贵的意见；同济大学出版社张平官编辑对本书的出版给予了热情关心与全力支持，编者在此谨向他们表示衷心的感谢。盛晨、薛加勇、杨志参加了资料整理与绘图工作。

　　由于编者水平有限，书中错误和缺点在所难免，热忱欢迎读者批评指正。

俞丽华　　朱桐城

1989.8

目　　录

第1章　光和光度量

1.1　光的基本概念

1.1.1　光的本质

照明工程中,光是指辐射能的一部分,即能产生视觉的辐射能。

从物理学的观点,光是电磁波谱的一部分,波长范围在 380～780nm 之间,这个范围在视觉上可能稍有些差异。

任何物体发射或反射足够数量合适波长的辐射能,作用于人眼睛的感受器,就可看见该物体。

描述辐射能的理论有以下几种:

1. 微粒论

由牛顿(Newton)提出,根据以下这些前提:

(1) 发光体以微粒形式发射辐射能。

(2) 这些微粒沿直线断续地射出。

(3) 这些微粒作用在眼睛的视网膜上,刺激视神经而产生光的感觉。

2. 波动论

由惠更斯(Huygens)提出,根据以下这些前提:

(1) 光是发光材料中分子振动产生的。

(2) 这振动通过"以太"似水波一样传播出去。

(3) 这种传播的振动作用在眼睛的视网膜上,刺激视神经而产生视觉。

3. 电磁论

由麦克斯韦(Maxwell)提出,根据以下这些前提:

(1) 发光体以辐射能形式发射光。

(2) 这种辐射能是以电磁波的形式传播。

(3) 这种电磁波作用在眼睛的视网膜上,刺激视神经而产生光的感觉。

4. 量子论

由普朗克(Planck)提出的现代形式的微粒论,根据以下这些前提:

(1) 能量以不连续的量子(光子)发射和吸收。

(2) 每个量子的大小为 $h\nu$,其中 $h=6.626\times10^{-34}$Js(普朗克常数),ν 为频率(Hz)。

5. 统一论

由德波洛格里(De Broglie)和海申堡格(Heisenberg)提出,根据以下这些前提:

(1) 每一运动质量元伴随着波动,波动的波长 $\lambda = h/mv$

其中　λ——波动的波长;

　　　h——普朗克常数;

m——微粒的质量；

v——微粒的速度。

（2）波动论或微粒论不能同时确定全部性质。

量子论和电磁波论给对于照明工程师有重要意义的辐射能特性做了说明。无论光被认为是波动性质的还是光子性质的，在更确切的意义上来说是由电子过程产生的辐射。在白炽体、气体放电或固体装置中，被激励的电子返回到原子中较稳定的位置时，放射出能量而产生辐射。

简而言之，目前科学家们用两种理论来阐述光的本质，这就是"电磁波理论"和"量子论"。电磁波理论认为发光体以辐射能的形式发射光，而辐射能又以电磁波形式向外传输（图1-1），电磁波作用在人眼上就产生光的感觉。量子论认为发光体以分立的"波束"形式发射辐射能，这些波束沿直线发射出来，作用在人眼上而产生光的感觉。光在空间运动可以用电磁波理论圆满地加以解释。光对物体（例如对阻挡层光电池光度计）的效应可用量子论圆满地加以解释。

图 1-1　电磁能示意图

辐射能以波长或频率顺序排列的图形称为辐射能波谱或电磁能波谱（图1-2）。可以用它来表明各种不同辐射能波长范围之间的关系。

一般辐射能波谱的范围遍布在波长为 $10^{-16} \sim 10^{5}$ m 的区域。可见光谱辐射能的波长在 $380 \times 10^{-9} \sim 780 \times 10^{-9}$ m（即 $380 \sim 780$ nm）之间，仅是辐射能中很小的一部分。

在 1666 年，牛顿使一束自然光线通过棱镜，从而发现光束中包含组成彩虹的全部颜色。可见光谱的颜色实际上是连续光谱混合而成的。图 1-3 表示光的颜色与相应的波段，波长从 380nm 向 780nm 增加时，光的颜色从紫色开始，按蓝、绿、黄、橙、红的顺序逐渐变化。

紫外线波谱的波长在 $100 \sim 380$ nm 之间，紫外线是人眼看不见。太阳是近紫外线发射源。人造发射源可以产生整个紫外线波谱。紫外线有三种效应，见图 1-4 所示。

红外线波谱的波长在 780nm～1mm 之间，红外线也是人眼看不见的。太阳是天然的红外线发射源。白炽灯一般可发射波长在 5000nm 以内的红外线。发射近红外线的特制灯可用于理疗和工业设施，见图 1-5 所示。

紫外线、红外线两个波段的辐射能与可见光一样，可用平面镜、透镜或棱镜等光学元件进行反射、成像或色散，故通常把紫外线、可见光、红外线统称为光辐射。

所有形式的辐射能在真空中传播时速度均相同，每秒为 299 793km（接近每秒 30 万km）。当辐射通过介质时，它的波长和速度将随介质而改变。但频率是由产生电磁波的辐射源决定的，它不随所遇到的介质而改变。通过下式，可确定辐射能的速度，同时亦可表明频率和波长的关系：

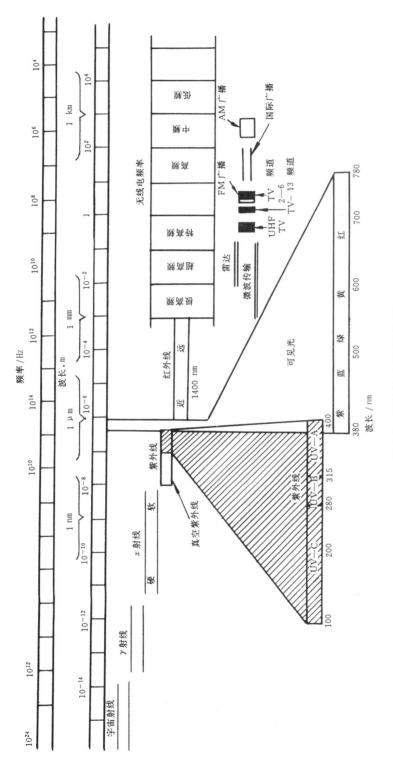

图 1-2 辐射能（电磁能）波谱

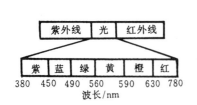

图 1-3 可见光谱

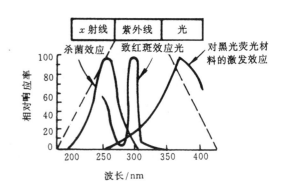

图 1-4 紫外线谱

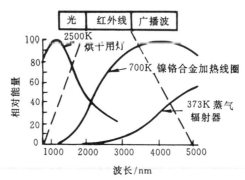

图 1-5 近红外线谱

$$v=\frac{\lambda\nu}{n} \tag{1-1}$$

式中　v——在介质中波长的速度,m/s;

n——介质的折射率;

λ——在真空中的波长,m;

ν——频率,Hz。

表 1-1 给出在不同介质中的光速,其频率相应为在空气中波长 589nm 的光波。

表 1-1   波长 589nm 的光速(D 线钠)

介　　质	速　　度/(m·s^{-1})
真　空	2.99783×10^8
空气(0℃,760mm)	2.99724×10^8
硬性光学玻璃	1.98223×10^8
水	2.24915×10^8

波长代表相邻波峰之间的距离,见图 1-1。波长根据所在波谱中的不同位置,可以用不同的单位表示,例如极短的宇宙射线可用 pm 表示,而很长的电力传输波可用 km 表示。光波的单位可用 Å、nm 和 μm 表示,1Å$=10^{-10}$m,1nm$=10^{-9}$m,1μm$=10^{-6}$m。

频率是指在一秒钟内通过某给定点的波数量。频率单位为 Hz。

1.1.2 光谱光视效率

光谱光视效率(spectral luminous efficiency)用来评价人眼对不同波长的灵敏度。不同波长的光在人眼中产生光感觉的灵敏度不同。明视觉时人眼对波长为555nm的黄绿光感受效率最高,对其他波长的比较低。故称555 nm为峰值波长,以λ_m表示;用来度量辐射能所引起的视觉能力的量叫光谱光视效能,明视觉$K_m = 683$ lm/W(暗视觉$K'_m = 507$ lm/W)。其他任意波长时的光谱光视效能$K(\lambda)$与K_m之比称为光谱光视效率,用$V(\lambda)$表示,它随波长而变化,即:

$$V(\lambda) = \frac{K(\lambda)}{K_m} \tag{1-2}$$

$$V'(\lambda) = \frac{K'_\omega}{K'_m}$$

式中　$K(\lambda)$,$K'(\lambda)$——给定波长λ时的光谱光视效能;

K_m,K'_m——峰值波长λ_m时的光谱光视效能;

$V(\lambda)$,$V'(\lambda)$——给定波长λ时的光谱光视效率。

或者说,波长为λ_m及给定任意波长λ的两束辐射,在特定光度条件下产生同样亮度的光感觉时,波长为λ_m时的辐射通量与波长为λ时的辐射通量之比,称为该波长的光谱光视效率。当波长在峰值波长λ_m时,$V(\lambda_m)=1$,在其他波长λ时,$V(\lambda)<1$时。上述为明视觉的光谱光视效率(见图1-6中的曲线1)。

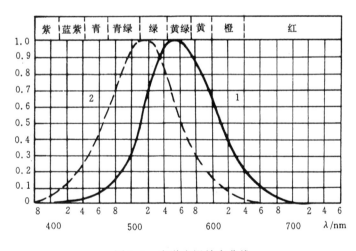

图1-6　光谱光视效率曲线

视觉与亮度的关系是:亮度在几个坎德拉平方米(cd/m²)以上时,人眼为明视觉;亮度在百分之几个坎德拉每平方米(cd/m²)以下时,人眼为暗视觉,人眼光谱光视效率曲线的峰值要向波长较短的方向移动,其最大灵敏度值一般出现在波长为507nm处,图1-6中曲线2即为暗视觉光谱光视效率曲线。明暗视觉的这种差别被认为与视网膜内两种视觉细胞的工作特性有关(详见第2章),两种光谱光视效率曲线测量值列在表1-2中。当视场亮度在明视觉与暗视觉之间时,人眼为中间视觉,是视网膜内锥状细胞和杆状细胞交替作用的过程。

表 1-2

明视觉及暗视觉光谱光效率

波长 λ /nm	光谱光视效率		波长 λ /nm	光谱光视效率		波长 λ /nm	光谱光视效率	
	$V(\lambda)$	$V'(\lambda)$		$V(\lambda)$	$V'(\lambda)$		$V(\lambda)$	$V'(\lambda)$
380	0.000 04	0.000 589	520	0.710	0.935	660	0.061	0.000 312 9
390	0.000 12	0.002 209	530	0.862	0.811	670	0.032	0.000 148 0
400	0.000 4	0.009 29	540	0.954	0.650	680	0.017	0.000 071 5
410	0.001 2	0.034 84	550	0.995	0.481	690	0.008 2	0.000 035 33
420	0.004 0	0.096 6	560	0.995	0.328 8	700	0.004 1	0.000 017 80
430	0.011 6	0.199 8	570	0.952	0.207 6	710	0.002 1	0.000 009 14
440	0.023	0.328 1	580	0.870	0.121 2	720	0.001 05	0.000 004 78
450	0.038	0.455	590	0.757	0.065 5	730	0.000 052	0.000 002 546
460	0.060	0.567	600	0.631	0.033 15	740	0.000 25	0.000 001 379
470	0.091	0.676	610	0.503	0.015 93	750	0.000 12	0.000 000 760
480	0.139	0.793	620	0.381	0.007 37	760	0.000 06	0.000 000 425
490	0.208	0.904	630	0.265	0.003 335	770	0.000 03	0.000 000 421 3
500	0.323	0.982	640	0.175	0.001 497	780	0.000 015	0.000 000 139 0
510	0.503	0.997	650	0.107	0.000 677			

　　人眼或辐射接受器的相对光谱响应符合光谱光视效率曲线 $V(\lambda)$ 或 $V'(\lambda)$ 的称为 CIE 标准观察者,此外,该观察者还必须遵守光通量定义中所含的相加律。目前常用光度量中的"光通量"(详见 1.2 节)是以明视觉来定义的,对暗视觉不适用。

1.2　常用的光度量

1.2.1　光通量

　　光通量(luminous flux)一般就视觉而言,即辐射体发出的辐射通量,按对 CIE 标准光度观察者的作用,从辐射通量导出的光度量。对于明视觉有:

$$\phi = K_m \int_0^\infty \frac{\mathrm{d}\phi_e(\lambda)}{\mathrm{d}\lambda} \cdot V(\lambda) \cdot \mathrm{d}\lambda \qquad (1-3)$$

式中　$\mathrm{d}\phi e(\lambda)/\mathrm{d}\lambda$——辐射通量的光谱分布；

　　　$V(\lambda)$——光谱光(视)效率；

　　　K_m——辐射的光谱(视)效能的最大值,单位流明每瓦特(lm/W)。在单色辐射时,明视觉条件下的 K_m 值为 683lm/W($\lambda_\mathrm{m}=555\mathrm{nm}$ 时);

　　　ϕ——光通量,单位流明,lm。

　　在国际单位制和我国法定计量单位中,它是一个导出单位,1lm 是发光强度为 1cd 的均匀点光源在 1sr 内发出的光通量。

　　在照明工程中,光通量是说明光源发光能力的基本量。例如,一只 220V、40W 白炽灯发射的光通量为 480lm,而一只 220V、T5 28W 4000K 荧光灯发射的光通量为 2600lm,为白炽灯的 5.4 倍。

1.2.2　发光强度(光强)

　　由于辐射发光体在空间发出的光通量不均匀,大小也不相等,故为了表示辐射体在不同方向上光通量的分布特性,需引入光通量的角(空间的)密度概念。如图 1-7 所示,S 为点状发光体,它向各个方向辐射光通,若在某方向上取微小立体角 $\mathrm{d}\Omega$,在此立体角内所发出的光通量为 $\mathrm{d}\phi$,则两者的比值即为该方向上的光强(luminous intensity)I,即:

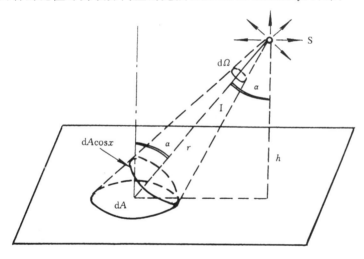

图 1-7　点光源的发光强度

$$I=\frac{\mathrm{d}\phi}{\mathrm{d}\Omega} \qquad (1\text{-}4)$$

　　若光源辐射的光通量 ϕ_Ω 是均匀的,则在立体角 Ω 内的平均光强 I 为

$$I=\frac{\phi_\Omega}{\Omega} \qquad (1\text{-}5)$$

　　立体角的定义是任意一个封闭的圆锥面内所包含的空间。立体角的单位为球面度(sr),即以锥顶为球心,以 r 为半径作一圆球,若锥面在圆球上截出面积 A 为 r^2,则该立体角即为一个单位立体角,称为球面度,其表达式为

$$\Omega = \frac{A}{r^2} \tag{1-6}$$

而一个球体包含 4π 球面度。

发光强度的单位是坎德拉（cd），也就是过去的烛光（candle-power）。在数量上 1cd ＝1lm/sr。

坎德拉是国际单位制和我国法定单位制的基本单位之一。其他光度量单位都是由坎德拉导出的。1979 年 10 月，第 16 届国际计量大会通过的坎德拉重新定义，即：一个光源发出频率为 540×10^{12} Hz 的单色辐射（对应于空气中波长为 555nm 的单色辐射），若在一定方向上的辐射强度为 1/683W/sr，则光源在该方向上的发光强度为 1cd。

发光强度常用于说明光源或灯具发出的光通量在空间各方向或在选定方向上的分布密度。例如，一只 220V、40W 白炽灯发出 480lm 光通量，它的平均光强为 $480/4\pi = 38$cd。若在该裸灯泡上面装一盏白色搪瓷平盘灯罩，则灯的正下方发光强度能提高到 100cd。如果配上一个聚焦合适的镜面反射罩，则灯下方的发光强度可以高达数百坎德拉。而在后两种情况下，灯泡发出的光通量并没有变化，只是光通量在空间的分布更为集中，相应的发光强度也提高了。

1.2.3 照度

照度（illuminance）是用来表示被照面上光的强弱，以被照场所光通的面积密度来表示。表面上一点的照度 E 是入射光通量 $d\phi$ 与该面元面积 dA 之比：

$$E = \frac{d\phi}{dA} \tag{1-7}$$

对于任意大小的表面积 A，若入射光通量为 ϕ，则在表面积 A 上的平均照度 E 为

$$E = \frac{\phi}{A} \tag{1-8}$$

照度的单位为勒克司（lx）。1lx 即表示在 $1m^2$ 的面积上均匀分布 1lm 光通量的照度值。或者是一个光强为 1cd 的均匀发光的点光源，以它为中心，在半径为 1m 的球面上，各点所形成的照度值。

照度的单位除了勒克司外，在北美地区使用英尺烛光（fc），1fc＝10.76lx。在工程上还曾经用过辐透（ph）、毫辐透（mph）。各种单位的换算表列于附录 1-1。

1lx 的照度是比较小的，在此照度下仅能大致地辨认周围物体，要进行区别细小零件的工作则是不可能的。为了对照度有些实际概念，现举几个例子：晴朗的满月夜地面照度约为 0.2lx。白天采光良好的室内照度为 100~500lx，晴天室外太阳散射光（非直射）下的地面照度约为 1000lx，中午太阳光照射下的地面照度可达 100 000lx。

1.2.4 光出射度（出光度）

具有一定面积的发光体，其表面上不同点的发光强弱可能是不一致的。为表示这个辐射光通量的密度，可在表面上任取一微小的单元面积 dA。如果它发出的光通量为 $d\phi$，则该单元面积的平均光出射度（luminous exitance）M 为

$$M = \frac{d\phi}{dA} \tag{1-9}$$

对于任意大小的发光表面 A,若发射的光通量为 ϕ,则表面 A 的平均光出射度 M 为

$$M = \frac{\phi}{A} \qquad (1\text{-}10)$$

可见,光出射度就是单位面积发出的光通量,其单位为辐射勒克司(rlx),1rlx 等于 $1\text{rlm}/\text{m}^2$。光出射度和照度具有相同的量纲,其区别在于出射度是表示发光体发出的光通量表面密度,而照度则表示被照物体所接受的光通量表面密度。

对于因反射或透射而发光的二次发光表面,其出射度是

反射发光 $\qquad\qquad\qquad M = \rho E \qquad\qquad (1\text{-}11)$

透射发光 $\qquad\qquad\qquad M = \tau E \qquad\qquad (1\text{-}12)$

式中 ρ——被照面的反射比;

$\quad\quad\ \tau$——被照面的透射比;

$\quad\quad\ E$——二次发光面上被照射的照度。

1.2.5 亮度

光的出射度只表示单位面积上发出光通量的多少,没有考虑光辐射的方向,不能表征发光面在不同方向上的光学特性。如图 1-8 所示,在一个广光源上取一个单元面积 $\mathrm{d}A$,从与表面法线 θ 角的方向上去观察,在这个方向上的光强与人眼所"见到"的光源面积之比,定义为光源在该方向的亮度(luminance)。由图 1-8 中得出能看到的光源面积 $\mathrm{d}A'$ 及亮度 L_θ 为

$$\mathrm{d}A' = \mathrm{d}A\cos\theta$$

$$L_\theta = \frac{\mathrm{d}\phi}{\mathrm{d}A \cdot \cos\theta \cdot \mathrm{d}\Omega} \qquad (1\text{-}13)$$

式中,θ 为面积元 $\mathrm{d}A$ 的法线与给定方向之间的夹角。

亮度的单位为坎德拉每平方米(cd/m^2),或称尼特。

如果 $\mathrm{d}A$ 是一个理想的漫射发光体或理想漫反射表面的二次发光体,它的光强将按余弦分布(图 1-9):

$$I_\theta = I_0\cos\theta$$

代入式(1-13)得:

$$L_\theta = \frac{I_0 \cdot \cos\theta}{\mathrm{d}A \cdot \cos\theta} = \frac{I_0}{\mathrm{d}A} = L_0 \qquad (1\text{-}14)$$

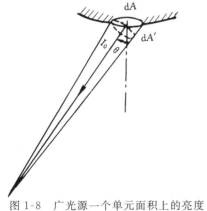

图 1-8　广光源一个单元面积上的亮度

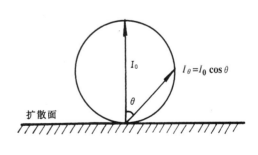

图 1-9　理想漫反射面的光强分布

则亮度 L_θ 与方向无关,常数 L_0 表示从任意方向看,亮度都是一样的。对于完全扩散的表面,光出射度 M 与亮度 L 的关系为

$$M = \pi L \tag{1-15}$$

亮度的单位有多种,除国际单位坎德拉每平方米(cd/m^2)或尼特外,曾经还用熙提(sb)、阿波熙提(asb)、英尺-朗伯(fl)等。各种亮度单位的换算表列于附录 1-2,供参考。

根据 ISO 31/6-1980,目前只保留 cd/m^2,其他单位都已废除。

表 1-3 为各种光源的亮度。

表 1-3 各种光源的亮度

光　　源	亮　度$/(cd \cdot m^{-2})$
太阳	1.6×10^9 以上
碳极弧光灯	$(1.8 \sim 12) \times 10^8$
钨丝灯	$(2.0 \sim 20) \times 10^6$
荧光灯	$(0.5 \sim 15) \times 10^4$
蜡烛	$(0.5 \sim 1.0) \times 10^4$
蓝天	0.8×10^4
电视屏幕	$(1.7 \sim 3.5) \times 10^2$

1.3 材料的光学性质

1.3.1 反射、透射和吸收比

光线如果不遇到物体时,总是按直线方向行进,当遇到某种物体时,光线或被反射、或被透射、或被吸收。当光投射到不透明的物体时,光能量的一部分被吸收,另一部分则被反射,光投射到透明物体时,光通量除被反射与吸收一部分外,其余部分则被透射。

在入射辐射的光谱组成、偏振状态和几何分布给定的条件下,漫射材料对光的反射、透射和吸收性质在数值上可用相应的系数表示:

$$反射比 \quad \rho = \frac{\phi_\rho}{\phi_i} \tag{1-16}$$

$$透射比 \quad \tau = \frac{\phi_\tau}{\phi_i} \tag{1-17}$$

$$吸收比 \quad \alpha = \frac{\phi_a}{\phi_i} \tag{1-18}$$

式中　ϕ_i——投射到物体材料表面的光通量;

ϕ_ρ——ϕ_i 之中被物体材料反射的光通量;

ϕ_{τ}——ϕ_{i} 之中被物体材料透射的光通量；

ϕ_{α}——ϕ_{i} 之中被物体材料吸收的光通量。

根据能量守恒定律，则有

$$\rho+\tau+\alpha=1 \tag{1-19}$$

表 1-4 列出各种材料的反射比和吸收系比。灯具用反射材料的目的是把光源发出的光反射到需要照明的方向。这样，反射面就成为二次发光面，为提高效率，一般宜采用反射比较高的材料。

表 1-4　　　　　　　　　　　　各种材料的反射比与吸收比

	材料	反射比 ρ	吸收比 α
规则反射	银	0.92	0.08
	铬	0.65	0.35
	铝(普通)	60～73	40～27
	铝(电解抛光)	0.75～0.84(光泽) 0.62～0.70(无光)	0.25～0.16(光泽) 0.38～0.30(无光)
	镍	0.55	0.45
	玻璃镜	0.82～0.88	0.18～0.12
漫反射	硫酸钡	0.95	0.05
	氧化镁	0.975	0.025
	碳酸镁	0.94	0.06
	氧化亚铅	0.87	0.13
	石膏	0.87	0.13
	无光铝	0.62	0.38
	率喷漆	0.35～0.40	0.65～0.60
建筑材料	木材(白木)	0.40～0.60	0.60～0.40
	抹灰、白灰粉刷墙壁	0.75	0.25
	红墙砖	0.30	0.70
	灰墙砖	0.24	0.76
	混凝土	0.25	0.75
	白色瓷砖	0.65～0.80	0.35～0.20
	透明无色玻璃(1～3mm)	0.08～0.1	0.01～0.03

表 1-4 列出的是一些基本材料，随着科技的发展，无论是室内各面的涂料还是室外立面的涂料、挂板、玻璃幕墙都有很多新品种，照明设计师应及时与饰面材料公司、幕墙公司联络，取得该材料的光学技术资料。

1.3.2　光的反射

当光线遇到非透明物体表面时，大部分光被反射(reflection)，小部分光被吸收。光线在镜面和扩散面上的反射状态有以下几种：

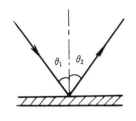

图 1-10 规则反射

1. 规则反射、镜面反射（regular reflection, specular reflection）

在研磨很光的镜面上，光的入射角等于反射角，反射光线总是在入射光线和法线所决定的平面内，并与入射光分处在法线两侧，称为反射定律，如图 1-10 所示。在反射角以外，人眼是看不到反射光的，这种反射称为规则反射，亦称镜面反射。它常用来控制光束的方向，灯具的反射罩就是利用这一原理制作的，但一般由比较复杂的曲面构成。

2. 散反射（spread reflection）

当光线从某方向入射到经散射处理的铝板、经涂刷处理的金属板或毛面白漆涂层时，反射光向各个不同方向散开，但其总的方向是一致的，如图 1-11 所示，其光束的轴线方向仍遵守反射定律。这种光的反射称为散反射。

3. 漫反射（diffuse reflection）

光线从某方向入射到粗糙表面或涂有无光泽镀层的表层时，光线被分散在许多方向，在宏观上不存在规则反射，这种光的反射称为漫反射。当反射遵守朗伯余弦定律，即向任意方向的光强 I_θ 与该反射面的法线方向的光强 I_0 所成的角度 θ 的余弦成比例：$I_\theta = I_0 \cos\theta$，而与光的入射方向无关，从反射面的各个方向看去，其亮度均相同，这种光的反射称为各向同性漫反射，如图 1-12 所示。

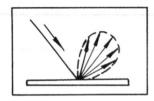

图 1-11　散反射

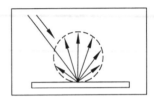

图 1-12　各向同性漫反射

4. 混合反射（mixed reflection）

光线从某方向入射到瓷釉或带高度光泽的漆层上时，规则反射和漫反射兼有，如图1-13所示，(a)图为漫反射与镜面反射的混合，(b)图为漫反射与散反射的混合，(c)图为镜面反射与散反射的混合。在定向反射方向上的发光强度比其他方向要大得多，且有最大亮度，在其他方向上也有一定数量的反射光，而其亮度分布是不均匀的。

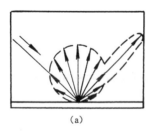

(a)

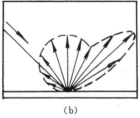

(b)

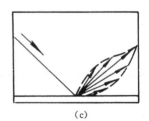

(c)

图 1-13　混合反射

1.3.3 光的折射与透射

1. 折射(refraction)

光在真空中的传播速度为 30 万 km/s,在空气中约低 6～7km/s。在玻璃、水或其他透明物质内传播时,其速度就显著降低了。那些使光速减小的介质称为光密物质,而光传播速度大的介质则称为光疏物质。

光从第一种介质进入第二种介质时,若倾斜入射,则在入射面上有反射光,而进入第二种介质时有折射光,如图 1-14 所示。在两种介质内,光速不同,入射角 i 与折射角 γ 不等,因而呈现光的折射。不论入射角怎样变化,入射角与折射角正弦之比是一个常数,这个比值称为折射率。即:

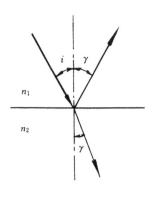

图 1-14 光的折射与反射

$$n_{21} = \frac{\sin i}{\sin \gamma} \qquad (1-20)$$

光从真空中射入某种介质的折射率称为这种介质的绝对折射率。由于光从真空射到空气中时,光速变化甚小,因此可以认为空气的折射率 n 近似于 1。在其他物质内,光的传播速度变化较大,其绝对折射率均大于 1。为此,一般可近似将由空气射入某种介质的折射率称为这一介质的折射率。若两种不同介质的折射率分别为 n_1 及 n_2,光由第一种介质进入第二种介质时,还有下列关系式:

$$n_{21} = \frac{\sin i}{\sin \gamma} = \frac{n_2}{n_1}$$

或 $$n_1 \sin i = n_2 \sin \gamma \qquad (1-21)$$

图 1-15 为光透过和折射的情况,图中 θ_1 为入射角、θ_2 为折射角。光在平行透射材料内部折射时,入射光与透射光的方向不变;而在非平行透射材料中折射后,出射方向有所改变。这种折射原理常用来制造棱镜或透镜。

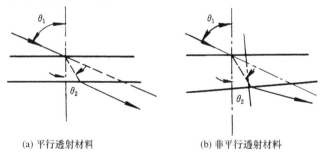

(a) 平行透射材料   (b) 非平行透射材料

图 1-15 光的透射与折射

2. 全反射(full reflection)

在光线由光密物质射向光疏物质时,如图 1-16 所示,$n_1 > n_2$,此时入射角 i 小于折射角 γ。当入射角未达到 90°时,折射角已达到 90°,继续增大入射角时,则光线全部回到光密物质内,不再有折射光,这种现象称为全反射。利用它获得不损失光的反射表面。

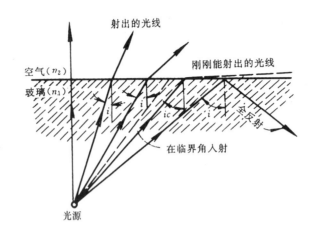

图 1-16 全反射

光不再进入光疏介质时入射角称为临界入射角 A,按下式计算：

$$\sin A = \frac{n_2}{n_1}$$

或

$$A = \arcsin \frac{n_2}{n}$$ (1-22)

水的临界角为 48.5°,各种玻璃的临界角约为 30°~ 42°。全反射原理在光导纤维和装饰、广告照明中广泛应用。

光线由光疏介质射向光密介质时,不会发生全反射现象。

3. 光的透射(transmission of light)

光入射到透明或半透明材料表面时,一部分被反射,一部分被吸收,大部分可以透射过去。如光在玻璃表面垂直入射时,入射光在第一面(入射面)反射 4%,在第二面(透过面)反射 3%~4%,被吸收 2%~8%,透射率为 80%~90%。由于透射材料的品种不同,透射光在空间分布的状态有以下几种：

1) 规则透射(regular transmission)

当光线照射到透明材料上时,透射光是按照几何光学的定律进行的透射,如图 1-17 所示。其中(a)图为平行透光材料(图中为平板玻璃),透射光的方向与原入射光方向相同,但有微小偏移;(b)图为非平行透光材料(图中为三棱镜),透射光的方向由于光折射而改变了方向。

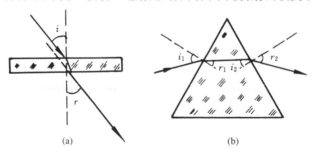

图 1-17 定向透射

2) 散透射(spread transmission)

光线穿过散透射材料(如磨砂玻璃)时,在透射方向上的发光强度较大,在其他方向上发光强度较小,表面亮度也不均匀,透射方向较亮,其他方向较弱,这种情况称为散透射,亦称为定向扩散投射,如图 1-18 所示。

3)漫透射(diffuse transmission)

光线照射到散射性好的透光材料上时(如乳白玻璃等),透射光将向所有的方向散开并均匀分布在整个半球空间内,这称为漫透射。当透射光服从朗伯定律,即发光强度按余弦分布,亮度在各个方向上均相同时,即称为均匀漫透射或完全漫透射,如图 1-19 所示。

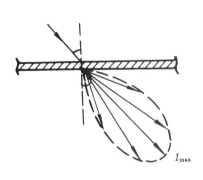
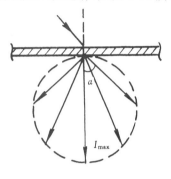

图 1-18 散透射   图 1-19 均匀漫透射

4)混合透射(mixed transmission)

光线照射到透射材料上,其透射特性介于规则透射与漫透射(或散透射)之间的情况,称为混合透射。

图 1-20 为几种材料样品的透射与反射情况:其中(a)图为在毛玻璃样品的光滑面入射时的散透射,(b)图为在毛玻璃样品的粗糙面入射时的散透射,(c)图为光入射于乳白玻璃或白色塑料板形成的漫透射,(d)图为光通过乳白玻璃时的混合透射。

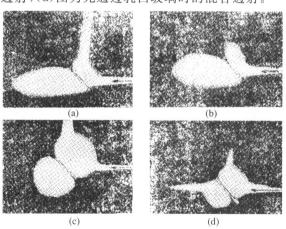

图 1-20 几种材料样品的透射

(a)光在毛玻璃样品的光滑面入射时的散透射;(b)光在毛玻璃样品的粗糙面入射时的散透射;
(c)光入射于乳白玻璃或白色塑料板形成的漫透射;(d)光通过乳白玻璃时的混合透射

1.3.4 亮度系数

研究证明,在漫反射的情况下,反射光的光强空间分布是一个圆球,并且在反射面与光

线的入射点相切,与入射光的方向无关,如图 1-12 所示。发光强度可用下式表达:

$$I_\alpha = I_{\max} \cos\alpha \tag{1-23}$$

式中　I_α——与反射面的法线成 α 角的发光强度;

$I_{\max}$——沿反射面的入射点法线方向的发光强度,是发光强度的最大值。

在漫反射的条件下,表面的亮度对各个方向均是相同的,现证明如下:

根据亮度的定义,任一给定方向的亮度 L_α 为

$$L_\alpha = \frac{I_\alpha}{\mathrm{d}A \cdot \cos\alpha} \tag{1-24}$$

将式(1-23)代入式(1-24),则有

$$L_\alpha = \frac{I_{\max} \cdot \cos\alpha}{\mathrm{d}A \cdot \cos\alpha} = \frac{I_{\max}}{\mathrm{d}A} = L \tag{1-25}$$

由式(1-25)可知,任一方向的亮度 L_α 都是一样的数值。

漫反射时反射的光通量 ϕ_ρ 应为

$$\phi_\rho = \int \mathrm{d}\phi_\rho = \int I_\alpha \mathrm{d}\Omega$$

由于漫反射条件下,反射光的发光强度的空间分布是一个圆球,故有:

$$\phi_\rho = 2\pi \int_0^{\frac{\pi}{2}} I_{\max} \cdot \cos\alpha \cdot \sin\alpha \cdot \mathrm{d}\alpha = \pi \cdot I_{\max} \tag{1-26}$$

又根据反射比的定义,漫反射材料的反射比 ρ 可表达为

$$\rho = \frac{\phi_\rho}{\phi_i} = \frac{\pi I_{\max}}{E\mathrm{d}A} = \frac{\pi L \mathrm{d}A}{E\mathrm{d}A} = \frac{\pi L}{E} \tag{1-27}$$

由上式可得漫反射面的亮度和照度的关系式:

$$L = \frac{\rho E}{\pi} \tag{1-28}$$

式中　ϕ_ρ——反射光通量,lm;

ϕ_i——入射光通量,lm;

L——漫反射面的亮度,cd/m^2;

E——漫反射面的照度,lx。

反射系数等于 1 的漫反射面称为理想漫反射面,理想漫反射面的亮度 L_0 可从式(1-28)得出:

$$L_0 = \frac{\rho E}{\pi} = \frac{E}{\pi} \tag{1-29}$$

亮度系数(luminance factor)定义为反射光(或透射光)表面在某一方向的亮度 L_α 与受到同样照明的理想漫反射表面的亮度 L_0 之比,用符号 γ 表示:

$$\gamma = \frac{L_a}{L_0} = \frac{L_a}{E/\pi} = \frac{L_a}{E}\pi \qquad\qquad (1\text{-}30)$$

也有书上把 L/E 称为亮度系数的。

若已知漫反射表面的照度和在给定条件下(某一方向)的亮度系数,按式(1-30)就可求得表面(在该方向)的亮度:

$$L_a = \gamma L_0 = \gamma \frac{E}{\pi} \qquad\qquad (1\text{-}31)$$

式(1-31)在照明工程计算中有其实用价值(见第 7 章照明计算)。

比较式(1-28)和式(1-31),具有漫反射特性的表面,其亮度系数等于反射比。

漫透射与漫反射相似,其透射光的分布特性与照射光的方向无关,其表面的亮度对于各个方向均相同,而且亮度系数等于透射比。

1.3.5 材料的光谱特征

材料表面具有选择性地反射光通量的性能,即对于不同波长的光,其反射性能也不同。这就是在太阳光照射下物体呈现各种颜色的原因。可应用光谱反射比 ρ_λ 这一概念来说明材料表面对于一定波长光的反射特性。光谱反射比 ρ_λ 是物体反射的单色光通量 $\phi_{\lambda\rho}$ 对于入射的单色光通量 $\phi_{\lambda i}$ 之比:

$$\rho_\lambda = \frac{\phi_{\lambda\rho}}{\phi_{\lambda i}} \qquad\qquad (1\text{-}32)$$

图 1-21 是几种颜料的光谱反射比 $\rho_\lambda = f(\lambda)$ 的曲线。由图可见,这些有色彩的表面在和其他色彩相同的光谱区域内具有最大的光谱反射比。

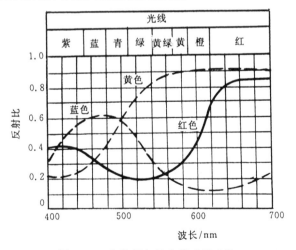

图 1-21 几种颜色的光谱反射系数

通常所说的反射比 ρ 是指对色温为 5500K 的白光而言。

同样,透射性能也与入射光的波长有关,即材料的透射光也具有光谱选择性,用光谱透射比 τ_λ 表示。光谱透射比是透射的单色光通量 $\phi_{\lambda\tau}$ 对于入射的单色光通量 $\phi_{\lambda i}$ 之比:

$$\tau_\lambda = \frac{\phi_{\lambda r}}{\phi_{\lambda i}}$$ (1-33)

而通常所说的透射比 τ 是指对色温为 5500K 的白光而言。

1.3.6 材料的其他光学特性

1. 光的偏振(polarization of light)

光是由许多原子以特定的振动发出的电磁波,引起视觉和生理作用的电磁波的电场强度振动均匀地分布在各个方向,如图 1-22(a)所示。这种光称为自然光,或称为非偏振光。

(a) 自然光　　　　　　　(b) 部分偏振光　　　　　　　(c) 直线偏振光

图 1-22　自然光和偏振光

自然光在被某些材料反射或透射的过程中,这些材料能消除自然光的一部分振动,使反射和透射出来的光线中,在某一方向的振动较强,而在另一方向的振动较弱,这种现象称为光的偏振,这种光称为偏振光。图 1-22(b)所示的偏振光,除了在一个方向上有较强的振动外,还包括其他方向上较小的振动,这种光称为部分偏振光。图 1-22(c)所示的偏振光是理想的偏振光,仅在一个方向上振动,这种光称为直线偏振光。

自然光在透明玻璃或其他透明的材料的光滑平面上入射时,反射光与折射光都产生偏振,反射光的主要振动方向与玻璃表面平行(图 1-23 中与纸面垂直),折射光的主要振动方向在入射面内(图 1-23 中在纸的平面上)。如果入射角 i 与折射角 γ 之和正好等于 90°,则

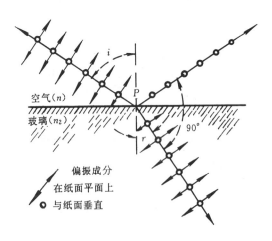

图 1-23　光从玻璃面上的偏振反射

此时的反射光是直线偏振光。而折射光总只是部分偏振光。

从材料表面反射出来的光,通常可看作是由直线偏振光和漫射光合成的,漫射光部分是进行视力工作所必需的,而偏振光却是产生眩光作用的重要因素。如果能将反射光中的偏振成分加以消除或减弱,就可以在很大程度上减少反射眩光作用。如果在灯具中采用特殊设计的反射罩,使其射出的光线成为竖直方向振动的偏振光,这种光在工作面上反射时,没有水平方向振动的偏振光。因而就没有眩光。

2. 光的干涉(interference of light)

当两个分开而又"相干"的光源照射在同一屏幕上时,就会出现光的干涉现象。"相干"的光源是指两个光源辐射出波长完全相同的光,并且有固定的相位关系。当这两个光源的光互相合并时,能使屏幕上某些地方两个光波同相位而彼此相加,而在另外一些地方两个光波异相位而互相抵消或减弱,其结果在屏幕上显出明暗相间的条纹,这就是光的干涉。

利用光干涉现象的光干涉涂层,在摄影机、投影机和其他光学仪器及灯具上获得广泛应用,它能减少透射表面的光反射,从光线中把热分离出来,依照颜色透射或反射光,增加反射器的反射和完成其他的光控制作用。自然界发生的光干涉现象有常见的肥皂泡和油膜。"介质膜"是光干涉现象应用于表面的实例之一,能减小反射比,增加透射比,从而改善对比度关系。薄膜厚度为波长的 1/4,薄膜折射率在所用玻璃折射率与玻璃周围介质折射率之间,最坚固、最耐久的是氟化镁薄膜,它是真空蒸发后冷凝在透射表面上的。这种介质膜表面可以把一般空气—玻璃表面反射的 4% 降低到 0.5% 以下,原因是在空气至薄膜和薄膜至玻璃表面的反射波之间的干涉被消除了。

思考与练习

1. 光的本质是什么?人眼可见光的波长范围是多少?

2. 辐射能通过介质时,它的波长、速度和频率三者之间有何关系?

3. 什么是光谱光效率曲线?

4. 说明以下常用照明术语的定义及其单位:

(1)光通量;(2)光强(发光强度);(3)照度;(4)光出射度;(5)亮度。

5. 说明材料反射比、透射比和吸收比的含义,以及它们三者之间有何关系?

6. 光的反射有几种状态,并加以简单说明。为什么教室的顶棚与墙面都要用漫反射材料涂刷?

7. 什么是光的折射?全反射现象发生在什么状况下?

8. 光的透射有几种状态,并加以简单说明。

9. 什么是材料的光谱特性?通常所说的反射比是指什么?

10. 什么是光的偏振?

11. 什么是光的干涉?

12. 调研各种幕墙材料的反射比与透射比,并写出报告。

13. 调研各种室内外墙面涂料的反射比与透射比,并写出报告。

第 2 章　光和视觉

2.1　视觉的生理基础

2.1.1　眼睛的构造

眼睛是一个复杂而精密的感觉器官,如图 2-1 所示,它在很多方面与照相机相似,这可以从表 2-1 的对比中看出。

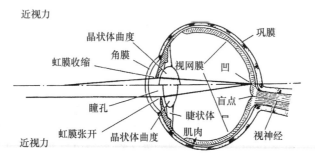

图 2-1　眼睛构造的截面简图

表 2-1　　　　　　　　　　　　　　　眼睛与照相机的对比

眼　　睛	照　相　机
巩　膜	机盖或机壳
脉络膜	中间衬层
视网膜	胶卷
虹　膜	光阑
瞳　孔	孔径
眼　睑	快门
晶状体	透镜

下面说明眼睛的每个组成部分。

1. 巩膜

巩膜是眼睛的外壳,质地坚硬,为白色不透明体,它使眼球保持在一定位置。巩膜的前部为透明体,称之为角膜。

2. 脉络膜

脉络膜是由一层血管组成的中间衬垫,其功能是向眼球提供养分。脉络膜的前部就是虹膜,这是一个彩色光阑,其作用与照相机的光阑相同,它可自动调节进入眼睛内的光量。例如,当光线暗淡时,它就会使瞳孔扩张。瞳孔是位于虹膜中心的小孔,相当于照相机快门中间的孔径。

3. 视网膜及其组成

视网膜是位于靠里面的一层衬垫,它是眼睛的视觉感受部分,它接受视觉信息并对视觉信息进行处理和传递。视网膜由一层纤细的神经组织构成,包括锥状和杆状两种神经纤维末梢,如图 2-2 所示。此外。视网膜上还有一个黄斑(在视网膜的中央)和一个盲斑(盲点),黄斑的中心部位视网膜形成一个直径为 0.4mm 的凹窝,约为 1.3°,称为中央窝(凹)。盲斑是视觉神经进入眼球的位置,它没有感光能力。

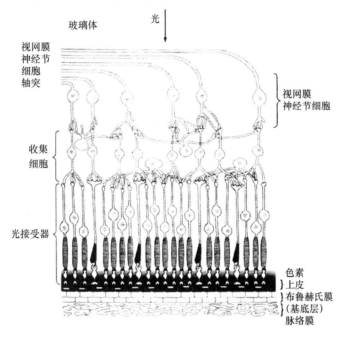

图 2-2　视网膜简化图

锥状神经的实际数量达几百万个,以中心凹区分布最为致密。锥状神经的功能是在昼间看物体,而且可看到物体的颜色。色盲就是锥状神经功能失调所致。

杆状神经的数量也达几百万个,它们呈扇面形状分布在黄斑到视网膜边缘的整个区域内。杆状神经在黄昏光线下活跃,于夜视中起作用。它们不能感知到颜色。在照度低的情况下,杆状神经对蓝色光的敏感度要比锥状神经大许多倍,所以,在战争时期要实行灯火管制时不用蓝色光而用红色光。

色素上皮层与脉络膜相连,由色素上皮细胞(retinal pigment epithelien)组成。

色素上皮细胞主要作用是维护光感受器,光感受器最外层每天要脱落、内在化和退化,色素上皮细胞具有支持和营养光感受器细胞、遮光、散热以及再生和修复等作用,色素上皮细胞对光感受器细胞的生存至关重要。

在可见光范围内,短波长的光照射视网膜能产生最大的光毒性。视网膜外层为视网膜色素上皮层是主要的光毒性靶点,光感受细胞首先发生凋亡,损害视网膜屏障功能的光照能量阈值为蓝光 50 J/cm²、黄光 1600J/cm² 和白光 250J/cm²,导致视网膜损伤的蓝光光照时间:低能量时 6h,高能量时 10s～1h。

4. 水样液

是指分布在角膜和虹膜之间的水状溶液。

5. 晶状体

处于悬浮状态,且由紧贴于瞳孔后面的肌肉支撑住。晶状体是一个富有弹性的多层体,形状与透镜相同,其功能也与照相机的透镜一样,不过它具有自动聚焦功能,而照相机是靠移动透镜来聚焦的。眼睛的聚焦靠肌肉动作以改变晶状体的形状来实现。当观望 6m 以外的物体时,眼睛处于正常休息状态。人们在工作或者看书时,观察距离一般为 36cm,眼睛就要进行调节和聚焦。长时间的连续聚焦动作会产生疲劳感。

6. 玻璃状体液

是一种胶状物体,分布于晶状体的后面以及眼球的其余部分。它的功能是协助晶状体使光线发生折射或者弯曲,并进入黄斑区(夜视时则进入黄斑附近区域)。

2.1.2 视觉产生过程

当 380～780nm 的电磁波进入眼睛的外层透明保护膜后,发生折射,光线从角膜进入水样体和瞳孔。进入的光量通过瞳孔的收缩或者扩张自动地得到调节,光线通过瞳孔和晶状体后,由晶状体和透明玻璃状体液将光线聚集在视网膜上。视网膜的锥状和杆状神经开始起作用,接着发生一个电化学过程:锥状和杆状神经产生的脉冲传输至视神经,再由视神经传输至大脑,产生光的感觉或者引起视觉。视觉是由大脑和眼睛密切合作而形成的。

头部不动时,眼睛能看见的范围称为视野。单眼的综合视野水平方向为180°,垂直方向为130°,水平面上方为60°,水平面下方为70°。如图 2-3 所示。两眼同时能看到的视野(双眼视野)较小一些,约占总视野中的120°的范围。视线周围1°～1.5°内的物体能在视网膜中央凹成像,辨认细节及颜色的能力最强,这部分称为中心视野;目标偏离中心视野以外观看时,称为周围视野。从中心视野的外边线到离视线轴线30°的圆周这个范围视觉清晰度也较好。图 2-3 中间白色部分为双眼都看到的部分,左右两侧灰色部分为左右眼分别看到部分,黑色部分为被眼眉、面颊和鼻子遮挡的部分。

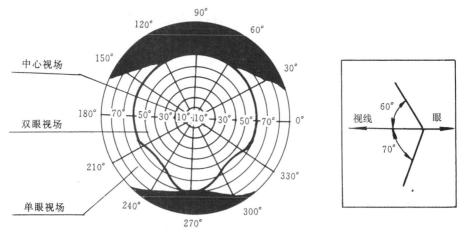

图 2-3 人两眼的正常视场

人眼进行观察时,总要使观察对象的精细部分处于中心视野,以便获得较高的清晰度。因此他经常要转动眼睛,甚至转动头部。但是眼睛不能有选择地取景,摒弃他不想看的东西。中心视野与周围视野的景物同时都在视网膜上反映出来,所以周围环境的照明对视觉功效(详见 2.2 节)也会产生重要影响。

2.1.3 司辰视觉(人类昼夜节律系统)

在视网膜上还有一种司辰感受器(cirtopic),它并不是位于视网膜上与视觉的杆状锥状光感受器处于同一层次上,而是位于集合器(collector)和神经节细胞的层次上。

司辰视觉过程与视觉过程不尽相同,虽然它们同样是由人眼开始的,但是并不把影像信息直接传递到脑后皮层视区,而是由视网膜上神经结细胞将光信号传递到下丘脑通路(RHT),再进入到视神经交叉上核(SCN),脑室外神经核(PVN)和上部颈神经结,最后传递到松果体腺,整个司辰视觉过程见图 2-4。

在图 2-4 中,视神经交叉上核是内源性振荡器,是生物钟,振荡周期为 24.5h。在正常情况下,主要是依靠光的刺激调整生物钟,每天清晨光照把睡眠和清醒周期调整得与白天和黑夜周期一致。而在暗的条件下,松果体腺合成褪黑激素,并由血液吸收带至全身,有利于人们休息睡觉。视网膜上的第三类光感受器,它影响人类昼夜节律系统。

虽然这第三种光感受器(司辰感受器)对视觉并无贡献,但它的发现对照明技术的发展有重大影响。

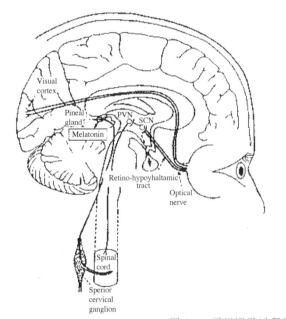

注释:

Visual cortex—视觉皮层;

Pineal gland—松果体腺;

PVN—脑室外神经神经核;

SCN—视神经交叉上核;

Melatonin—褪黑激素;

Optical nerve—视觉神经;

PVN—脑室外神经神经核;

Retino-hypoyhaltamic tract—视网膜下丘脑通路;

Spinal cord—脊髓;

Superior cervical ganglion—上部颈神经神经结。

图 2-4 司辰视觉过程示意图

2.2 视觉特性

2.2.1 暗视觉、明视觉和中间视觉

视网膜是人眼感受光的部分,网膜上分布两种不同的细胞。边缘部位杆状细胞占多数,中央部位锥状细胞占多数。这两种细胞对光的感受性是不同的。杆状体对光的感受性很高,而锥状体对光的感受性很低。因此,在微弱的照度下(视场亮度在百分之几 cd/m² 以下),只有杆状体工作,锥状体不工作,这种视觉状态称为暗视觉。当亮度达到几个 cd/m² 以

上时,锥状体的工作起着主要作用,这种视觉状态称为明视觉。介于明视觉与暗视觉之间的视觉状态称为中间视觉,此时杆状体和锥状体同时起作用。另外,杆状体与锥状体对光感的光谱灵敏度也不同(见图 2-5)。黄昏亮度低,暗视觉杆状体工作时,绿光与蓝光显得特别明亮。而在白天亮度高,即明视觉锥状体工作时,波长较长的光谱如红色光显得明亮。

杆状体虽然对光的感受性很高,但它却不能分辨颜色。只有锥状体在感受光刺激时,才有颜色感。因此,只有在照度较高显得明亮的条件下,才有良好的颜色感。在低照度的暗视觉中,颜色感则很差,此时,各种颜色的物体都给人以蓝、灰的色感。

图 2-5 为以明视觉光谱光视效率的流明定义的 3 个光谱光视效率曲线。其中明视觉 1W 为 683lm,峰值于 555nm 处,暗视觉 1W 为 1 700lm,峰值于 507nm 处,而司辰视觉的 1W 为 3 850lm,峰值于 490nm 处。司辰视觉的光谱光视效率曲线是适用于所有非映像过程(包括昼夜控制和静态的瞳孔大小变化)的光谱光视效率曲线。它有别于明视觉和暗视觉,而强调它在昼夜控制中的作用。

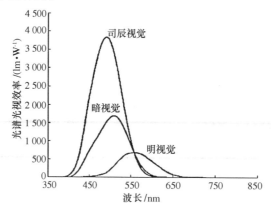

图 2-5 暗视觉、明视觉和司辰视觉的光谱光效率曲线

通常认为,中间视觉的亮度水平范围为 $0.001\sim3cd/m^2$。涉及中间视觉照明的领域有:道路和街道照明、室外照明和其他夜间交通照明等。中间视觉下的人眼光谱光视效率函数 $V_{mes}(\lambda)$ 和明视觉人眼光谱光视效率函数 $V(\lambda)$ 有所区别,如图 2-6 所示。

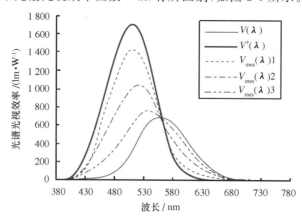

图 2-6 暗视觉、明视觉和中间视觉的光谱光效率曲线

明视觉光度学是以亮度匹配为基础,基于明视觉光度学 $V(\lambda)$ 的夜间照明测量并不能如实反应进入人眼的光效率。最新发布的 CIE191:2010 是基于人眼视觉功能的,即视觉任务的完成:识别,探测,反应时间等来建立的光谱光效率函数,它是过去几十年里,多个相关国际组织和众多国家所做的大量研究工作的成果。

在中间视觉区域,人眼视觉系统的光谱灵敏度不是一成不变的,它随着照明程度(视场亮度水平)的不同而不同。这是由于视网膜上起作用的杆状细胞与锥状细胞的数量变化而引起的。因此,仅仅一个中间视觉光谱灵敏度函数是不够的,我们需要一系列函数,以及在光度测量中使用该系列函数的详细说明。新的中间视觉系统中所描述的光谱光视效率函数 $V_{mes}(\lambda)$(如图 2-6 中的 $V_{mes}(\lambda)1$,$V_{mes}(\lambda)2$,$V_{mes}(\lambda)3$),是明视觉光谱光视效率函数 $V(\lambda)$ 与暗视觉光谱光视效率函数 $V'(\lambda)$ 的线性组合。

关于中间视觉及其应用的研究正在进行中,请读者关注今后有关的论文及报道。

2.2.2　视觉阈限

光刺激必须达到一定的数量才能引起光感觉。能引起光感觉的最低限度的光量(光通量)称为视觉的绝对阈限。绝对阈限的倒数表明感觉器官对最小光刺激的反应能力,称为绝对感受性。实验证明,在充分适应黑暗的条件下,人眼的绝对感受性非常之高,即人眼视觉阈限是很小的。长时间作用的大目标,其亮度为 $10^{-6}\,\text{cd/m}^2$ 时便能看见。人眼的视觉阈限与空间和时间因素有关。对于范围不超过 1° 呈现时间不超过 0.1s 的暂短刺激,视觉阈限亮度值遵守里科定律(即亮度×面积=常数)和邦森 - 罗斯科定律(即亮度×时间=常数)。作用时间超过 0.2s 时,视觉阈限就与时间无关了。

2.2.3　视觉适应

在现在和过去呈现的各种亮度、光谱分布、视角的刺激下,视觉系统状态的变化过程称之为视觉适应(visual adaptation)。它可分为明适应(light adaptation)与暗适应(dark adaptation)。

视觉系统适应高于几个坎德拉每平方米亮度的变化过程及终极状态称为明适应。视觉系统适应低于百分之几坎德拉每平方米亮度的变化过程及终极状态称为暗适应。

对眼睛来说适应过程是一个生理光学过程,也是一个光化学过程。开始是瞳孔大小的变化,继之是视网膜上的光化学反应过程(视紫质的变化)。明视觉是视网膜中心锥体细胞为主的视觉,而暗视觉则是以边缘的杆体细胞为主,适应就包含着这两种细胞工作的转化过程。

一般说来,暗适应所需过渡时间较长。图 2-7 是用白色试标在短时间内达到能看得出的程度所需的最低亮度界限(亮度阈值)变化曲线。可见,整个过程的开始阶段感受性增长很快,以后越来越慢,大约 30min 后才能趋于稳定。

明适应发生在由暗处到亮处的时侯。开始时人眼也不能辨别物体,几秒到几十秒后才能看清物体。这个过程也是人眼的感受性降低的过程,开始时瞳孔缩小,视网膜上感受性降低,杆状体退出工作而锥状体开始工作。由图 2-7、图 2-8 可以看出,明适应时间较短,开始时感受性迅速降低,30s 以后变化则很缓慢,几百秒后趋于稳定。

当视场内明暗急剧变化时,眼睛不能很快顺应,视力下降。为了满足眼睛适应性要求,例如在隧道入口处需作一段明暗过渡照明,以保证一定的视力要求,如图 2-8 所示为隧道入口处明暗过渡照明亮度的最低界限值。隧道出口处因明适应时间很短,一般在 1s 以内,故

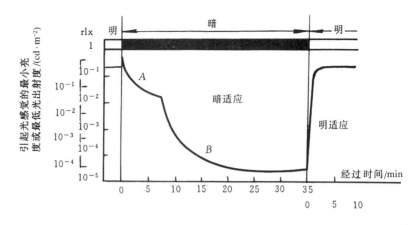

图 2-7　明适应与暗适应

可不作其他处理。

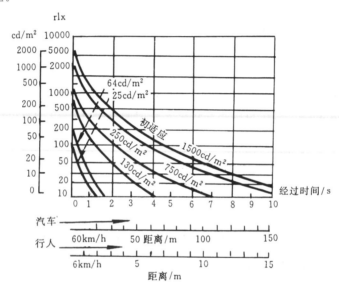

图 2-8　明暗过渡照明曲线,不使视力过度下降的尽可能暗的界限

2.2.4　后像

视觉不会瞬时产生,也不会瞬时消失,特别是在高亮度的闪光之后往往还可感到有一连串的影像,以不规则的强度和不断降低的频率正负交替出现,这种现象称为后像。正后像是亮的,与闪光的颜色一样,负后像比较暗,颜色接近于闪光的补色。如果闪光的频率增加到某一数值时,闪光的闪烁感就被这种连续的影像所融合而消失,眼睛所感觉到的好像是连续光一样,这个频率称为临界融合频率。临界融合频率值与亮度有关,在暗视觉时,临界融合频率低于 10Hz,它随亮度的增加而提高,在亮度为 10^3 cd/m² 时,临界融合频率可达 45～60Hz。电影之所以感到画面连续,荧光灯的发光使人感到稳定连续,都是由于视觉的后像特性而形成的。

强烈的后像对视力工作特别有害,例如偶然看到极亮的发光体后,在一定时间内,我们总被一个黑影(极亮发光体的负后像)所困扰。

2.2.5 眩光

由于视野中的亮度分布或亮度范围的不适宜,或存在极端的对比,以致引起不舒适感觉或降低观察细部或目标的能力的视觉现象,统称为眩光(glare)。按其评价的方法对于视觉的影响不同,后者称为失能眩光(discomfort glare),前者称为不舒适眩光(disability glare)。

失能眩光降低视觉对象的可见度,但并不一定产生不舒适感觉的眩光。

不舒适眩光产生不舒适感觉,但并不一定降低视觉对象的可见度的眩光。

影响眩光的因素有:

(1)周围环境较暗时,眼睛的适应亮度很低,即使是亮度较低的光,也会有明显的眩光。

(2)光源表面或灯具反射面的亮度越高,眩光越显著。

(3)光源的大小。

引起眩光的生理原因主要有以下几点:

(1)由于高亮度的刺激,使瞳孔缩小。

(2)由于角膜和晶状体等眼内组织产生光散射,在眼内形成光幕。

(3)由于视网膜受高亮度的刺激,使顺应状态破坏。眼睛能承受的最大亮度值约 10^6cd/m^2,如超过此值,视网膜就会受到损伤。

失能眩光产生的原因是众所周知的,它是由于眼内光的散射,从而使像的对比下降,就形成了失能眩光。而不舒适眩光的机理被知道的就较少,实验研究得知不舒适眩光与瞳孔活动有密切联系,但其资料尚不能满足应用于工程实践。因此,大多数不舒适眩光的评价是根据视场内眩光源的大小、亮度、数量、位置以及背景亮度等因素。对单个眩光源产生的不舒适眩光的测量已经完成,用刚刚能产生不舒适感的亮度 L 来确定,这个亮度的阈限标准称为"舒适不舒适分界线",常用 BCD 代表它。

图 2-9 与图 2-10 表示背景亮度对 BCD 亮度的影响,BCD 亮度将随背景亮度增大而增大。

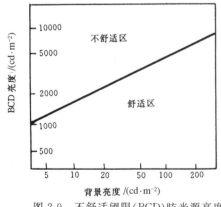

图 2-9　不舒适阈限(BCD)眩光源亮度
与背景亮度关系——中等亮度背景

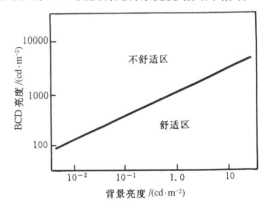

图 2-10　不舒适阈限(BCD)眩光源亮度
与背景亮度关系——低亮度背景

图 2-9 为 BCD 亮度与中等背景亮度的关系,图中光源对视线的角度为 0.011 rad(约为 2°)(应用于室内条件)。

图 2-10 为 BCD 亮度与低背景亮度的关系,图中光源对视线的角度同上(应用于夜间驾驶条件)。

图 2-11 和图 2-12 表示眩光源尺寸在不同背景亮度水平下对 BCD 亮度的影响。从两图中可以清晰看出在较高亮度和较低亮度的条件下,眩光源尺寸对 BCD 亮度的影响曲线形状有些不同,总的趋向是光源尺寸较大时,BCD 亮度较低。

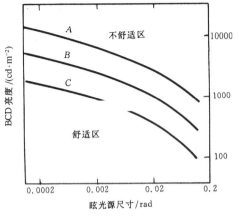 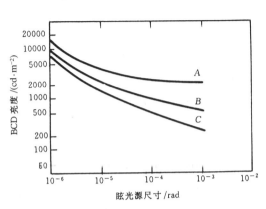

图 2-11　三种中等背景亮度水平下,　　　　图 2-12　三种低背景亮度水平下,
眩光源对 BCD 亮度的影响　　　　　　　　　眩光源对 BCD 亮度的影响

当眩光源从主视线移开时,BCD 亮度将增加。图 2-13 为一定背景亮度下(图中为 34.3cd/m^2),眩光源偏离主视线对 BCD 亮度的影响。

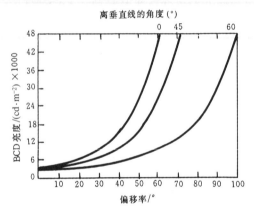

图 2-13　眩光源沿几个经线偏离主视线时的 BCD 亮度,背景亮度为 34.3cd/m^2

一个明亮光源发出的光线,被一个有光泽的或半光泽的表面反射入观察者眼睛,可能产生轻度分散注意力直至相当不舒适的感觉。当这种反射发生在作业面上时,就称为"光幕反射",若发生在作业面以外时,就称为"反射眩光"。光幕反射会降低作业面的亮度对比,使目视工作效果降低,从而也就降低了照明效果。

2.2.6　个人差别

以上所述的视觉特性,在不同的个人中存在着差别,在同一个人中也存在着变异性。这些差别和变异性,有的具有一定的规律性,有的则是随机变化的。年龄增大是视觉特性规律性变异的一个重要因素。成年以后,角膜和水晶体的散光作用随着年龄而加速增大,这种散光作用对于较短波长的光线尤为显著;由于虹膜肌肉逐渐变弱,瞳孔的尺寸也随年龄而缩小,特别是在低亮度视场下缩小更为明显;随着年龄的增加,一定的视场亮度在视网膜形成的照度均匀地下降,60 岁时视网膜照度几乎只相当于 20 岁时的 1/3,这就使光感强度大为减小。老年人视力衰退可以用提高工作面照度的办法得到部分补偿,但由于散射光引起额外亮度光幕等原因,这个办法的效果也受到限制。

2.3 视觉功效

根据视觉作业的速度和精确度评价的视觉能力称为视觉功效(visual performance)。它既取决于作业固有的特性(大小、形状、作业细节与背景的对比等),又与照明条件有关。一般可用以下几个指标来评价。

2.3.1 对比敏感度、可见度

眼睛能够辨别背景(指与对象直接相邻并被观察的表面)上的被观察对象(背景上的任何细节),必须满足以下两个条件之一,或者是对象与背景具有不同的颜色,或者是对象与背景在亮度上有一定的差别,即要有一定的对比。前者为颜色对比,后者为亮度对比。

背景亮度 L_b 和被识别对象的亮度 L_0 之差与背景亮度之比称为亮度对比(luminance contrast)C,用下式表示:

$$C = \frac{L_b - L_0}{L_b} = \frac{\Delta L}{L_b} \tag{2-1}$$

人眼开始能识别对象与背景的最小亮度差称为亮度差别阈限,又称临界亮度差,用符号 ΔL_t 表示:

$$\Delta L_t = (L_b - L_0)$$

亮度差别阈限与背景亮度之比称为临界对比 C_t:

$$C_t = \frac{\Delta L_t}{L_b} = \frac{(L_b - L_0)}{L_b} \tag{2-2}$$

临界对比的倒数称为对比敏感度(对比灵敏度),可用来评价人眼辨别亮度差别的能力,用符号 S_c 表示:

$$S_c = \frac{1}{C_t} = \frac{L_b}{\Delta L_t} \tag{2-3}$$

对比敏感度愈大的人能辨别愈小的亮度对比,或者说在一定的对比之下他辨别对象愈清楚。在理想情况下视力好的人临界对比约为 0.01,即对比敏感度达 100。由式(2-3)可见,要提高对比敏感度,就必须增加背景的亮度。

人眼确认物体存在或形状的难易程度称为可见度(视度、能见度)(visibility)。在室内应用时它用对象与背景的实际亮度对比 C 与临界对比 C_t 之比描述,用符号 V 表示:

$$V = \frac{C}{C_t} = \frac{\Delta L}{\Delta L_t} \tag{2-4}$$

在室外应用时,以人眼恰可看到标准目标的距离定义。

2.3.2 视觉敏锐度,视力

视觉敏锐度是表示人眼睛能识别细小物体形状到什么程度的一个生理尺度。当人的眼睛能把两个非常接近的点区别开来(构成两点影像知觉,人眼达到刚能识别与不能识别的临界状态),此两点与人眼之间连线所构成的夹角 θ 称为视角,以弧分($1/60°$)为单位,视角 θ 的倒数 $1/\theta$ 即称为视觉敏锐度(视力)(visual acuity)。

通常采用缺口圆环(国际上称为兰道尔环)作为检查视力的标准视标,如图 2-14 所示。圆环直径为 7.5mm、环宽与环缺口为 1.5mm。当环心到眼睛切线的距离为 5m 时,环的缺口视角为 $1'$,若刚刚能识别这个缺口的方向时,则视力为 1.0。若距离仍为 5m,而圆环增大一倍,则视力为 0.5。除采用缺口圆环外,也有采用文字、图形、数字等形式的视标。

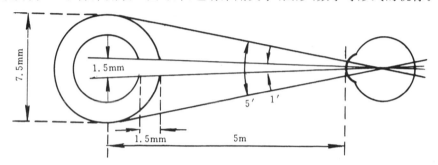

图 2-14　缺口圆环(兰道尔环)视标,视力为 1.0 时的条件

视力随亮度的提高而提高。当物体亮度超过 $1\,000cd/m^2$ 时,其提高程度开始减弱。当超过 $10\,000cd/m^2$ 时,就不再提高了。

视力还与被识物体周围的亮度有关。在一个方形试标上,中间有一个五度视角的圆点。试验时,改变圆点与方形视标两者的亮度差别,就会发现,被视点周围较暗或周围亮度与圆点相同时,视力均较高;若周围亮度高于被视点亮度时,视力下降。周围亮度越高,视力下降越严重。

2.3.3　视觉感受速度(察觉速度)

光线作用于视网膜到形成相应的视觉印象,要经过一定的时间,因为产生视觉印象时,视网膜、视神经和大脑皮质要完成许多复杂的过程。

要观察的对象从出现到它被看见所需曝光时间(t)的倒数,称为视觉感受速度 v:

$$v=\frac{1}{t} \tag{2-5}$$

视觉感受速度与背景亮度及背景与对象的对比有关,与被识别对象的视角有关,当背景亮度、对比及视角大时,视觉感受速度增加。

2.3.4　视亮度

对于一个固定光谱成分的光,在不同适应亮度条件下,其感觉亮度与实际亮度不同,或者在同一亮度条件下,不同光谱成份的光,其亮度感觉也不同,即客观的(计量)亮度与感觉到的亮度之间有差异。为此,引进了一个主观亮度的概念,称之为视亮度(brightness)。

人眼知觉一个区域所发射光的多寡的视觉属性称为视亮度,它受适应亮度水平和视觉敏锐度的影响,没有量纲。假如一个表面具有 $300cd/m^2$(100 英尺朗伯)的亮度,当人们的

眼睛适应于 $300cd/m^2$ 时,它的视亮度为100,视亮度曲线见附录 2-1。

思考与练习

1. 说明眼睛的构造。
2. 视觉是如何产生的?
3. 什么是暗视觉、明视觉和中间视觉?
4. 什么是司辰视觉? 它与暗视觉、明视觉有什么区别?
5. 什么是视觉阈限?
6. 明适应和暗适应有何区别?
7. 什么是后像? 什么是眼睛的临界融合频率?
8. 什么是眩光? 什么是不舒适眩光? 什么是失能眩光? 影响眩光的因素有哪些?
9. 什么是光幕反射? 会产生什么后果?
10. 为什么视觉特性规律性变异的一个重要因素是人的年龄?
11. 说明以下几个有关视觉的名词:
(1)亮度对比;(2)亮度差别阈限(临界亮度差);(3)临界对比;(4)对比敏感度;(5)可见度(视度);(6)视觉敏锐度(视力);(7)视觉感受速度;(8)视亮度。
12. 在评价光环境质量时如何运用"视亮度"的概念?

第3章 颜 色

3.1 颜色视觉

人的视觉器官不但能反映光的强度,而且也能反映光的波长特性。前者表现为亮度的感觉,后者表现为颜色的感觉。颜色是物体的属性,通过颜色视觉,人们能从外界获得更多的信息,因此颜色视觉在生产、生活中具有重要的意义。

3.1.1 视网膜的颜色区

由于视网膜中央窝部位和边缘部位的结构不同,中央视觉主要是锥体细胞起作用,边缘视觉主要是杆体细胞起作用。所以视网膜不同区域的颜色感受性也有所不同。具有正常视觉的人,其视网膜中央窝能分辨各种颜色,是全色区。从中央区向外围过渡,锥体细胞减少,杆体细胞增多,对颜色的分辨能力逐渐减弱,直至对颜色的感觉消失。在中央区相邻的外周区,先丧失红、绿色的感受,视觉呈红、绿色盲。在这个区域里,眼睛把红、绿及其混合色看成不同明暗的灰色,而仍保持黄、蓝颜色感觉。这个区域称为红绿盲区或中间区。在视网膜外周区更外围边缘,对黄、蓝色的感觉也丧失的是全色盲区。在这个区域内,只有明暗感而无颜色感,各种颜色都被看成不同明暗的灰色。

另外,视网膜中央部位(2°)被一层黄色素覆盖着。黄色素能降低眼睛对光谱短波端(蓝色)的感受性,而使颜色感发生变化。黄色素在中央窝的密度最大,在视网膜边缘显著降低。这就造成观察小面积颜色和观察大面积颜色的差异。由于每个人中央窝的黄色素密度不同,不同人种的黄色素密度也不同,同时,随着年龄的增长,眼睛的晶状体变黄等因素,所以不同的人的颜色感受性也略有不同。

3.1.2 颜色辨认

颜色视觉正常的人,在明亮条件下能看见光谱的各种颜色的波长和其范围见表3-1。

表 3-1 　　　　　　　　　　　　　光谱颜色波长和范围

颜色	波长/nm	波长范围/nm
红	700	640～780
橙	620	600～640
黄	580	550～600
绿	510	480～550
蓝	470	450～480
紫	420	380～450

颜色与波长的关系,除了光谱上的 572nm(黄)、503nm(绿)和 478nm(蓝)三点具有固定的关系外,其余波长,光的颜色都受该波长光线强度的影响,即一定波长的光,当强度改变时,所看到的颜色也改变。改变的规律大致是:强度增加时,都略向红色或蓝色变化。光谱

颜色随光的强度而变化的这种现象称为贝楚德－朴尔克效应。

光谱的波长变化时,颜色也随之变化。人眼察觉波长变化(即察觉颜色有了差别)的能力是很高的,在光谱的某些部分,只要改变波长1nm,人眼便能察觉颜色有了差别。在大多数情况下,波长改变2～3nm才能看出颜色变化。在整个光谱区,人眼可以分辨出上百种不同的颜色。

3.1.3 颜色对比和颜色适应

1. 颜色对比(colour contrast)

同时或相继观看的视野两部分颜色差异的主观判断称为颜色对比。它包括色调对比、明度对比和彩度对比等。

我们在一块红色背景上放上一小块白色纸或灰色纸,用眼睛注视白纸中心几分钟,白纸会表现出绿色。同样,可以把背景换成各种不同颜色进行试验,试验结果可知,每一颜色都在其周围诱导出一种确定的颜色,这种颜色称为被诱导色(原来诱导颜色的互补色或相似颜色)。如果被诱导色与所观察的物体色相同,这个效果会使物体相对于背景更明显、清晰;否则会使物体色带有诱导色的味道。

2. 颜色适应(chromatic adaptation)

在明适应状态下,视觉系统对视野的色感觉的变化称为颜色适应。

人先在日光下观察物体的颜色,然后突然改在室内白炽灯下观察物体的颜色,开始时,室内照明看起来带有白炽灯的黄色,物体的颜色也带有黄色,几分钟后,当视觉适应了白炽灯光的颜色,室内照明趋向变白,物体的颜色也趋向恢复到在日光下的颜色。可以说眼睛和大脑的组合功能倾向于维持视场范围内的颜色稳定性即颜色常性(colour constancy)。颜色的适应过程是不同光源的显色性造成颜色的大幅度变化仍会轻易地被人们接受的原因。

人戴太阳眼镜的效果也与此相同。

3.2 颜色的特性

通常人们对颜色(colour)、色(color)的描述从感知的意义上,包括彩色和无彩色及其任意组合的视知觉属性,该属性可以用诸如黄、橙、棕、红、粉色、绿、蓝、紫等区分彩色的名词来描述,或用如白、灰、黑等说明无色彩的名词来的描述,还可用明或亮等词来修饰,也可用上述各种词的组合来描述。综上所述即为将知觉色表示为语言(词汇)是颜色的心理表述。

3.2.1 颜色的特性

颜色可分为无彩色和彩色两大类。

无彩色指白色、黑色和各种深浅不同的灰色,它们可以排列成一个系列,称为黑白系列,如图3-1所示。纯白是反射比$\rho=1$的理想的完全反射的物体,纯黑是$\rho=0$的无反射的物体,它们在自然界中不存在。接近纯白的有氧化镁,接近纯黑的有黑绒。黑白系列的无彩色代表物体的反射比的变化,在视觉上表现为明度的变化(相应于视亮度的变化),愈接近白色,明度愈高,愈接近黑色,明度愈低。白色、黑色和灰色物体对光谱各波长的反射没有选择性,故称它们是中性色。

彩色是指黑白系列以外的各种颜色。彩色有三个特性:色调、明度、彩度。

1. 色调（Hue）

又称色相，表示可见光谱不同波长的辐射在视觉上的属性，如红、黄、绿、蓝等。光源的色调决定于辐射的光谱组成对人眼所产生的感觉。物体的色调决定于物体对光源的光谱辐射有选择地反射或透射对人眼所产生的感觉。

2. 明度（lightness）

在同样照明条件下，依据表现为白色或高透射比的表面的视亮度来判断的某一表面的视亮度。

3. 彩度（chroma）

在同样照明条件下，一区域根据表现为白色或高透射比的一区域的视亮度比例来判断的颜色丰富程度。

无彩色只有明度的差别，没有色调和彩度这两个特性。所以，对于无彩色，只能根据明度的差别来辨认物体，而对于彩色，可以从明度、色调和彩度三个特性来辨认物体，这就大大提高了人们识别物体的能力。

图 3-1　黑白系列

饱和度表示彩色光在整个色觉（包括无彩色）中的纯洁度。可见光谱中各种单色光是纯洁的，是最饱和的色彩，通常称为光谱色。当光谱色渗入白光成分愈多时，它就愈不饱和。当光谱色渗入很大比例的白光时，在眼睛看来，它就不是彩色光，而是成了白光。当物体表面的反射具有很强的光谱选择性时，这一物体的颜色就具有较高的饱和度。

3.2.2　颜色立体

用一个三维空间的立体，可以把颜色的三个特性全部表示出来，称之为颜色立体，如图3-2所示。在颜色立体中，垂直轴代表黑白系列明度的变化。色调由水平面上的圆周表示，圆周上各点代表不同的光谱色（红、橙、黄、绿、蓝、紫）。圆的中心是中灰色，它的明度和圆周上各种色调的明度相同。从圆周向圆心过渡，表示颜色彩度逐渐降低。从圆周向上下白黑方向变化也表示颜色彩度的降低。颜色色调和彩度逐渐的改变，不一定伴随着明度的变化。当颜色在立体的同一平面上变化时，只改变色调或彩度而不改变明度。

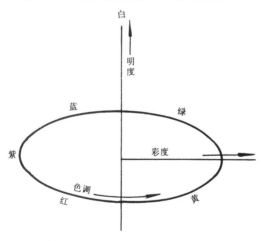

图 3-2　颜色立体

颜色立体只是一个理想化了的示意模型，目的是为了使人们更容易理解颜色三特性的相互关系。在真实的颜色关系中，颜色立体中部的色调圆形平面应该是倾斜的，黄色部分较高，蓝色部分较低，即彩度最大的黄色在靠近白色明度较高的地方，彩度最大的蓝色在靠近黑色明度较低的地方。而且色调平面的圆周上的各种饱和色调离垂直轴的距离也不一样，某些颜色能达到更高的彩度，所以这个色调平面并不是一个真正的圆形。目前采用的孟塞尔颜色系统就是真实的表示颜色三特性相互关系的颜色立体模型。

3.2.3 颜色环

颜色环是一个表示颜色及其混合规律的示意图。若把颜色饱和度最高的光谱色,依波长顺序围成一个圆环,并加上紫红色,便构成颜色立体的圆周,称之为颜色环,如图3-3所示。每一颜色都在圆环上或圆环内占有一确定位置,白色位于圆环的中心,颜色愈不饱和,其位置愈靠近中心。

在两颜色混合时,混合色和它的位置取决于两颜色成分的比例,显然靠近比重大的那种颜色。

凡两种颜色相混合产生白色或灰色时,这两种颜色称为互补色。颜色环圆心相对边的两种颜色都是互补色,互补色按适当比例相混合时得出白色或灰色。例如,黄和蓝是互补色,红和绿是互补色等等。当一对互补色以各种比例混合时,所产生的颜色是连接互补色直线上的白色和各种非饱和色。

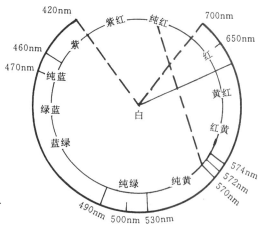

图 3-3 颜色环

颜色环上任何两个非补色相混合时,可以得出两色中间的混合色,其位置在两色相连的直线上,其色调取决于两颜色的比例。例如,420nm紫色和700nm红色相混合产生紫红色系列,它是光谱上所没有的颜色。

3.2.4 颜色混合定律

引起颜色刺激的不一定是单色光,往往是复合光,即是各种波长辐射的总合。我们的视觉器官具有综合性能,即具有能把从一定颜色的物体所发出的不同波长的光线,综合成一种颜色的感觉。综合性能符合格拉斯曼所总结的颜色混合定律:

(1)人的视觉只能分辨颜色的三种变化:明度、色调、彩度。

(2)在由两种成分组成的混合色中,如果一个成分连续地变化,混合色的外貌也随之连续变化。由此导出:

(a)补色律:每一种颜色都有一个相应的补色。如果某一颜色与其补色以适当比例混合,便产生白色或灰色,如两者按其他比例混合,便产生近似比重大的颜色成分的非饱和色。

(b)中间色律:任何两个非补色相混合,便产生中间色,其色调取决于两颜色的相对数量;其饱和度取决于两者在色调顺序上的远近。

(3)颜色外貌相同的光,不管它们的光谱组成是否一样,在颜色混合中具有相同的效果。也就是说,凡是在视觉上相同的颜色都是等效的。由此导出颜色的代替律:相似颜色混合后仍相似。设有颜色 A=颜色 B,颜色 C=颜色 D,则颜色 A ＋颜色 C=颜色 B ＋颜色 D。根据代替律,可以利用颜色混合方法来产生或代替各种所需要的颜色。现代色度学就是建立在此定律基础上的。

(4)由各种颜色光组成的混合光的总亮度等于组成混合光的各颜色光的亮度的总和。这一定律称为亮度相加定律。

上述颜色混合定律是色度学的一般规律,适用于各种颜色光的相加混合,而不适用于染料或涂料的混合。因为颜色光的混合(或称加色法混合),是由不同颜色的光引起了眼睛的同时兴奋,而染料或涂料的混合(或称减色法混合),是利用不同波长的光在所混合的染料或涂料微粒中逐渐被吸收而引起。

3.3 表色系统

颜色的种类很多,日常用不同的名称命名,如红、大红、朱红、粉红、紫红、桃红等等。由于人们感受的差别,这种命名往往会造成不确切的结果。因此将颜色进行分类,并用数字、字母加以表示,这是很必要的。表色系统可分两大类。一类是以颜色的三个特征为依据,即按色调、明度和彩度来分类;另一类是以三原色说为依据,即任一给定颜色可以用三种原色按一定比例混合而成。属于前一类的表色系统称为单色分类系统,这是一个由标准的颜色样品系列组成,并将它们按序排列予以命名的系统,需要说明的颜色只要与这类系统中的某一种颜色样品相一致就可确定其颜色,目前用得最广泛的是孟塞尔表色系统。属于后一类的表色系统称为三色分类系统,这是以进行光的等色实验结果为依据的、由色刺激表示的体系,用得最广泛的是 CIE 表色系统。此两类表色系统的彩图见书末彩页。

3.3.1 孟塞尔表色系统

孟塞尔表色系统(Munsell colour system)是由孟塞尔创立的,它是一种采用颜色图册的表色系统,按颜色的三个属性即色调、明度和彩度进行分类,并以它们的各种组合来表示。它是一种颜色的心理表述,即将知觉色定量系统的表示方法。

1. 色调 H(孟塞尔色调)(Munsell hue)

如图 3-4 所示,按红(5R)、黄红(5YR)、黄(5Y)、黄绿(5GY)、绿(5G)、蓝绿(5BG)、蓝(5B)、蓝紫(5PB)、紫(5P)、红紫(5RP)分成 10 个色调,每一色调又各自分成从 0～10 的感觉上的等距指标,共有 40 个不同的色调。

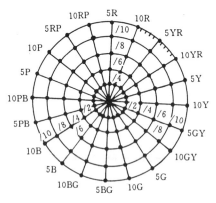

图 3-4 孟塞尔颜色图册中一定明度的色调与彩度

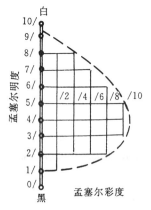

图 3-5 孟塞尔颜色图册中一个色调面上的明度、彩度的组成

2. 明度 V(孟塞尔明度)(Munsell value)

如图 3-5 所示,对同一色调的色来说,浅的明亮,深的阴暗。其中光波被完全吸收而不

反射者为最暗,明度定为零,光被全部反射而不吸收者为最亮,明度定为 10,在它们之间按感觉上的等距指标分成 10 等分来表示其明度值。

明度和反射比之间的关系见表 3-2。

表 3-2   反射比和明度的关系

明度	反射比	明度	反射比	明度	反射比
10.0	1	6.5	0.353	3.0	0.0637
9.5	0.875	6.0	0.293	2.5	0.0450
9.0	0.766	5.5	0.240	2.0	0.0304
8.5	0.665	5.0	0.192	1.5	0.0198
8.0	0.575	4.5	0.151	1.0	0.0117
7.5	0.492	4.0	0.117	0.5	0.00568
7.0	0.420	3.5	0.0875	0.0	0

3. 彩度 C(孟塞尔彩度)(Munsell chroma)

对相同明度的色彩来说,又有鲜艳和阴沉之分,鲜艳的程度称为彩度。如红旗的红,其彩度高,红小豆的红,其彩度就低,而一般光谱色的彩度最高。

色调和明度一定的颜色,在图册排列中把无彩色的彩度作为零,彩度按感觉上的等距指标增加。

彩度不像明度那样规定为 11 个等级,不同的色调所分的等级也不同。例如蓝色为 1~6,红色为 1~16。在一种色内,数字大的彩度就高。

图 3-6 表示孟塞尔表色系统的色立体图的一部分。

按上述色调、明度和彩度的分类,孟塞尔表色系统用数字和符号表示颜色的方法是:先写色调,其次写明度,然后在斜线下写出彩度(HV/C)。如红旗要表示为 5R5/10。对于无彩色用符号 N,再标上明度值,如 N5。

3.3.2 CIE 表色系统

它是一种颜色的心理物理表示方法,即在色知觉的光物理性质基础上,同时考虑人的视知觉系统特性的定量表示方法。

1. 三原色学说

眼睛受单一波长的光刺激产生一种颜色感觉,而受一束包含各种波长的复合光刺激也只产生一种颜色感觉,这说明视觉器官对刺激具有特殊的综合能力。研究证明,光谱的全部颜色可以用红、绿、蓝三种光谱波长的光相混合而得,据此而提出了颜色视觉的三原色学说。这学说认为锥体细胞包含红、绿、蓝三种反应色素,它们分别对不同波长的光发生反应,视觉神经中枢综合这三种刺激的相对强度而产生一种颜色感觉。三种刺激的相对强度不同时,就产生不同的颜色感觉。

现在用不同比例的三种原色相加混合表示一种颜色,并以颜色方程表达:

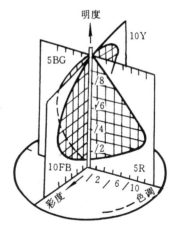

图 3-6　孟塞尔表色系统
的色立体的组成

$$[C] \equiv r[R] + g[G] + b[B] \tag{3-1}$$

式中　　[C]——某一特定颜色,即被匹配的颜色;

　　　　[R]、[G]、[B]——红、绿、蓝三原色;

　　　　r,g,b——红、绿、蓝三原色的比例系数,即以比例系数表示的相对刺激量;

　　　　$\equiv$——表示匹配关系,即表示在视觉上颜色相同,而不是指能量或光谱成分相同。

三原色系数相加等于1,即:

$$r + g + b = 1 \tag{3-2}$$

例如,某一蓝绿色用颜色方程式表示时,写成

$$[C] \equiv 0.06[R] + 0.31[G] + 0.63[B]$$

匹配白色或灰色时,三原色系数必须相等,即 $r = g = b$。

如果[R]、[G]、[B]三原色相加混合得不出相等的匹配时,可将三原色之一加到被匹配颜色的一方,以达到相等的颜色匹配。这时颜色方程有一项是负值(设为 B),此时可以理解为该原色被滤去,应写成:

$$[C] \equiv r[R] + g[G] - b[B]$$

由于 RGB 系统可能出现负值,故 CIE 另用三个假想的原色 X、Y、Z 来代替 RGB。

2. 国际照明委员会(CIE)1931 年标准色度观察者及色度(色品)图

CIE 根据 2°视场观察条件下光谱色匹配的实验结果,规定了标准色度观察者的三条相对光谱灵敏度曲线(见图 3-7),也称"CIE1931 标准色度观察者光谱三刺激值",以符号 $\bar{x}(\lambda)$、$\bar{y}(\lambda)$、$\bar{z}(\lambda)$ 表示。它们分别代表匹配各波长纯光谱色所需要的红、绿、蓝三原色的量。若想获得某一波长 λ 的光谱色,可从曲线中查得相应的 $\bar{x}(\lambda)$、$\bar{y}(\lambda)$、$\bar{z}(\lambda)$ 三刺激值,按 $\bar{x}(\lambda)$、$\bar{y}(\lambda)$、$\bar{z}(\lambda)$ 数量的红、绿、蓝假像原色想加,便可得到该光谱色。

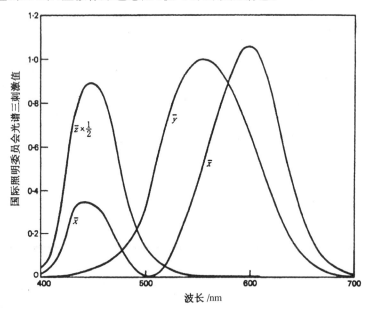

图 3-7　CIE 标准观察者光谱三刺激值

这个系统满足下列要求:

（1）用于色度计算的所有数值是正的，因此所有真实颜色都有正的色坐标。

（2）曲线 $y(\lambda)$ 和 $V(\lambda)$ 一致，因此 Y 就是测量的亮度。

（3）选择的原色应使其在[XYZ]三角形中的光谱轨迹具有最适合的形状，在[Z]轴上，其结果大约与在 630～770nm 之间的光谱轨迹相重合，并非常靠近 580～630nm 的光谱轨迹（见图 3-8）。

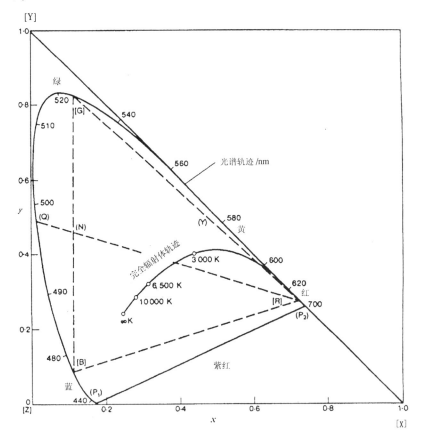

图 3-8　光谱轨迹

（4）选定的[X]、[Y]和[Z]的单位，要使等能量发光体的计算颜色位于[XYZ]三角形的中心。这个理论上的发光体在可见光范围内每单位波长间隔的功率数值相同。

根据 CIE1931 标准色度观察者三刺激值，可进一步求出匹配任何一种光源色的颜色三刺激值，它们分别为 X、Y、Z（具体求法从略）。

任何一个颜色（光）的 X、Y、Z 比例都是不同的，通过分别计算 X、Y、Z 各在 X＋Y＋Z 总量中的比例，来表示颜色的色度（色品）坐标。

$$x = \frac{X}{X+Y+Z} \tag{3-3}$$

$$y = \frac{Y}{X+Y+Z} \tag{3-4}$$

$$z = \frac{Z}{X+Y+Z} \tag{3-5}$$

CIE 在 1931 年制定了一个色度图,如图 3-9 所示,它用三原色比例 x、y、z 来表示一种颜色。由于 $x+y+z=1$,x、y 确定以后,z 就可以确定了,所以色度图(色品)只有 x、y 两个坐标,而无 z 坐标。x 坐标相当于红原色的比例,y 坐标相当于绿原色的比例。任何一个颜色都可以用色度图上的一点来确定,这一点的色坐标为 x、y。图中马鞍形的曲线表示光谱色。称为光谱轨迹。连接光谱轨迹末端的直线称为紫色边界,它是光谱中所没有但自然界存在的颜色。通过 D 点的弧形曲线称为黑体轨迹,表示黑体温度和色度的关系。

每种颜色在 CIE 色度(色品)图上都有一个对应的点,但对视觉来说,当这种颜色的坐标位置变化很小时,人眼仍认为它是原来的颜色,而感觉不出它的变化,可见,每一种颜色在色度图上虽然占有一个点的位置,而对视觉来说,它实际上是一个范围,这个范围内的变化在视觉上是等效的,这个人眼感觉不出来的颜色变化范围称为麦克亚当椭圆,它表示了颜色的宽容量,见图 3-10。研究表明,在 CIE1931XYZ 色度(色品)图上,不同位置的颜色宽容量不同,蓝色部分宽容量最小,绿色部分宽容量最大。也就是说,在蓝色部分人眼对颜色的辨别力很强,而在绿色部分辨别力较低。

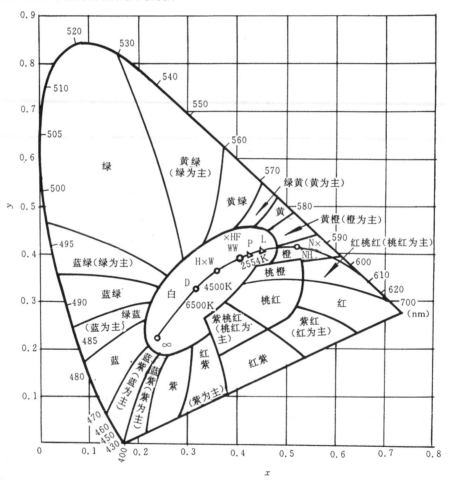

图 3-9　色度图(光源色的色名、黑体轨迹及其所代表的光源的色温度表示图)

3. 国际照明委员会 1964 年补充的标准色度观察者

1931 年标准化了的 2°视场角数据适用于 1°～4°视场。后来,为适用于大视场系统的需

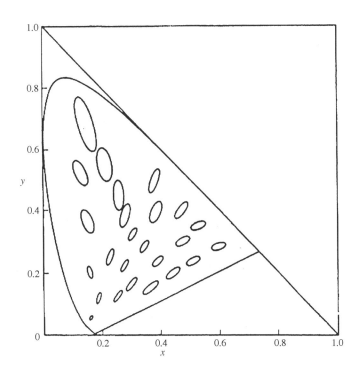

图 3-10　在国际照明委员会 1931 年色度图上的麦克亚当椭圆(图中椭圆放大了 10 倍)

求,促使国际照明委员会于 1964 年采用了 10°视场的配色函数 $\bar{x}_{10}(\lambda)$, $\bar{y}_{10}(\lambda)$ 和 $\bar{z}_{10}(\lambda)$,这个配色函数基于斯泰尔斯(Stiles)和伯奇(Burch,1959)以及斯帕莱斯卡娅(Speranskaya,1959)的研究工作。在 2°视场和 10°视场的数据之间存在着相当大的差别。许多配色和视觉环境都用 2°视场,而推荐的 10°数据则用于视场角大于 4°的情况(CIE,1986a)。

国际照明委员会 1931 年标准色度观察者和 1964 年补充标准色度观察者现在已作为一个与国际标准委员会(ISO)(ISO/CIE,1991b)的联合标准文件而被出版。

4. 颜色空间和颜色差异公式

1) 均匀色度(色品)标尺

兰特(Wright,1941,1943)和麦克亚当(MacAdam,1942)进行以 x,y 表示颜色"显著差别"的实验时,发现使用 (x,y) 图进行颜色辨别工作有严重的缺陷。在这些研究工作中,他们曾用过各种不同的技术,但结果还是相似的。图 3-10 表示画在 (x,y) 图上的麦克亚当的结果,即放大 10 倍的"最小可辨色差"(minmun perceptible color differeme)的轨迹(虽然通常这样命名,但在所用条件下,它们有 10 倍与配色标准偏差的实际差别)。25 个椭圆是实验结果,每一个椭圆代表了一种颜色的宽容量,椭圆上的点与其中心点的距离都为 1 SDCM(标准色偏差——standard deviation of color matching)。从图上可以看出这些颜色的宽容量随其在图上的位置和产生色差变化的方向而不同。这说明 (x,y) 图是不均匀的,亦即在 x,y 上有相等距离的并不意味着在视觉上有相同的色差。因此,当用它来测量色差以及表示色偏时,无疑会有很严重的缺陷。

为了寻求一个更均匀的系统,CIE 进行了各种尝试,1960 年提出了 CIE1960 年均匀色度标尺(UCS 图)、1976 年又提出了 CIE1976 年均匀色度标尺(UCS 图)。

国际照明委员会于 1960 年提出了 CIE1960 年均匀色度标尺(UCS 图),国际照明委员会推荐了一种麦克亚当(1937)变换,这种变换使色度系统的均匀度得到了改善。在6500K完全辐射体轨迹附近的中心位置,最小可辨色差轨迹近乎是个圆。这个系统的坐标可由下式得到:

$$u = \frac{4X}{X+15Y+3Z} = \frac{4x}{-2x+12y+3} \tag{3-6}$$

$$v = \frac{6Y}{X+15Y+3Z} = \frac{6y}{-2x+12y+3}$$

1976年国际照明委员会提出了CIE1976年均匀色度标尺(UCS图)。随着1960年的均匀色度标度图扩展到三维空间,不少研究人员发现在他们估算小色差时,上述新的推荐方法并没有得到预料中的改善。后来国际照明委员会又尝试着推荐了两个新的色度空间(CIE,1986a),其中一个取代了1960年的系统,并编绘了一个色度图,它是国际照明委员会1931年(x,y)图的线性变换。这意味着(x,y)图上的直线在变换以后依然是直线,这一点在颜色光相加混合时很重要。1960年和1976年的均匀色度标度图之间的主要差别是1976年的标度v扩大了,其变换如下:

$$u' = u = \frac{4X}{X+15Y+3Z} = \frac{4x}{-2x+12y+3} \tag{3-7}$$

$$v' = 1.5v = \frac{9Y}{X+15Y+3Z} = \frac{9y}{-2x+12y+3}$$

2)颜色空间

研究表明在给定的发光体照明下,表面颜色的完整规格包括它的色度坐标和亮度系数Y。

1976年,CIE决定把CIE1960年均匀色度系统扩大到颜色空间,又定义了一个明度函数W^*,整个三维空间坐标为:W^*、U^*、V^*,但由于许多研究工作者发现,计算出来的色差ΔE值和微量颜色差异的主观判断不能很好的吻合,因此CIE1964年均匀色空间没有被工业界广泛的接受。但它作为一种评价光源显色性的方法还是被CIE所采纳。

在1976年CIE提出了CIE1976年$(L^*U^*V^*)$色空间(CIELUV)。1976年CIE推荐修订的色空间(CIE,1986a)中又定义了明度L^*的修正系数,且当亮度系数$Y=Y_n=100$时(Y_n是白点的亮度系数),$L^*=100$,此时色空间的三维坐标为L^*、U^*、V^*。

按下式确定
$$L^* = 116\left[Y/Y_n\right]^{\frac{1}{3}} - 16 \tag{3-8}$$

式中$\frac{Y}{Y_n} > 0.008856$,Y_n是非彩色(白)刺激的亮度系数。

另外的两个变量是

$$u^* = 13L^*(u' - u'_n) \tag{3-9}$$

$$v^* = 13L^*(v' - v'_n)$$

式中u'、v'由式(3-7)得出,u'_n、v'_n是白点或发光体的色坐标。

CIE除了推出CIELUV以外还推荐了另一个色空间CIELAB(CIE,1986a),供从事像纺织和染料工业等一些设计混色工作的人员使用。

此时，L^* 仍按公式(3-8)确定，另两个变量按下式确定：

$$a^* = 500\left[\left(\frac{X}{X_n}\right)^{\frac{1}{3}} - \left(\frac{Y}{Y_n}\right)^{\frac{1}{3}}\right] \tag{3-10}$$

$$b^* = 200\left[\left(\frac{Y}{Y_n}\right)^{\frac{1}{3}} - \left(\frac{Z}{Z_n}\right)^{\frac{1}{3}}\right]$$

式中 $\frac{X}{X_n}$、$\frac{Y}{Y_n}$ 和 $\frac{Z}{Z_n}$ 都大于 0.008 856，X、Y、Z 和 X_n、Y_n、Z_n 分别是样品和白点的三刺激值。

3）CIE1976 年色差方程

两个样品的颜色差异由下式得出：

$$\Delta E * uv = \left[(\Delta L^*)^2 + (\Delta u^*)^2 + (\Delta v^*)^2\right]^{\frac{1}{2}} \tag{3-11}$$

或

$$\Delta E * ab = \left[(\Delta L^*)^2 + (\Delta a^*)^2 + (\Delta b^*)^2\right]^{\frac{1}{2}}$$

由式(3-11)算出的颜色差异的大小与由式(3-12)算出的比较，几乎不会由于 W^* 改为 L^* 而受到影响，但因为 $v' = 1.5v$，所以用 v' 代替 v 时则一定有影响。

采用主观术语的话，两样品之间的色差由色调差 ΔH^*、明度差 ΔL^* 和彩度差 ΔC^* 组成。由此颜色差公式也就可以写成：

$$\Delta E^* ab = \left[(\Delta H^*)^2 + (\Delta L^*)^2 + (\Delta C^*)^2\right]^{\frac{1}{2}} \tag{3-12}$$

量 C^* 由国际照明委员会(CIE,1986a)在 1976 年规定为：

$$C^* uv = (u^{*2} + v^{*2})^{\frac{1}{2}} \tag{3-13}$$

$$C^* uv = (a^{*2} + b^{*2})^{\frac{1}{2}}$$

ΔC^*、ΔL^* 和 ΔE^* 都可以从测量所得的颜色中得到。因此，也有可能从式(3-12)中算出 ΔH^* 的值。

5. CIE 15:2004 色度学

CIE 15:2004 总结了 CIE 基本色度学的所有建议，包含 CIE 标准光源的基本数据和标准观察者，彩色外观模型没有包括在内，它取代之前所有建议以及任何由 CIE 出版的修正（它取代 CIE 153.-1986"色度学"），读者应参考最新的 CIE 文件。

3.4 光源颜色

3.4.1 光谱能量(功率)分布

一个光源发出的光是由许多不同波长的辐射组成，其中各个波长的辐射能量(功率)也不同。光源的光谱辐射能量(功率)按波长的分布称为光谱能量(功率)分布。用任意值表示的光谱能量分布称为相对光谱能量分布。图 3-11 表示常用照明电光源的相对光谱能量(功率）分布图。

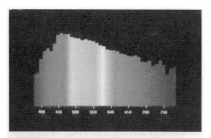

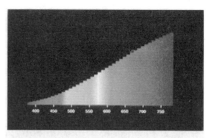

(a) 日光 （D65） (b) 白炽灯

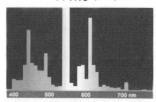

光色865 LUMILUX®
高显色性日光色

(c) 紧凑型荧光灯（高显色性日光色）

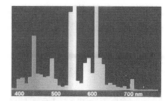

光色840 LUMILUX®
高显色性冷白色

(d) 紧凑型荧光灯（高显色性冷白色）

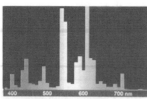

光色830 LUMILUX®
高显色性暖白色

(e) 紧凑型荧光灯（高显色性暖白色）

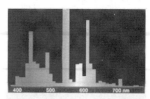

Colour 865 LUMILUX®
高显色性日光色

(f) 直管型荧光灯（高显色性日光色）

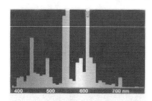

Colour 840 LUMILUX®
高显色性冷白色

(g) 直管型荧光灯（高显色性冷白色）

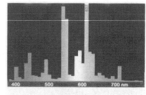

Colour 830 LUMILUX®
高显色性暖白色

(h) 直管型荧光灯（高显色性暖白色）

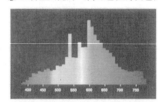

HCI® /830 WDL

(i) 陶瓷金属卤化物灯（暖白色）

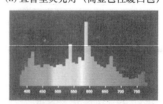

HQI® -TS/NDL

(j) 石英金属卤化物灯（冷白色）

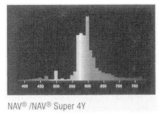

(k) 高压钠灯

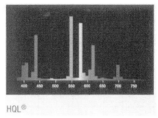

(l) 高压汞灯

图 3-11 常用照明电光源的相对光谱功率分布

3.4.2 色表

光源的色表（colour appearance）是指灯发射的光的表观颜色，即是人眼直接观察光源时看到的颜色，色品坐标、色温都是描述色表的量。由于光谱分布不同，各种光源的色表就不同，人的感觉也不同。例如：白炽灯、卤钨灯看上去偏黄色，荧光灯偏蓝色。

同批光源光色的一致性用限制"色容差"来控制。

色容差（color tolerance adjustment）表征一批光源中各光源与光源额定色品或平均色品的偏离，用颜色匹配标准偏差 SDCM 表示，单位为 SDCM。

所谓色品（chromaticity）是指用 CIE 标准色度系统所表示的颜色性质。由色品坐标 (x,y,z) 定义的色刺激性质。

我国《建筑照明设计标准》（GB50034—2013）规定选用同类光源之间的色容差应低于 5SDCM。

3.4.3 色温（色温度）

一个黑体被加热，其表面按单位面积辐射的光谱能量的大小以及分布，完全取决于它的温度。不同温度黑体的光色变化，在 CIE1931 色度（色品）图上形成一个弧形轨迹，称为黑体轨迹或普朗克轨迹，见图 3-8。人们用黑体加热到不同温度所发出的不同光色来表达一个光源的颜色，称为光源的颜色温度（colour temperature），简称色温。也就是说，某个光源所发射的光的色度与黑体在某一温度下所发出的光的色度完全相同时，则黑体的这个温度就称为该光源的色温。其符号为 T_c，单位为开（K）。

热辐射光源（如白炽灯、卤钨灯等）的光谱能量分布与黑体的光谱能量分布近似，故其颜色变化基本上符合黑体轨迹。

色温与白炽体的实际温度有一定的内在联系，但并不相等。例如，白炽灯泡的色温为 2878K 时，其灯丝的真实温度为 2800K。

热辐射光源以外的其他光源的光色，在色度图上不一定准确地落在黑体轨迹上，见图 3-8。此时，只能用光源与黑体轨迹最接近的颜色来确定该光源的色温。这样确定的色温称为相关色温（correlated colour temperature），符号 T_{cp}，单位 K。显然，该光源的光谱能量分布与黑体是不同的。

通常，红色光的色温低，蓝色光的色温高。各种光源的色温见表 3-3。

当色温在几十 K 之间变化时人眼是感觉不出来的。

表 3-3　　　　　　　　　　　　　各种光源的色温

光源	色温/K	光源	色温/K
太阳(大气外)	6 500	卤钨灯	3 000
太阳(在地表面)	4 000~5 000	荧光灯(日光色)	6 500
蓝色天空	18 000~22 000	荧光灯(冷白色)	4 300
月亮	4 125	荧光灯(暖白色)	2 900
蜡烛	1 925	金属卤化物灯	
煤油灯	1 920	钠铊铟灯	4 200~5 000
弧光灯	3 780	镝钬灯	6 000
钨丝白炽灯(10W)	2 400	钪钠灯	3 800~4 200
钨丝白炽灯(100W)	2 740	高压钠灯	2 100

3.4.4　显色性

照明光源对物体色表的影响(该影响是由于观察者有意识或无意识地将它与参照光源下的色表相比较而产生的)称为显色性(colour rendering)。光源的显色性是由光源的光谱功率分布所决定的。所以,要判定物体颜色,必须先确定参照光源。

1. CIE 测量光源的显色性的方法

(1) CIE 规定了四种标准光源作为参照光源。

(a) 标准光源 A:是温度约为 2856K 的完全辐射体(黑体)发出的光,现实的标准光源 A 是色温为 2856K 的充气钨丝灯泡。

(b) 标准光源 B:是在标准光源 A 上加了一个特定的液体滤光器(戴维斯·吉伯森滤光器 B)而得到近似 4874K 的黑体放射光,用它来代表直射阳光。

(c) 标准光源 C:是在标准光源 A 上加了一个特定的液体滤光器(戴维斯·吉伯森滤光器 C)而得到近似 6774K 的黑体放射光,用它来代表平均昼光。

(d) 标准光源 D_{65}:表示色温约为 6 504K 的合成昼光。CIE 还规定了色温约为 5 503K 的 D_{55} 和色温约为 7 504K 的 D_{75} 等标准光源,作为典型的昼光色度。

以前,主要采用标准光源 A 与标准光源 C,但代表昼光的标准光源 C 的光谱分布与现实的昼光相比,在紫外及可见区的一部分却颇不一致。为此,CIE 于 1966 年在原来的标准光源的基础上又追加了标准光源 D_{65}。它是根据多数自然昼光的光谱分布实测值经统计处理而来的。考虑到它们是由代表着任意色温的昼光的光谱分布,就把它称为 CIE 合成昼光。现在,一般用标准光源 A 作为低色温光源的参照标准,用标准光源 D_{65} 作为高色温光源的参照标准,用以衡量在各种不同光源照明下的颜色效果。

(2) CIE 制定了一种评价光源显色性的方法,它是用"显色指数"表示光源的显色性。

显色指数(colour rendering index)是指在具有合理允差的色适应状态下,被测光源照明物体的心理物理色与参比(参照)光源照明同一色样的心理物理色符合程度的度量。符号为 R。

特殊显色指数(special colour rendering index)在具有合理允差的色适应状态下,被测光源照明 CIE 试验色样的心理物理色与参比(参照)光源照明同一色样的心理物理色相符合程度的度量。符号为 R_i。

一般显色指数(general colour rendering index)8 个一组色试样的 CIE 特殊显色指数的平均值,通称一般显色指数。符号为 R_a。

若每个色试样在被测光源与参比(参照)光源两种光源照明下的色差为 ΔE_i,然后按照约定的定量尺度,计算每一色样的显色指数 R_i:

$$R_i = 100 - 4.6\Delta E_i \tag{3-6}$$

而一般显色指数 R_a 则是这 8 个色样显色指数的平均值:

$$R_a = \frac{1}{8}\sum_{i=1}^{8} R_i \tag{3-7}$$

一般人工照明光源用 R_a 作为评价显色性的指标。在需要评价光源对特定颜色的显色性时,需用另外规定的 7 种色样中的一种或几种特殊显色指数作为评价指标。这 7 种色样为:R_9(红)、R_{10}(黄)、R_{11}(绿)、R_{12}(蓝)、R_{13}(白种人肤色)、R_{14}(叶绿色)、R_{15}(亚洲人肤色)。

光源的显色指数愈高,其显色性就愈好。与参照光源完全相同的显色性,其显色指数为 100。一般认为 $R_a = 100 \sim 80$ 显色性优良,$R_a = 79 \sim 50$ 显色性一般,$R_a < 50$ 显色性较差。表 3-4 列出我国生产的部分电光源的显色指数、色温及色品坐标。

表 3-4　　　　　　　　　　　　　　　电光源的颜色指标

光源名称	CIE 色坐标		色温度(相关色温)/K	R_a
白炽灯(500W)	$x=0.447$	$y=0.408$	2 900	$95 \sim 100$
荧光灯(日光色 36W)	$x=0.313$	$y=0.337$	6 500	$70 \sim 95$
荧光高压汞灯(400W)	$x=0.334$	$y=0.412$	5 500	$30 \sim 60$
镝灯(1 000W)	$x=0.369$	$y=0.367$	4 300	$85 \sim 95$
普通型高压钠灯(400W)	$x=0.516$	$y=0.389$	2 000	$20 \sim 25$

2. 同色异谱

在分析颜色相加混合原理时,一个颜色(N)(见 3.3 节图 3-8)能由[G]、[B]的混合或(Q)、[R]的混合配成,这两个混合有相同的色度,但由于它们的光谱功率分布不同,所以具有不同的显色指数,这种情况即被称为同色异谱(metamerism)。

物体表面颜色也会由于照射光源光谱功率分布不同或物体表面的光谱反射率不同而出现同色异谱现象。

不同观察者之间颜色视觉的差异也会出现同色异谱现象。

思考与练习

1. 视觉正常的人能辨认各种颜色的波长范围如何?
2. 什么是黑白系列?
3. 说明彩色的三个特性。
4. 什么是颜色立体和颜色环?

5. 说明颜色混合定律的内容。

6. 孟塞尔表色系统是如何表示颜色的？

7. CIE 表色系统是如何表示颜色的？

8. 什么是光谱能量（功率）分布？

9. 什么是色温？什么是相关色温？

10. 什么是显色性、显色指数？

11. CIE 规定的四种标准光源是指哪四种？

第4章 照明电光源

在照明工程中,使用各种各样的电光源,按其工作原理可以分为三大类:

(1) 热辐射光源:利用电能使物体加热到白炽程度而发光的光源称为热辐射光源,如白炽灯、卤钨灯。

(2) 气体放电光源:利用气体或蒸气的放电而发光的光源,如荧光灯、高压汞灯、高压钠灯、金属卤化物灯等。

(3) 固体发光光源(电致发光光源)。

本章着重介绍它们的主要工作特性及选用。

4.1 概　述

4.1.1 热辐射特性

热辐射是与一定温度 T 相对应的,故又称温度辐射或平衡辐射。

1. 黑体辐射

如果有一物体,它能在任何温度下将辐射在它表面的任何波长的能量全部吸收,这个物体就叫黑体。

黑体加热时,其光谱辐射出射度(温度为 T 的物体从单位表面向各个方向发出的在波长为 λ 处无限小波长间隔内的辐射通量)与它的温度 T、波长 λ 的关系用图形表示时如图 4-1所示。

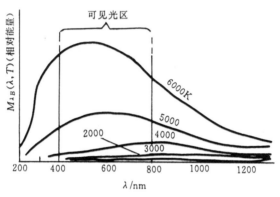

图 4-1　黑体辐射的相对能量分布

图 4-1 示出了下列两个规律:

(1) 随着温度升高,黑体辐射的总能量迅速增加。对某温度 T,将所有波长上的辐射功率加起来,就得到黑体单位表面的总辐射出射度 M_e,通过研究分析可知: $M_e \propto T^4$,这就是说:如果提高工作温度,黑体产生的辐射通量就可大大提高。

(2) 随着温度升高,黑体辐射曲线的最大值向短波方向移动,即具有最大辐射功率的波

长 λ_m 和黑体的温度(K)成反比。由此可见:黑体辐射的温度越高,最大辐射功率的波长 λ_m 越移近可见光区。

2. 钨丝的辐射

自然界中不存在真实的黑体,灯泡用的钨丝并不是黑体。我们用发射系数 $\varepsilon(\lambda,T)$ 来表征真实辐射体的辐射特性,$\varepsilon(\lambda,T)$ 表示真实辐射体的辐射出射度和同样温度、同样面积的黑体的辐射出射度之比。$\varepsilon(\lambda,T)$ 随波长而变的辐射体称为选择辐射体。钨是选择辐射体,随波长变短,其 $\varepsilon(\lambda,T)$ 的值增加,因此钨的辐射出射度的峰值也比同温度的黑体偏向于可见光区,见图 4-2(在 3 000K 时),所以用钨丝作光源比用同温度的黑体作光源光效高。

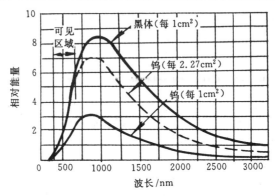

图 4-2 同温度(3 000K)下黑体和钨的辐射曲线

通过实验及分析可知:钨丝热辐射的波长范围很广,其中可见光部分仅占很少的比例,紫外线也很少,绝大部分是红外线。钨丝辐射随着工作温度升高而增加,其中可见光部分比红外线增加得更快,因此,钨丝的工作温度越高,热辐射光源的光效就越高。

4.1.2 气体放电原理

在电场的作用下,载流子在气体(或蒸气)中产生和运动,从而使电流通过气体(或蒸气)的过程称为气体放电。

1. 辉光放电灯

图 4-3 给出了一只辉光放电灯的光强、电位等沿管轴的分布情况,根据发光的明暗程度,从阴极到阳极的空间可分为数个区域:①阴极暗区;② 负辉区;③ 法拉第暗区;④ 正柱区;⑤ 阳极辉区。其中阴极暗区也称阴极位降区,这个区域是辉光放电的特征区域。负辉区的光最强,它与阴极暗区有明显的分界。正柱区是一个等离子区,一般情况下它是均匀的光柱。

在辉光放电灯中,主要是利用负辉区的光或正柱区的光。这两个区域发出的光的颜色明显地不同。当灯管内气压降低时,正柱区的长度就减小,而其他部分的尺寸则伸长。大约在 1.33Pa 时,正

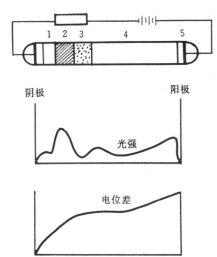

图 4-3 辉光放电时光强沿管轴的分布

柱区的光便完全消失,法拉第暗区发展到阳极。电极之间的距离增长或缩短,正柱区的长度也跟着发生变化。霓虹灯是利用正柱区的光,因此灯内气体的气压不能太低,灯管要做得较长,管径要做的细,管内电场强度较大,发出来的光较强。还要将阴极部分的灯管涂黑,使负辉区的光透不过来。而利用辉光区发光的辉光指示灯,灯管就要做得较短。

2. 弧光放电灯

弧光放电灯和辉光放电灯一样也有一个作为电流通道的等离子区,气体辐射主要产生在这里。根据正柱区的气体压力可分为低气压弧光放电和高气压弧光放电。低气压弧光放电的等离子区除了具有更高的带电离子浓度外,与辉光放电等离子区的性质基本一样。但高气压弧光放电就有着不同的物理过程和性质。

1) 低气压弧光放电灯

如低压汞灯(荧光灯)、低压钠灯等。在灯内气体总压强相当于 $1013.25\mathrm{Pa}(1\%$ 大气压)时,电子的自由程长,与气体原子碰撞次数少,电子能获得的能量多,相应的电子温度 T_e 比气体温度 T_g 高得多,T_e 可达 $5\times10^4\mathrm{K}$ 以上,而 T_g 与管壁温度差不多,因此,在低气压正柱区内的电离和激发主要是靠电子的碰撞电离和碰撞激发。电子的碰撞激发几率与电子的能量有关,并不是所有的能级都一样被激发,而常常只是某些特定的能级被特别强烈地激发,这些能级发出的线光谱特别强,如低压汞灯的 253.7nm 线,低压钠灯 D 线(589nm)。这就是说,辐射的光谱主要是该元素原子的特征谱线(共振线),是明显的线光谱。且当气体(或蒸气)为不同元素时,由于特征谱线的不同表现出不同的色调。

2) 高气压弧光放电灯

当气压升高时,电子的自由程变小。在两次碰撞之间电子能积累的能量很小,常不足以使气体原子激发和电离,而和气体原子发生弹性碰撞。由于气压高,弹性碰撞的频率非常高,结果使电子动能减小,气体原子动能增加。相应地电子的温度 T_e 就降低,而气体温度 T_g 上升。当气压增加到一定高度时,电子温度和气体温度变得差不多相同(电子温度总比气体温度略高一些)。这种状态称为热平衡状态。这时的等离子体称为等温等离子体(高温等离子体)。此时温度可达 $5\,000\sim7\,000\mathrm{K}$。也就是说,处于热平衡状态的正柱区内起主要作用的不是电子的碰撞激发和电离,而是高温气体的热激发和热游离(高能量原子之间的碰撞)。气压升高时放电灯辐射的光谱也会发生明显的变化。在高气压放电中,由于原子密度大,原子相互作用增强,原子的能级发生变化,使原子特征谱线增宽。此外,高气压时离子、电子的浓度很大,它们在放电管内的复合较频繁起来,复合也可以以辐射的形式放出能量——电离能与电子、离子动能之和,这一发光现象称为复合发光。由于电子的动能是连续变化的,复合发光的波长也就不是固定的,而是连续可变的。复合发光的几率是随着气压升高而增加的,因此在很高的气压下,辐射的光谱有很强的连续成分,高强气体放电灯(HID 灯)就是利用这个原理来得到连续光谱的。

3. 气体放电的全伏安特性

在图 4-4 中,通过改变电源电压 U_0 来测量在不同放电电流时的灯管电压 U,就可以得到图 4-5 的曲线,此曲线称为气体放电的全伏安特性曲线。

图 4-5 中 OC 段的放电是非自持的,如果除去外致电离则电流立即停止。C 点以后的放电是自持放电,当放电电流增加到有足够的空间电荷累积后,达到着火点 D。从 E 点开始,以后就是稳定的自持放电,它包括辉光放电和弧光放电,非自持放电电流大约在 $10^{-6}\mathrm{A}$

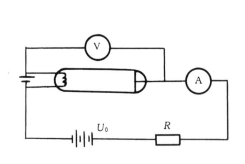

图 4-4　气体放电灯工作电路

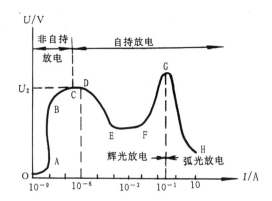

图 4-5　气体放电的全伏安特性

以下,辉光放电电流为 $10^{-6} \sim 10^{-1}$ A,而弧光放电的电流约为 10^{-1} A 以上。

通过分析可知:一般情况下弧光放电具有负的伏安特性(也有例外,如长弧氙灯)。具有负伏安特性的元件单独接于电网工作时是不稳定的。

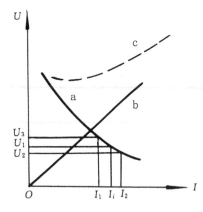

图 4-6　放电灯与电阻串联时的伏安特性

4. 气体放电灯的稳定工作

假如有一气体放电灯具有如图 4-6 中 a 线所示的伏安特性,工作于某一确定的电压 U_1。通过的电流是 I_1。如果由于种种原因,电流从 I_1 瞬时地增加到 I_2,这时就产生了一个过剩的电压 $(U_1 - U_2)$,它将使电流进一步增加。同样电流从 I_1 瞬时地减小到 I_3,这时要维持 I_3,就差电压 $(U_3 - U_1)$,这又导致电流进一步减小。可见,将具有负伏安特性的放电灯单独接到电网中去时,工作是不稳定的,它将会导致电流无限制的增加,直到灯或电路的某一部分被大电流损坏为止。

把气体放电灯和电阻串联起来使用,就可以克服电弧固有的不稳定性。在图 4-6 中 a 线和 b 线分别为电弧和电阻的伏安特性曲线,c 则是两者叠加的结果。c 具有正的伏安特性。在交流的情况下,还可以用电感或电容来代替电阻。与电弧串联的电阻或电感等统称为镇流器。

5. 高频无极放电灯

高频放电的频率范围通常为 $10^6 \sim 10^{11}$ Hz。在如此高频电场的作用下,电子由于不断地来回运动,与气体原子碰撞的次数大大增加,从而使其电离气体原子的能力大为增强。这样,用以维持放电所需的新电子就可以完全由电子与气体原子的碰撞电离来产生,而原来作为电子来源的阴极的重要性消失了。正是由于这个原因,高频放电可以是内电极结构,也可以是外电极结构,甚至还可以是无电极放电。

无极荧光灯利用高频电磁场激发放电腔内的低气压汞蒸气放电产生紫外光,再激发管壁的荧光粉而发出可见光。从发光原理来说,无极荧光灯属于荧光灯的一种,但它消除了制约普通荧光灯寿命的关键因素——电极。由于消除了电极因素的影响,无极荧光灯的寿命可以有很大的提高,同时光通量维持性也比传统荧光灯好很多。

4.2 白炽灯

用通电的方法加热玻璃泡壳内的灯丝,导致灯丝产生热辐射而发光的光源,称为白炽灯。

4.2.1 白炽灯的构造

白炽灯基本由玻壳、灯丝、芯柱、灯头等组成,见图 4-7。

玻壳的形式很多,但一般均采用与灯泡纵轴对称形式,例如球形、圆柱形、梨形等,以求有较高的机械强度和加工上的方便。仅有很少的特殊灯泡是不对称的(如全反射灯泡的玻壳等)。玻壳的尺寸及采用的玻璃则视灯泡的功率和用途而定。玻壳一般是透明的,而一些特殊用途的灯泡则采用各种有色玻璃;为了避免灯丝的眩光,玻壳可以进行"磨砂"、"内涂"等处理,使其能形成漫反(透)射;还有些灯泡为了加强在某一方向上的发光强度,就在玻壳上蒸镀了反射铝层。各种功率、用途的白炽灯的典型外形如图 4-8 所示。图中字母表示泡壳的形状,后面的数字表示最大直径是 1/8in(英寸)的多少倍。

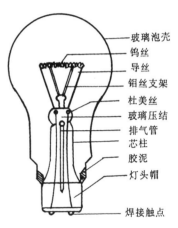

玻璃泡壳
钨丝
导丝
钼丝支架
杜美丝
玻璃压结
排气管
芯柱
胶泥
灯头帽
焊接触点

图 4-7 白炽灯结构图

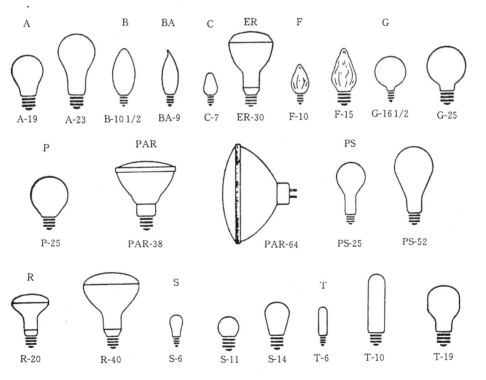

图 4-8 各种白炽灯的外形

钨丝是白炽灯泡的关键组成部分,是白炽灯的发光体,常用的灯丝形状有单螺旋和双螺旋两种(由于双螺旋灯丝发光效率高,是发展方向)。特殊用途的白炽灯甚至还采用了三螺旋形状的灯丝,根据灯泡规格的不同,钨丝具有不同的直径和长度。

灯头是灯泡与外电路灯座连接的部位,它有各种不同的形式,并具有一定的标准,有不同规格的螺口灯头和插口灯头。灯头与玻壳的连接,采用特制的胶泥;导丝与灯头的焊接通常用锡铅焊料或其他焊料。灯头通常采用铜皮、铝皮或铁皮镀锌制成。某些特种灯泡还可采用陶瓷灯头等。

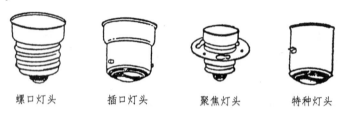

螺口灯头　　　　插口灯头　　　　聚焦灯头　　　　特种灯头

图 4-9　几种灯头外形

4.2.2　白炽灯的光电参数

通常制造厂给出一些参数(说明光源的特性)以便用户选用光源。说明光源特性的主要参数如下:

1. 额定电压(U_r)

灯泡的设计电压称为额定电压。光源(灯泡)只能在额定电压下工作才能获得各种规定的特性。如果低于额定电压使用,光源的寿命虽然可以延长,但发光强度不足,发光效率变低。如果在高于额定电压下工作,发光强度变强,但寿命缩短,故要求电源电压能达到规定值。

2. 功率(P_r)

灯的额定功率是指由制造商给定的某一型号灯在规定条件下的功率值,单位为 W(给定某种气体放电灯的额定功率与其镇流器的损耗功率之和称为灯的全功率)。

3. 额定光通量(Φ_r)

由制造商给定的某一型号灯在规定条件下的初始光通量值,单位为 lm。

由于灯丝形状的变化,真空度(或充气纯度)的下降、钨丝蒸发粘附在灯泡内壁等因素,白炽灯在使用过程中光通量会衰减。充气白炽灯内气体的对流使蒸发的钨不像真空白炽灯那样均匀散布在玻壳内部,而集中在灯头上方(指灯头在上的安装方式),光通衰减情况较好。

灯在给定点燃时间后的光通量与其初始光通量之比,称为光通量维持率,通常用百分比表示。

4. 发光效能(η)

灯泡的发光效能是指灯的光通量除以灯消耗电功率之商,简称光源的光效,以 lm/W 为单位。

5. 寿命(τ)

灯泡的寿命一般有两种意义:①全寿命:指灯泡从开始使用到点燃失效,或者根据某种规定标准点到不能再使用的状态的累计时间;②在规定条件下,同批寿命试验灯所测得寿命的算术平均值称为平均寿命(产品样本上列出的光源寿命一般指平均寿命),白炽灯的平均寿命为 1000h;③中值寿命:在批量为 N 的寿命试验灯中,按照灯的损坏顺序,第 $\frac{N-1}{2}+1$ 个灯的寿命(N 为奇数时)或第 $\frac{N}{2}$ 个与第 $\frac{N}{2}+1$ 个灯的寿命的平均值(N 为偶数时)称为该批灯的中值寿命。

白炽灯的寿命受电源电压的影响,见图 4-10,从图中可知电源电压升高,灯泡寿命将大大降低。灯丝在工作过程中各处变细的速度不同(由于材料或制造方面的原因),在局部地方蒸发加速,该处的温度也就加速提高,甚至蒸发迅速而最终烧断。灯丝温度的变化使得灯的寿命和光效都会产生变化,同一个灯泡光效越高寿命就越短。

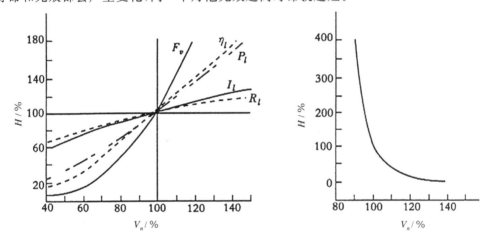

白炽灯的光参数:光通量 F_v、光效 η_1

白炽灯的电参数:灯电压 V_1(这里就是电源电压 V_n)、电流 I_l、功率 P_l、电阻 R_l

白炽灯的寿命:H

图 4-10   白炽灯光电参数与电源电压的关系

6. 光谱能量(功率)分布

白炽灯是热辐射光源,具有连续的光谱能量(功率)分布,见图 3-10(b)。

7. 色温、显色指数

白炽灯是低色温光源,一般为 $2400\sim2900K$,显色性很好,显色指数为 $99\sim100$。

普通白炽灯泡的光电参数见附录 4-1。

当电源电压变化时,白炽灯除寿命有很大变化外,光通、光效、功率等也都有很大变化。可参见图 4-10。白炽灯工作在直流电源时,寿命和光通维持都比工作在交流电源时差。

4.3   卤钨灯

填充气体内含有部分卤族元素或卤化物的充气白炽灯称为卤钨灯。

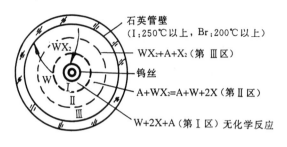

石英管壁
(I:250℃以上，Br:200℃以上)

WX₂+A+X₂(第Ⅲ区)

钨丝

A+WX₂=A+W+2X(第Ⅱ区)

W+2X+A(第Ⅰ区) 无化学反应

图 4-11 卤钨循环示意图

4.3.1 卤钨循环

卤钨循环的过程可用图 4-11 表示。在适当的温度条件下，从灯丝蒸发出来的钨在泡壁区域内与卤素反应形成挥发性的卤钨化合物，当卤钨化合物扩散到高温的灯丝周围区域时，又分解成卤素和钨，释放出来的钨沉积在灯丝上，而卤素再扩散到温度较底的泡壁区域与钨化合，这一过程称为卤钨循环或称钨的再生循环。

为了使管壁处生成的卤化钨处于气态，管壁温度要比普通白炽灯高得多，相应地卤钨灯的泡壳尺寸就要小得多，此时普通玻璃承受不了，必须使用耐高温的石英玻璃或硬质玻璃。由于泡壳尺寸小、强度高，灯内允许充的气压就高，加之工作温度高，故灯管内的工作气压要比普通充气泡高得多。这样就使得卤钨灯中钨的蒸发受到更有力的抑制，同时消除了泡壳的发黑，灯丝的工作温度和光效就可大为提高，且灯的寿命也提高了。

氟、氯、溴、碘四种元素都能产生卤钨循环，目前广泛采用的是溴、碘两种元素。制成的灯分别叫溴钨灯和碘钨灯(统称卤钨灯)。氟钨循环有利于减少灯丝"热点"的形成，更有利于延长灯的寿命，但氟对支架的腐蚀问题还有待于进一步解决。

4.3.2 卤钨灯的结构与参数

卤钨灯分为两端引出和单端引出两种，见图 4-12，两端引出的灯管一般用于大面积普通照明，单端引出的灯管一般用于有投光或聚光要求的照明应用。

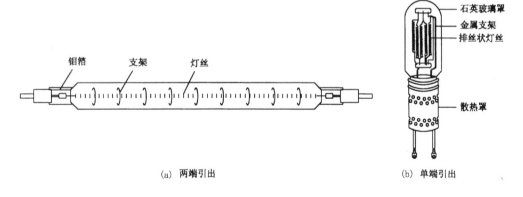

钼箔   支架   灯丝

石英玻璃罩
金属支架
排丝状灯丝

散热罩

(a) 两端引出

(b) 单端引出

图 4-12 卤钨灯外形

照明用卤钨灯的技术参数见附录 4-2。

由于碘蒸气呈紫红色，吸收 5％ 的光线，碘钨灯的光效比溴钨灯低 4％～5％。但碘在温度为 1700℃ 以上的灯丝和 250℃ 左右的管壁间循环，对钨丝没有腐蚀作用，故需要灯管寿命长些就用碘钨灯；需要光效高的灯管可用溴钨灯，但寿命就短些。

4.3.3 卤钨灯的应用

卤钨灯与白炽灯相比光效高，体积小，便于光控制，色温较高，显色性好，所以它在各个照明领域中都有广泛的应用。

1. 一般照明用卤钨灯

主要是在市电下工作的双端引出的管状卤钨灯。寿命大于 2 000h,灯功率 100W～1kW,相应的灯管直径 8～10mm,灯管长 80～330mm,两端采用 RTS 的标准磁接头,需要时在磁管内还装有保险丝。一般照明也有单端引出的,还可将小型卤钨灯泡装在灯头为 E26/E27 的外泡壳内,做成二重管形的卤钨灯泡,在原有灯具中可直接代替普通白炽灯。

2. 投光照明用卤钨灯

主要有带介质冷反射镜的定向照明卤钨灯(MR 型)、卤钨 PAR 灯以及放映卤钨灯。MR 型是将反射镜和灯泡一体化的卤钨灯,反射镜内表面涂镀多层介质膜,以反射可见光透过红外(滤掉),俗称冷光束卤钨灯,反射镜可以是抛物面也可以是多棱面,光束可做成宽、中、窄三种,电压有 6V/12V/24V,功率 10～75W,色温 3 000K,寿命 2 000～3 000h,灯泡可通过电子变压器接 220V 市电(也有可直接接 220V 的灯泡,广泛用于橱窗、展厅、宾馆以及家庭,既方便又突出照明效果,还能美化环境。卤钨 PAR 灯比普通白炽 PAR 灯效率高 40% 左右,广泛用于舞台、影视、橱窗、展厅及室外照明。

3. 其他

舞台、影视照明用卤钨灯,体积小,不会发黑,发光体集中,便于在各种灯具中应用,功率 500W～20kW。汽车前照灯中也大量采用卤钨灯泡。

卤钨灯是暖色调的低色温光源,光色灿烂度高,是人们非常喜爱的光色,但与气体放电光源、LED 光源相比,它的光效低、表面温度高、发热量大、寿命短,目前正在被这些光源所替代。

4.4 荧光灯

主要由放电产生的紫外辐射激发荧光粉而发的放电灯称为荧光灯。

荧光灯是一种低气压汞蒸气弧光放电灯,它在气体放电中消耗的电能主要转化为紫外区域的电磁辐射(大约 63% 转化为 185～254nm 之间的 C 类紫外辐射),大约有 3% 的能量在放电中直接转化为可见光,其主要波长为 405nm(蓝紫光)、436nm(蓝光)、546nm(绿光)和 577nm(黄光)。紫外辐射照射到灯管内壁的荧光粉涂层上,紫外线的能量被荧光材料所吸收,其中一部分转化为可见光并释放出来。一个典型的荧光灯中发出的可见光(包括从荧光粉涂层中发出的和在放电时直接发出的)大约相当于输入到灯内的能量的 28%。荧光灯的光电性能主要取决于灯管的几何尺寸即长度和直径、填充气体种类和压强、涂敷荧光粉以及制造工艺。

4.4.1 荧光灯的分类及其参数

荧光灯由灯头、阴极和内壁涂有荧光粉的玻璃管组成,灯管内封入汞(水银)粒和稀有气体,见图 4-13 所示。它有很低的管壁负荷,较低的表面亮度(约为 $10^4 cd/m^2$),加工方便,可制成不同光色的灯管,应用广泛。

1. 按启动线路方式分类

1)预热式

在一般情况下,多采用启辉器预热阴极,并施加反冲电压使灯管点燃。常用的启辉器是一只充满氩气的小灯泡,内有一对电极,可动电极用双金属片组成,利用氩气的辉光放电热

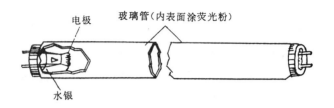

图 4-13 荧光灯灯管的结构图

量使可动电极和固定电极接触,启辉器接通预热灯丝,随即辉光放电停止,电极冷却(1～2s)后,在离开固定电极的瞬间,电感(镇流器)反冲高电压使灯管中气体被击穿,灯点燃。

2)快速启动式

放电灯管在管壁电阻非常低或非常高的情况下,都能使启动变得容易,故可在灯管内壁涂敷透明的导电薄膜(或在管内壁或外壁敷设导电条)提高极间电场。在镇流器内附加灯丝加热回路,且镇流器的工作电压设计得比启动电压高,所以在电源电压施加后约1s就可启动。

3)冷阴极瞬时启动式

由于电极不需要预热,可以采用漏磁变压器产生的高压瞬时启动灯管。

2. 按功率(灯的负荷或管壁单位面积所耗散的功率)分类

1)标准型

在标准点灯条件(环境温度20℃～25℃、湿度65%以下)下,为获得应有的发光效率,将管壁温度设计在最佳值(约40℃),管壁负荷约300W/m²。

2)高功率型

为了提高单位长度的光通输出,增加了灯的电流,管壁负荷设计约500W/m²。

3)超高功率型

为进一步提高光输出,管壁负荷设计约900W/m²。为此,灯管内通常充入氖氩混合气和蒸气压低的汞齐(以控制汞蒸气压不要太高)。高功率型灯和超高功率型灯一般是采用快速启动的方式工作的。

3. 按灯管工作电源的频率分类

荧光灯是非纯电阻性元件,工作在不同频率的电源电压情况下,管压降不同。

1)工频灯管

即工作在电源频率为50Hz或60Hz回路的灯管,一般与电感镇流器配套使用。目前市场中销售的主要是此种灯管。

2)高频灯管

工作在20～100kHz高频状态下的灯管,高频电流是与其配套的电子镇流器产生的。

3)直流灯管

工作在直流状态下的灯管。点灯回路从市电取用工频(50Hz或60Hz)交流电源经整流成直流后向灯管供电。

4. 按灯管形状和结构分类

1)直管型荧光灯

其灯管长度150～2400mm,直径15～38mm,功率4～125W,各种规格都可生产。普通照明中使用广泛的灯管长度为:600mm、1200mm、1500mm、1800mm及2400mm,灯管直径有 25mm(T8)、15mm(T5)（每一个"T"数表示 1/8in 即 3.175mm）。

（1）T8 灯管。这类荧光灯管内充氮、氩混合气体。它可用来直接取代以开关启动电路工作的充氩气 T12 灯管（有同样的灯管电压与电流），但取用的电功率比 T12 灯管少（氮气使电极的损耗减小）。

（2）T5 灯管。T5 灯管比 T8 灯管节电 20%，使用三基色稀土荧光粉，显色指数 $R_a >$ 85，寿命 7500 h。

2）高光通单端荧光灯

这种灯管在一端有四个插脚。主要灯管有 18W（255mm）、24W（320mm）、36W（415mm）、40W（535mm）、55W（535mm）。它与直管型荧光灯相比优点为：结构紧凑、光通输出高、光通维持好、在灯具中的布线简单了许多、灯具尺寸与室内吊顶可以很好地配合。

3）紧凑型荧光灯（CFL）

这种灯使用 10～16mm 的细管弯曲或拼结成一定形状（有 U 形、H 形、螺旋形等），以缩短放电管线形长度。它可广泛地替代白炽灯，在达到同样光输出的前提下，耗电为白炽灯的 1/4，故又称它为节能灯，见图 4-14。品质较高的紧凑型荧光灯产品的寿命可以长达 8 000～10 000h。它们最主要的可分为三种类型。

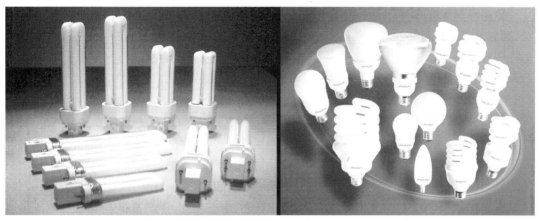

图 4-14　几种紧凑型荧光灯

（1）自带镇流器或一体化紧凑型荧光灯：这种灯自带镇流器等全套控制电路，一般封闭在一个外壳里。有的灯管外装保护罩，保护罩可以是透明的、棱镜式的乳白色或带一个反射器，装有螺旋灯头或插式灯头，可以直接替代白炽灯泡。

（2）与灯具中的控制电路分离的灯管：这种灯管可以从灯具中拆卸下来。灯头是特制的，有两针和四针两种，用于专门设计的灯具中，借助与灯具结合成一体的控制电路工作。

（3）配适配器的可拆离灯管：适配器内部有控制电路设备，一端是插座，它与灯部分的灯头相适配。灯管损坏时只需更换灯管继续使用原来的适配器。

5. 特种荧光灯

1）高频无极感应灯（又称无极荧光灯）

它不需要电极，是利用在气体放电管内建立的高频（频率可达几兆赫）电磁场，使灯管内气体发生电离而产生紫外辐射激发玻壳内荧光粉层而发光的气体放电灯。因为它没有电极故寿命可以很长，目前进入商业应用的产品已经可以达到 60 000h。

目前市场上的产品放电频率有两种:一种放电频率 2.65MHz,电磁耦合效率高;还有一种放电频率 250kHz。后一种放电频率较低,抑制电磁干扰比较容易,电子元器件成本相对比较低。

2) 平板(平面)荧光灯

两个互相平行的玻璃平板构成的密闭容器,里面充入惰性气体和它的混合气体(如氙、氖-氙),内壁涂上荧光粉,容器外装上一对电极,就构成了平面荧光灯。当电极上加上高频电压后,容器中开始形成介质阻挡放电,氙原子被激发并形成了氙准分子光,产生紫外线,紫外线激发荧光粉发出可见光,成为平面光源。它光线柔和、悦目,可以与室内墙面、顶棚融为一体,同时它不充汞,没有污染。平板(平面)荧光灯要做得好,关键是要有匹配得很好的荧光粉。该产品的大规模商业应用还有待进一步开发。

特殊结构和形状的荧光灯还有很多,如反射式荧光灯、缝隙式荧光灯等,还有特殊光色的荧光灯、特殊光谱的荧光灯、冷阴极荧光灯等等,根据使用场所的不同需要可以制作。荧光灯的技术参数见附录 4-3a,4-3b,4-5。

3) 冷阴极荧光灯(CCFL)

冷阴极荧光灯管径细,采用三基色荧光粉,电极采用 Ni、Ta、Zr 等金属,在高的启动电压下形成辉光放电使灯管工作。

冷阴极荧光灯 CCFL 与一般荧光灯的主要差别是电极不同,一般荧光灯是采用热阴极,而它是采用冷阴极。目前我们所指的 CCFL 是专指管径很细(约为 2~6mm),亮度很高的冷阴极荧光灯。它体积小、亮度高、寿命长,主要做各种显示面板的背光光源。随着技术的发展,CCFL 技术已逐步转型向室内灯具发展。

在室内外装饰照明工程中管径为 10~20mm CCFL 灯,它具有可瞬时点燃、可频繁开关、可动态调光、色彩鲜艳和长寿命等优点,因此得到广泛的应用。

4.4.2 荧光灯的特性

1. 电源电压变化的影响

电源电压变化对荧光灯光电参数是有影响的。供电电压增高时灯管电流变大、电极过热促使灯管两端早期发黑,寿命缩短。电源电压低时,荧光灯需要经启辉器多次工作才能启动。启动后由于电压偏低工作电流小,不足以维持电极的正常工作温度,加剧了阴极发射物质的溅射,使灯管寿命缩短。因此要求供电电压偏移范围为 ±10%,图 4-15 表示荧光灯光电参数随电压变化的情况。

2. 光色

荧光灯可利用改变荧光粉的成分来得到不同的光色、色温和显色指数。常用的是价格较低的卤磷酸盐荧光粉,它的转换效率较低,一般显色指数 R_a 为 51~76,有较多的连续光谱。另一种窄带光谱的三基色稀土荧光粉,它转换效率高、耐紫外辐射能力强,用于细管径的灯管可得到较高的发光效能(紧凑型荧光灯内壁涂的是三基色稀土荧光粉)。三基色荧光灯比普通荧光灯光效高 20%

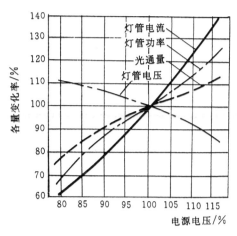

图 4-15 荧光灯光电参数随电压的变化

左右。不同配方的三基色稀土荧光粉可以得到不同的光色,灯管一般显色指数 R_a 为 $80 \sim 85$,线光谱较多。多光谱带荧光粉,$R_a > 90$,但与卤磷酸盐粉、三基色粉相比,效率低。无论涂哪种荧光粉,都可以调配出三种标准的白色,它们是暖白色($2\,900K$)、冷白色($4\,300K$)、日光色($6\,500K$)。还可以根据不同的需要而生产其他特殊的光色。

3. 环境温湿度的影响

环境温度对荧光灯的发光效率是有很大影响的。荧光灯发出的光通与汞蒸气放电激发出的 $254nm$ 紫外辐射强度有关,紫外辐射强度又与汞蒸气压力有关,汞蒸气压力与灯管直径、冷端(管壁最冷部分)温度等因素有关(冷端温度与环境温度有关)。对常用的水平点燃的直管型荧光灯来说,环境温度 T_{amb} $20℃ \sim 30℃$,冷端温度 T_{col} $38℃ \sim 40℃$ 时的发光效率最高(相对光通输出最高)。对细管荧光灯,汞自吸收量减少,最佳工作温度偏高一点;对充汞齐合金的紧凑型细管荧光灯,工作的环境温度就更高些。管壁温度及环境温度对荧光灯光输出的影响示于图 4-16。一般来说,环境温度低于 $10℃$ 还会使灯管启动困难。灯管工作的最佳环境温度为 $20℃ \sim 35℃$。

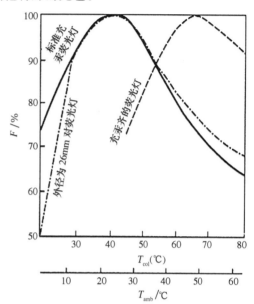

图 4-16 荧光灯光输出随 T_{col} 和 T_{amb} 变化曲线

环境湿度过高($75\% \sim 80\%$)对荧光灯的启动和正常工作也是不利的。湿度高时空气中的水分在灯管表面形成一层潮湿的薄膜,相当于一个电阻跨接在灯管两极之间,降低了荧光灯启动时两极间的电压,使荧光灯启动困难。由于启动电压升高,就使灯丝预热启动电流增大,阴极物理损耗加大,从而使灯管寿命缩短。一般相对湿度在 60% 以下对荧光灯工作是有利的,$75\% \sim 80\%$ 时是最不利的。

4. 控制电路的影响

荧光灯所采用的控制电路类型对荧光灯的光效、寿命等都有影响。在启辉器预热电路中灯的寿命极大地取决于开关次数。优质设计的电子启辉器,可以控制灯丝启动前的预热,并当阴极达到合适的发射温度时,发出触发脉冲电压,使灯更可靠地启动,并较少地受荧光灯开关次数的影响,从而减少了对电极的损伤,有效地延长了荧光灯的寿命。

应用高频电子镇流器的点灯电路也同样对灯丝电极的损伤极小,不会因为频繁开关而影响灯管寿命。大多数的电路在灯燃点期间提供了一定的电极持续辅助加热,它帮助阴极灯丝维持在所需的电子发射温度。当调光装置与电子镇流器结合成一体时,随着灯调暗,灯电流减小,控制电路可控地增加辅助阴极的加热电流。电极损耗的减少必然能提高荧光灯的总效率。

近年来国际上各大光源厂商在 T5 灯管配套的电子镇流器中使用的断流技术(cut off),即在灯管工作时切断灯丝回路的电源,使灯管寿命提高到 $20\,000h$,而且由于灯丝消耗功率的减少,使光效达到 $100lm/W$ 以上。

5. 寿命

灯管寿命的认定是根据国际电工委员会的规定(IEC81.1984)进行测试得到的。将灯管用一个特制的镇流器点燃,每三小时开关一次,每天开关八次。这个寿命认定提供了灯管的中期期望寿命,它是大量的荧光灯同时燃点,其中50%报废的时间。

控制灯管启动和工作的电路将对灯丝电极寿命起极大的影响作用。另一方面,荧光灯在高于额定电流下工作,或在低于额定电流下工作,不能充分地对电极提供附加加热电流,都会造成寿命的缩短。因此对供电电压偏移有一定的要求。同时,如果电极上的发射物质涂敷过少,排气时对电极的处理不当,以及慢性漏气或排气不净等都会影响灯管的寿命。

6. 光通量维持率

光通量维持特性是指灯管在寿命期间光输出的减少。光通衰减的主要原因是由于荧光粉材料的变质。气体放电产生的极短波长紫外辐射(185nm)作用于荧光粉上,以及汞扩散进入荧光粉的晶格结构中,都会引起荧光粉变质。另外灯管玻璃中的钠含量也是一个不可忽视的因素。造成光通衰减还有一个原因,是在荧光灯启动和燃点时,灯丝上溅散的污染物质沉积在荧光粉的表面,现代制灯采用保护膜工艺能对荧光灯光通量维持特性有极大的改善。

7. 闪烁与频闪效应

荧光灯工作在交流电源情况下,灯管两端不断改变电压极性,当电流过零时,光通即为零,由此会产生闪烁感。荧光灯的中间和两端部的发光波形见图4-17。其闪烁用闪烁指数或闪烁百分比表示。这种闪烁感由于荧光粉的余辉作用,人们在灯光下并没有明显感觉,只有在灯管老化和近寿终前才能明显地感觉出来。当荧光灯这种变化的光线用来照明周期性运动的物体时就会降低视觉分辨能力,这种现象称为频闪效应。在双管或三管灯具中可以采用分相供电,在单相电路中可采用电容移相的方法(见图4-18),以消除频闪效应。图4-18中L'是为确保启动电流(补偿C)而加入的电感。

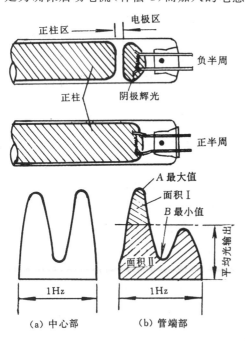

图 4-17 荧光灯中间与端部的发光波形

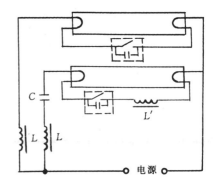

图 4-18 单相两灯移相电路

采用电子镇流器的荧光灯工作在高频状态,可明显地消除频闪效应。

4.4.3 荧光灯的工作线路

由于气体放电灯的负阻特性,荧光灯必须与镇流器配合才能稳定地工作,故其工作线路比热辐射光源复杂。

图 4-19 示出了几种有代表性的荧光灯工作线路。

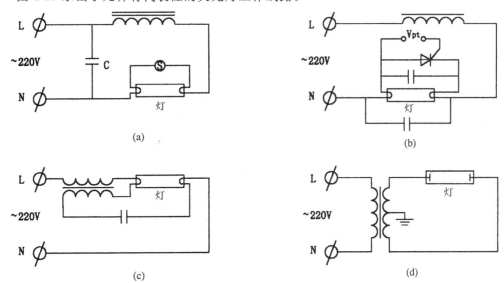

图 4-19 荧光灯的工作线路

图 4-19(a)为常用的采用启辉器的开关型启动电路,启辉器是一个简单而可靠的元件。它是将两个双金属原材料做成的触点封入一个小玻壳内,充入低压惰性气体或混合气体,再掺入微量的氚以帮助电离。这个充气的小玻壳与一个小电容一起装在一个带两个管脚的金属或塑料小圆柱盒内。辉光启动器有一个专门的固定插座供它插装,因此换用极为方便。开灯前,启动器的双金属片的触点之间存在一定的间隙,当电路接通时,电源电压足以激发玻壳内气体产生辉光放电,从而慢慢地加热接触片,使它们相互弯曲直接接触。当接触片相互接触 1～2s 后,电源通过镇流器和灯的阴极形成了串联电路,一个相当强的预热电流迅速通过阴极,对阴极加热。当双金属片接触时,由于接触片之间没有电压,因此辉光放电消失。然后接触片开始冷却,在一段很短的时间后它们靠弹性分离,使电路断开。由于电路呈感性,当电路突然中断时,在灯的两端会产生持续时间约为 1ms 的 600～1500V 的脉冲电压(其值取决于灯的类型)。这个脉冲电压很快地使充在灯内的气体和蒸气电离,灯点亮,灯在工作的情况下两端的电压不足以使启动器再次点燃辉光。如果启动器是在交流电过零值的附近弹开,则仅产生一个很小的电压脉冲,启动器会自动地再闭合,重新再对灯进行启动。

图 4-19(b)为一个采用电子启动电路的点灯线路。使用一个可控硅的单向启动器代替上述电路中的辉光启动器,若可控硅在每个周期被一个递增的触发电压 V_{pt} 触发导通,灯丝的预热电流就慢慢地降低,直到灯启动为止。这种线路能使荧光灯启动时没有闪烁。但它对有些灯管不适合。

图 4-19(c)是使用谐振启动电路。由电感和电容组成谐振电路,能获得灯点燃前所需的

预热电流和灯的启动电压。

图 4-19(d)是变压器启动电路的一种。这是为无须预热就能启动的灯管设计的。在此电路中,漏磁变压器给工作于 50～120mA 的冷阴极荧光灯提供 1～10kV 的启动电压。

荧光灯和所有气体放电灯一样在工作中产生含有高次谐波分量的电流(以三次谐波为主,也含有五次、七次、九次等高次谐波)。此电流通过镇流器初级线圈,会对通讯有影响,同时使三相四线制配电线路的中性线电流也会随之增加($3n$ 次谐波在中性线上是相加的)。通常的荧光灯工作回路中有 20% 的三次谐波,三灯接成星形时,中性线中流过 60% 的三次谐波。在设计镇流器与配电线路时都应加以考虑。

为使荧光灯能正常工作,选用与灯管配套的镇流器是非常重要的。镇流器要消耗一定的功率,在配电线路容量设计时也应予以注意。

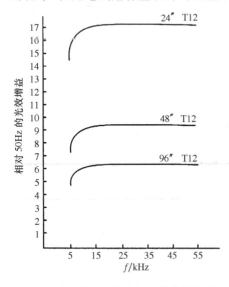

图 4-20　荧光灯的高频工作特性曲线
不同长度的荧光灯的光效增益随 f 的变化
(光输出恒定,无阴极加热,环境温度 25℃)

4.4.4　电子镇流器

1. 荧光灯的高频工作特性

气体放电灯在交流供电情况下工作时,气体或金属蒸气放电的特性取决于交流电的频率和镇流器的类型。灯的等效阻抗近似为一个非线性电阻和一个电感的串联。在交流 50/60Hz 时,灯的阻抗在整个交流周期里一直不停地变化,从而导致了非正弦的电压和电流波形,并产生了谐波成分。荧光灯大约在工作频率超出 1kHz 时,灯内的电离状态不再随着电流迅速地变化,从而在整个周期中形成几乎恒定的等离子体密度和有效阻抗。因此灯的伏-安特性趋向于线性,波形失真也因之降低。图 4-20 给出了荧光灯的高频工作特性曲线。从曲线中可看出,当其工作频率超过 20kHz 时,光效可提高 10%～20%,同时荧光灯工作在高频状态可以克服闪烁与频闪给人带来的视觉不舒适。基于此原理电子镇流器应运而生。

2. 电子镇流器的基本线路

从本质上来说电子镇流器是一个电源变换器。它将输入的电源电流进行频率、波形和幅度方面的改变,给灯管提供符合要求的能源。同时还有其他一些作用:灯的启动和输入功率的控制等。照明用电子镇流器是以开关电源技术为其基础来进行制造的,其组成框图如图 4-21 所示。

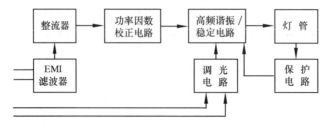

图 4-21　电子镇流器的组成框图

滤波器的主要功能为:降低高次谐波、抑制从高频端过来的电磁干扰,以及保护电子开关元件抗御从电网过来的电压脉冲。

(1)整流器:将电源输入的 50/60Hz 交流信号,转换成直流电源,以供应后级功率因数校正电路及高频谐振回路的需要。

(2)功率因数校正电路:国际电工委员会(IEC)规定"线路功率因数达到 0.85 或以上的镇流器"为高功率镇流器。功率因数校正一般分为无源功率因数校正电路(PPFC),和有源功率因数校正电路(APFC)。

(3)高频谐振/稳定电路:高频谐振电路将整流后的直流电压经功率开关元件配合电感与电容组成的谐振电路转换成点灯所需要的高频电源。该电路的另外两个重要功能为:启动时,提供较高的开路电压将灯管击穿;正常工作时,稳定限流。

(4)保护电路:电子镇流器与荧光灯的配套工作。荧光灯在使用过程中因某些原因出现异常状况,如一个灯或几个灯中的一个没有接入、阴极损坏、阴极去激活等,这时电子镇流器不能因此损坏或出现非安全现象。异常状况出现后若更换新灯,镇流器应仍能继续使用。所有这些,都需要镇流器具备保护电路。

(5)调光控制电路:在很多应用场合,需要照明设备发出的光可以调节。调光控制方式基本上可分为调相(位)式、调幅式和调频式三种。

调光是通过电子装置调整灯的功率来实现输出光通变化的。但是荧光灯的调光碰到两个问题:一是降低灯的功率会使灯的重复着火困难;二是在较低的工作电流下,灯的电极不能够维持在合适的发射温度。为克服前一个困难,镇流器必须提供足够高的开路电压。

3.电子镇流器与电感镇流器的比较

电子镇流器大大改善了荧光灯的工作条件,与电感镇流器相比有如下优点:

(1)在电源电压较低、环境温度较低(-10℃左右)的情况下都能使荧光灯管一次快速启辉(不用启辉器),灯管基本上无闪烁感,镇流器本身无噪音。

(2)节约电能。电子镇流器本身损耗很小,再加上灯管工作条件改善了,故发出同样的光通量所消耗的电功率也相应减少了。同样功率的灯管用电子镇流器系统功率(向电网取用的功率)要减少 30% 左右。

(3)功率因数大于 0.9(用电感镇流器单灯不补偿时为 0.33~0.52)且阻抗呈容性,故能改善电网功率因数,提高供电效率。

(4)体积小、重量轻、安装方便,可以直接安装在各种灯具上。

但电子镇流器相对电感镇流器在使用上还是有其局限性的,如恶劣工况条件下电感线圈比电子元器件更可靠;电子高频谐波干扰在某些特定场合如机场、医院等使用有限制。

考虑采用电感镇流器还是电子镇流器哪个更合适时,必须将系统兼容性问题考虑进去,详见表 4-1 和表 4-2。

表 4-1   电感镇流器与电子镇流器的比较

	电感镇流器	电子镇流器
波峰系数	<1.7	≤1.7
冲击电流	低	高
谐波	不严重	THD≤33%

续表

	电感镇流器	电子镇流器
闪烁	不易看见	难以察觉
对高压电浪涌	不敏感	敏感
EMT 或 RFI	无	有
寿命	外壳 90℃ 60 000h	待定
安装位置	要求近灯管	只受引入线电阻限制

表 4-2   节能电感镇流器、cut off 式镇流器与电子镇流器的比较

F40T12 镇流器（双灯）	输入功率/W	流明系数①/%	近似价格比
节能型	86	95	x
cut off 式②	80	95	$1.3x$
电子快速式	72	88	$2x$

① 商品镇流器输出光通量与同一支灯管在试验室基准镇流器操作产生 100% 输出光通量之比。

② 灯管启动后就断开阴极加热电源，以减少灯丝上的功率损耗。

4.5 高强度气体放电灯（HID 灯）

由于管壁温度而建立发光电弧，其发光管表面负载超过 $3W/cm^2$ 的放电灯称为高强度气体放电灯（HID 灯）。如高压汞灯、高压钠灯和金属卤化物灯等。

4.5.1 HID 灯的结构与参数

HID 灯的结构示于图 4-22。它们都有放电管、外泡壳和电极，但所用材料及内部充的气体不一样。

荧光高压汞灯采用耐高温、高压的透明石英玻璃做放电管，管内除充汞外，同时充有压力为 2 666.44Pa 的氩气以降低启动电压和保护电极。放电管两端采用钼箔封接电极。用钨作主电极，并在其中填充有碱土氧化物作为电子发射物质。外泡壳有保持放电管工作温度、防止金属零部件氧化、切断有害的紫外线等作用，还涂有荧光粉，成为荧光高压汞灯。外泡壳内通常也充入数十千帕的氖气或氖氩作绝热用，还设有帮助启动用的辅助电极。

高压汞灯主要辐射来源于汞原子激发后产生的紫外线和可见光，荧光高压汞灯是采用涂有荧光粉的外玻壳将紫外线转换为可见光的。

金属卤化物灯在放电管中除充汞和稀有气体外，还充有金属卤化物（以碘化物为主）作为发光物质。金属卤化物的蒸气压比金属单体高得多，可满足使金属发光所要求的压力，同时可以抑制高温下金属单体与石英玻璃的反应。为了不使电极材料与卤素反应，采用钍和稀土金属氧化物作电极，但其逸出功比碱土金属高，使得金属卤化物灯的启动电压升高。为改善灯的启动，放电管中充入较易电离的氖、氩混合气体等。为了提高管壁温度放电管设计成小型，同时为了控制最冷点温度（影响蒸气压），在管端部分涂以保护膜。放电管内设有辅助电极或外泡壳内设双金属启动片以帮助启动。

金属卤化物灯的主要辐射来自各种金属（如铟、镝、铊、钠等）的卤化物在高温下分解后

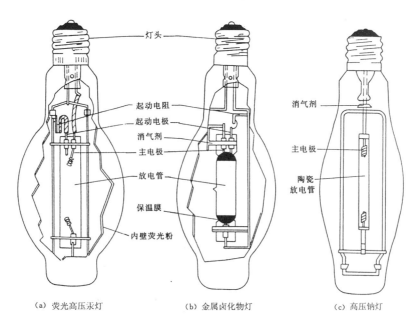

|（a） 荧光高压汞灯 | （b） 金属卤化物灯 | （c） 高压钠灯 |

图 4-22　HID 灯的结构示意图

产生的金属蒸气（和汞蒸气）混合物的激发。

金属卤化物灯从 20 世纪 60 年代推出以来，其放电管一直采用透明石英管，20 世纪末飞利浦公司推出了采用半透明陶瓷管作放电管的金属卤化物灯（称为陶瓷金属卤化物灯），其优点是：①没有钠透过管壁的迁移，确保灯泡寿命期间色温的稳定性；②陶瓷放电管可有效地控制几何尺寸，确保所有灯泡性能的一致性；③放电管可工作在更高的工作温度，以得到很高的光效、非常好的显色性及色温的一致性、稳定性。

高压钠灯放电管是采用半透明单晶或多晶氧化铝陶瓷管，它们能耐高温，对于高压的钠蒸气具有稳定的化学性能。放电管内充入的钠和汞是以钠汞齐形式放入（一种钠与汞的固态物质），并放入氙或氖氩混合气体作为启动气体以改善启动性能。采用小内径的放电管可获得最高的光效。

高压钠灯的辐射来源于分子压力为 10^4 Pa 的金属钠蒸气的激发。

HID 灯的光电参数见附录 4-6。

4.5.2　HID 灯的工作特性

1. 灯的启动与再启动

给灯施加电压，立即在主电极和辅助电极间（高压钠灯不用辅助电极）产生辉光放电，瞬间转移到主电极间形成弧光放电。由于放电产生的热量使管内金属（汞、钠）或金属卤化物数分钟后全部蒸发并达到稳定状态。称达到稳定状态所需的时间为启动时间或稳定时间。一般启动时间为 5～10min 左右。启动过程中 HID 灯的光电参数都有很大变化，示于图4-23。

一般 HID 灯在熄灭以后，必须等到灯管冷却，汞蒸气压下降后才能再点灯，这是由于灯熄灭后放电管内离子迅速复合，但灯管温度和蒸气压力仍很高，不能使原子电离，所以不能形成放电。从灯熄灭后再点燃所需的时间称为再启动时间，一般需要 5～10min 左右。

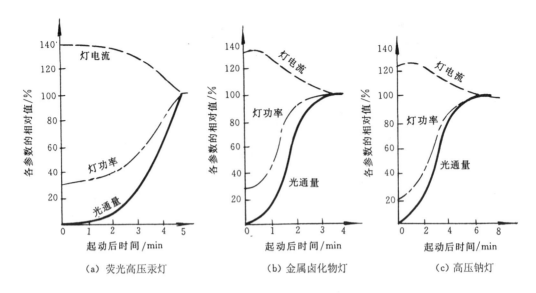

|（a）荧光高压汞灯|（b）金属卤化物灯|（c）高压钠灯|

图 4-23 HID 灯启动后各种参数的变化

2. 电源电压变化的影响

电源电压变化对各种 HID 灯光电参数的影响见图 4-24。灯在使用中电源电压容许有一定的变化范围，但电压过低时灯可能熄灭或不能启动，光色也有变化。电压过高也会使灯因功率过高而熄灭。从图 4-24 可知，高压钠灯的灯管工作电压随电源电压的变化而发生很大变化，因此，对它的镇流器有特殊的要求。图 4-25 给出了 400W 高压钠灯功率—电压限制四边形，即要求镇流器的特性在此四边形的范围内，保证高压钠灯能稳定工作。

3. 寿命与光通维持

气体放电灯与白炽灯一样都有全寿命与有效寿命之分，全寿命是指灯管燃点到不能再启点发光的时间，有效寿命是指灯的发光致率下降到初始值的某一百分数（例如 70%）时灯的工作时间，有效寿命实际上是对灯的光通衰减而言。下面讨论的是它的全寿命。

HID 灯的寿命是很长的，一般能达到上万小时，见表 4-6 所示。

高压汞灯的寿命取决于管壁黑化而引起的光通衰减和电子电极损耗而使启动电压升高，直至不能启动，这与灯的点灭次数、发光管的设计、电流波形等因素有密切关系。

金属卤化物灯的管壁温度高于高压汞灯，工作时，放电管石英玻璃中含有的水分等不纯气体很容易释放出来。同时金属卤化物分解出来的金属和石英玻璃缓慢的化学反应，游离的卤素分子等都能使启动电压上升，所以对制造工艺要求较高。

高压钠灯由于氧化铝陶瓷管在灯的工作过程中具有很好的化学稳定性，这使它寿命很长，国际上已做到 20 000h 左右。高压钠灯寿命告终可能是由于放电管漏气、电极上电子发射物质耗竭和钠耗竭（与氧化铝陶瓷管起反应）。

4. 灯的点燃位置

金属卤化物灯和高压汞灯、高压钠灯不同，当灯的点燃位置变化时，灯的光电特性有很大变化。点燃位置的变化，使放电管最冷点的温度跟着变化（残存的液态金属卤化物在此部位）。与此对应，金属卤化物的蒸气压相应发生变化，这就引起了灯电压、光效和光色也跟着变化。在灯工作过程中即使金属卤化物完全蒸发，但由于点灯位置的不同，它们在管内的密

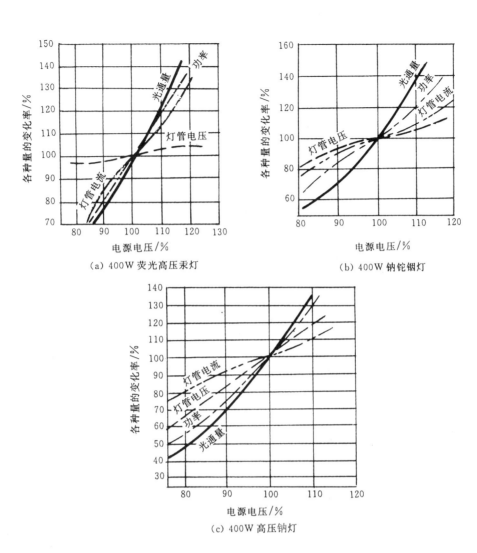

(a) 400W 荧光高压汞灯

(b) 400W 钠铊铟灯

(c) 400W 高压钠灯

图 4-24　HID 灯各参数与电源电压的关系

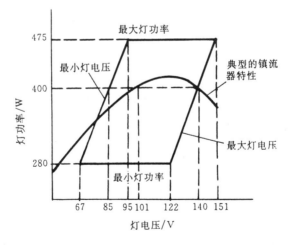

图 4-25　400W 高压钠灯功率—电压四边形

度分布也不同,仍会引起特性的变化。所以在使用中要按产品指定的位置:灯头向上垂直、水平、灯头向下垂直的位置,以期获得最佳的特性。

近期发展很快的陶瓷金卤灯,可以做到在不同的点灯位置时色温有很好的一致性。

从 HID 灯发展的情况来看,荧光高压汞灯显色指数 R_a 低(30~40),但由于其寿命长,目前仍为人们采用。后起的金属卤化物灯显色指数 R_a 高(60~85),目前外国生产的 50W、70W 等小容量灯泡已进入家庭住宅,随着制灯技术的发展,寿命逐渐提高,最终将取代荧光高压汞灯。高压钠灯光效之高居所有光源之首(达 150lm/W),但普通型高压钠灯显色指数 R_a 很低(20~25),使它的使用范围受到了限制。目前采用适当降低光效以提高显色指数的办法,即生产所谓"改进显色性型高压钠灯"和"高显色性型高压钠灯",以扩大其使用范围。

4.5.3 HID 灯的工作线路

HID 灯与所有气体放电灯一样,灯管一定要与镇流器串联才能稳定工作。灯的启动方式有辅助启动电极或双金属启动片的,这些统称内触发,也有的采用外触发的,即利用触发电路产生高压脉冲将气体击穿。灯管进入工作状态后触发器不再工作,灯依靠镇流器稳定工作。图 4-26 给出了各种 HID 灯的工作线路。

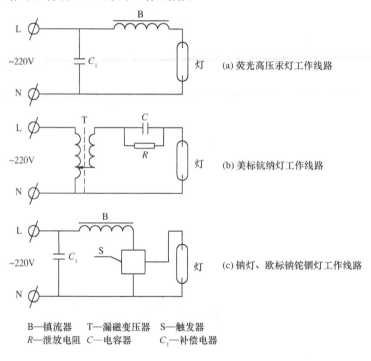

B—镇流器　　T—漏磁变压器　　S—触发器
R—泄放电阻　　C—电容器　　　　C_1—补偿电器

图 4-26　HID 灯的几种工作线路

图(a)为荧光高压汞灯工作线路;图(b)为美标金卤灯(钪钠灯)采用漏磁变压器的工作线路。由于启动时采用了电容器 C,故功率因数达到 0.9,电容器 C 的寿命直接影响着整套工作电路设备的寿命,故价格高,但灯泡价格较低,不容易自熄,寿命也可达 10 000 h;图(c)为欧标金卤灯(钠、铊、铟灯)和钠灯采用触发器的工作线路,无补偿时功率因数为 0.6,整套电器价格较廉,但灯泡价格贵。

4.5.4 常用产品及其应用

1. 金属卤化物灯

金卤灯从 20 世纪 60 年代推出以来,经过了 40 年的努力,已进入一个成熟的阶段,其光效可达 130lm/W,显色指数可达 90 以上,色温可由低色温(3000K)到高色温(6000K),寿命可达 1 万～2 万 h,功率由几十瓦到上万瓦,目前已有几百个品种规格。下面将主要的作些介绍。

(1) 稀土金属卤化物灯:稀土金属卤化物如镝、钬、铥、铒、铈、钕、铊等元素的光谱在整个可见光区域内具有十分密集的谱线,这些谱线的间隙非常小,看起来光谱似乎是连续的。用它们制成的灯有很好的显色性及较高的发光效率。

高显色性金卤灯:镝、钬-钠、铊等,它们有很好的显色性与高的色温。中功率(250～1000W)的灯可用于室内空间高的建筑物、室外道路、广场、港口、码头、机场、车站等公共场所。小功率的灯可作商业照明。高功率(2kW、3.5kW)主要用于大面积泛光照明,如体育场。

高光效金属卤化物灯——铊、钠(MH)系列:它既有一定的显色性,又有很高的光效及很长的寿命,可用它来代替大功率白炽灯、自镇流荧光高压汞灯、荧光高压汞灯等,用于工矿企业、交通事业。

常用金卤灯光电参数见附录 4-5。

(2) 强线光谱型照明金属卤化物灯——钠、铊、铟金卤灯:三种卤化物可分别发射出黄光、绿光、蓝光,由三种颜色组成白光。它们有较好的显色性($R_a > 70$)和高的发光效率(均略高于铊钠型),但低于镝、钬类。它既可用于一般工矿企业照明(250W、400W),又可用于体育场及公共场所的大面积照明(如 1000W、2000W)。

(3) 单色金卤灯:利用具有很强的共振辐射的金属产生色纯度很高的光,如碘化铊-汞能产生绿光。它可应用于城市夜景照明。

2. 高压钠灯

高压钠灯自 1966 年由美国 GE 公司推出以来,经过 30 多年的努力,有了飞跃的发展,高光效的灯光效达到 140lm/W,平均寿命超过 24000h。它有很多品种,适合于不同场所的照明。

(1) 普通型高压钠灯:它光效高,寿命长,但显色性差,较适合于道路、工矿企业及城市照明。产品主要性能规格见附录 4-6。

(2) 直接替代荧光高压汞灯用的高压钠灯:为便于高压钠灯的推广而生产的,它可直接使用在相近规格的高压汞灯镇流器及灯具装置上。

(3) 舒适型高压钠灯(SONComfort):为扩大高压钠灯在室内、外照明中的应用,对其色温与显色性进行了改进,使灯适用于居民区、工业区、零售商业区及公众场合的使用。

(4) 高光效型高压钠灯(SON-Plus):在灯管内充入较高气压的氙气,使灯获得了极高的发光效率(140lm/W),灯的寿命比普通型高压钠灯又有所提高,节能效果又达到了一个新的水平。

(5) 高显色性高压钠灯(white SON):改进后的显色指数达到 80 以上。它具有暖白色的色调,显色性高,对美化城市、美化环境有很大的作用,也可用于商业照明,高档商品(如黄金首饰、珠宝、珍贵皮货等)的照明,而且节能效果显著。

3. 陶瓷金属卤化物灯

陶瓷金属卤化物灯,采用半透明多晶氧化铝(PCA)作为电弧管材料。PCA材料不仅能耐更高的温度1500K以上(石英为1300K),而且在金属卤化物灯中不像石英玻璃那样会与金属卤化物发生化学反应,比石英玻璃有更好的化学稳定性。所以陶瓷金卤灯的光通维持率很高、寿命长。见图4-27。

由于用PCA制作电弧管,灯中卤化物的蒸气压提高了很多,灯的特性有显著的改进,见图4-28。

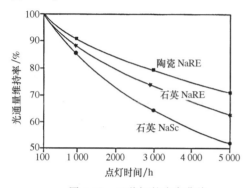

图4-27 三种灯的光衰曲线

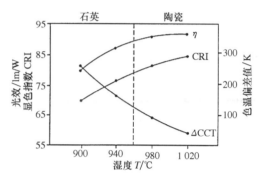

图4-28 用PCA制作电弧管灯的特性改进状况

陶瓷金卤灯在解决了陶瓷管的气密封接材料及工艺等问题之后,在不断完善电弧管设计的基础上,得到了快速的发展。

目前市场上供应的陶瓷金卤灯形式上有直管单端、直管双端、PAR型等等;功率最小10W,最大150W,灯与灯之间色温偏差小于150K;相关色温3 000K、4 000K,一般显色指数大于80,平均寿命10 000h左右。新推出的脉冲启动的大功率(300~400W)陶瓷金卤灯寿命可达20 000h。

飞利浦、欧司朗等公司还在不断研究推出新品种的陶瓷金卤灯,如电磁管为椭球形的陶瓷金卤灯,它比目前采用的圆柱形电弧管灯的光效高、光色好,在寿命期内光色稳定;还有无汞陶瓷金卤灯,由于金卤灯中的汞对发光贡献很小,但又是十分重要的元素,能否替代这种有害物质,研究表明锌是一种可能替代汞的物质。

4.6 低压钠灯

低压钠灯是基于在低气压钠蒸气放电中钠原子被激发而发光的原理制成的,是以波长为589nm的黄色光为主体,在这一谱线范围内人眼的光谱光效率很高,所以其光效很高,可达150lm/W以上。

图4-29是低压钠灯的结构简图,由以抗钠玻璃制成的U形放电管放在圆筒形的外套管内构成。放电管内除封入钠以外,还充入氖氩混合气体以便于启动。为减少热损失提高发光效率,外套管内部抽真空,且在其内壁涂上氧化铟之类透明性红外反射层。

低压钠灯的点燃是以开路电压较高的漏磁变

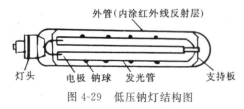

图4-29 低压钠灯结构图

压器进行直接启动,启动稳定时间需 10min 左右。灯管寿命达 2 000~5 000h,随点灭次数而不同,点灭次数增加寿命缩短。使用时为防止液态钠移动影响特性和寿命,以水平点燃为最理想。

低压钠灯显色性很差,不宜作为室内照明光源,但黄光透雾性好,被应用于隧道及道路等方面的照明。

4.7 电致发光光源

电致发光,又称场致发光(electroluminescent)是指由于某些固体材料与电场相互作用而发光的现象。这些材料分有机和无机两大类,目前在照明上应用的有几种:高场型 EL 电致发光器件、单晶型无机材料发光二极管(LED)和有机材料发光二极管(OLED),本节主要介绍 LED 发光二极管。

早在六七十年以前,人们已知道加正向偏压的砷化镓面结型二极管可作为有效的辐射光源,简称发光二极管(lighting emitting diode,LED),这是一种能直接将电能转换为光能的固体元件,与所有半导体二极管一样,具有体积小、寿命长、可靠性高等优点,并且是低电压工作,能与集成电路等外部电路良好结合,便于控制。几十年来,人们致力研究和开发,想代替目前使用的寿命不长、发光效率低、温升高的普通光源,但是一直受半导体材料和加工工艺的限制;而商用发光二极管仍然发光亮度低、视角狭窄、颜色简单,产品质量也很难稳定。直到近几年,随着新型半导体材料的开发和加工封装工艺技术水平的提高,人们不仅可以得到高亮度的红、黄、绿发光二极管,而且制造出极为重要的高亮度蓝色发光二极管,为制造白光二极管奠定了基础。1996 年终于诞生了白光二极管。

2010 年,飞利浦公司提交美国能源部的白光 LED 为:功率(耗)小于 10W,色温 2 700~3 000K、光效大于 90lm/W(单灯光通输出大于 900lm)、寿命 25 000h、显色指数 R_a 大于 90,已完全可以替代 60W 白炽灯进入家庭使用。

4.7.1 发光二极管的原理和结构

发光二极管(LED—light emitting diode)是由电致固体发光的一种半导体器件。

1. 基本原理

LED 的结构主要由 P-N 结芯片、电极和光学系统组成,是一种电致发光光源。图 4-30 为 LED 的发光原理图。当外加一足够高的正向直流电压 U,电子和空穴将克服在 P-N 结合处的势垒,分别流向 P 区和 N 区。在 P-N 结处,电子和空穴相遇、复合,产生发光,光子的波长 λ 由能带间隙 E_g 所决定:

$$\lambda = 1240/E_g \qquad (4-1)$$

E_g 的单位是电子伏特(eV),λ 的单位是纳米(nm)。

不同的 P-N 结材料决定了能带间隙 E_g 的大小,从而决定了 LED 发光的颜色。历史上第一个 LED 所使用的材料是砷化镓(GaAs),其正向 P-N 结压降 U_F 为

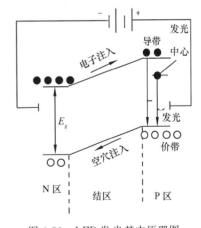

图 4-30 LED 发光基本原理图

1.424V,发出的光线为红光。另一种常用的 LED 材料为磷化镓(GaP),其正向 P-N 结压降为 2.261V,发出的光线为绿光。不同材料的 P-N 结做成的 LED 具有的不同的发光颜色。

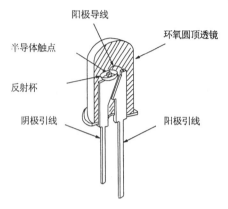

图 4-31　典型 5mmLED 结构

常用来制造 LED 的半导体材料主要有砷化镓、磷化镓、镓铝砷、磷砷镓、铝铟镓磷、铟镓氮Ⅲ-Ⅴ族化合物半导体材料,其他还有Ⅳ族化合物半导体碳化硅、Ⅱ-Ⅵ族化合物硒化锌等,表 4-3 列出了不同 LED 发光材料的特点。

表 4-3　　　　　　　　　　常用的 LED 发光材料

材　料	颜　色	外延制备技术	带隙性质	发光亮度
GaP	红、绿	LPE	间接带隙	一般亮度
GaAsP	橙红、黄	VPE	混合带隙	一般亮度
AlGaAs	红	LPE、MOCVD	直接带隙	高亮度
AlInGaP	红、橙、黄、绿	MOCVD	直接带隙	高亮度
AlInGaN	绿、蓝、紫	MOCVD	直接带隙	高亮度

2. 白色发光二极管的基本工作原理

半导体 P-N 结的电致发光机理决定了发光二极管不可能产生具有连续谱线的白光。同样单只发光二极管也不可能产生两种以上的高亮度单色光。因而半导体光源要产生白光只能先产生蓝光,再借助于荧光物质间接产生宽带光谱,合成白光。图 4-32 显示了单片白色半导体光源结构及原理。

目前合成白光 LED 的方法大约有以下四种:RGB 多芯片合成白光、蓝光 LED 激发黄色荧光粉合成白光、蓝光激发三基色荧光粉合成白光、紫外激发三基色荧光粉合成白光。

产生蓝光的半导体材料目前多使用氮铟镓(INGaN)材料,超精细、亚微米的晶体结构对于提高光效至关重要。高强度的蓝光在周围高效荧光物质内散射时,被强烈吸收,转化为光能较低的宽带黄色荧光。而少部分蓝光则能透过荧光物质层,并和宽带黄光一起形成白光,目前已能生产高中低不同色温的白光 LED。但由于蓝光的光生物危害。目前,正在开发白光 LED 灯专用"可见光转可见光"二次转换稀土荧光粉,吸收富蓝光转换成黄绿光和红色光,以提高显色指数 R9、R15、Ra,同时解决光生物危害问题,以造就和谐的生态之光。

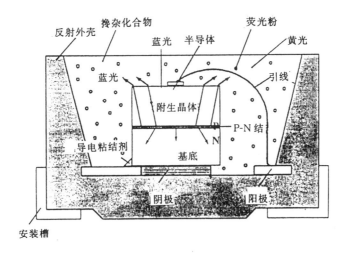

图 4-32　白光 LED 工作原理

4.7.2　单个发光二极管的特性

1. LED 二极管的伏-安特性

实验表明发光二极管正向伏-安特性可用线性模型来表示。从图 4-33 可见,伏-安特性曲线的电流较大区域基本上是一个线性区域,取两点作一根直线,这根直线的函数就可以用来描述该区域的伏-安特性曲线。因此,在该线性区域,其伏-安特性可表示为

$$V_F = V_0 + R_S I_F + (\Delta V_F / \Delta T)(T_J - 25℃)\qquad(4\text{-}2)$$

式中,V_0 为启动电压,是直线和 X 轴的交点;R_S 是 LED 的等效电阻,即该直线的斜率;T_J 为结点温度;$\Delta V_F / \Delta T$ 为电压温度系数,其值通常为 $-2\text{mV}/℃$,表示温度每上升 $1℃$,正向压降减小 2mV。

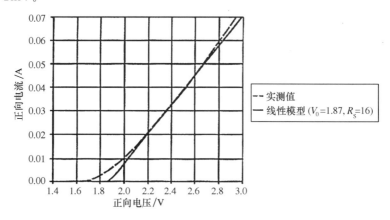

图 4-33　LED 伏-安特性线性模型

2. LED 二极管的光谱特性

LED 的发光机理决定了发射单色光光谱是典型的线光谱,其峰值波长由所用发光材料的禁带宽度决定。

图 4-34 表示三基色荧光粉转换白光 LED 的光谱。

三基色光源的最佳组合波长为 450nm、540nm、610nm，这一组合可以通过部分被吸收的 AlInGaN 芯片蓝光和适当的绿光和橙红光两种荧光粉来实现。目前，多采用具有宽带发射的离子型荧光粉。例如，选用 $SrGa_2S_4$：Eu^{2+} 荧光粉把蓝光转换为 535nm 左右的绿光发射，用 SrS：Eu^{2+} 把蓝光转换为 615nm 左右的红光发射。图 4-34 是利用该体系得到的白光光谱，具有较高的光视效率和显色指数。

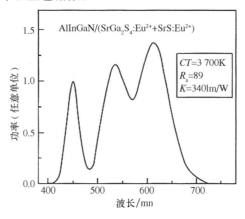

图 4-34　三基色荧光粉转换白光 LED 的光谱

3．LED 二极管的配光

　　LED 二极管采用不同的透镜封装形式，不仅能提高器件的出光效率，还能得到特定的配光特性。目前市面上销售的有如图 4-35 所表示的四种类型。

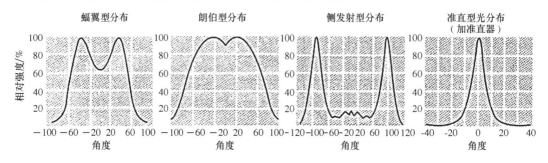

图 4-35　LED 配光分布曲线

4．LED 器件的热特性

　　当电流流过 LED 器件时，PN 结的温度将上升，我们把 PN 结区的温度定义为 LED 的结温。结温的变化必然导致器件微观参数的变化，如电子与空穴的浓度、禁带宽度、电子迁移率等，从而使得器件的宏观特性，如光输出、发光波长以及正向电压等发生相应的改变。

　　首先当 LED 的结温升高时，器件的光输出将逐渐减少；反之，光输出增大。图 4-36 给出了不同颜色的 LED 的光输出随结温变化的曲线（其中，红黄采用 AlInGaP，其他色采用 AlInGaN 材料）。

　　当结温升高时，材料的禁带宽度将减小，导致器件发光波长变长，颜色发生红移。当结温不超过 LED 器件所能承受的最高临界值时，以上这些变化是可逆的，即当结温回到初始温度时，器件微观参数的变化也随之消失，其宏观特性也会回到初始状态。而当结温超过

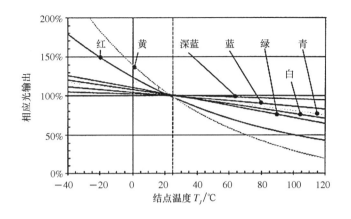

图 4-36　LED 光输出与温度特性曲线

LED 器件所能承受的最高临界温度时,它的光输出将永久性衰减。最高临界结温的大小与 LED 所用的发光材料、封装材料等有关。

5. LED 的发光效能

LED 的发光效率定义为:输出光通量 Φ 与输入的电功率 P 的比值,单位为 lm/W。

LED 的光效应是它发光的外量子效率(η),LED 芯片的发光效率称为它的内量子效率(η_{nit}),也就是半导体中电子和空穴复合后转换成光能的效率,它决定于晶体材料生长、外延工艺技术和异质结构设计。

LED 芯片发出的光要经过芯片本身和有关封装的环氧树脂、转换发光的荧光粉等才能传到外面用于照明。芯片发出的光是否能传到器件外,传出多少用于照明? 这就是光的抽出(引出)问题,这里有个效率问题,称为光抽出(引出)效率(C_{ex})。

若认为注入效率(在有源区每秒发生辐射复合的电子空穴对数与每秒通过 LED 的电子数目之比)接近 1 并考虑量纲,可写出以下公式:

$$\eta = 683\eta_{nit}C_{ex}V(\lambda) \tag{4-3}$$

由式(4-3)可见,提高 LED 的发光效率关键在于改进晶体的外延工艺,减少晶体的位错等缺陷,并探索新的材料;同时,改进封装形式、封装材料、荧光粉等也很重要。

4.7.3　发光二极管的应用

一个完整的能使用的 LED 产品应由发光二极管、驱动电路、二次光学系统、散热装置四部分组成。在实际使用中着重于提高系统光效,提高光通维持率,增加可靠性,而这些特性改善的关键是 LED 的散热问题。

目前 LED 二极管本身的光效已做到>100lm/W,系统光效(包括驱动器功耗)已达到 75lm/W 左右,而且以很快的速度在提高。

LED 的驱动电源目前可分为线性电源和 PWM 开关电源两大类。在线性电源中功率晶体管工作在线性模式;PWM 开关电源是让功率晶体管工作在导通和关断状态。线性电源是降压式,即输入电压必须高于所设计的输出电压,而开关电源则可以通过不同的拓扑结构来分别实现升、降压功能。线性电源成本较低,开关电源成本相对较高。

无论是线性电源还是开关电源,都需要一个闭环负反馈来保证输出的恒定,根据采样信号位置的不同,又可分为定电压和定电流两种模式。目前采用的是定电流(恒流)调整方案,

LED 正向电流(I_{LED})输出恒定、效率高,不需要对 LED 按正向压降(V_F)分级来选择限流电阻(R_{SENSE}),驱动电流可控,能保证 LED 亮度的一致性。目前是 LED 驱动的主流方案。图 4-37 是其原理图。

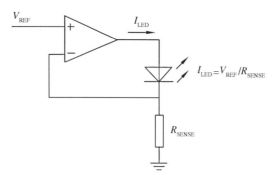

图 4-37　定电流调整电路示意图

开关电源是在相同的电流峰值条件下通过调整电流的占空比来实现对电流的调制(见图 4-38),因此可以有效地消除 LED 在小电流条件下的不匹配问题。

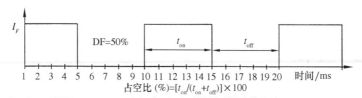

图 4-38　占空比示意图

LED 恒流开关电源效率很高,主要是成本高,目前很多厂家已推出了 LED 专用的驱动芯片。

为适应 LED 照明大量应用于室内,使传统的灯具生产厂家和新入门的 LED 照明灯具企业能顺利的进入 LED 灯具行列,"LED 光引擎"应适而生。

LED 光引擎(LED lighting engine)是指 LED 封装元件或模块(阵列)、LED 驱动器以及其他光度、热学、机械和电气元件的整体组合。只要将光引擎装入传统灯具的壳体内就可以华丽转身为一款新的 LED 照明灯具。欧洲的 ZHAGA 联盟发起了一场全行业的行动,发展 LED 光引擎介面接口的标准,使不同厂商生产的产品具有可互换性。

这样可以很方便的将 LED 光引擎用于新型 LED 照明灯具的批量生产,从而加快从新产品设计到量产的进程。

随着 LED 照明应用于室内,为创造舒适合理的光环境,对 LED 光源的色温、显色性、色容差、色漂移等在我国设计规范中都作了相应的规定:

当选用 LED 光源在长期工作或停留的房间或场所色温不宜高于 4000K;寿命期内色品坐标与初始值的偏差在 CIE1976($u'v'$)色品图中不应超过 0.007;当选用同类光源时,它们之间的色容差应低于 5SCDM。

目前国内外厂家按工程需要推出了各种 LED 灯具,有交通信号灯、标示灯、诱导灯、汽车灯;各种景观照明灯(地埋灯、洗墙灯、护栏灯、草坪灯、庭园灯、投光灯等)利用不同颜色的

LED 组合,在控制器控制下形成可变色的灯光,既可照明又可以美化环境,且寿命长、节电。

随着白光 LED 光效的提高,易调光、色温可选(可调)、光衰改善、快速点亮等优点,以及定向发光的特点,LED 照明灯具在室内外功能性照明中正逐渐扩大使用范围,如 LED 射灯、LED 发光板、LED 管状灯具、LED 街灯等等。

作为功能性照明用的 LED 灯具,其配光曲线要能符合使用要求,故二次光学系统的设计也很重要。

4.7.4　有机发光光源(OLED)

OLED 是 Organic Light-Emitting Devices 的缩写。

20 世纪 50 年代,人们就观察到有机半导体的双极注入发光现象,但一直由于驱动电压高、发光亮度和效率低而未能得到重视。近 20 年有很大的发展,特别是近 10 年是突飞猛进,到目前为止,从学科和行业的角度来看,生产白光 WOLED 的可行方案都已提出并被认可,WOLED 将向白炽灯、荧光灯挑战。

1. OLED 的结构与工作原理

OLED 的三层结构示意图见图 4-39。在 ITO(Indiun Tin Oxides)透明导电玻璃(阳极)与金属背电极(阴极)之间夹入发光层及载流子输运层(ETL＋EML＋HTL),外施一定的直流电压后光从透明导电玻璃一侧输出。

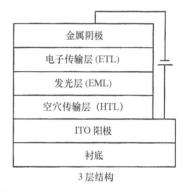

3层结构

图 4-39　OLED 的三层结构示意图

其发光过程分析如下:

(1) 载流子的注入:在外加驱动电压后,电子和空穴各自从阴极和阳极向电极间的有机功能层注入,即电子向电子传输层的最低未被占据分子轨道(即 LUMO 能级,相当于半导体的导带)注入,而空穴向空穴传输层的最高被占据分子轨道(即 HOMO 能级,相当于半导体的价带)注入。

(2) 载流子的迁移:注入的电子和空穴分别经过电子传输层和空穴传输层向它们之间的发光层迁移,这种迁移被认为是跳跃或隧穿运动。

(3) 激子的形成和迁移:电子和空穴在发光层中的某一复合区复合而形成激子(excit-on),激子在电场作用下迁移,将能量传递给发光分子,使其受到激发,从基态跃迁到发光态。

(4) 电致发光的产生:受激分子从激发态回到基态时产生辐射跃迁,发出光子。

由以上过程可见,对于 OLED 而言,如何增加载流子的注入,并且尽可能使两种载流子的注入达到平衡,从而提高他们的复合几率是至关重要的。

OLED 采用分层结构是为了提高载流子的注入水平,并将载流子有效的限制在发光层内,从而有效的提高两种载流子的复合几率,提高器件的发光效率。

OLED 发展的关键是选用的有机材料。OLED 的发光基元是有机分子不是原子。

用于 OLED 的材料,按分子结构一般可分为小分子有机化合物和高分子聚合物。这些材料有的作为发光材料,有的作为载流子输运材料,有的兼而用之。目前,小分子发光材料相对比较成熟,其红、绿、蓝三基色在发光效率和稳定性方面已基本达到产业化的要求。高分子发光材料绿光相对较好,而红、蓝光材料在效率和稳定性方面正在提高。

2. OLED 的发展与应用

目前，无论是 OLED 还是 WOLED 用的有机材料，还是多层结构的研究都有很好的发展，在内量子效率的提高、磷光掺杂剂的发展、大面积制造技术的成型等方面都有显著的突破。

欧洲 2010 年工作目标为：功率效率 100lm/W、寿命 10^6 h、面积 100cm×100cm、成本 100Euor/m²。GE 已提出全世界第一个使用滚卷技术生产 OLED（2008 年 3 月报道）的机械，像印刷报纸一样，成本极低。

OLED 是主动式发光，高亮度、低功耗、响应速度快、使用温度范围广。

OLED 光色好，分子光谱宽，色坐标完全符合黑体轨迹，显色性好；色温可任意调节，无眩光，极薄，柔软，多层结构可行，原则上可制成任意形状的发光体。

OLED 除作为显示器件外，在功能照明与环境装饰照明方面也有不少产品出现，是很好的面光源（天花板光源、墙纸光源等）。GE 公司提出了成立"未来设计中心"，要求学生用 OLED 技术来发展可应用的新概念——舒适、方便、安全、节能、环境友好、可控的照明设计方案。

OLED 还是很好的"生态光源"，它可以做到模拟从黎明—白昼—日落黄昏一天的光环境变化，使人在室内能享受到与大自然一样的光环境，这将开创全新的照明理念和方法。

目前国际上研究发展很快，已从 OLED（有机发光二极管）发展到 OLET（有机发光三极管），研制更高效的平面光源。

4.8 照明电光源性能比较和选用

4.8.1 电光源性能比较

表 4-4 列出了各种常用照明电光源的主要性能比较。

从表 4-4 中可看出：光效较高的有高压钠灯、金属卤化物灯和荧光灯等；显色性较好的有白炽灯、卤钨灯、荧光灯、金属卤化物灯、LED 灯等；寿命较长的，目前国内生产的光源有高频无极荧光灯、高压汞灯和高压钠灯、LED 灯；能瞬时启动、再启动的光源是白炽灯、卤钨灯、LED 灯等。输出光通量随电压波动变化最大的是高压钠灯，最小是荧光灯。维持气体放电灯正常工作不至于自熄这是很重要的，从实验得知荧光灯当电压降至 160V、HID 灯电压降至 190V 就要自熄。

气体放电灯的功率因数都很低，大约在 0.4～0.55 左右，目前国内、国外标准对电子镇流器都要求功率因数达到 0.9 以上，采用电感镇流器的点灯回路其功率因数可采用单灯电容补偿至 0.85 以上。

4.8.2 电光源的选用

选用电光源首先要满足照明设施的使用要求（照度、显色性、色温、启动、再启动时间等）。其次要按环境条件选用，最后综合考虑初投资与年运行费用。

1. 按照明设施的目的和用途选择光源

不同场所照明设施的目的和用途不同。对显色性要求较高的场所应选用平均显色指数 $R_a \geqslant 80$ 的光源，如美术馆、商店、化学分析实验室、印染车间等。色温的选用主要根据使用场所的需要，如办公室、阅览室宜选用高色温光源，使办公、阅读更有效率感；休息的场所宜选用低色温光源，给人以温馨、放松的感觉。转播彩色电视的体育运动场所除满足照度要求

表 4-4

常用照明电光源的主要特性比较

光源种类	普通照明白炽灯	管形、单端卤钨灯	低压卤钨灯	直管形荧光灯	紧凑型荧光灯	荧光高压汞灯	高压钠灯	金属卤化物灯	LED灯
额定功率范围/W	10~200	60~1000	20~75	4~100	5~150	50~1000	35~1000	20~3500	0.1~400
光效/($lm \cdot W^{-1}$)①	7.5~25	14~30	14~30	60~100	44~87	32~55	64~140	52~130	不载罩≥80 带罩≥65
平均寿命/h	1000~2000	1500~2000	1500~2000	8000~15000	5000~10000	10000~20000	12000~24000	3000~10000	20000~50000②
一般显色指数(R_a)	95~99	95~99		70~95	>80	30~60	23~85	60~90	75~95
相关色温/K	2400~2900	2800~3300	2800~3300	2500~6500	2500~6500	5500	1900~2800	3000~6500	2400~6500
启动稳定时间/min	瞬时	瞬时	瞬时	1~4s	1~4s或快速	4~8	4~8	4~10	瞬时
再启动时间/min	瞬时	瞬时	瞬时	1~4s	1~4s或快速	5~10	10~15	10~15	瞬时
闪烁	不明显	不明显		普通管明显、高频管不明显	普通管明显、高频管不明显	明显	明显		不明显

注：① 光效为不含镇流器损耗时的数据。（LED光源为系统光效）
② 是指其维持光通量寿命，即点燃至规定时间的光通量应时为初始光通量的 70%（>70%），随着制灯技术的发展，这些参数都会变化。

外,对光源的色温也有所要求。频繁开关的场所宜采用白炽灯;需要调光的场所宜采用白炽灯和卤钨灯,当配有调光镇流器时也可以选用荧光灯;要求瞬时点亮的照明装置如各种场所的事故照明就不能采用启动时间和再启动时间都较长的 HID 灯;美术馆展品照明就不宜采用紫外线辐射量多的光源;要求防射频干扰的场所对带电子镇流器的气体放电灯的使用要特别谨慎。

2. 按环境的要求选择光源

环境条件常常限制了某些光源的使用,为此必须考虑环境许可条件选用光源。

低温场所不宜选择配用电感镇流器的预热式荧光灯管,以免启动困难。在空调的房间内不宜选用发热量大的白炽灯、卤钨灯等,以减少空调用电量。电源电压波动急剧的场所不宜采用容易自熄的 HID 灯。机床设备旁的局部照明灯不宜选用气体放电灯,以免产生频闪效应。有振动的场所不宜采用卤钨灯(灯丝细长而脆)等等。

3. 按投资与年运行费选择光源

(1)光源对初投资的影响:光源的光效对照明设施的灯具数量、电气设备费用、材料费用及安装费用等均有直接影响。

(2)光源对运行费用的影响:运行费用包括年电力费、年耗用灯泡费、照明装置的维护费(如清扫及更换灯泡费用等)以及折旧费,其中电费和维护费占较大比重。通常照明装置有效寿命期限内运行费用超过初投资。

选用高光效的光源可减少投资和年运行费。选用长寿命光源,则可减少维护工作,使运行费用降低,尤其对高大厂房、有复杂的生产设备的厂房、照明维护工作困难的场所更加重要。

常用光源应用场所列于表4-5,供设计时参考。

表 4-5　　　　　　　　　常用光源应用场所

序号	光源名称	应用场所	备注
1	白炽灯	开关频繁场所、需要调光的场所及严格要求防止电磁波干扰的场所、其他光源无法满足需求时可使用	单灯功率不宜超过60W
2	卤钨灯	电视播放、绘画、摄影照明,反光杯卤钨灯打开用于贵重商品照明、模特射照等	
3	荧光灯	家庭、学校、科研机构、工业、商业、办公室、控制室、设计室、医院、图书馆等照明	
4	自镇流荧光灯	住宅、宾馆、以及景观照明等	
5	荧光高压汞灯	一般照明场所不推荐应用,但可用于特殊景观照明	
6	金属卤化物灯	体育场馆、展览中心、游乐场所、商业街、广场、机场、停车场、车站、码头、工厂、道路等照明、电影外景摄制、演播室及景观照明	
7	普通高压钠灯	道路、机场、码头、港口、车站、广场以及无显色要求的工矿企业等照明,以及景观照明	
8	LED	电子显示屏、交通信号灯、机场地面标志灯、疏散标志灯、庭院、道路等照明,以及夜景照明,旅馆客房、住宅、商店营业厅	

思考与练习

1. 常用的照明电光源分几类？各类有哪几种灯？

2. 照明电光源有哪些光电参数？它们如何反映光源的特性？

3. 为什么气体放电灯要稳定工作必须在工作线路中接入一个镇流器？常用的镇流器有哪几种？试说明它们的特点。

4. 谈谈你对电子镇流器的认识。

5. 为什么卤钨灯比普通白炽灯光效高？

6. 叙述一下荧光灯的各种分类方式。

7. 绘出预热式荧光灯管的工作线路，并说明其中各元件的作用。

8. 荧光灯的显色性取决于什么？荧光灯的色温取决于什么？通常有哪几种色温的灯管？

9. 荧光灯与高强气体放电灯（HID）有什么区别？

10. 高压钠灯最大的优点是什么？常用在哪些场合？

11. 你了解的电光源中哪种灯寿命最长？灯的寿命与哪些因素有关？

12. 金属卤化物灯与其他 HID 灯相比其主要优缺点如何？

13. 目前电光源中白炽灯光效最低，为什么还不淘汰？

14. 快速启动的荧光灯与瞬时启动的荧光灯有什么区别？

15. 荧光灯工作在高频状态与工作在工频状态有何不同？若家庭里需用荧光灯你选哪一种？

16. 与其他电光源相比，LED 有哪些特点？LED 在照明工程中有哪些用途？

17. 试述选用电光源的原则。

18. 为什么人们把紧凑型荧光灯称为节能灯？

19. 什么是"LED 光源"？它有哪些特性？如何合理使用这种光源？

第5章 照明灯具(灯具)

灯具是能透光发光、分配和改变光源光分布的器件,它包括除光源外所有用于固定和保护光源所需的全部零、部件,以及与电源连接所必需的线路附件。

5.1 灯具的特性

灯具的特性通常以光强分布、亮度分布和保护角、灯具效率三项指标来表示。

5.1.1 光强空间分布特性

光强空间分布特性是用曲线来表示的,故该曲线又称为配光曲线。一般有三种表示曲线的方法:一是极坐标法;二是直角坐标法;三是等光强曲线。

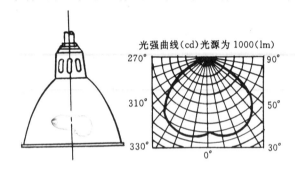

图 5-1 极坐标配光曲线

1. 极坐标配光曲线

在通过光源中心的测光平面上,测出灯具在不同角度的光强值。从某一给定的方向起,以角度为函数,将各个角度的光强用矢量标注出来,连接矢量顶端的联线就是灯具配光的极坐标曲线。对于有旋转对称轴的灯具,在与轴线垂直的平面上各方向的光强值相等,因此只用通过轴线的一个测光面上的光强分布曲线就能说明其光强在空间的分布,见图 5-1。如果灯具在空间的光分布是不对称的(如管形卤钨灯具),则需要若干测光平面的光强分布曲线来说明其空间分布。

图 5-2 表示非对称配光的室内灯具的配光曲线。令测光平面为 C 平面,取与灯具长轴垂直的平面为 C_0 平面,与 C_0 平面成 $45°,90°,270°\cdots$ 平面角的面相应的称为 $C_{45},C_{90},C_{270}\cdots$ 平面。

为了便于比较不同灯具的配光特性,通常将光源化为 1000lm 光通量的假想光源来绘制光强分布曲线,当被测光源不是 1000lm 时,可用下式换算:

$$I_\theta = \frac{1000}{\phi_s} = I'_\theta \tag{5-1}$$

式中 I_θ——换算成光源光通量为 1000lm 时 θ 方向的光强,cd;

      I'_θ——灯具在 θ 方向上的实际光强,cd;

      ϕ_s——灯具实际配用的光源光通量,lm。

室内照明灯具多数采用极坐标配光曲线来表示其光强的空间分布。

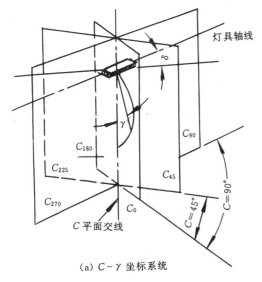

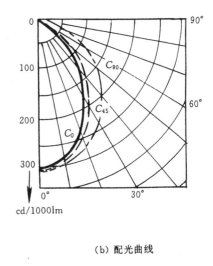

（a）C-γ 坐标系统　　　　　　　　　　　（b）配光曲线

图 5-2　不对称灯具的配光曲线

2. 直角坐标配光曲线

有些光束集中于狭小的立体角内的灯具（如聚光型投光灯），用极坐标难以表达清楚时，可用直角坐标表示，以纵轴表示光强 I_θ，以横轴表示光束的投射角 θ，用这样的方法绘制的曲线称为直角坐标配光曲线，见图 5-3。

3. 等光强曲线图（等烛光图）

不对称配光的灯具需要用许多平面上的配光曲线才能表示它的空间分布，使用不便，也不醒目，不能反映各平面间的联系，此时可采用等光强图表示法。

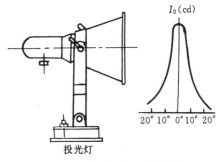

图 5-3　直角坐标配光曲线

为了正确表示发光体空间的光分布，可以设想将它放在一个外面标有地球上经度和纬度线的一个球体中心，球体半径与发光体的尺寸要满足"点光源"的条件。发光体射向空间的每根光线都可以用球体上每点坐标表示，将光源射向球体上光强相同的各方向的点用线联结起来，成为封闭的等光强曲线（类似于地球表面的等高线）就能表示光强在空间各方向的分布，见图 5-4。

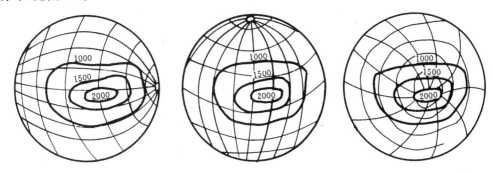

图 5-4　用球体表示的空间等光强曲线

从图 5-4 中可以看出:同一个灯具,由于所取的球体的轴线(极轴)方向不同,灯具发出的同一方向的光线可以有三种不同坐标角度表示,所以若要将发光体在空间的光强分布表示清楚,空间坐标的选择与表达是十分重要的。

要像图 5-4 表示的那样在球体上给出等光强曲线是十分费力的事,最好的办法是将球体及其坐标用平面图形和相应的角度坐标来表示,并要求平面图形上坐标角度内的面积与球体下相应的立体角成正比例,以便于光通量计算。常用的有圆形网图、矩形网图、以及正弦网图,我们介绍一下前面两种。

(1) 圆形网图

它采用极坐标形式,如图 5-5 所示。图中表示的是一只道路照明灯具(JTY-61,NG-250)的光强分布情况,是按下述方法求得的:

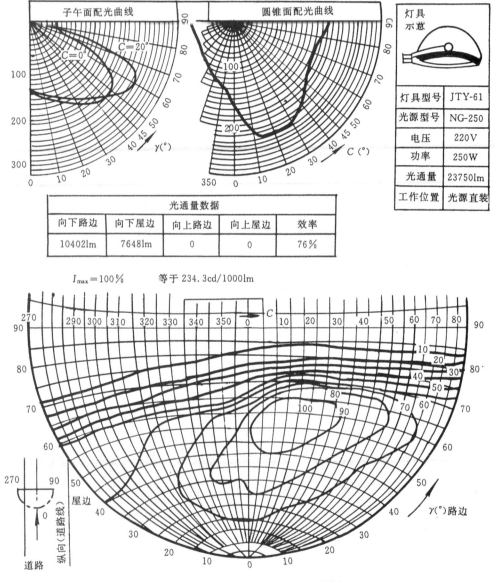

光通量数据				
向下路边	向下屋边	向上路边	向上屋边	效率
10402lm	7648lm	0	0	76%

图 5-5　等光强圆形网图(JTY-61 道路灯)

将灯具放在球的中间,极轴取上下方向,在下半球的球面上测出灯具在各个方向的光强,然后把光强相等的点的位置在极坐标上找出来。极坐标的极径(矢径)标注水平角 C(相当于地球的经度)的数值,极坐标的极角(半径角)标注垂直角 γ(相当于地球的纬度),由垂直和水平角就可确定灯具某一方向的光强。最后把极坐标上光强相同的点连接成曲线便得圆形等光强图(圆形网图)。

水平角 C、垂直角 γ 的表示方法见图 5-6。

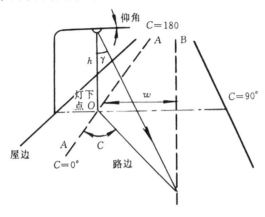

图 5-6　道路灯中的光线坐标

一张圆形网图只表示灯具在半个球体内的光强分布情况(一般是指下半球),如果要表示整个空间的光强分布,则需要两张圆形网图,分别表示上、下半球的光强分布。

(2)矩形网图

矩形网图是用直角坐标表示的等光强曲线,图 5-7 用矩形网图表示一个投光灯的等光强曲线。图中纵坐标 V 表示垂直角,横坐标 H 表示水平角度(注意投光灯光轴经过 O 点),所用角度坐标见图 5-8。用矩形网图除能说明它的光强分布外,还能在它的网格中填上数字表示该区域的光通量。

5.1.2　亮度分布和遮光角

灯具表面亮度分布及遮光角直接影响到眩光。

灯具在不同方向上的平均亮度值,特别是 γ 在 45°～ 85°范围内的亮度值(其应用见 8.3 节),应由制造厂测试后提供给用户。图 5-9 给出了嵌入式荧光灯具 MIREL 型的亮度分布。

若没有亮度分布测试数据值,可通过其光强分布利用下述的方法求得灯具在 γ 角方向的平均亮度

$$L_{\epsilon\gamma}=\frac{I_{\gamma}}{A_{\gamma}} \tag{5-2}$$

式中　I_{γ}——灯具在 γ 角方向上的发光强度,cd;

　　　A_{γ}——灯具发光面在 γ 方向的投影面积,m^2。

对于图 5-10 所示的有侧面发光的荧光灯具,其 A_{γ} 可按下式计算:

$$A_{\gamma}=A_h\cos\gamma+A_v\sin\gamma \tag{5-3}$$

灯具型号 TG-65　　　　　　　　灯具名称:块板高压钠灯投光灯

灯具示意	光强曲线	光源数据		光度数据	
	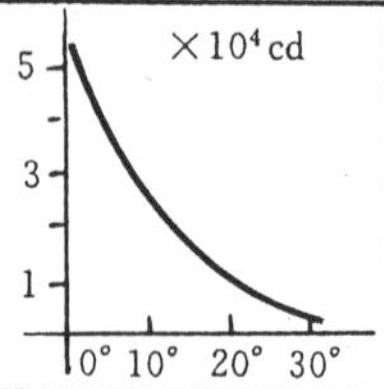 　×10⁴cd　5 3 1　0°10°20°30°	型号	NG-400	峰值光强 I_{max}	53720cd(0°×0°)
		功率	400W	灯具有效效率	24.6%
		供电电压	220V	有效光通量	10322lm
		工作电压		灯具效率	54.7%
		每灯具光源数	1	灯具总光通量	14588lm
		光源光通量	42000lm	光　角度	54°H×54°V

等光强曲线 ／ 区域光通量(lm)

以 1000cd 为单位

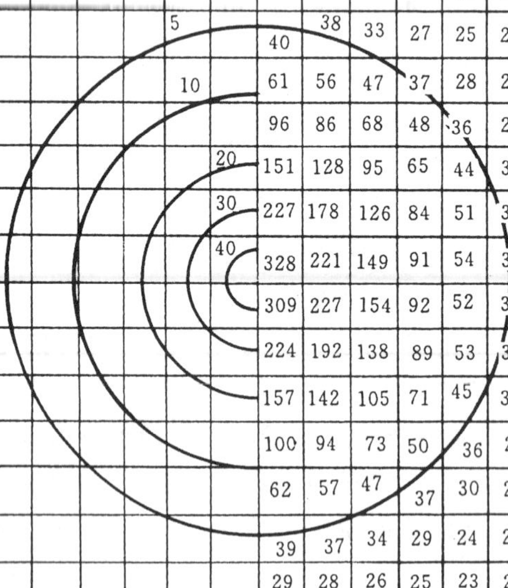

垂直角度 V(以光轴起始间隔)

V	0°	5°	10°	15°	20°	25°	30°	35°	40°	总光通量	有效光通量
35°	27	27	26	25	23	20	15	10	5	178	
30°	28	27	27	26	25	23	21	15	9	210	
25°	40	38	33	27	25	24	18	15	12	239	34
20°	61	56	47	37	28	24	23	21	15	312	178
15°	96	86	68	48	36	25	23	21	17	420	313
10°	151	128	95	65	44	31	23	26	17	574	482
5°	227	178	126	84	51	33	22	19	17	757	676
0°	328	221	149	91	54	34	22	19	17	935	854
5°	309	227	154	92	52	32	22	19	17	924	845
10°	224	192	138	89	53	34	23	20	18	791	706
15°	157	142	105	71	45	31	22	20	17	610	520
20°	100	94	73	50	36	27	22	20	16	436	335
25°	62	57	47	37	30	23	19	19	15	311	185
30°	39	37	34	29	24	22	21	17	12	235	83
35°	29	28	26	25	25	22	19	15	9	196	
45°	25	25	24	23	23	20	16	11	6	173	

横向角度 H(以光轴起始间隔)

横向区域光通量总和

垂直区域光通量总和

	0°	5°	10°	15°	20°	25°	30°	35°	40°	
总光通量	1903	1563	1172	819	572	425	337	284	219	7294
有效光通量	1750	1408	1005	625	329	44				5161

本图使用角度坐标之方位

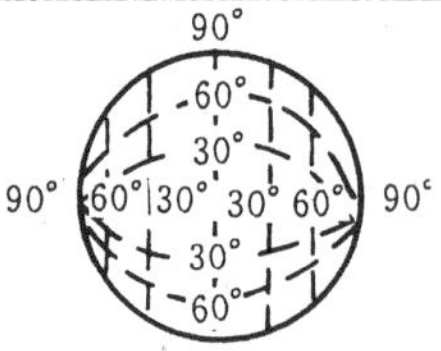

图 5-7　等光强矩形网图(TG-65 投光灯)

灯具的遮光角是指灯具出光沿口遮蔽光源发光体使之完全看不见的方位与水平线的夹角。一般灯具是灯丝(发光体)最低、最边缘点与灯具沿口连线,同出光沿口水平线的夹角,如图 5-11 所示。

荧光灯具通常以横断面的遮光角说明其避免直射眩光的范围,如图 5-12 所示。

对于荧光灯来说,由于它本身的表面亮度低,可以根据实际应用条件要求使用半透明的扩散材料作成灯罩来限制眩光,或使用格栅来限制眩光。

格栅遮光角定义为一个格片底看到下一格片顶的连线与水平线之间的夹角,见图5-13。不同形式的格栅保护角不同,即使同一格栅因观察方位不同,其值也不同,图 5-13 中,沿长方形格栅长宽两个方向上的遮光角分别为

$$\alpha = \arctan h/W_1 \quad (沿 A—A 方向)$$
$$\alpha = \arctan h/W_2 \quad (沿 B—B 方向)$$

沿对角线方向

$$\alpha = \arctan h/(W_1 + W_2)^{\frac{1}{2}} \quad (沿 C—C 方向)$$

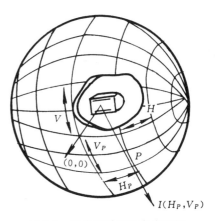

图 5-8　投光灯采用的角度坐标

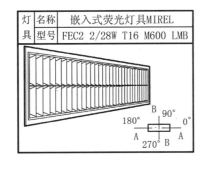

灯具	名称	嵌入式荧光灯具MIREL
	型号	FEC2 2/28W T16 M600 LMB

0~180°	
γ	cd/m²
85°	0
75°	21
65°	149
55°	1770
45°	9130

90~270°	
γ	cd/m²
85°	8735
75°	8735
65°	8735
55°	8735
45°	8735

亮度值(cd/m²)γ 角度从铅垂线起始

图 5-9　灯具的亮度分布(嵌入式荧光灯具 MIREL 型)

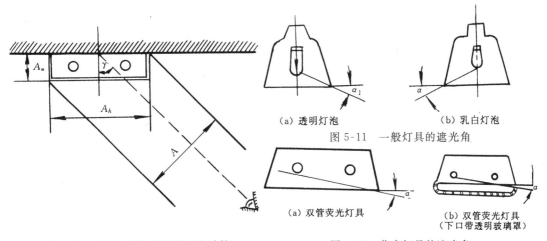

图 5-10　灯具发光部分投影面积计算

(a) 透明灯泡　　(b) 乳白灯泡

图 5-11　一般灯具的遮光角

(a) 双管荧光灯具

(b) 双管荧光灯具
(下口带透明玻璃罩)

图 5-12　荧光灯具的遮光角

表 5-1 给出了各种不同形式格栅的遮光角。

格栅的遮光角愈大,光分布就愈窄,效率也愈低;反之,遮光角愈小,光分布就愈宽,效率也愈高,但防止眩光的作用也随之变弱。一般的办公室照明,格栅遮光角横方向(垂直灯管)

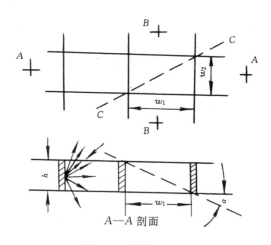

图 5-13 格栅遮光角

45°、纵方向(沿灯管长方向)30°;商店照明的格栅遮光角横方向 25°、纵方向 15°。

表 5-1 不同形式格栅的遮光角

格 栅 形 式		保 护 角		两面间夹角
		A—A 面	B—B 面	
	长方形	45°	35°	45°
	正弦形	45°	55°	45°
	六角形	45°	41°	30°
	圆 形	45°	45°	—
	60°网	45° / 45°	45° / 30°	60° / 90°
	正三角形网	45°	41°	30°

5.1.3　灯具效率

灯具效率是指在相同的使用条件下,灯具发出的总光通量与灯具内所有光源发出的总光通量之比。它是灯具的主要质量指标之一。

光源在灯具内由于灯腔温度较高,光源发出的光通比裸露点燃时或少或多,同时光源辐射的光通量经过灯具光学器件的反射和透射必然要引起一些损失,所以灯具效率总是小于1,其值可用下式计算:

$$\eta = \frac{\phi_1}{\phi_S} \times 100\% \tag{5-4}$$

式中　ϕ_1——灯具出射的光通量,lm;

　　　ϕ_S——灯具内光源裸露点燃时出射的光通量,lm。

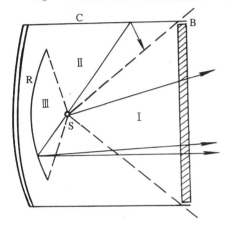

图 5-14　灯具各部分对效率的影响

图 5-14 的灯具中,光源 S 发出的光线可分成三个区域。区域Ⅰ是能从光源经玻璃 B 直接射出灯具的部分,这些光线称为直接出射光;区域Ⅱ是射向灯壳内部壳体产生杂散光,无法起到有效照明作用;区域Ⅲ是光源光线射向反射器 R,经反射器反射后,通过前面玻璃 B 再射出。

要提高灯具效率,需要注意下列几点:①尽量减少区域Ⅱ,不使光线白白浪费在壳体上;②处理好玻璃板 B 与光线的相互位置,一般使光线对玻璃的入射角小于 45°,以增加光线的透过率;③增加区域Ⅰ减少区域Ⅲ,即增加直接出射光部分;④当区域Ⅱ缩小到零时,区域Ⅲ内的光线全部反射向区域Ⅰ中、当反射出来光线的角度与区域Ⅰ的直接出射光线角度完全吻合时,可获得高的效率。

投光灯(泛光灯)常用"有效效率"表示,它是指灯具发出的光束中,光强不小于 1/10 峰值光强范围内光束光通量与灯具内光源发出的总光通量之比。

随着人们对室内照明环境的认识的逐渐完善与提高,灯具的地位越来越重要。它的明暗、颜色和形态等都关系到它在环境中的地位和感觉效果,它的作用已从以往的"控光(照)器"转向"发光器",即除灯具对外的照明作用外,灯具自身是一个柔和的发光体,这使灯具设计的概念也发生了变化,今后对照明灯具特性的描述也会有新的发展。

5.1.4　灯具效能

在规定的使用条件下,灯具发出的总光通量与其所消耗的电功率之比即为灯具效能(lnminaire efficacy),单位为 lm/W。

LED 灯具效能是指:在灯具的声称使用条件下,灯具发出的初始总光通量与其所消耗的功率之比。单位为:lm/W。

LED 灯具效能中的光通量是指光源装入灯具,同时使用所需的 LED 控制装置或 LED控制装置的电源后,灯具发出的光通量。其中,装入的光源可能是单个光源或多个光源的集合,但由于热能、电能的相互作用造成的效率损失,以及灯具光学系统的效率,LED灯具发出的光通量不等于LED光源光通量或其简单累加。

LED光源光效中的光是无所指向的,只要光能发出来,东西南北无所谓,而LED灯具发出的光是有指向性,光发射到需要的区域。

LED灯具效能中的输入功率,包括LED光源和LED控制装置所消耗的功率,它大于LED光源消耗的电功率。

由于"灯具效率"这参数不适合不可替换光源的LED灯具,故IEC/PAS 62722-1:2011《灯具性能—第1部分:一般要求》提出了"灯具效能"的概念,这样很好表达了LED灯具的特性。

LED功能性照明节能效果的好与坏,其本质是照明灯具使用每瓦特的电能,在单位面积被照面上能产生照度的高和低。海峡光电产业技术研究院院长、威廉照明电气有限公司总裁俞志龙提出了用"照明功率密度系数 Lighting Power Density Factor(LPDF)"科学评价 LED 节能效果,单位为瓦特每平方米勒克斯($W/m^2/lx$),这指标若标示在照明灯具上,则称为灯具照明功率密度系数。某灯具的 LPDF 越小,表明该灯具的节能效果越好。

为简化 LPDF 值的确定,将一些影响因素加以设定:①只考虑灯具自身产生的直接照度;②按国标要求的照度均匀度设定灯具的距高比;③设定某一安装高度。然后编写特定计算软件进行计算,在对灯具的光强分布测试的同时就可以求得照明灯具的 LPDF 值。

在优化设计时可将这些设定值按具体的现场情况加以修正,最终确定照明用能及灯具布置。

应用 LPDF 评价照明节能效果时,不用考虑照度标准值和 LPD 限值,帮助照明用户简单明了直观的了解所选灯具的节能效果。

5.2 灯具的分类

由于照明工程有各种不同的要求,目前灯具行业生产了各种各样的灯具,其分类方法有多种,大致为:①按灯具安装方式和用途来分类;②按出射光通在空间的分布来分类;③按防尘、防固体异物和防水等级来分类;④按防触电保护分类;⑤按维护性能分类;⑥按支撑安装面材料分类。本节着重介绍后五种。

5.2.1 按灯具出射光线的分布分类

1. CIE 光通分类

这是一种按灯具向上、下两个半球空间发出的光通量的比例来分类的方法,按此方法将室内灯具分为五类,其特征见表 5-2。

(1) 直接型灯具

此类灯具绝大部分光通量(90%~100%)直接投照下方,所以灯具光通的利用率最高。但因反射面的形状、材料与处理差异很大,或出光口面上的装置不同,出射的光线分布有的很宽、有的集中,变化很多,图 5-15 给出了三类光强分布。

灯具类别	直接	半直接	漫射(直接—间接)		半间接	间接
光强分布						
光通分配 /% 上	0~10	10~40	40~60		60~90	90~100
下	100~90	90~60	60~40		40~10	10~0

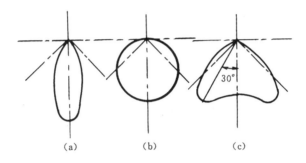

图 5-15   直接型灯具的光强分布

    直接型灯具有很多种,图 5-16 例举了常用的九种。荧光灯加设遮光格栅可遮蔽光源,减少灯具产生的直接眩光。方形格栅减光较多,灯具效率往往较低。采用条形格片与灯管轴线垂直排列,在纵向遮挡光源,横向靠反射罩或灯盒侧边形成遮光角(图 5-16(g))。这样既省材料,灯具效率也高,又不影响反射罩对横向的控光。点射灯又称窄光束投光灯(spot-Light),以白炽灯、卤钨灯或 LED 为光源,能自由转动,随意选择投射方向,若将灯装在内设电源线的导轨上,灯具可沿导轨移动,非常适合商店、展览馆的陈列照明。下射灯是一种使光集中于各种光束角内的灯具(downlight),嵌装在顶棚内,能创造恬静优雅的环境气氛。下射灯采用不同形式的灯泡、反射器、透镜和格栅,能做成各种不同的光分布。下射灯有固定和可调的两种,可调的或有一固定角度的灯具,通常用做墙面及其他垂直面的照明。

    (2) 半直接型灯具

    这类灯具大部分光通量(60%~90%)射向下半球空间,少部分射向天棚或上部墙壁等上半球空间,向上射的分量将减小影子的硬度并改善室内各表面的亮度比。

    下面敞口的半透明罩,以及上方留有较大的通风、透光空隙的荧光灯,都属于半直接型配光灯具。这种灯具把大部分光线直接投射到工作面,也有较高的光通利用率,见图5-17。

    (3) 漫射型或直接-间接型灯具

    灯具向上向下的光通量几乎相同(各占 40%~60%)。

    最常见的是乳白玻璃球形灯罩,其他各种形状漫射透光的封闭灯罩也有类似的配光。这种灯具将光线均匀地投向四面八方,因此光通利用率较低。图 5-18 的举例即为几种漫射型灯具。

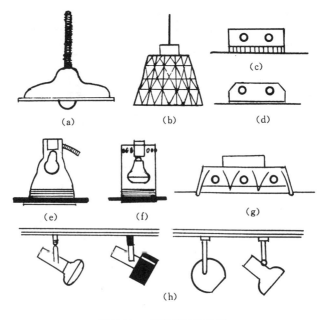

图 5-16　直接型灯具示例

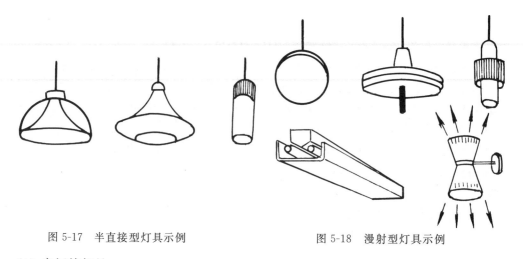

图 5-17　半直接型灯具示例　　　　　图 5-18　漫射型灯具示例

（4）半间接灯具

灯具向下光通占 10％～40％，它的向下分量往往只用来产生与天棚相称的亮度，此分量过多或分配不适当也会产生直接或间接眩光等一些缺陷。

上面敞口的半透明罩属于这一类。它们主要作为建筑装饰照明，由于大部分光线投向顶棚和上部墙面，增加了室内的间接光，光线更为柔和宜人。

（5）间接灯具

灯具的小部分光通（10％以下）向下。设计得好时，全部天棚成为一个照明光源，达到柔和无阴影的照明效果，由于灯具向下光通很少，只要布置合理直接眩光与反射眩光都很小。此类灯具的光通利用率比前面四种都低。

2．直接型灯具按光强分布分类

带有反射罩的直接型灯具使用很普遍，它们的光分布变化范围很大，从集中于一束到散开在整个下半空间,光束扩散程度的不同带来截然不同的照明效果。按光分布的窄宽进行分类,依次命名为特窄照、窄照、中照、广照、特广照五类,并用它们的最大允许距高比 s/h 来表示,见表 5-3。

表 5-3   直接型灯具按最大允许距离比分类

分类名称	距高比 s/h	1/2 照度角
特窄照型	$s/h<0.5$	$\theta<14°$
窄照型(深照型、集照型)	$0.5\leqslant s/h<0.7$	$14°\leqslant\theta<19°$
中照型	$0.7\leqslant s/h<1.0$	$19°\leqslant\theta<27°$
广照型	$1.0\leqslant s/h<1.5$	$27°\leqslant\theta<37°$
特广照型	$1.5\leqslant s/h$	$37°\leqslant\theta$

表中"1/2 照度角"的求法是将灯轴垂直于水平面,若灯下水平面上某点,其水平照度为灯轴下方照度的 1/2 时,则此点和光中心连线与灯轴线所形成的夹角即为 1/2 照度角。

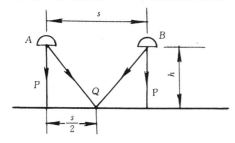

图 5-19 确定 s/h 条件

"灯具最大允许距高比 s/h"是指灯间距 s 与灯计算高度 h 之比值的最大允许值。对"一般照明(见8.2节)要求获得均匀的水平照度,如使灯下方的照度与两灯间中间一点照度相等(见图 5-19),即可满足照度均匀的要求。由此可见,当配光形式确定后,1/2 照度角就确定了,s/h 值也就确定了。灯具厂提供的灯具资料中应给出各种灯具的最大允许距高比 s/h 值。s/h 值较小的灯具适用于顶棚较高的房间,s/h 值较大的灯具适用于顶棚较低的房间。

目前各国按配光分类的方法大致相同,所不同的只是由窄到宽的配光阶段划分上稍有差别。我国只按光分布立体角的大小较粗略的分为广照型(光在较大立体角内分布)、中照型(光在中等立体角内分布)、深照型(光在较小立体角内分布)三类。

3. 泛光灯按光束角分类

按光束角(亦称光束发射角)的大小,美国将泛光灯(大于 10°投光灯称为泛光灯,通常可转动并指向任意方向)分为六类,见表 5-4a 所示。CIE、荷兰等将投光灯分为三类,见表 5-4b所示。

表 5-4a   美国 NEMA 对泛光灯按光束角分类

序 号	光 束 角/°	光 束 分 类
1	10～18	特窄光束
2	18～29	窄 光 束
3	29～46	中等窄光束
4	46～70	中 等 光 束
5	70～100	中等宽光束
6	100～130	宽 光 束
7	130～180	特宽光束

表 5-4b　　　　　　　　　　　　　荷兰对泛光灯按光束角分类

序　号	光　束　角/°	光　束　分　类
1	10～25	窄 光 束
2	25～40	中 光 束
3	>40	宽 光 束

泛光灯光束角是指垂直角 $V=0°$ 和横向角 $H=0°$ 截面上光强降到 1/2 峰值光强（或1/10峰值光强）时的光束夹角，图 5-20 所示的 β 角即为光束角。光束角越大，灯具的效率越高。

窄光束泛光灯能投射较远的距离，用于灯具至被照面较远、要求照度较高的场所；宽光束泛光灯用于灯具距被照面较近、要求照度低且较均匀的场所。

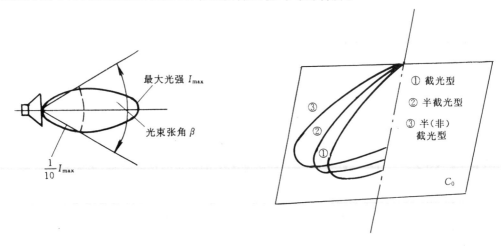

图 5-20　泛光灯的光束角　　　　　　图 5-21　道路照明灯 C_0 平面内光强分布

4. 道路照明灯按光强分布分类

我国分成三类：截光型、半截光型、非截光型。表 5-5 给出了道路灯水平安装时在 C_0 平面（见图 5-6）内光强分布的情况。用图形表示于图 5-21。具体技术要求见表 5-5a。

表 5-5a　　　　　　　　　　　　我国道路照明灯按光强分布分类

灯具类别	最大光强的方向	在下列方向允许的最大光强值	
		90°	80°
截　光	0～65°	10cd/1000lm	30cd/1000lm
半截光	0～75°	50cd/1000lm	100cd/1000lm
非截光	—	1000cd	—

注：不论光源光通量的大小，其在 90° 角方向上的光强最大值不大于 1000cd。

表 5-5b　　　　　　　　　　　　　　CIE 道路灯的分类

投　射	扩　散	眩 光 控 制
短 $\gamma_{max}<60°$	窄 $\gamma_{90°}<45°$	有限 SLI<2
中等 $60°\leqslant\gamma_{max}\leqslant70°$	平均 $45°\leqslant\gamma_{90°}\leqslant55°$	中等 $2\leqslant$SLI$\leqslant4$
长 $70°<\gamma_{max}$	宽 $55°<\gamma_{90°}$	严格 $4<$SLI

截光型灯具由于严格限制水平光线,给人的感觉是"光从天上来",几乎感觉不到眩光。同时可以获得较高的路面亮度与亮度均匀度。非截光型灯具不限制水平光,眩光严重,但它能把接近水平的光线照射到周围的建筑物上,看上去有一种明亮感。半截光型介于截光型与非截光型之间,给人的感觉是"光从建筑物来",有眩光但不太严重,横向光线也有一定程度的延伸。一般道路照明主要选用截光型与半截光型灯具。

CIE 根据道路灯向左右两边投射光束的远近和扩散的情况以及结合眩光控制等参数,将道路灯按表 5-5b 分类。表中的文字和字母的含义见图 5-22。其中,SLI 是道路照明中的不舒适眩光指数 G 中的一个分量,它与路灯的如下特性有关:80°和 88°方向上的光强 I_{80} 和 I_{88}、在 76°方向上道路灯的闪亮面积 F 以及色光等。计算公式如下:

$$\text{SLI} = 13.84 - 3.31 \lg I_{80} + 1.3 \left(\lg \frac{I_{80}}{I_{88}} \right)^{\frac{1}{2}} - 0.08 \lg \frac{I_{80}}{I_{88}} + 1.29 \lg F + C \qquad (5-5)$$

式中　F——在平行道路的垂直面内,与铅垂线成 76°方向上道路灯的闪亮面积,m^2;

　　　I_{80},I_{88}——在平行道路的垂直面内,与铅垂线成 80°和 88°方向上的光强,cd;

　　　C——色修正系数。

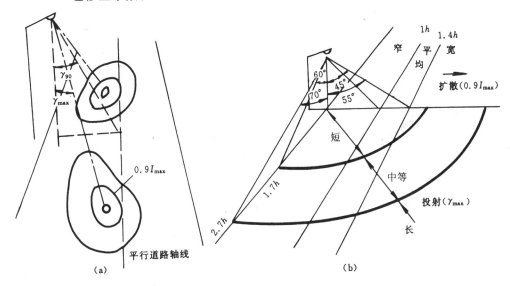

图 5-22　CIE 道路灯分类中字母和文字的含义

5.2.2　按外壳防护等级分类

外壳的防护型式包括:①防止人体触及或接近外壳内部的带电部分,防止固体异物进入外壳内部;②防止水进入外壳内部达到有害程度;③防止潮气进入外壳内部达到有害程度。

根据我国国标 GB7000.1—2002《灯具一般安全要求与试验》的规定,防护等级"代号"由"IP"字母和两个特征数字组成,第一位特征数字指防护型式,①项中的防护等级,第二位特征数字指防护型式,②项中的防护等级,其特征数字含义见表 5-6 和表 5-7,③项中所述防护型式称为防湿型,是指灯具能在相对湿度为 90%以上的湿气中正常工作的灯具。

例如,能防止大于 1mm 的固体进入内部,并能防喷水的灯具其代号表示为

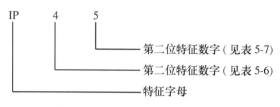

IP   4   5

第二位特征数字（见表 5-7）

第二位特征数字（见表 5-6）

特征字母

表 5-6   **第一位特征数字所表示的防护等级**

第一位 特征数字	防 护 等 级	
	简短说明	含 义
0	无防护	没有特殊防护
1	防大于 50mm 的固体异物	人体某一大面积部分,如手(但对有意识的接近并无防护)。固体异物直径超过 50mm
2	防大于 12mm 的固体异物	手指或类似物,长度不超过 80mm,固体异物直径超过 12mm
3	防大于 2.5mm 的固体异物	直径或厚度大于 2.5mm 的工具、电线等。固体异物直径超过 2.5mm
4	防大于 1mm 的固体异物	厚度大于 1mm 的线材或片条。固体异物直径超过 1mm
5	防尘	不能完全防止尘埃进入,但进入量不能达到妨碍设备正常运转的程度①
6	尘密	无尘埃进入

① 如带电部件绝缘失效。

表 5-7   **第二位特征数字所表示的防护等级**

第二位 特征数字	防 护 等 级	
	简短说明	含 义
0	无防护	没有特殊防护
1	防滴	滴水(垂直滴水)无有害影响
2	15°防滴	当外壳从正常位置倾斜在 15°以内时,垂直滴水无有害影响
3	防淋水	与垂直成 60°范围以内的淋水无有害影响
4	防溅水	任何方向溅水无有害影响
5	防喷水	任何方向喷水无有害影响
6	防猛烈海浪	猛烈海浪或强烈喷水时,进入外壳水量不致达到有害程度
7	防浸水影响	浸入规定压力的水中经规定时间后进入外壳水量不致达到有害程度
8	防潜水影响	能按制造厂规定的条件长期潜水

注:表中第二位特征数字为 7,通常指水密型;第二位特征数字为 8,通常指加压水密型。水密型灯具未必适合于水下工作,而加压水密型灯具应能用于这样的场合。

    如仅需用一个特征数字表示防护等级,被省略的数字必须用字母 X 代替,例如 IP X 5(防喷水)或 IP6X(无尘埃进入)。灯具等级至少为 IP2X,防护等级 IP20 的灯具不需要标上标记。户外灯具按不同场所要求分别为 IP 45、IP 55、IP 65 等,第 2 位特征数字应达到 3 以上。

    我国国标 GB3836 规定了防爆电工产品的分类,其总标准中对防爆灯具有明确规定。

5.2.3　按防触电保护分类

    为了电气安全和灯具的正常工作,所有带电部件(包括导线、接头、灯座等)必须用绝缘物或外加遮蔽的方法将它们保护起来,保护的方法与程度影响到灯具的使用方法和使用环境。这种保护人身安全的措施称为防触电保护。IEC 对灯具防触电保护有明确的分类规定,我国国家标准 GB7000.1—2002《灯具一般安全要求与试验》规定灯具防触电保护的型式分为四类:0 类、Ⅰ类、Ⅱ类、Ⅲ类,详见表 5-8(0 类灯具已停止使用)。

表 5-8 灯具的防触电保护分类

等级	定义	图例	说明	应用
Ⅰ类	除靠基本绝缘防止触电外,可能触及的导电部件要与保护导线(地线)连接,万一基本绝缘失效时,导电部件不会带电	1—易触及部分及外壳 2—基本绝缘	若带软线的话,软线中应包括保护导线。若不使用保护导线,安全程度同 0 类	用于金属外壳的灯具如投光灯、路灯、庭院灯等提高安全程度
Ⅱ类	采用双重绝缘或加强绝缘作为安全防护,无保护导线	1—易触及部分及外壳 2—加强绝缘 3—基本绝缘	一个完整的绝缘外罩可视作补充绝缘;金属外壳的内部一定要双重绝缘或加强绝缘;为启动而接地但不与所有可触及的金属件相连的仍为Ⅱ类,否则为Ⅰ类	绝缘性好,安全程度高,适用于环境差,人经常触摸的如台灯、手提灯等
Ⅲ类	采用特低安全电压(交流有效值不超过 50V),灯内不会产生高于此电压值	≤50V 1—易触及部分及外壳 2—基本绝缘	不必有保护性接地	安全程度最高,用于恶劣环境,如机床灯、儿童用灯等

5.2.4 按维护性能分类

室内照明中大量使用不密闭的灯具,它们的结构不同,尘埃积集后影响光输出的程度亦不同。表 5-9 列出了六类不同结构的灯具,供选择维护系数时参考。

表 5-9 室内灯具的维护等级分类

分类	灯具的上半部分情况	灯具的下半部分情况	是否有上射光	光衰退的相对比较	图例
Ⅰ	敞开	敞开	有	第三	
Ⅱ	敞开,或用透明、半透明或不透明材料做成有开口部分,向上光通量≥15%	敞开,或有格栅或格片	有	第一(最少)	

续表

分类	灯具的上半部分情况	灯具的下半部分情况	是否有上射光	光衰退的相对比较	图　例
Ⅲ	用透明、半透明或不透明材料做成的有开口部分,向上光通量<15%	敞开,或有格栅或格片	有	第二	
Ⅳ	用透明、半透明或不透明材料封位上部	敞开或有格片或格栅	有或没有	第四	

5.2.5 按支撑安装面材料分类

灯具安装的支撑面有普通可燃和非可燃两种材料,按此特性将灯具分为两类:只能安装在非可燃表面的灯具和安装在普通可燃表面的灯具,安装于普通可燃材料表面的固定式灯具,应标记▽。

普通可燃材料的引燃温度至少为200℃,并且在此温度时该材料不致变形或强度降低,包括建筑材料在内的诸如木材以及木为基底、厚度大于2mm的材料。

5.3　灯具的选用

5.3.1 照明设计中选用灯具的基本原则

(1) 合适的光特性,如光强分布、灯具表面亮度、遮光角等。
(2) 符合使用场所的环境条件。
(3) 符合防触电保护要求。
(4) 经济性,如灯具光输出比、电气安装容量、初投资及维护运行费用。
(5) 外型与建筑相协调。
在选择时,以上几点应进行综合考虑。

5.3.2 配光的选择

(1) 在各种办公室及公共建筑中,房间的墙和顶棚均要求有一定的亮度,要求房间各面有较高的反射比,并需有一部分光直接射到顶棚和墙上,此时可采用直接-间接配光的灯具,从而获得舒适的视觉条件及良好的艺术效果。灯具上半球光通辐射一般不应小于15%(如乳白玻璃罩的灯具或散射型灯具),并应避免采用配光很窄的直射灯具。为了节能,在有空调的房间内还可选用空调灯具。

(2) 工业厂房应采用光效较高的敞开式直接型灯具,在高大的厂房内(6m以上),宜采用配光较窄的灯具,但对有垂直照度要求的场所则不宜采用,而应考虑有一部分光能照到墙上和设备的垂直面上。

(3) 厂房不高或要求减少阴影时,可采用中照型、广照型等配光的灯具,使工作点能受到来自各个方向的光线的照射。如果对消除阴影要求十分严格,采用发光天棚将会得到很好的效果。

(4) 用带有格栅或透射材料灯罩的嵌入式灯具所布置成的发光带,一般多用于长而大的办公室或大厅,由于嵌入式灯具的配光通常不很宽,因此,光带的布置不宜过稀。光带的优点是光线柔和、没有眩光;缺点是顶棚较暗,特别是当光带间距较大时则更为突出。使用双抛物面镜面格栅荧光灯具时,空间亮度低,光环境不好,建议只用于有许多电脑且电脑方向随意安放的办公室。

(5) 为了限制眩光,应采用表面亮度符合亮度限制要求、遮光角符合规定的灯具(如带有格栅或漫射罩的灯具等)。采用蝙蝠翼配光的灯具,使视线方向的反射光通减少到最低限度,可显著地减弱光幕反射。

(6) 当要求垂直照度时,可选用不对称配光(如仅向某一方向投射)的灯具(教室内黑板照明等),也可采用指向型灯具(聚光灯、射灯等)。

(7) 道路照明、泛光照明对灯具配光的要求见本书后面的有关章节。

5.3.3 按环境条件选择

(1) 在有爆炸危险的场所,应根据爆炸危险的介质分类等级选择相应的防爆灯具。

(2) 在特别热的房间内应限制使用带密闭玻璃罩的灯具,如果必须使用时,应采用耐高温的气体放电灯。如果用白炽灯,应降低灯的额定功率使用。

(3) 在特别潮湿的房间内,应将导线引入端密封。为提高照明技术的稳定性,采用内有反射镀层的灯泡比使用有外壳的灯具有利。

(4) 多灰尘的房间,应根据灰尘的数量和性质选用灯具,如限制尘埃进入的防尘型灯具,或不允许灰尘通过的尘密型灯具。

(5) 在有腐蚀性气体的场所,宜采用耐腐蚀材料(如塑料、玻璃等)制成的密封灯具。在有化学性质活跃的介质的环境中,选择灯具必须适应环境的要求。铝既不耐酸也不耐碱,钢对酸不稳定但却耐碱,塑料、玻璃、陶瓷等在大多数化学腐蚀介质的场合,均能耐腐蚀。此外,钢板上搪瓷也较耐腐蚀,但搪瓷损坏后易引起蚀坏。

(6) 在使用有压力的水冲洗灯具的场所,必须采用防溅水型灯具。

(7) 医疗机构(如洁净手术室等)房间,应选用易于清扫的带流线型灯罩或嵌入式密封灯具,如带整体扩散器的灯具等。此类灯具也适用于电子和无线电工业中的某些房间。

(8) 食品工业必须防止灯泡从灯具内脱落,为此,可用带有整体扩散器的灯具、格栅灯具、带保护玻璃的灯具等等。在振动较大的场所,也应采取防灯泡松脱的措施。

(9) 室外不同使用环境中灯具外壳防护等级的推荐值:
- 直接安装在屋檐下、凉亭内的灯具应为 IP41 及以上;
- 安装在屋檐下、凉亭或迴廊柱子外侧的灯具应为 IP42 及以上;
- 安装在柱子上的庭园灯、露天安装的灯具及电器箱应为 IP43 及以上;
- 投光灯、道路灯的光源腔、吸壁安装的露天壁灯应为 IP54 及以上;
- 草坪灯或在使用过程中会受到水喷淋的灯具应为 IP55 及以上;
- 埋地灯或安装于地沟内的投光灯应为 IP67 或以上;
- 水下灯应为 IP68,并应注明入水深度;

- 内置风扇的灯具应为 IP44 及以上；
- 灯串、美耐灯带和 LED 灯管,包括接头、电源端子应为 IP55 及以上；
- 露天安装的照明电气箱、控制器及某些光源的电源箱应为 IP33 及以上。

5.3.4 按防触电保护要求选择

见表 5-8 应用说明。

5.3.5 经济性

在满足照明质量、环境条件和防触电保护要求的情况下,尽量选用效率高、利用系数高、寿命长、光通衰减小、安装维护方便的灯具。

5.4 电器附件选用

5.4.1 镇流器

1. 电感镇流器

气体放电灯用的电感镇流器主要由铁芯和线圈组成,工频电感镇流器典型的点灯电路如图 4-26(a)所示。

美国标准金属卤化物灯用的电感镇流器采用 CWA 电路,即恒定功率自耦升压式镇流器,又称为超前顶峰式镇流器。其点灯电路见图 4-26(b),此类镇流器可获得较高的开路电压,功率因数可达 0.9。在电源电压起伏较大的情况下,对稳定灯的功率,维护好灯的性能起到较好的调节作用,甚至在电源电压跌落 30%～40% 时还能使灯继续工作。这样当电源电压波动较大时,美国标准金属卤化物灯的工作参数能保持比较稳定,而且能够将光通量维持在一个比较理想的状态下。

欧洲标准金属卤化物灯的电感镇流器的点灯电路见图 4-26(c),启动时能提供正常电流 1.1～1.3 倍的工作电流,它能降低灯管的重复着火电压,又由于开路电压超前灯电流一定的角度,当灯电流为零时,灯电压已经建立,所以镇流器损耗越小,开路电压幅值越高,越能缩短电流过零时间。

目前我国市场上推出了节能型电感镇流器,用以替代传统的高能耗电感镇流器,其经济效益和社会效益还是较好的。

2. 电子镇流器

1）荧光灯用电子镇流器

为保证荧光灯能正常点燃,并能保障灯正常可靠工作,电子镇流器必须具备以下主要功能:

(1) 给灯两端提供一个足够高的启动电压使灯点燃。

(2) 灯点燃后,为灯提供一个大小合适而且稳定的工作电流。

(3) 必须将工作电流谐波分量控制在标准规定限值之内,不要对电网产生严重污染,并获得高的功率因数。

(4) 必须具有较高的安全性与可靠性。

点灯回路出现异常情况时镇流器不受损害,镇流器本身有防触电保护,外壳防护等级符合使用环境要求,镇流器本身故障不影响其他器件,必须通过产品耐久性试验要求达到的标准。

2）HID 灯用电子镇流器

根据 HID 灯的特点，电子镇流器应符合下列要求：

（1）能输出足够大的功率。

（2）能提供足够高的触发启动电压。

（3）能消除声共振现象。

（4）能连续长时间点燃，在恶劣的环境中可以正常运行。

（5）在 HID 灯出现故障或烧毁时，镇流器不应损坏。

（6）其产生的电流谐波分量，射频干扰和电磁辐射等能控制在标准要求的范围内。

要满足以上各项要求，目前技术上没有解决不了的问题，但由于成本过高，进入大规模商业应用的关键是提高性价比。目前国内外市场上都已有小功率 HID 灯配用电子镇流器。

所谓声共振现象是指当 HID 灯工作在高频时，灯的电弧腔体的声振动频率与电源馈供给灯的功率的频率（即电源频率的 2 倍）相同时，灯所产生的共振。这时，电源馈供给灯的功率在电弧腔体中产生的压力波与由管壁来的反射波同相，形成驻波。声共振造成电弧不稳定，如电弧电压突然升高，电弧弯曲、摇晃，严重时会吹断电弧，甚至使电弧管爆裂。现在常用的电子镇流器的工作频率范围是 20～50kHz，实验表明，采取一些措施后金属卤化物灯可在这一频率范围内正常工作。

5.4.2 触发器

触发器的作用是在灯工作电路中产生所需的脉冲电压，从而将灯可靠点燃。

触发器有多种类型，但基本工作原理大致相同：接通电源后触发器通过振荡元件、储能元件产生一组连续的高压脉冲叠加在点灯回路上，使灯点燃；当灯点燃后由于灯电压低于触发器的开启电压，触发器自动停止工作，不再产生高压脉冲。

使用时应根据气体放电灯的类型、应用的场合等，正确选择合适的触发器。一般钠灯可以选择并联型单脉冲触发器和脉冲幅度恒定的多脉冲触发器。金属卤化物灯应当选择与灯功率匹配的串联型多脉冲触发器，其中美标金卤灯应选用低幅度多脉冲或宽脉冲触发器。高杆灯或需要集中控制的 HID 灯应选用远距离型触发器。热触发器只能选用于双端 HID 灯，灯具内的灯座应能承受相应的高频高压。另外，务必保证触发器工作于额定温度以下。

5.4.3 变压器

目前大量使用的卤钨灯多为 12V 低压点灯，需要将市电压降压后方可使用。常用卤钨灯变压器有电感变压器和电子变压器。电感变压器由于体积大、质量重，已逐渐被体积小、质量轻、成本低、使用方便的电子式变压器所取代。如图 5-23 所示为一种卤钨灯电子变压器的电路图，输出电压经铁氧体变压器隔离后可降到 12V，以点亮灯泡。

5.4.4 镇流器性能标准和能效标准

近几年我国修订和制订的镇流器标准，包括安全要求、性能要求、特殊要求和能效标准。有关性能要求和能效限定值及节能评价值的标准名称和编号列于表 5-10。

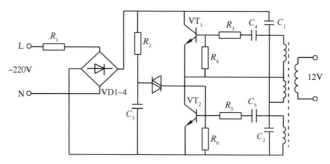

图 5-23　卤钨灯电子变压器的电路图

表 5-10　　　　　　　　　　　　　镇流器性能标准和能效标准

名　　称	编　　号
管形荧光灯用镇流器 性能要求	GB/T14044—2008
灯用附件放电灯(管形荧光灯除外)用镇流器 性能要求	GB/T15042—2008/IEC60923:2006
管形荧光灯用交流电子镇流器 性能要求	GB/T15144—2005/IEC60929:2006
管形荧光灯镇流器能效限定值及节能评价值	GB17896—2012
高压钠灯用镇流器能效限定值及节能评价值	GB19574—2004
金属卤化物灯用镇流器能效限定值及能效等级	GB20053—2006

我国国家标准《管形荧光灯镇流器能效限定值及能效等级》(GB17896—2012),该标准适用于额定电压220V、频率50Hz交流电源供电、标称功率在4～120W的管型荧光灯用电感镇流器和电子镇流器。该标准不适用于配合非预热启动灯的电子镇流器。该标准中用镇流器效率(η_b)代替了以前版本中提出的镇流器能效因数(BEF),并规定了能效等级、能效限定值及节能评价值。

1) 镇流器效率(efficiency of ballast)

镇流器效率为灯参数表中的额定/典型功率与在标准规定测试条件下经修正后镇流器-灯线路输入总功率的比值。

镇流器效率是评价镇流器效能的指标,也是评定镇流器和灯的组合体能效水平的参数。

2) 镇流器能效等级(energy efficiency index of ballast)

国标将各类电子镇流器能效等级分为3级,其中1级能效最高,损耗最小。

3) 镇流器能效限定值(minimum allowable values of energy efficiency of ballasts)

它是在标准规定测试条件下允许镇流器的最低效率值。

标准给出的非调光电子镇流器能效限定值见表5-11,表中表示了与不同灯配套的镇流器在不同能效等级时的能效限值。

4) 镇流器节能评价值(evaluating values of energy conservation for ballasts)

节能镇流器的镇流器效率允许最低限值。

标准规定:在规定的测试条件下,非调光电子镇流器的节能评价值为表5-11中的2级规定值。

关于调光的电子镇流器、电感镇流器的相应要求该标准中均有,读者需要时可查阅。其中标准中5.3条镇流器能效限定值为强制性的,其余为推荐性的。

表 5-11　　非调光电子镇流器能效等级(GB 17896—2012　表 1)

与镇流器配套灯的类型、规格等信息				镇流器效率/%		
类别和示意图	标称功率/W	国际代码	额定功率/W	1 级	2 级	3 级
T8	15	FD-15-E-G13-26/450	13.5	87.8	84.4	75.0
T8	18	FD-18-E-G13-26/600	16	97/7	84.2	76.2
T8	30	FD-30-E-G13-26/900	24	82.1	77.4	72.8
T8	36	FD-36-E-G13-26/1200	32	91.4	88.9	84.2
T8	38	FD-38-E-G13-26/1050	32	87.7	84.2	80.0
T8	58	FD-38-E-G13-26/1500	50	93.0	90.9	84.7
T8	70	FD-70-E-G13-26/1800	60	90.9	88.2	83.3
TC-L	18	FSD-18-E-2G11]16		87.7	84.2	76.2
TC-L	24	FSD-25-E-2G11	22	90.7	88.0	81.5
TC-L	36	FSD-36-E-2G11	32	91.4	88.9	84.2
TCF	18	FSS-18-E-2G10	16	87.7	84.2	76.2
TCF	24	FSS-24-E-2G10	22	90.7	88.0	81.5
TCF	36	FSS-36-E-2G10	32	91.4	88.9	84.2
TC-D/DE	10	FSQ-10-E-G23q=1 FSQ-10-I-G23d=1	9.5	89.4	86.4	73.1
TC-D/DE	13	FSQ-13-E-G24q=1 FSQ-13-I-G24d=1	12.5	91.7	89.3	78.1
TC-D/DE	18	FSQ-18-E-G24q=2 FSQ-18-I-G24d=2	16.5	89.8	86.8	78.6
TC-D/DE	26	FSQ-26-E-G24q=3 FSQ-26-I-G24d=3	24	91.4	88.9	82.8
TC-T/TE	13	FSM-13-E-GX24q=1 FSM-13-I-GX24d=1	12.5	91.7	89.3	78.1
TC-T/TE	18	FSM-18-E-GX24q=2 FSM-18-I-GX24d=2	16.5	89.8	86.8	78.6
T-T/TC-TE	26	FSM-26-E-GX24q=3 FSM-13-I-GX24d=3	24	91.4	88.9	82.8

与镇流器配套灯的类型、规格等信息				镇流器效率/%		
类别和示意图	标称功率/W	国际代码	额定功率/W	1级	2级	3级
TC-DD/DDE	10	FSS-10-E-GR10q FSS-10-L/P/H-GR10q	9.5	86.4	82.6	70.4
TC-DD/DDE	16	FSS-16-E-GR10q FSS-16-I-GRS FSS-10-L/P/H-GR10q	15	87.0	83.3	75.0
TC-DD/DDE	21	FSS-21-E-GR10q FSS-21-I-GR10q FSS-21-L/P/H-GR10q	19.5	89.7	86.7	78.0
TC-DD/DDE	28	FSS-28-E-GR10q FSS-28-I－GR8 FSS-28-L/P/L-GR10q	24.5	89.1	86.0	80.3
TC-DD/DDE	38	FSS-38-E-GR10q FSS-38-L/P/L-GR10q	34.5	92.0	89.6	85.2
TC	5	FSD-5-I-G23 FSD-5-E-2G7	5	72.7	66.7	58.8
TC	7	FSD-7-I-G23 FSD-7-E-2G7	6.5	77.6	72.2	65.0
TC	9	FSD-9-I-G23 FSD-9-E-2G7	8	78.0	72.8	66.7
TC	11	FSD-11-I-G23 FSD-11-E-2G7	11	83.0	78.6	73.3
T5	4	FD-4-E-G5-16/150	3.6	64.9	58.1	50.0
T5	6	FD-6-E-G5-16/225	5.4	71.3	65.1	58.1
T5	8	FD-8-E-G5-16/300	7.5	69.9	63.6	58.6
T5	13	FD-13-E-G5-16/525	12.8	84.2	80.0	75.3
T9-C	22	FSC-22-E-G10q-29/200	19	89.4	86.4	79.2
T9-C	32	FSC-32-E-G10q-29/300	30	88.9	85.7	81.1
T9-C	40	FSC-40-E-G10q-29/400	32	89.5	86.5	82.1
T2	6	FDH-6-L/P-W4.3x8.5d-7/220	5	72.7	66.7	58.8
T2	8	FDH-8-L/P-W4.3x8.5d-7/320	7.8	76.5	70.9	65.0
T2	11	FDH-11-L/P-W4.3x8.5d-7/420	10.8	81.8	77.1	72.0
T2T8	13	FDH-13-L/P-W4.3x8.5d-7/520	13.3	84.7	80.6	76.0

与镇流器配套灯的类型、规格等信息				镇流器效率/%		
类别和示意图	标称功率/W	国际代码	额定功率/W	1级	2级	3级
T5-E	14	FDH-14-G5-L/P-16/550	13.7	84.7	80.6	72.1
T5-E	21	FDH-21-G5-L/P-16/850	20.7	89.3	86.3	79.6
T5-E	24	FDH-24-G5-L/P-16/550	22.5	89.6	86.5	80.4
T5-E	28	FDH-28-G5-L/P-16/1150	27.8	89.8	86.9	81.8
T5-E	35	FDH-35-G5-L/P-16/1450	34.7	91.5	89.0	82.6
T5-E	39	FDH-39-G5-L/P-16/850	38	91.0	88.4	82.6
T5-E	49	FDH-40-G5-L/P-16/1450	49.3	91.6	89.2	84.6
T5-E	54	FDH-54-G5-L/P-16/1150	53.8	92.0	89.7	85.4
T5-E	80	FDH-80-G5-L/P-16/1150	80	93.0	90.9	87.0
T8	16	FDH-16-L/P-G12-26/600	16	87.4	83.2	78.3
T8	23	FDH-23-L/P-G12-26/600	23	89.2	85.6	80.4
T8	32	FDH-32-L/P-G12-26/1200	32	90.5	87.3	82.0
T8	45	FDH-45-L/P-G12-26/1200	45	91.5	88.7	83.4
T5-C	22	FSCH-22-L/P-2GC13-16/225	22.3	88.1	84.8	78.8
T5-C	40	FSCH-40-L/P-2GC13-16/300	39.9	91.4	88.9	83.3
T5-C	55	FSCH-55-L/P-2GC13-16/300	55	92.4	90.2	84.6
T5-C	60	FSCH-60-L/P-2GC13-16/375	60	93.0	90.9	85.7
TC-LE	40	FSDH-40-L/P-2G11	40	91.4	88.9	83.3
TC-LE	55	FSDH-55-L/P-2G11	55	92.4	90.2	84.6
TC-LE	80	FSDH-80-L/P-2G11	80	93.0	90.9	87.0
TC-TE	32	FSMH-32-L/P-GC24q=3	32	91.4	88.9	82.1
TC-TE	42	FSMH-42-L/P-GC24q=4	43	93.5	91.5	86.0
TC-TE	57	FSM6H-57-L/P-GX24q=5 FSM8H-57-L/P-GX24q=5	56	91.4	88.9	83.6
TC-TE	70	FSM6H-70-L/P-GX24q=6 FSM8H-70-L/P-GX24q=6	70	93.0	90.9	85.4
TC-TE	60	FSM6H-60-L/P-2G8=1	63	92.3	90.0	84.0
TC-TE	62	FSM8H-60-L/P-2G8=2	62	92.2	89.9	83.8
TC-TE	82	FSM8H-82-L/P-2G8=2	82	92.4	90.1	83.7
TC-TE	85	FSM6H-85-L/P-2G8=1	87	92.8	90.6	84.5
TC-TE	120	FSM6H-120-L/P-2G8=1	122	92.6	90.4	84.7

注:在多灯镇流器情况下,镇流器的能效要求等同于单灯镇流器,计算时灯的功率取连接该镇流器上灯的功率之和。

5.4.5 LED 驱动器

LED 驱动器是指集成电源及 LED 控制电路于一体的满足 LED 灯泡及阵列所需的特殊要求的电源设备。

LED 光源的工作离不开 LED 驱动器,而驱动器品质的好坏又直接影响到 LED 光源的寿命、光效及光的品质。高品质的 LED 驱动电源,它是 LED 照明系统的核心。

有关 LED 的工作原理与驱动电路在本书 4.7 节中已有叙述,本节针对驱动器应满足的技术要求加以阐述。

由于 LED 的光特性通常都描述为电流的函数(而不是电压的函数),即光通量 Φ 与正向电流的关系曲线,因此,采用恒流源驱动可以更好地控制亮度。同时,LED 是工作在低电压恒电流状态,其电源转换器的选择很重要。由于开关电源它是控制开关管(MOS 管)开通与关断的时间比率,维持稳定输出的一种电源,是目前能量变换器中效率最高的,转换效率可以达到 90% 以上。所以目前的 LED 驱动器,特别大功率、高亮度的 LED 采用的多数是开关电源转换的恒流驱动方式。

白光 LED 的驱动器应能支持 LED 亮度调节(调光)的功能。目前调光技术有三种:PWM 调光、线性调光(模拟调光)及数字调光。

市场上很多驱动器能支持其中的一种或多种。

PWM(脉宽调制)调光能够提供高质量的白光,应用简单、效率高,利用一个专用 PWM 接口可以简单的产生任意占空比的脉冲信号,该信号通过一个电阻,连接到驱动器的 EN 接口。多数厂商的驱动器都支持 PWM 调光。但驱动器应能提供超出人耳听见范围的调节频率,以避免噪声(andible noise 或 microphonic noise)。

模拟调光是直接改变限流电阻(R_S)值,不会产生噪声,但调光时驱动器始终处于工作模式,且电能转换效率随着输出电流减小而急速下降,往往会增加系统的能耗。最重要的是由于它是直接改变 LED 的电流,使得白光质量发生了变化。

目前不少厂商的驱动器支持数字调光,具备数字调光的白光 LED 驱动器会有相应的数字接口,系统设计者只要根据具体的通讯协议,给驱动一串数字信号,就可以改变白光 LED 的亮度。

高品质的 LED 驱动器在原理上要满足上述基本功能要求,同时作为一个电气设备还应满足下列要求:

(1)高效率。LED 的散热直接影响其光效,电源效率高、功耗小,发热少就降低了灯具的温升,对提高 LED 光通维持率有利。

(2)高的可靠性与长的寿命。驱动电源的寿命要与 LED 的寿命相匹配,这样 LED 照明的优势才能体现,有些 LED 灯装在高空,维护不便(如路灯)。驱动器的寿命与 LED 匹配更显得重要。

(3)合适的输出纹波。输出纹波会影响 LED 的光输出。但减少纹波需要使用高品质和容量的电容器。为提高电源整体的使用寿命,设计师往往倾向于采用无电容方案,工程师必须选择合适的"输出纹波"指标。

(4)线性调整率。在电源电压发生 ±15% 的变动范围时,应能保持输出电流 ±10% 的范围内变动,即尽可能保持恒流特性。

（5）高功率因数。功率因数高供电电流小,线路功率损耗与电压降都低。欧盟已规定大于 25W 的电源设备必须设置功率因数校正电路,今后世界各国都会相继有"规定"。

（6）设浪涌保护。LED 抗浪涌的能力较差,特别是抗反向电压的能力。电网系统的浪涌和雷击都有可能导致 LED 的损坏。

（7）具有各种保护功能。除常规的保护功能外,最好在恒流输出回路中增加温度负反馈,以防止 LED 温度过高。

（8）外壳防护等级要符合各种场所的使用要求。

（9）要符合电磁兼容和安全要求。

思考与练习

1. 室内灯具按其光通在空间的分布可分成哪几类? 各类灯具使用场合有什么不同?

2. 灯具配光曲线的用途是什么? 不对称的室内灯具其光强在空间的分布如何表示?

3. 直接型灯具的配光曲线为什么要设计成宽、中、狭各种类型?

4. 什么是等光强曲线? 投光灯的等光强曲线是如何表示的? 如何使用?

5. 路灯的等光强曲线与投光灯的等光强曲线有什么不同?

6. 什么是灯具的遮光角? 带格栅的荧光灯其遮光角如何确定?

7. 什么是投光灯(泛光灯)的有效效率?

8. 选择灯具应考虑哪些因素? 选择教室用的灯具应如何考虑?

9. 灯具按外壳防护等级分哪几类? 如何选用?

10. 灯具按防触电保护分几类? 如何选用?

11. 灯具按维护性能如何分类? 举例说明如何选用。

12. 什么是灯具效率? 如何提高灯具效率?

13. ▽表示什么灯具?

14. 镇流器效能因数是如何定义的? 它如何表达镇流器的能源利用效率?

15. LED 灯具与传统光源的灯具有什么相同与不同之处?

第6章 照明控制

6.1 概　述

照明控制是照明设计中很重要的一个内容,特别是对光环境要求比较高的场合,如各种会议厅、演讲厅、宴会厅等,或者需要营造动态的照明效果的场所等。同时,照明控制也是实施低碳减排绿色照明计划中不可缺少的组成部分。照明控制的作用可以归纳为两大方面。

6.1.1　营造良好的光环境

人们对光环境的需求与其从事的活动密切相关。智能建筑中的许多房间因其使用功能的多样性,需要营造各种不同的光环境,以满足不同使用功能的要求,具体表现为:

(1)可以控制光环境来划分空间。当房间功能和隔断变化时,控制随之灵活变化。

(2)采用控制手段在同一房间中创造出不同的氛围,通过不同的视觉感受,从生理上、心理上给人积极的影响。

6.1.2　节约能源

随着社会生产力的发展,人们对生活质量要求的不断提高,照明能耗在整个建筑能耗中所占比例日益增加,照明节能已日显重要,发达国家在 20 世纪 60 年代末、70 年代初已开始重视这方面的工作,特别是从保护环境的角度出发,世界各国都重视推行"绿色照明"计划。

照明节能一般可以通过两条途径:一是使用最有效的照明装置(包括光源、灯具、镇流器等);二是使用者在需要时才使用它,尽量减少不必要的开灯时间、开灯数量和过高照度,杜绝浪费。后者就是"照明控制"。

6.2　照明控制策略与方式

照明的使用者是人,因此在制定照明控制策略及确定照明控制系统时,必须研究"人使用灯"的行为,例如英国 BRE(Building Research Establishment)的研究者通过较长期的观察,发现人的使用周期和室内昼光(天然光)水平有着极为重要的影响。因此,照明控制就可以采用"昼光控制"的策略,且进一步确定相应的控制方式与控制系统。

6.2.1　照明控制策略

下面介绍目前国内外照明界提出的几种控制策略。

1. 时间表控制

时间表控制(scheduling control)分为可预知时间表控制和不可预知时间表控制两种。

在每天的使用内容及使用时间没有很大变化的场所,可采用可预知时间表控制策略。它采用定时控制方式来满足活动要求,适用于普通的办公室、按时营业的百货商场、餐厅或者按时上下班的厂房。根据美国 LUTRON 公司的统计资料,这种控制策略可以节约 10％～50％的能源。

在每天的使用内容及使用时间经常发生变化的场所,可采用不可预知时间表控制策略。这种控制策略可以采用人体活动感应开关控制方式以应付事先不可预知的使用要求,适用于会议室、复印中心、档案室等场所。

2. 天然光(天然光)控制(daylight control)

若能从窗户或天空获得自然光,即所谓的利用天然采光,则可以关闭电灯或降低电力消耗。昼光照明控制器由光敏传感器和开关或调光装置组成,随天然光变化可调节电灯。天然光提供的照度增加,照明用电减少,由它带来的辐射热也减少,随之而来的是空调的热负荷就相应减少,所消耗的电能也随之减少,而这一切都是自动进行,无需任何人为操作来调节。

由于人类天生对自然光的喜爱,在工作环境中引入自然光,可以使人们心情舒畅,工作效率提高。

采用天然光控制策略时,需考虑楼宇的朝向、附近建筑物的反射或阻挡、建筑方位、窗的排列、以及室外地面与窗的距离。

天然光控制通常用于办公建筑、机场、集市和大型廉价商场。

3. 维持光通量控制

我国照明设计标准中规定的照度标准是指"维持照度",即在维护周期末还要能保持这个照度值,在维护周期的开始时照明系统提供的照度比这数值高。维持光通量策略指的是在初始阶段减少电力供应,而在维护周期末达到最大的电力供应,也就是说降低照明系统在初始阶段提供的照度(只要符合照度标准即可)。使用荧光灯的场所运用此策略可以节能10％～20％;使用 HID 灯,由于其光通衰减曲线更加陡峭,故可节约的能源更多。

这一控制策略有两种控制方法。一种是采用预定的斜率:在整个使用维护过程中,电力供应呈线形增加。然而,这一方法要求所有的灯同时更换,而无法考虑有些灯的提前更换。另一种方法是使用类似于昼光探测器的光敏探测器,它可探测灯管老化过程中光输出的变化。这一方法也需成批地换灯,因为探测器只能瞄准几盏有代表性的灯。而且,也应选择好探测器在室内空间的位置,以免昼光变化带来的波动远大于灯管寿命期间光输出的正常下降,从而"蒙蔽"探测器产生不稳定的控制信号。

4. 明暗适应补偿

这一策略利用了明暗适应现象,即在室外变暗时,减少室内光线;在室外变亮时,增加室内光线,这样便减少人眼的光适应范围。例如:当一位顾客在夜晚进入一家超市,如果该超市的照度同白天时的一样,他会感到太亮,视觉不舒适。相反,一位在明亮日光下开车的司机,在车进入昏暗的隧道时,会有视力障碍,影响交通安全。

此策略所选用的设备类似于昼光控制系统,但控制逻辑正好相反。对于隧道,可采用开/关部分灯的方法进行补偿;对于高级的零售商店,要求更高的舒适度,则补偿应按波动的昼光变化进行。

5. 局部光环境控制(按个人要求调整光照)

由于视觉的个人差异很显著,而照明标准的制定是依据一系列视觉实验中多数人满意的照度水平来制定的,因此势必有一部分人是不太满意的。故可以让工作人员根据自己的作业要求、爱好等需要来调整照度。

研究表明,照明条件的舒适与否对劳动生产率有一定影响,特别是现代办公室大量使用VDT(视觉显示终端),顶棚灯具在屏幕上形成的反射眩光会引起许多视觉不舒适的症状。局部光环境控制可以解决这些问题。

美国环保机构人员言称:人们能节约使用自己能控制的物体,包括照明。由于能量节约基于个人的使用,国家大气研究中心的一项调查表明,个人控制会比能量管理系统策略控制节约更多的能量。

个人控制局部光环境的另一优点是它能给予工作人员控制自身周围环境的权力感,这有助于雇员心情舒畅,提高生产率。

6. 平衡照明日负荷曲线控制

电力公司为了充分利用电力系统中的装置容量,提出了"实时电价"的概念:即电价随一天中不同的时间而变化。我国已推出"峰谷分时电价",将电价分为峰时段、平时段、谷时段,即电能需求高峰时电价贵,低谷时电价廉,鼓励人们在电能需求低谷时段用电,以平衡日负荷曲线。

作为用户就可以在电能需求高峰时卸掉一部分电力负荷,以降低电费支出。这一过程应较为缓慢,因而使用者不会觉察到照度水平的变化。为达到此要求,需要一个连续能量管理系统,缓慢地渐变照明。通常,只要照度水平不发生突变,人们便可以接受。同时,用户也可关闭不必要的灯来进一步卸载。

6.2.2 照明控制方式

适当的照明控制方式是实现舒适照明的有效手段,也是节能的有效措施。照明控制方式主要有两种:开关控制和调光控制。

1. 静态控制——开关控制

开关控制是灯具最简单、最根本的控制方式。采用这种方式可以根据灯具的使用情况以及不同的功能需求方便地开灯、关灯,从而实现控制目的。

开关控制可分为以下几类:

1)跷板开关控制

该方式是以常见的跷板开关去控制一套或几套灯具,其优点在于控制灵活,可以根据设计者的需要随意布置灯具,在同一房间的不同出入口均可按需设置开关,但线路繁琐,维护量大,线路损耗多,很难达到照明的舒适性要求。

2)断路器控制

该方式是用安装在楼层配电箱里的断路器来控制一组或几组灯具。此方式线路简单、控制方便、投资小,但因为控制的是一组灯具,造成大量灯具的同时开或关,容易在公共区产生照明突变,对工作人员产生心理影响,而且节能效果较差,难以满足特定环境下的照明要求。

3)定时控制

该方式是利用定时元件,根据时间表来控制灯具的开和关。定时开关可以针对使用空间的工作内容和工作情况予以控制,但这种方式较死板,遇到天气变化或临时更改作息时间时,调节设定较为麻烦。不过,由于许多人通常只有开灯习惯而没有随手关灯习惯,定时控制对于节约能源仍有极为重要的意义。

4）光电感应开关控制

该方式是利用感光元件（光电池或光电管）来检测视觉环境的照度情况，根据预先设定的照度上限值和下限值，控制照明灯具的开和关。这种方式与建筑物的天然采光相配合，可以较好地节约能源，并且能根据照度设定值，提供相对恒定的视觉环境照明需求。

为了避免天然光水平在设定值上下波动时，造成快速开关灯具引起的照度突变，可采用设定两个开关照度 E_{on}、E_{off} 的差动式通断控制方式，如图 6-1 所示。

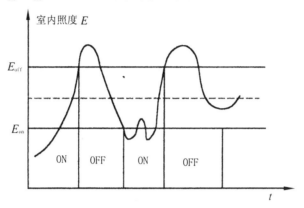

图 6-1　差动式通/断控制

5）占空传感器控制

该方式利用占空传感器感知人员是否进入或者离开该空间，从而灵活地控制灯具的开与关。

根据空间的类型不同，可采用不同技术的占空传感器。电动传感器（如压力垫和微型开关）以及超声波、红外探测传感器对于探测人员通过门口或走廊很有用；摄像机对于室内空间是否有人具有很好的探测效果。

人员占有传感器与调光技术并用不仅可以控制灯的开关状态，而且可以控制空间的照度水平。这将减少一个人走入完全黑暗空间时的不舒适感。

2．动态控制——调光控制

1）调光控制的意义

调光控制最早在舞台照明中采用，利用调光技术在舞台上营造不同场景时的光环境。智能建筑中不同类型的多功能用房（如会议厅、演讲厅、宴会厅等），因为在实现其多功能性时需要营造不同的光环境，调光控制是实现这一目的的有效方式。

美国著名的调光器制造厂商 LUTRON 公司从提高工作效率、增强灵活性、增强美学效果、节约能源四个方面，阐述了调光控制的重要意义：

（1）提高工作效率。提供员工个人局部光环境的控制，降低计算机屏幕上产生的眩光。

（2）增强灵活性。对于不同的活动内容相应地改变照度水平，营造适应会议室、可分割空间多功能用途的不同光环境。

（3）增强美学效果。利用调光实现最佳气氛，强调突出所展示的物品，为所需营造的环境提供戏剧性的效果。

（4）节约能耗。降低能耗和延长光源使用寿命，减少维护费用。

2）不同光源的调光控制

"调光"即改变光源的光通量输出。最早采用的调光装置是调节电位器,改变电位器两端的输出电压来实现调光。由于电位器本身有耗能,这种调光方式节能效果不显著。随着电力电子技术的发展,通过控制可控硅的导通角来调节负载的输入电压,改变光源的输入功率,从而改变光源输出的光通量。这种方式适合白炽灯等热辐射光源的调光,且节能效果显著。

荧光灯不同于白炽灯,若采用调压方式调光,调光范围有限,电压下降到一定程度,灯管壁上会出现光晕。目前采用可调光电子镇流器来实现荧光灯调光的技术已较成熟。即采用调频或脉宽调制(PWM)的方式,来调节荧光灯管的输入功率,从而达到改变荧光灯输出光通量的目的。

小功率金卤灯在室内照明中已得到较多的应用,可是金卤灯在进行调光时,大多数的色温以一种不可预料的方式改变(常常为永久性的),而且显色指数也明显改变,因此,普通金卤灯(石英玻璃电弧管型)不宜调光。但是,陶瓷金卤灯使用可调光电子镇流器在50％～100％进行调光时,其色温、显色性基本不变,能满足室内、外照明质量的要求。而高压钠灯在实际使用中常采用比较经济的电感镇流器分档调光,调光范围在20％～100％,其色温、显色性基本不变,能满足道路照明的要求。

目前,LED灯调光常用脉宽调制调光(PWM)和线性调光(模拟调光)的方法,可实现0％～100％无极调光。

6.3 照明控制系统

6.3.1 控制系统的类型

照明控制系统分三大类:手动控制,自动控制和智能控制系统。

手动控制系统由开关或调光器或两者共同实现,按照使用者的个人意愿来控制所属区域的照度水平。在一个小的照明区域(如个人办公室),最普通的就是墙上安装一个控制面板。在包括多个个人工作空间的大的区域(比如开敞式办公区),遥控器是最方便的。但是,手动控制最不利的是:当人们意识到自然光线不足时会开灯,但当天然光又恢复充足时没有什么因素促使他们把灯关掉,而且工作结束后,灯还开着,这将浪费大量的电能。

自动控制系统由时钟元件或光电元件或两者共同实现。时钟用来消除当室内不被占用时灯仍然开着的浪费现象;光电元件能监测昼光水平并在天然光充足时关掉(或调节)靠近窗的那些灯具。自动控制系统一般都有手动调光装置以适合某些特定情况,比如加班、清洁卫生等。或者,人员占有由最近的检测器检测其行动或声音并动作。

智能照明控制系统是以计算机和信息技术为核心,把来自传感器的关于建筑物照明状况的信息进行处理后,通过一定的程序指令控制照明电路中的设备。调用不同的程序,执行不同的功能,从而达到不同的照明水平,营造出不同的氛围和环境。

智能照明控制系统是数字化、模块化、分布式的控制系统,由管理模块、调光模块、探测模块、操作模块等各种功能模块组成,可通过总线,或通过载波方式调制在电力线上,或通过无线网络进行通信。该系统有很多优点,如:创造环境气氛,改善工作环境,提高工作效率,实现节能目标,延长光源寿命,管理维护方便等。

6.3.2 控制层次

照明控制是以下三种情况中的一种或多种：在一个光源（灯具）内；在一个空间或房间内；在整个大楼内。

1. 光源的控制

控制系统一个新的发展趋势是把对各个光源的控制作用组合在一起——所谓"智能光源"的理念。此光源完全独立于彼光源，它的开关和调节由"监视"办公室的传感器来控制。

这种控制方法的好处是不需要额外的设计和安装工作，灯具就像普通灯具那样安装，可在大楼施工的最后阶段进行，甚至可以用于更新的环境。

2. 房间的控制

一个房间的照明控制由一个单一的系统，通过传感器或从开关、调光器来的控制信号实现。它的光线输出可以减少或部分被关断（如靠窗的部分灯具），或剩下一部分光源提供区域的照明。

整个房间的控制系统比"智能光源"需要更多的安装工作，用于新大楼很合适，在建筑施工阶段就应提供安装设备。

3. 楼宇的控制

楼宇照明控制系统是最复杂的照明控制系统，它包括大量的分布于大楼各个部分并与总线相连的照明控制元件、传感器和手动控制元件。系统可集中控制和分区控制，前者当中的各个控制单元可通过总线传递信息。

楼宇照明控制系统的作用几乎是无止境的，它能依靠按钮、遥控器、时钟和日历以及大量的传感器对照明进行集中、分区、手动、自动控制。而这个系统还能用来搜集重要的数据，像实际灯具点燃的小时数和消耗的电能，甚至可以计算出维护时间表。楼宇照明控制系统可被合并到整个大楼的集中管理系统中。见图6-2。

图6-2 楼宇设备管理系统

6.4 照明控制的基本硬件

6.4.1 开关元器件

1. 继电器/接触器

此类元器件费用低廉，适合于控制系统比较简单的地方，可以全部实现电动控制，但体积较大且功耗也较大，使用时会产生一定程度的电磁干扰。

2. 固态化开关

闸流晶体管（晶闸管）、可控硅（SCR）及晶体管等都属于此类。闸流晶体管在交流动力开关中用得较广泛，最适宜于照明用的是可控硅。

3. 光电控制开关

将光敏电阻与继电器组合在一起，可对大范围进行控制。

6.4.2 调光装置

1. 可控硅调光器（前沿相控调光器）

可控硅调光器通过控制可控硅的导通角来调节负载的输入电压,改变光源的输入功率,进而改变光源输出光通量,适合白炽灯等纯电阻性负载或略微呈电感性的负载的调光。此种调光器因是对光源输入电压波形进行斩波,故负载电流包含有许多的高次谐波分量,且电源侧的功率因数在调光时随着导通角的不同而改变。通过波形分析可知,在相角调节过程中均有浪涌电流存在,它们会严重破坏电网的供电质量,也会使系统产生严重的电磁干扰而无法满足电磁兼容性的要求,还会产生恼人的噪音。

2. 功率型 MOSFET 或 IGBT 调光器（后沿相控调光器）

功率型 MOSFET 或 IGBT 调光器适用于略微呈电容性的照明负载的调光,例如带电子变压器的低压卤钨灯、可调光 体化紧凑型荧光灯等。由丁采用了后沿相控技术,输出电压在变化过程中不存在向上的突变,所以最大限度的降低了浪涌电流,从而也大大降低了电磁干扰。

3. 正弦波调光器

继 Helvar 公司和 Dynalite 公司之后,许多厂商都在研制正弦波调光器。它采用 IGBT 作为开关元件,可以随开随关,是一种可变的变压装置,没有负载特性限制,可以带任何类型负载。其输出与输入成比例,如输入是正弦波,输出也是正弦波,不包含谐波,没有谐波的危害,可以减少功耗,并能提高效率,对电网电压和频率也不敏感,不存在传统相控调光器的缺点,是一种环保节能型调光器。

4. 可调光电子镇流器

可调光电子镇流器与普通电子镇流器不同之处在于其"高频转换"部分的斩波频率由脉宽调制(PMW)电路的输出信号(占空比可调的矩形波)来控制,即采取改变荧光灯输入电压高频信号的脉宽来达到调光的目的。

目前,该类产品包括德国 OSRAM 公司生产的标有"QUICKTRONC"商标的产品;美国 MAGNETEK 公司生产的标有"MAGNETEK"商标的产品;我国台湾地区 OMNITRONIX 公司生产的标有"OMNITRONIX"商标的产品。我国上海照明灯具研究所也已研制出了相关产品。这些产品的调光信号均为 $0\sim10V$,可调光范围为 $1\%\sim100\%$ 或 $5\%\sim100\%$,额定功率因数不小于 0.97,调光过程基本没有(或轻微)出现条纹放电。

5. LED 调光器

LED 调光目前主要采用:线性调光(模拟调光)和 PWM 调光。线性调光是利用恒流芯片的专用调光脚调整 LED 的电流,达到调光目的。PWM 调光是利用脉宽控制调光,将电流方波数位化,控制其占空比,从而控制 LED 的电流,以达到调节 LED 亮度的目的。

参见 5.4 节 LED 驱动器。

6.4.3 传感器

1. 时钟

相当于一个时间开关。

2. 占空传感器（occupancy sensors）

通常有以下几种技术生产的人员探测器：一种是无源红外探测器(PIR)，可探测运动的人发出的能量(热量)变化；另一种是超声波探测器(ULT)，由移动物体的反射产生 Doppler 效应引起的频率改变来探测运动。由于 PIR 有死区，ULT 非常敏感易受干扰而误发信号，故产生了将 PIR 和 ULT 结合的双重技术传感器，但只让其中之一控制开关状态。此外，还可利用电视摄像机、微波 Doppler 效应引起的频率改变来探测人员占有空间的情况。

3. 天然光传感器(daylight sensors)

对于照明水平而言，可以采用硅光电池，并应有一个适宜的光谱响应，即符合 $V(\lambda)$ 曲线。这种线性或非线性的光电池的输出信号一般较小，因此必须加一个放大电路。这样组成一个传感器，它根据天然光对室内贡献的多少来确定室内人工照明的增加与减少，以提供相对恒定照度的照明需求，节约能源。

4. 红外分区传感器(infrared partition sensors)

红外分区传感器由一对红外信号发生器和接受器组成。探测空间分割墙的动作状态(打开/关闭)，提供触点闭合，自动启用分区控制照明。

6.4.4 控制器

传统的照明控制系统中采用"控制器"，它的作用为"作出决定的部分"。传感器为控制器提供信息，控制器作出决定后通知执行元件(开关、调光器)，执行元件动作改变灯的工作状态。

可编程序控制器(PLC)就是这种体系的产物。可编程序控制器应用了单元微机技术，采用可编程的存储器，在其内部存储执行逻辑运算、顺序控制、定时、计数和算术运算等操作指令，并通过数字式的、模拟式的输入和输出来控制各种类型的设备和过程，这些输出信号可以直接控制外部的控制系统负载(如灯)。这种控制装置硬件是标准化的，要改变控制功能只需改变程序即可。

PC(PLC)原是一种通用工业控制装置，完全可以用于照明控制系统。我们已在多项工程实践中加以应用，配线简单，改造与增设容易，运行高度可靠。

DMX512 控制器能够输出标准的 DMX512 控制信号，可以配合 DMX 驱动组成一个完整的 DMX 控制系统。目前，在大型的 LED 户外装饰工程中，由 DMX512 控制器和 DMX 驱动组成的控制系统得到广泛的应用。

6.4.5 通信

通信是将传感器(或使用者)发出的指令传送至照明控制器(开关)。目前可以采用的技术有超声波、红外、无线电、总线系统、电力线路载波等。超声波和红外技术已成功地应用在遥控装置中。无线电遥控的照明控制系统也已面市。用"总线"来传递信息与控制其优点很明显，特别在容易安装和减少线路方面，但每个部分需要有一个与总线的接口。利用电力线路载波来传送信号可以省去控制线路，通常用正弦波信号的调制(频率范围为 50～150Hz)来传递信号，并且频率和相位的调制可以用来传递编码的信息。

另外，为了实际使用的需要，大部分自动化控制系统中仍应该让照明的使用者从控制器那里取得他们的选择权。"使用者"的输入可以采取"遥控"方式，这样交换信息对其他活动的影响最小。

6.5 分布式照明控制系统

在照明控制系统中,利用计算机网络进行通信、信息传输目前已相当普遍。本节重点介绍基于总线制(网络拓扑)的分布式照明控制系统。

6.5.1 总线技术

根据国际电工委员会(IEC61158)标准定义,现场总线是指安装在制造和生产过程现场设备与控制室内的自动控制设备之间的数字式、串行、多点通信的数据总线。

现场总线技术将专用微处理器置入传统的测量控制设备,使它们各自具有数字计算和数字通信能力。采用可进行简单连接的双绞线等作为总线传输介质,把多个测量控制设备连接成网络系统,并按公开、规范的通信协议,在位于现场的多个微机化测量控制设备之间以及现场设备与远程监控计算机之间,实现数据传输与信息交换,形成各种适应实际需要的自动控制系统。

现场总线控制系统实际上是自动化领域的计算机局域网,其上的每个节点都是一个智能化现场设备,具有计算机网络的两个特点:一是网络上传输的都是数字信号;二是多个节点可以共用一条物理传输介质。传输信号的数字化使得检错、纠错手段得以实现,提高了传输的可靠性,传输介质的共享降低了连线的成本。

现场总线控制系统的结构采用全分布式,它的监测和控制功能全部分散到现场设备,废弃了传统的控制器,能够直接在智能化传感器和执行器中进行监测和控制。

目前较有影响的现场总线技术有:

1. PROFIBUS

它是 Process Fieldbus 的缩写,是一种国际性的开放式现场总线标准,由 Siemens 公司为主的十几家德国公司、研究所共同推出。目前世界上许多自动化技术制造厂商都为其生产的设备提供 PROFIBUS 接口。它大量应用于加工制造过程和楼宇自动化等领域,是较成熟的技术。

2. CAN

它是控制局域网络(control area network)的简称,最早由德国 Bosch 公司推出,用于汽车内部测量与执行部件之间的数据通信。由于其性能优异而价格低廉,很快被推广到工业控制现场。其总线规范现已被 ISO 国际标准化组织制定为国际标准,得到了 Motorola、Intel、Siemens、NEC 等公司的支持,并被公认为几种最有发展前途的现场总线之一。

3. LON Works

LON(Local Operating Networks)总线是美国 Echelon 公司 1991 年提出的局部操作网络,为集散式监控系统提供了很强的实现手段。为支持 LON 总线,Echelon 公司开发了 LON Works 技术。它为 LON 总线设计和成品化提供了一套完整的开发平台。

LON Works 技术采用 LON Talk 协议,其最大的特点是对国际标准化组织 ISO 制定的"开放系统互连",即获得 OSI 参考模型(简称 OSI/ISO 模型)七层协议的支持,是直接面向对象的网络协议,具体实现就采用网络变量这一形式。网络变量使网络节点间的数据传递只是通过各个网络变量的相互连接即可完成。LON Works 支持双绞线、同轴电缆、光纤和射频电缆等多种通信介质。

LON Talk 协议被封装在称之为 Neuron 的神经元芯片中得以实现。该芯片中有3个8位的 CPU，一个称之为媒体访问控制处理器，第二个称之为网络处理器，第三个是应用处理器，以完成相应的功能。

LON Works 神经元芯片成本低，Echelon 公司鼓励各初始设备制造商（OEM）利用 LON Works 技术和芯片开发自己的应用产品，从而推广 LON Works 技术和产品。同济大学电子信息工程学院陈辉堂教授课题组曾在北京中央电视塔夜景照明工程和上海杨浦大桥夜景照明工程中利用 LON Works 技术和神经元芯片，实现其照明控制，效果良好。

荷兰飞利浦照明公司（Philips Lighting）使用 Echelon 公司的 Lonworks、Network、Services(CNS)操作系统应用于其 HELIO 照明控制系统中，减少了50％以上的年能量开支。此外，系统运行和维护方面，每年也可节省大量的费用。

4. EIB 总线

EIB 是英文 European Installation Bus 的缩写，意为欧洲安装总线标准，又称为电气安装总线(electrical installation bus)。它是一种面向智能楼宇和家居控制的网络总线协议，在欧洲的楼宇自动化和家居自动化标准中占主导地位，该协议已经被美国消费电子制造商协会(CEMA)批准为家庭网络 EIA-766 标准。近年来的发展表明，EIB 协议越来越多地被应用到智能照明控制系统。

EIB 协议遵循 ISO/OSI 开放式系统互连参考模型，提供了 OSI 模型中定义的五层服务，预留了表示层和对话层。在物理层，EIB 提供了双绞线、电力线、无线频谱和红外线等传输介质访问，满足了不同连接的需求；在数据链路层，EIB 提供带有冲突避免的载波侦听多路访问(CSMA/CA)，以提供可靠的数据传输；在网络层，EIB 通过网络协议控制信息(NPCI)，来设置节点间通信所经过的路由器的最大数目并管理网络的拓扑结构和处理上层的请求；在传输层，EIB 提供了地址与抽象内部表达之间的映射 - 通信访问标识符(cr-id)，支持面向连接和面向非连接的两种服务；在应用层，EIB 提供可直接被应用程序使用的功能，协助应用程序理解所交换的信息。

EIB 的元器件均为模块化元件，主要分为传感器和执行器两类。执行器为标准模数化的元件，采用标准 DIN 导轨的安装方式，传感器采用标准86盒齐平安装方式。执行器和传感器可以分散安装在建筑的不同区域，通过总线连接起来。每个传感器及执行器均内置微处理器及存储器，故这些元器件可分别独立工作，任何一个元件的损坏不会影响系统其他部分运行，因此具有高度的安全性。所有元件均采用 24V DC 工作电源，24V DC 供电与电信号复用总线。EIB 系统采用事件驱动应答式实现通讯和工作，系统中的每一个元件都有一个独一无二的物理地址，这个地址可通过编程软件进行设置，EIB 系统根据物理地址即可确定每个元件在总线中所在位置并进行通信，同时，通过软件编程还可给每个元件赋予一个或多个组地址，通过不同元件之间的不同组地址的连接即可形成不同的逻辑关系。

EIB 系统具有开放和灵活的特点，因而它使设计、施工和安装更加快捷简便；电缆数大大减少；火灾风险降低；操作过程有自动数据记录，维护简单；易于扩展，无须对现有电缆改动，适应建筑功能变化；最大限度降低能源费用等等。EIB 协议完全开放，并且专门针对智能建筑而设计，因此在该领域推广极为迅速。早在2001年竣工的厦门国际会展中心就采用了 EIB 照明控制管理系统。

5. KNX 技术

KNX 技术是住宅和楼宇自动化领域国际领先的开放式标准。KNX 技术是在 20 世纪 90 年代初期产生的,其前身是 EIB、EHS 和 Batibus 三种通信技术。1997 年,为了进一步推动智能楼宇自动化系统的发展,这三个技术的国际组织决定联合起来,共同开发一种符合 EN50090 标准的通用的工业标准,并使之成为一种国际标准。2004 年末,在欧洲电气技术标准化委员会(CENELEC)有关各国的努力下,欧洲标准 EN50090 被批准为 ISO/IEC 国际标准。2006 年 11 月,KNX 技术被正式批准为 ISO/IEC14543-3x 国际标准,其中包括双绞线(TP)、电力线(PL)、无线通信(RF)和 IP 通信四种通信介质。从此,KNX 技术就成为住宅和楼宇自动化领域唯一的开放式国际标准。

为了在中国进一步推广标准的 KNX 技术和可互操作的 KNX 产品,KNX 协会将 ISO/IEC 国际标准 ISO/IEC 14543 翻译成中文,经中国工业过程测量和控制标准化技术委员会(SAC/TC124)推荐,由中国国家质量监督检验检疫总局批准,纳入《GB/Z 20965-2007 控制网络 HBES 技术规范住宅和楼宇控制系统》,于 2007 年 7 月 9 日发布,2007 年 10 月 1 日起实施。

6.5.2 分布式照明控制系统介绍

1. Dynalite 分布式照明控制系统

在照明控制领域中引入现场总线技术,出现了分布式照明控制系统。Dynalite 分布式照明控制系统,通常可以由调光模块、控制面板、彩色液晶显示触摸屏、智能传感器、编程插口、时钟管理器、手持编程器和 PC 监控机等部件组成,将上述各种具备独立功能的模块用一根五类四对屏蔽数据通信总线将它们连接起来组成一个 Dynet 控制网络,其典型系统结构如图 6-3 所示。

1) 调光模块

调光模块是控制系统中的主要部件,它用于对灯具进行调光或开关控制,能够记忆 176 个预设灯光场景。适用于白炽灯的调光模块的基本原理是由微处理器控制可控硅的开启角大小,从而控制其输出电压的平均幅值去调节灯具的亮度。将要调光的亮度控制数据存放在存储器里,当微处理器从通信线上或者其他输入接口接受命令后,微处理器就会从存储器中调出相应亮度的数据到输出口,控制可控硅的开启角,输出相应的电压,调节灯具的亮度。调光模块按型号不同其输入电源有三相也有单相,输出回路容量有 2A、5A、10A、16A、20A,输出回路数也有 1、2、4、6、12 等不同组合供用户选择。

2) 场景切换控制面板

场景切换控制面板是最简单的人机界面,Dynalite 系统除了一般场景调用面板外还提供各种功能组合的面板供用户使用,以适应各种场合的控制要求。如可编程场景切换、区域分割或归并和通过编程实现时序控制的面板等。

3) 智能传感器

智能传感器兼有三项功能:动静探测功能,用于识别有无人进入房间;照度动态检测功能,用于天然光自动补偿;另一个是红外遥控接收功能。

4) 时钟管理器

时钟管理器用于提供一周内各种复杂的照明控制事件和任务的动作定时。它可以通过按键设置,改变各种控制参数。一台时钟管理器可管理 255 个区域(每个区域 255 个回路、

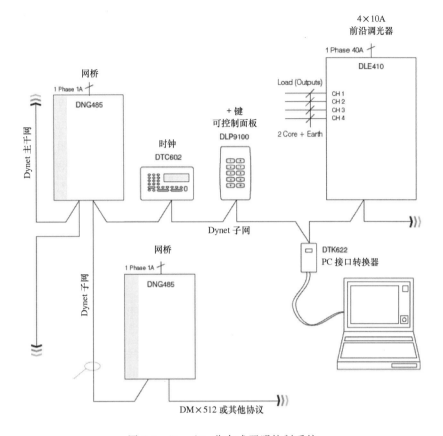

图 6-3   Dynalite 分布式照明控制系统

176 种场景),总共可以控制 250 个事件、64 个任务。

5)彩色液晶显示触摸屏

97.9mm×130.5mm 液晶显示触摸屏采用 640×480 点阵,可图文同时显示,128MB 的存储器可存储 250 幅画面图像及相关信息,可根据用户需要产生模拟各种控制要求和调光区域灯光亮暗的图像,用以在屏幕上实现形象直观的多功能面板控制。这种面板既可用于就地控制,也可用作多个调光区域的监控。

6)手持式编程器

管理人员只要将手持式编程器插头插入程序接口即能与 Dynet 网络连接,便可对楼宇内任何一个楼层、任何一个调光区域的灯光场景进行预设、修改或读取并显示各调光回路现行预设值。

对于大型照明控制网络,当用户需要系统监控时,可配置 PC 机通过接口接入 Dynet,便可在中央监控室实现对整个照明系统的管理。这里的 PC 机只是起到系统监控作用,以便于整个照明控制系统的管理。

Dynalite 照明控制系统是一种事件驱动型分布式网络系统。所有连接在网络上的每个部件内部都有微处理器,每个部件都赋予一个地址,它在网络上仅"收听"或向网上"广播"信息,当它响应了网上信息并经处理后再将自己的信息广播到网上,以事件驱动方式实现系统的各种控制功能。

Dynet 网络上的模块都独立存储预置信息,通过 Dynet 网络的分布式控制,它们可独立通信。系统即使发生故障,也只有相关的组件受到影响,网上其他组件可以不受干扰地正常工作,由于没有薄弱的中央控制器,所以不会引起全局瘫痪。从维护的观点来看,既有利于快速故障定位,又提高了大型照明控制系统的容错水平。

Dynalite 分布式照明控制网络的规模可以灵活地随照明系统的大小而改变,若将图 6-3 所示的典型系统视作一个子网,每个子网都可以通过一台网桥与主干网相连,每个子网最多可连接 128 个模块,干网可连接 100 个子网并再次拓扑,因此 Dynet 网络可连接超过 33000 个模块。信息在子网的传输速率为 9600 波特,主干网的传输速率则可根据网络的大小调节,最大可达 100Mbps。由于 Dynet 网络能通过对网桥编程和设置,有效地控制各子网和主干网之间的信息流通、信号整形、信号增强和调节传输速率,大大提高了大型照明控制网络工作的可靠性。

Dynalite 分布式照明控制系统实现了将专用微处理器置入它的各类模块(调光模块、控制面板、智能传感器、时钟管理器等),使它们具有了数字计算和数字通信能力,采用可进行简单连接的 4 对带屏蔽层的双绞线连接各个模块,把它们连成网络系统。随着现代通信系统技术的发展,DyNet 照明控制系统已实现可以通过 Modem 与公共交换电话网(PSTN)进行远程控制,使用异地计算机或者电话通过 Modem、PSTN 电话网远程控制一个照明系统的工作。

另外,Dynalite 还推出可通过快速以太网(ehternet)实现与大楼自动控制系统(BAS)的连接,它是由 Dynalite 的服务器(server)通过 TCP/IP 的快速以太网与远程的大楼管理系统(BMS)的服务器(Server)连接,就可使 BMS 系统中各个带有 Web 的客户机(client)通过它的本地网将控制命令由 BMS 的服务器发送到 Dynalite 的服务器,实现对 DyNet 照明控制系统的通信。实现一个具有开放性、与 IP 网络实现无缝集成的工作环境,

与此同时 Dynalite 还为终端用户提供一套可从一台 PC 机控制任何"远程"任务的控制软件包(control soft),它采用图形或菜单式的人机界面,使 Dynalite 照明控制系统可很方便地与其他控制设备进行互控制,及时响应照明控制系统中发生的"事件"信息,并对"事件"进行"调度"控制,将系统中所有照明回路的工作活动数据记录在一个标准的数据库中用于形成各种报表的计算、统计和状态分析,并可以按 Email 方式发向有关部门,用户还可以在编制的程序文件中插入 WAV 文件。

2. KNX/EIB 分布式照明控制系统

1) KNX/EIB 分布式照明控制系统原理

源于欧洲的 KNX/EIB 系统是一个控制事件的分布式总线系统。该系统遵循 KNX 协议标准,是世界上第一个家居及楼宇的控制标准。它采用串行数据通信,进行控制、监测和状态报告,所有总线装置均通过共享的串行传输连接(即总线)相互交换信息。数据传输按照总线协议所确定的原则进行,需发送的信息先打包形成标准传输格式(报文),然后通过总线从一个传感装置(命令发送者)传送到一个或多个执行装置(命令接收者)。同时,通过电脑编程的各元件既独立完成诸如开关、控制、监视等工作,又可根据要求进行不同组合,从而可实现不增加元件数量而功能却可灵活改变的效果。KNX/EIB 系统的原理见图 6-4。

KNX/EIB 总线系统的拓扑结构有总线型、星型、树状等形式。其最小的结构称为支线,每条支线上最多可以有 64 元件。当总线连接的元件超过 64 个或需选择不同的结构时,则最多可有 15 条支线通过线路耦合器(LC)组合连接在一条主线上,这称为一个域。总线

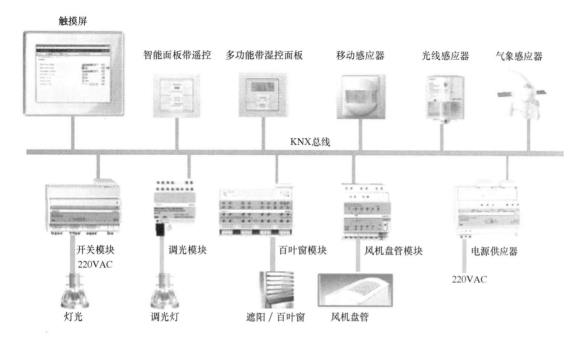

触摸屏

智能面板带遥控　多功能带湿控面板　移动感应器　光线感应器　气象感应器

KNX总线

开关模块　　　调光模块　　　百叶窗模块　　风机盘管模块　　电源供应器
220VAC　　　　　　　　　　　　　　　　　　　　　　　　　　220VAC

灯光　　　　　　调光灯　　　遮阳 / 百叶窗　风机盘管

图 6-4　KNX/EIB 系统原理图

可以按主干线的方式进行扩展,干线耦合器(BC)将其域连接到主干线上。总线上最多可连接 15 个域,故可以连接总计 14400 个总线元件。通过这样的结构拓展,可以使更多的总线设备得到控制,实现更加复杂的楼宇和家居控制。图 6-5 为总线系统的典型结构。

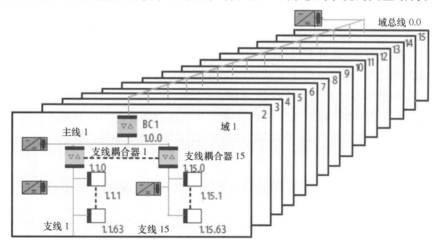

域总线 0.0

BC1
1.0.0
主线 1　　　　　　　　　域 1
支线耦合器 1　　支线耦合器 15
1.1.0　　　　　1.15.0
1.1.1　　　　　1.15.1
支线 1　　1.1.63　支线 15　1.15.63

图 6-5　总线系统典型结构

由于 KNX/EIB 系统具有低压供电安全、工作可靠灵活、控制便利、兼容产品种类多、多功能性和提供舒适环境的诸多优点,现已在照明控制领域得到了广泛的应用。

系统可对灯光进行简单的开关及调光控制;通过光传感器自动实现窗帘的开合或升降以及百叶窗的升降和调角,以最大限度地利用自然光,实现节能的目的;通过定时控制实现灯光的定时开关,以满足不同时段的不同需求;还可以设置不同的场景,每个场景对应不同的灯光开关和亮度,通过调用各种场景实现不同的功能,如用餐、派对等,从而使照明更加人性化。

根据需要实现的各种控制功能,通过 ETS2 或 ETS3 软件对 KNX/EIB 系统进行编程。程序编制完后,连接到具体的总线上进行调试、检测,排除出现的各种系统故障,以最终实现完整的控制功能。

2) KNX/EIB 分布式照明控制系统的设计

下面以一个具体的会议室为例,简单介绍 KNX/EIB 分布式照明控制系统的设计步骤。

(1) 首先要确定房间的照明负荷种类,该会议室需要对两组灯具进行开关控制,一组灯具进行调光控制。如图 6-6 所示。

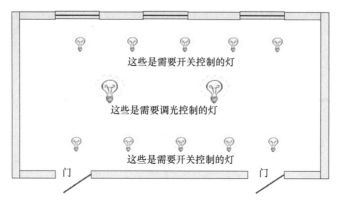

图 6-6 照明负荷种类

根据以上不同的照明负荷选择驱动器。需要调光控制的灯具选择调光驱动器,需要开关控制的选择开关驱动器。接下来根据控制要求选择面板和系统装置,面板插接在总线耦合器上;需要配置总线电源,总线电源和其他驱动器安装在照明配电箱中。通过以上工作就确定了会议室所需要的总线元件的型号和数量。

(2) 按照控制要求,通过 ETS 软件进行总线控制系统的编程。

对于具体的布线,总线电缆需要从照明配电箱和总线耦合器连接,且每组不同的用电设备都需要从照明箱中单独配线。布线图如图 6-7 所示。

(3) 线路布好后,进行控制系统的联机调试以最终达到理想的控制要求。

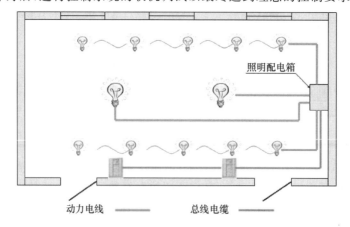

图 6-7 布线图

3) KNX/EIB 分布式照明控制系统应用实例

2010年6月,在西班牙的马德里第一次举办了针对全球大学的"太阳能十项全能竞赛"。该项赛事旨在通过大胆的创意和实际制作,将太阳能作为唯一的能源,建造全功能、舒适宜居,且可持续、能推广的居住空间。同济大学由多个学院师生组成的"同济队",以"竹屋"作为参赛作品,经过激烈竞争,最终脱颖而出,取得了较好的成绩。其中电子与信息工程学院的师生负责完成"竹屋"的室内外灯光照明控制系统的设计和实现。

该部分采用了KNX/EIB系统,根据对室内外各部分照明的控制要求,该系统由调光模块(MTN649315)、开关模块(MTN649208)、定时模块(MTN677129)、输入模块(MTN670804)、光感模块(MTN663991)、控制面板(MTN628319)、移动感应器(MTN632619)等元件构成。如图6-8所示(注:括号内是具体总线元件的型号)。

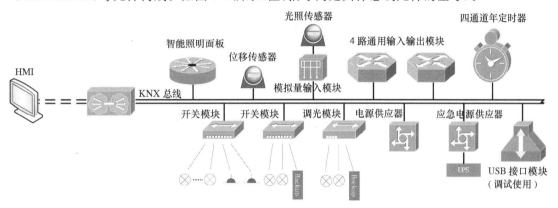

图6-8 "竹屋"照明控制系统示意图

该系统使用的控制方式主要为下列各种:

(1)光感器/恒照度控制。

(2)时间表控制。

(3)人员占有控制。

(4)智能面板控制。

(5)场景控制。

根据控制要求预设置不同的场景效果,通过系统各个模块之间互相协作,实现各种控制场景的效果。"竹屋"的照明场景可分为迎宾、影院、用餐、派对四种模式。

依照上述控制方式和控制要求,以及所选用的各控制模块,通过ETS3软件的编程、布线和调试,最终顺利地实现了照明控制系统预定的各项指标,圆满完成了任务。

6.6 智能照明控制系统

6.6.1 数字式可寻址照明控制接口标准

下面以目前使用面广的DALI系统为例加以说明。

DALI是英文Digital Addressable Lighting Interface的缩写,意为数字式可寻址照明控制接口标准。DALI标准现已被纳入IEC929/EN60929附录E标准,它特别适用于智能照明控制系统。DALI不是一个系统,而是一种定义了实现电子镇流器和控制模块之间进行数字化通信的接口标准。遵守 DALI 标准的系统我们称为 DALI 系统。

与 DALI 有关的研究工作开始于 20 世纪 90 年代中期，该技术的商品化开始于 1998 年夏季。在欧洲有 Helvar、Huco、Philips、Osram、Tridonic、Trilux 和 Vossloh-Schwabe 等电子镇流器制造厂商研究开发符合 DALI 标准的产品。DALI 标准支持"开放系统"的概念，不同制造厂商的产品可以互连，只要它们都遵守 DALI 标准。这个标准体现了可寻址性，例如在需要时，可以对同一控制回路中的各镇流器进行单独控制。DALI 标准的另一个优点是可以把镇流器的状态信息反馈到控制模块，这对于灯具分布较分散的场所特别有用。

DALI 标准专门用于满足照明控制的要求，其系统结构和信息帧结构较为简单。遵守 DALI 标准的照明控制系统内部，命令的执行和状态信息的获取，是以智能化的 DALI 模块为前提的。各个智能化 DALI 模块具有数字计算和数字通信能力，地址和灯光场景信息都存储在各个 DALI 模块的存储器内。DALI 模块通过控制线进行数字通信，以传递指令和状态信息来实现灯的开关、调光控制和系统的设置等功能，而不需要改动灯的电源线。DALI 系统多达 64 个镇流器可用一对双绞线作为控制线连接，能实现单独寻址。这些可寻址电子镇流器可以编成多达 16 组，同一镇流器可以编到一组或多组。该系统可集成在电子镇流器或调光器内，也可作为一个附件装在可调光的镇流器或调光器外，由布置在室内的 DALI 控制器实施控制。

DALI 采用异步串行通信协议，数据采用曼彻斯特编码方式编码，由低电平向高电平跳变代表"1"，由高电平向低电平跳变代表"0"，如图 6-9 所示，通信速率为 1200bit/s。

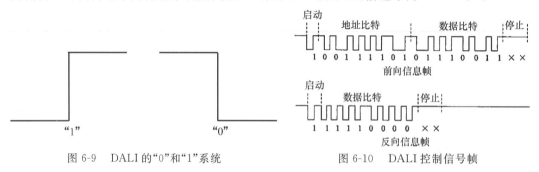

图 6-9　DALI 的"0"和"1"系统　　　　　图 6-10　DALI 控制信号帧

DALI 的信息帧分为两类：前向帧和后向帧。前向帧的传输方向是从控制单元到镇流器，它由 19 个 bit 组成，一个起始位，八个地址位，八个数据位和两个停止位。后向帧从镇流器到控制单元，由 11 个 bit 组成，一个起始位，八个数据位，两个停止位。如图 6-10 所示。

DALI 数字式照明控制系统的可寻址和灯光场景预置功能如图 6-11 所示。

数字化开关、调光和镇流器寻址相结合极大地增加了控制的灵活性，同时降低了安装费用。将同一房间里的所有灯直接连接到电源线上，再用双芯控制线将其连接到 DALI 控制器。控制线和电源线可以放置在一起，可以利用多芯电缆中的两芯作为控制线。这样，镇流器就可以被询问或被编组到控制电路上，并被感应系统控制。如果在现有系统上增加 DALI 系统，只需在现有线路上增加两芯控制线，避免了重新布线造成的浪费。

DALI 是现场总线技术在照明控制领域的应用，专门适应于照明控制的要求。DALI 技术把单个分散的照明控制设备变成网络节点，以控制线为纽带，把它们连接成可以相互沟通信息、共同完成控制任务的网络系统与控制系统。DALI 技术经济有效地实现了智能化照明控制的要求，并可以通过网关实现照明控制系统与楼宇管理系统（BAS）的集成。

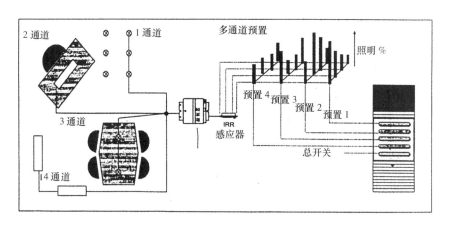

图 6-11　DALI 数字式照明控制系统

20 世纪末芬兰的 Helvar 公司和德国的 Osram 公司分别开发了各自第一代基于 DALI 标准的 DIGIDIM 和 BASIC 系列的智能化电子镇流器和其他照明控制产品,实现了照明控制的基本功能,应用范围广,充分体现了 DALI 系统的优越性。

上述 DALI 系统是二线制。目前数字可寻址照明控制系统已发展到三线制,即用三线接口,可寻址到"点",且该点的信息(状况)可反馈至主控室。

6.6.2　DMX512 系统

基于 DMX512 控制协议进行调光控制的灯光系统叫做数字灯光系统。目前,包括电脑灯在内的各种舞台效果灯、调光控制器、控制台、换色器、电动吊杆等各种舞台灯光设备,全面支持 DMX512 协议,已全面实现调光控制的数字化,并在此基础上,逐渐趋于电脑化、网络化。

DMX512 控制协议是美国舞台灯光协会(USITT)于 1990 年发布的灯光控制器与灯具设备进行数据传输的工业标准,全称是 USITT DMX512(1990),包括电气特性、数据协议、数据格式等方面的内容。每一个 DMX 控制字节叫做一个指令帧,称作一个控制通道,可以控制灯光设备的一个或几万个功能。一个 DMX 指令帧由 1 个开始位、8 个数据位和 2 个结束位共 11 位构成,采用单向异步串行传输,如图 6-12 所示。

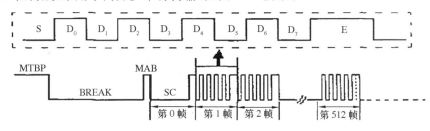

图 6-12　DMX512 定时程序的帧结构(上图)和信息包结构(下图)

图 6-12 中虚线内控制指令中的 S 为开始位,宽度为一个比特,是受控灯具准备接收并解码控制数据的开始标志;E 为结束位,宽度为两个比特,表示一个指令帧的结束;D0～D7 为 8 位控制数据,其电平组合从 0000000～11111111 共有 256 个状态(对应十进制数的 0～255),控制灯光的亮度时,可产生 256 个亮度等级,00000000(0)对应灯光最暗,11111111

(255)对应灯光最亮。DMX512指令的位宽(每比特宽度)是$4\mu s$,每帧宽度为$44\mu s$,传输速率为250kbps。一个完整的DMX512信息包(Packet)由一个MTBP位、一个Break位、一个MAB位、一个SC和512个数据帧构成。

和传统的模拟调光系统相比,基于DMX512控制协议的数字灯光系统,以其强大的控制功能给大、中型影视演播室和综艺舞台的灯光效果带来翻天覆地的变化,但是DMX512灯光控制标准也有一些不足,比如速度不够快,传输距离不够远,布线与初始设置随系统规模的变大而变得过于繁琐等,另外控制数据只能由控制端向受控单元单向传输,不能检测灯具的工作情况和在线状态,容易出现传输错误。后来经过修订完善的DMX512—A标准支持双向传输,可以回传灯具的错误诊断报告等信息,并兼容所有符合DMX512标准的灯光设备。另外,有些灯光设备的解码电路支持12位及12位数据扩展模式,可以获得更为精确的控制。

6.6.3 智能照明控制系统的发展

1. 无线照明控制系统

基于无线电的照明控制是随着无线传输技术的发展和成熟,在无线覆盖网络覆盖面不断扩大,其传输成本不断降低的条件下,在传统的灯光控制基础上,以无线电作为传输介质而发展起来的灯光控制方式。现有许多企业例如LUTRON,Dust Networks,Crossbow,Millenial提供照明控制的无线产品。目前,基于无线电的照明控制系统采用的通信协议主要有:WiFi(IEEE 802.11b),Bluetooth (IEEE 802.15.1)和Zigbee(IEEE 802.15.4)。

用户可以将无线照明控制系统与基于局域网技术结合起来实现远程照明控制系统。无线照明控制系统的每个设备都具有无线发送、接收装置,通过无线路由器连入网络,实现照明系统的远程控制。见图6-13。人们使用无线遥控发射接收器,对照明系统进行相应的控制,避免了手工开、关、调光过程,或是对系统进行调试时必须要走到指定位置操作,其控制原理见图6-14。

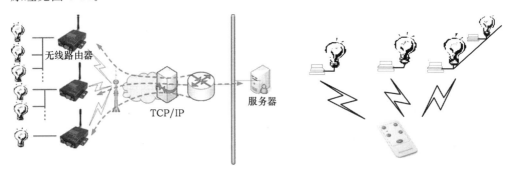

图6-13　无线照明控制系统原理　　　　　图6-14　无线遥控器简图

2. 电力线载波照明控制系统

电力线载波技术指无需布设专用数据线或修改通信线路,而利用现有电力线作为通信媒介,在现行电力正弦波形上,通过载波方式高速传输模拟或数字信号,实现数据传输和信息交换的一种技术。目前适用频率范围为$50\sim200kHz$。该技术具有成本低廉、方便快捷、分布广泛、接入方便等特点。其原理见图6-15。

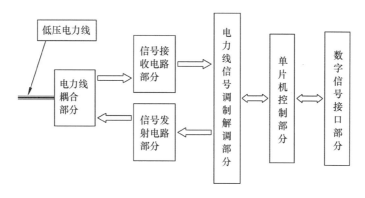

图 6-15　电力线载波技术原理

　　现电力线载波技术已应用于道路照明控制系统中,图 6-16 所示为智能单灯照明控制系统,在图中,路灯和雾灯采用远程智能照明监控方式,每个路灯段安装一台智能路段交换机。每个灯柱处安装一个智能终端控制模块,分别控制该灯柱路灯和雾灯,通过 IP 网络和电力载波实现远程监控。

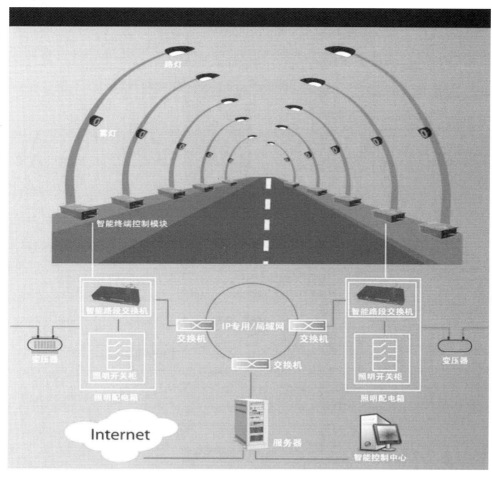

图 6-16　智能单灯照明控制系统示意图

3. 基于天然采光与人工照明的联合控制系统

基于天然采光与人工照明的联合控制系统是将现代控制理论与技术引入照明领域,构建恒定照度的光环境中,最大限度的利用天然光,降低人工照明的用电量,以实现节能、舒适为目的的一种智能照明控制系统。

在一个具体工作空间,根据其功能照明的要求,设定一个标准的照度值(通常为一个范围),当天然光照水平不足时,打开人工照明来补偿,并调节其输出强度使室内照明超过设定目标时关断人工照明,开启并调节遮阳设备(电动人工百叶窗),使室内照度保持在设定范围,见图 6-17。

一种简单的系统就是利用闭环控制系统,在室内需要保持恒照度的地方安装光照度传感器,实时监测工作面的照度水平,与设定值比较并控制调光器的输出,实现恒照度。一般来讲,靠窗越近,自然光照度越高,人工照明提供的照度就越低,但合成照度维持在设定值范围,如图 6-18 所示。

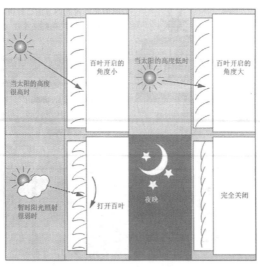

图 6-17 利用电动百叶窗控制的系统

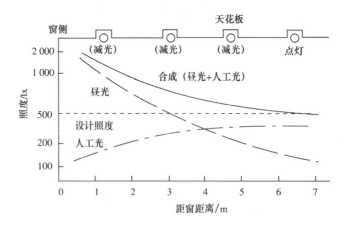

图 6-18 天然采光和人工照明联合控制系统

4. 随着互联网及智能终端设备的发展,照明控制已发展到基于网络的控制系统。只要符合网络协议的设备,都可以作为操作元件(通过软件接入),如手机、ipad 等,这样照明控制的距离可以更远范围更大,操作更灵活。

思考与练习

1. 为什么说照明控制是照明设计中很重要的一个内容? 它有哪些作用?

2. 照明控制策略有哪些? 它们各有什么特点? 适合哪些场合? 请选出一种你熟悉的场所,对其照明控制的策略作出建议。

3. 照明控制方式有几种? 从你学习、生活接触的环境中找出已采用的照明控制方式,并分析其合理性。

4. 照明控制系统的基本硬件有哪些? 它们如何组成一个控制系统?

5. 照明控制系统与大楼(楼宇)设备管理自动化系统(BAS)有何联系?

6. 什么是 DALI 系统? 它的核心是什么?

7. 什么是 DMX512 系统? 在照明系统中它如何应用?

8. 在智能照明控制系统中,信号的传输有哪些方式? 如何应用?

第 7 章 照明计算

照明计算是照明设计的重要内容之一。它包括照度计算、亮度计算、眩光计算等照明质量评价指标计算。目前还不能全部予以实现,它将随着照明技术的发展、电子计算机的应用和计算方法的完善而逐渐得到解决。

从研究动向看,照明计算主要向两个方面发展,其一是力求简单、迅速,经常是将事先计算好的、在各种可能条件下的结果编制成图表、曲线供设计人员查用,其二是力求计算准确。由于需考虑的因素增加,使计算复杂,但采用了计算机使问题很容易解决。一般是将问题编成通用程序,供用户使用。

7.1 平均照度计算——利用系数法

利用系数法是按光通流明计算照度,故又称流明计算法(流明法),它是根据房间的几何尺寸、灯具的数量和类型确定工作面平均照度的计算法。流明法既考虑直射光通量,也考虑反射光通量。

7.1.1 基本计算公式

落到工作面上的光通可分成两部分,一是从灯具发出的光通中直接落到工作面上的部分(直接部分),一是从灯具发出的光通经室内表面反射后最后落到工作面上的部分(间接部分),它们的和即为灯具发出的光通中最后落到工作面上的部分,该值被工作面面积除,即为工作面上的平均照度。若每次都要计算落到工作面上的直接光通与间接光通则计算太复杂,人们引入利用系数的概念,事先计算出各种条件下的利用系数,供设计人员使用。

对于每个灯具来说,由光源发出的额定光通量与最后落到工作面上的光通量之比值称为光源光通量利用系数(简称利用系数),即:

$$U = \frac{\phi_f}{\phi_s} \tag{7-1}$$

式中　U——利用系数;

　　　ϕ_f——由灯具发出的最后落到工作面上的光通量,lm;

　　　ϕ_s——每个灯具中光源额定总光通量,lm。

为了求利用系数,许多国家都形成了一套自己的计算方法,英国球带法、美国带域-空间法、原苏联 МЭИ 法、法国实用照明计算法、国际照明委员会 CIE 法等。我国照明界许多学者对利用系数的计算有过不同程度的探讨,对国外的一些计算方法也曾做过一些介绍。目前采用的方法基本上是按美国带域-空间法求得的。

有了利用系数的概念,则室内平均照度即可由下式计算:

$$E_{av} = \frac{\phi_s N U K}{A}$$

或 $$N=\frac{E_{av}A}{\phi_s UK}\qquad(7\text{-}2)$$

式中　E_{av}——工作面平均照度,lx;

　　　ϕ_s——每个灯具中光源的额定总光通,lm;

　　　N ——灯具数;

　　　U——利用系数;

　　　A——工作面面积,m^2;

　　　K——维护系数,查表 7-1。

式(7-2)中的维护系数 K,是考虑到灯具在使用过程中由于光源光通量的衰减、灯具和房间的污染而引起照度下降。有的书上称为照度补偿系数,其值为维护系数的倒数。此时,应将式(7-2)中的维护系数改用照度补偿系数写在公式的分母中。

表 7-1　　　　　　　　　　　　　　　　　　　维护系数

环境污染特征	工作房间或场所示例	维护系数	灯具擦洗次数 /(次・年$^{-1}$)
清　洁	办公室、阅览室、仪器、仪表装配车间	0.8	2
一　般	商店营业厅、影剧院观众厅、机加工车间	0.7	2
污染严重	铸工、锻工车间、厨房	0.6	3
室　外	道路和广场	0.65	2

7.1.2 利用系数的有关概念

1. 空间系数

为了表示房间的空间特征,引入空间系数的概念,将一矩形房间分成三部分:灯具出光口平面到顶棚之间的空间叫顶棚空间;工作面到地面之间的空间叫地板空间;灯具出光口平面到工作面之间的空间叫室空间,见图 7-1 所示。

上述三个空间系数定义如下:

(1)室空间系数:

$$\text{RCR}=\frac{5h_{rc}(l+w)}{l\cdot w}\qquad(7\text{-}3)$$

(2)顶棚空间系数:

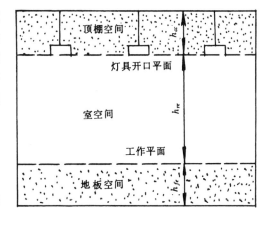

图 7-1 房间空间的划分

$$\text{CCR}=\frac{5h_{cc}(l+w)}{l\cdot w}=\frac{h_{cc}}{h_{rc}}\text{RCR}\qquad(7\text{-}4)$$

(3)地板空间系数:

$$FCR = \frac{5h_{fc}(l+w)}{l \cdot w} = \frac{h_{fc}}{h_{rc}}RCR \qquad (7-5)$$

式中 l——室长,m;

       w——室宽,m;

       h_{rc}——室空间高,m;

       h_{cc}——顶棚空间高,m;

       h_{fc}——地板空间高,m。

2. 有效空间反射比

灯具出光口平面(以下简称灯具开口平面)上方空间中,一部分光被吸收,一部分光经过多次反射从灯具开口平面射出。为了简化计算,把灯具开口平面看成一个具有有效反射比为 ρ_{cc} 的假想平面,光在这假想平面上的反射效果同在实际顶棚空间的效果等价。同样地板空间的反射效果也可以用一个假想平面来表示,其有效反射比为 ρ_{fc}。

有效空间反射比可由下式求得:

$$\rho_e = \frac{\rho A_0}{A_s - \rho A_s + \rho A_0} \qquad (7-6)$$

式中 A_0——顶棚(或地板)平面面积,m²;

       A_s——顶棚(或地板)空间内所有表面的总面积,m²;

       ρ——顶棚(或地板)空间各表面的平均反射比。

假如空间由 i 个表面组成,以 A_i 表示第 i 个表面面积,以 ρ_i 表示第 i 个表面的反射比,则平均反射比由下式求出:

$$\rho = \frac{\sum \rho_i A_i}{\sum A_i} \qquad (7-7)$$

3. 确定利用系数的步骤

1)确定房间的各特征量

按式(7-3)、式(7-4)、式(7-5)分别求出其室空间系数 RCR、顶棚空间系数 CCR、地板空间系数 FCR。

2)确定顶棚空间有效反射比

按式(7-6)求出顶棚空间有效反射比 ρ_{cc}。当顶棚空间各面反射比不等时,应求出各面的平均反射比 ρ,然后代入式(7-6)求得 ρ_{cc}。

3)确定墙面平均反射比

由于房间开窗或装饰物遮挡等所引起的墙面反射比的变化,在求利用系数时,墙面反射比应采用其加权平均值,可利用式(7-7)求得。

4)确定地板空间有效反射比

地板空间与顶棚空间一样,可利用同样的方法求出有效反射比 ρ_{fc}。利用系数表中的数值除标明外,一般是按 $\rho_{fc}=20\%$ 情况下算出来的,当 ρ_{fc} 不是该值时,若要求较精确的结果,则利用系数应加以修正,其修正系数见各种照明设计手册。如计算精度要求不高也可不做修正。

5)确定利用系数

求出室空间比 RCR、顶棚有效反射比 ρ_{cc}、墙面平均反射比 ρ_w 以后,按所选用的灯具从计算图表中即可查得其利用系数 U。当 RCR、ρ_{cc}、ρ_w 不是图表中分级的整数时,可用内插法求出对应值。

表 7-2 给出了某中天棚悬挂式工矿灯具的利用系数表。

表 7-2   灯具的利用系数表

有效顶棚反射比/%	80			70			50			30			10			0
墙反射比/%	50	30	10	50	30	10	50	30	10	50	30	10	50	30	10	0
地面反射比/%	20			20			20			20			20			0
室空间比/%																
0	0.78	0.78	0.78	0.77	0.77	0.77	0.83	0.73	0.73	0.70	0.70	0.70	0.67	0.67	0.67	0.66
1	0.71	0.69	0.68	0.69	0.67	0.66	0.67	0.65	0.64	0.64	0.63	0.62	0.62	0.61	0.60	0.59
2	0.64	0.60	0.58	0.62	0.59	0.58	0.60	0.57	0.56	0.58	0.56	0.55	0.56	0.54	0.53	0.51
3	0.57	0.53	0.51	0.56	0.52	0.50	0.54	0.51	0.49	0.53	0.50	0.48	0.51	0.49	0.47	0.45
4	0.52	0.47	0.45	0.51	0.46	0.44	0.49	0.45	0.44	0.48	0.44	0.43	0.46	0.44	0.42	0.40
5	0.47	0.42	0.40	0.46	0.41	0.39	0.45	0.41	0.39	0.44	0.40	0.38	0.42	0.39	0.38	0.35
6	0.43	0.38	0.36	0.42	0.37	0.35	0.41	0.37	0.35	0.40	0.36	0.35	0.39	0.36	0.34	0.32
7	0.39	0.34	0.32	0.39	0.34	0.32	0.38	0.33	0.32	0.37	0.33	0.31	0.36	0.32	0.31	0.28
8	0.36	0.31	0.29	0.36	0.31	0.29	0.35	0.30	0.29	0.34	0.30	0.28	0.33	0.30	0.28	0.26
9	0.33	0.28	0.26	0.33	0.28	0.26	0.32	0.28	0.26	0.31	0.28	0.26	0.31	0.27	0.26	0.23
10	0.31	0.26	0.24	0.30	0.26	0.24	0.30	0.26	0.24	0.29	0.25	0.24	0.29	0.24	0.24	0.21

7.1.3　概算曲线与单位容量法

为简化计算,把利用系数法计算的结果制成曲线,假设被照面上的平均照度为 100lx 时,求出房间面积与所用灯具数量的关系曲线称为概算曲线。

应用概算曲线首先要已知下列条件:

(1) 灯具类型及光源的种类和容量(不同的灯具有不同的概算曲线)。

(2) 计算高度(即灯具离工作面的高度)。

(3) 房间面积。

(4) 房间的顶棚、墙壁、地面的反射比。

根据以上条件(墙壁反射比应取墙和窗的加权平均反射比),就可从概算曲线上查得所需灯具的数量 N。但是由于概算曲线是假设被照面上的平均照度为 100lx 和假设维护系数为 K' 条件下所绘制的。如果实际需要的平均照度为 E,且实际使用场所采用的维护系数应为 K,则实际应该采用的灯具数量 n 可按下列式子换算:

$$n = \frac{EK'}{100K}N \tag{7-8}$$

式中　n——实际应采用的灯具数量,个;

　　　N——由概算曲线上查得的灯具数量,个;

　　　K——实际采用的维护系数;

K'——概算曲线上假设的维护系数;

E——设计所要求的平均照度,lx。

各种灯具的概算曲线可查阅有关手册、图表。图 7-2 给出了某中天棚悬挂式工矿灯具的概算曲线。

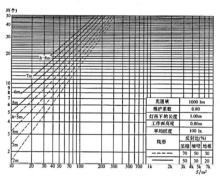

图 7-2 某中天棚工矿灯具概算曲线

在实际工作中为估算照明用电量常采用"单位容量法",即将不同类型的灯具,不同的室空间条件,列出"单位面积光通量(lm/m²)"或"单位面积安装电功率(W/m²)"的表格,以便查用。

目前,《民用建筑照明设计标推》中规定用照明功率密度值 LPD(W/m²)作为照明节能评定的指标,并规定了限制值,此数据可作为估算照明负荷时的参考。

*7.2 利用系数的求法

7.2.1 光通传递理论

利用系数是以光通传递理论为基础求解的。如图 7-3 所示房间,假设所有的墙面都有相同的反射比,且照明系统是均匀的,此时可近似地看成房间由墙、顶棚、地面三个漫反射表面组成。

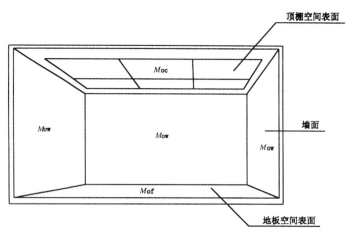

图 7-3 房间各面示意图

假设由室内照明系统直接照射室内各表面产生的初始面发光度（面出射度）是均匀的，且分别以 M_{0w}、M_{0c}、M_{-f} 表示（下标 w、c、f 分别表示墙面、顶棚和地面，下标 0 表示初始值）。由室内各表面相互反射，使得各表面的面发光度 M_w、M_c、M_f 比初始值有所增加，且其最终值也是均匀的。

各表面的面发光度由两部分组成，一部分是照明系统发出的光通直接落到各表面上形成的面发光度，另一部分是照明系统发出的光通经室内各表面相互反射后落到各表面上所形成的面发光度。对于地面来说，可写出下式：

$$M_f = M_{of} + \rho_f E_f$$

若用亮度表示可写成

$$L_f = L_{of} + \frac{1}{\pi} \rho_f E_f \tag{7-9}$$

式中　L_f——地面最终亮度；

　　　L_{of}——灯具（光源）发出的光通直接落到地面上所形成的地面初始亮度；

　　　ρ_f——地面反射比；

　　　E_f——由于相互反射所产生的地面照度。

为了求得相互反射所形成的照度，我们引入"形状系数"（又称固有入射系数）这个概念。形状系数 f_{i-j} 是表示以漫射形式发射或反射光通的表面 i 所发射的光通落到表面 j 上的百分比，用公式表示为

$$f_{i-j} = \frac{\phi_{i-j}}{\phi_i}$$

从图 7-4 可知：

$$\phi_{i-j} = \int_{A_i} \int_{A_j} \frac{L_i \cos\theta_i \cos\theta_j}{r_{i-j}^2} dA_i dA_j$$

由于　$\phi_i = M_i A_i = \pi L_i A_i$

所以　$f_{i-j} = \dfrac{L_i}{\pi L_i A_i} \displaystyle\int_{A_i} \int_{A_j} \frac{\cos\theta_i \cos\theta_j}{r_{i-j}^2} dA_i dA_j$

$$= \frac{1}{\pi A_i} \int_{A_i} \int_{A_j} \frac{\cos\theta_i \cos\theta_j}{r_{i-j}^2} dA_i dA_j \tag{7-10}$$

同理可得：

$$f_{j-i} = \frac{1}{\pi A_j} \int_{A_i} \int_{A_j} \frac{\cos\theta_i \cos\theta_j}{r_{i-j}^2} dA_i dA_j \tag{7-11}$$

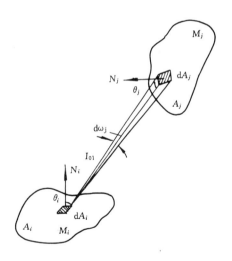

图 7-4　形状系数示意图

比较式（7-10）、式（7-11）可得：

$$A_i f_{i-j} = A_j f_{j-i} \tag{7-12}$$

由形状系数的定义可知，从表面 c 发出的落到表面 f 上的光通等于整个表面 c 发射的光通乘以形状系数 f_{c-f}。而表面 c 的总辐射光通等于 $M_c A_c$（M_c 是表面 c 的最终面发光度，A_c 是表面 c 的面积）。由表面 c 辐射的光通在表面 f 上产生的照度为

$$E_{f(c)} = \frac{M_c A_c f_{c-f}}{A_f} = \frac{\pi L_c A_c f_{c-f}}{A_f}$$

对于普通房间：

$$A_c = A_f; \quad f_{c-f} = f_{f-c}$$

$$E_{f(c)} = M_c f_{f-c}$$

对表面 w 来的光通按同样方法表示,则表面 f 的最终面发光度为

$$M_f = M_{of} + \rho_f (M_c f_{c-f} + M_w f_{f-w}) \tag{7-13}$$

同理

$$M_c = M_{oc} + \rho_c (M_w f_{c-w} + M_f f_{c-f}) \tag{7-14}$$

墙表面 w 发出的所有光通不是完全落到其他两个面(c 面、f 面)上,而是其中的一些落到它本身的另一部分上,这些在墙之间交换的光通应计入。因此,有一个由墙本身产生的落到墙上的照度分量 $E_{w(w)} = M_w f_{w-w}$ 需计入。

墙表面 w 的最终面发光度为

$$M_w = M_{ow} + \rho_w (M_w f_{w-w} + M_c f_{w-c} + M_f f_{w-f}) \tag{7-15}$$

将式(7-13)、式(7-14)、式(7-15)整理后可写出下列方程组(用亮度表示):

$$\begin{bmatrix} 1 - \rho_w f_{w-w} & -\rho_w f_{w-c} & -\rho_w f_{w-f} \\ \rho_c f_{c-w} & -1 & \rho_c f_{c-f} \\ \rho_{fc} f_{f-w} & \rho_f f_{f-c} & -1 \end{bmatrix} \begin{bmatrix} L_w \\ L_c \\ L_f \end{bmatrix} = \begin{bmatrix} L_{ow} \\ -L_{oc} \\ -L_{of} \end{bmatrix} \tag{7-16}$$

对于图 7-3 所示的一般矩形房间,各形状系数之间有如下关系:

$$\left. \begin{array}{l} f_{f-c} = f_{c-f} \\ f_{c-w} = f_{f-w} = 1 - f_{c-f} \\ f_{w-c} = f_{w-f} = \dfrac{A_c}{A_w}(1 - f_{c-f}) = \dfrac{1 - f_{c-f}}{0.4RCR} \\ f_{w-w} = 1 - \dfrac{2A_c}{A_w}(1 - f_{c-f}) = \dfrac{1 - f_{c-f}}{0.2RCR} \end{array} \right\} \tag{7-17}$$

式中　A_w, A_c——墙表面面积和天棚面积;

　　　RCR——室空间系数。

式(7-17)表明全部形状系数均可用 f_{c-f} 表示。f_{c-f} 的解析表达式很复杂,但可用近似式表示(1≤RCR≤2.0 时,误差≤0.4%)。

$$f_{c-f} \cong 0.026 + 0.503\exp(-0.270RCR) + 0.470\exp(-0.119RCR) \tag{7-18}$$

解联立方程(7-16),能够求出房间内各面的亮度。式中初始亮度 L_{0w}、L_{0c}、L_{0f} 由照明装置的直射光通产生,可用球带系数法求出。这个联立方程是利用系数、墙壁亮度系数、天棚亮度系数求解的基础。

7.2.2　解联立方程求解利用系数

根据定义,光通利用系数可表达为

$$U = \frac{\phi}{\phi_s} = \frac{MA}{\rho \phi_s} \tag{7-19}$$

式中　ϕ——计算面上接受到的光通;

　　　ϕ_s——光源发出的光通;

　　　ρ——计算面的反射比;

　　　M——计算面的面发光度;

　　　A——计算面面积。

因此从式(7-16)、式(7-19)可知下式成立:

$$\begin{bmatrix} 1-\rho_w f_{w-w} & -\rho_w f_{w-c} & -\rho_w f_{w-f} \\ \rho_c f_{c-w} & -1 & \rho_c f_{c-f} \\ \rho_{fc} f_{f-w} & \rho_f f_{f-c} & -1 \end{bmatrix} \begin{bmatrix} U_w \\ U_c \\ U_f \end{bmatrix} = \begin{bmatrix} U_{0w} \\ -U_{0c} \\ -U_{0f} \end{bmatrix} \tag{7-20}$$

求解联立方程式(7-20),就可得到室内各面的利用系数 U_w、U_c、U_f。等式右边的 U_{0w}、U_{0c}、U_{0f}是由照明系统的初始条件确定的。

若灯具的配光、安装位置和室形一定,则由光源发射的光通入射到室内各表面的比例也是一定的。在下面的讨论中有两点假定:

(1)灯具安装在顶棚上,其配光为轴对称;

(2)灯具上半球光通全部入射到顶棚面上,下半球光通一部分入射在墙面,另一部分入射在地板面上。

我们把灯具下半球分成若干球带,把各个球带光通乘以相应的球带乘数即可得这一球带入射到工作面上的光通(球带光通还有一部分入射到墙上)。灯具下半球各球带入射到工作面上的总光通则为

$$\phi_f = \sum_{i=1}^{n} \phi_i ZM_i \tag{7-21}$$

式中　ϕ_f——灯具下半球入射到工作面的总光通;

　　　ϕ_i——i 球带的球带光通,由式(7-22)求得;

　　　ZM_i——i 球带的球带乘数,表示 i 球带光通直接投射到工作面的百分比。

球带乘数与球带的边界(θ_1,θ_2)有关,见图 7-5 所示(取 θ 为 θ_1、θ_2 的平均值);与灯具布置的所谓相对宽度 s/h_{cc}(灯具间距 s 与灯具下挂高度 h_{cc} 之比)有关:

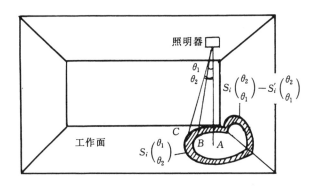

图 7-5　球带乘数概念图

$$ZM_i = f\left(\frac{s}{h_{cc}}, \theta_i\right) \tag{7-22}$$

一般 ZM 值列成表格,供计算者查阅,读者需要时可参阅有关照明设计手册。

灯具在区限 θ_1、θ_2 内的球带光通 ϕ_θ 为

$$\phi_\theta = I_\theta \int_{\theta_1}^{\theta_2} \mathrm{d}w = I_\theta \int_{\theta_1}^{\theta_2} 2\pi\sin\theta \mathrm{d}\theta = 2\pi I_\theta(\cos\theta_1 - \cos\theta_2) \tag{7-23}$$

式中 I_θ——θ_1 和 θ_2 区限内光强的平均值;

      ϕ_θ——从 $\theta_1 \sim \theta_2$ 的球带内的球带光通量。

直射到墙面上的光通量是灯具下半球光通与入射到工作面上的光通之差:

$$\phi_w = \phi_D - \phi_f$$

故 U_{0w}、U_{0c}、U_{0f} 可表示为

$$\left.\begin{array}{l} U_{ow} = \dfrac{\phi_w}{0.4(\mathrm{RCR})\phi_s} = \dfrac{\phi_D - \phi_f}{0.4(\mathrm{RCR})\phi_s} \\[3mm] U_{oc} = \dfrac{\phi_u}{\phi_s} \\[3mm] U_{of} = \dfrac{\phi_f}{\phi_s} \end{array}\right\} \tag{7-24}$$

式中 ϕ_w、ϕ_c、ϕ_f——分别为灯具入射到墙、顶棚、地板各面上的光通量;

      ϕ_u、ϕ_D——分别为灯具上半球光通量和下半球光通量;

      ϕ_s——光源光通量。

方程(7-20)中 f_{f-c}、f_{c-w}、f_{w-c}、f_{w-w} 可从式(7-17)求得。

利用电子计算机可以很方便的从解联立方程式(7-20)中求解 U_w、U_c、U_f 一般灯具利用系数表给出的是式(7-20)中的 U_f 值,对墙面与顶棚是分别以亮度利用系数 $(\rho U)_w$、$(\rho U)_c$ 的形式给出,使用时请注意。

7.3   点光源直射照度计算(平方反比法)

当光源的尺寸与它至被照面的距离相比较非常小,在计算和测量时其大小可忽略不计的光源称为点光源。

点光源直射照度的计算是采用逐点法,即利用灯具的光度数据,算出被照面上各点照度。由光源直接入射到受照点所在的面元上的光通量所产生的照度称为直射(直接)照度,由顶棚和墙壁等室内表面的反射光所产生的照度称为反射照度。分别求出直射照度和反射照度,然后将两者相加得到被照面上某点的总照度。

当采用多盏灯照明时,计算点的照度应为各个灯对该点所产生照度的总和。

7.3.1   点光源水平照度计算

点光源在水平面上产生的照度应符合平方反比定律。如图 7-6 所示光源(灯具)S 投射

到包括 P 点的指向平面(与入射光方向垂直的平面)上某很小的面积(面元)$\mathrm{d}A_n$上的光通量为

$$\mathrm{d}\phi = I_\theta \mathrm{d}\omega$$

其中 $\mathrm{d}\omega$ 为面元 $\mathrm{d}A_n$ 对光源 S 所张的立体角。按立体角的定义可知:

$$\mathrm{d}\omega = \frac{\mathrm{d}A_n}{l^2}$$

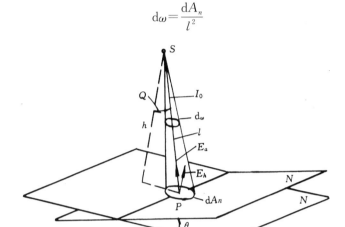

图 7-6　水平面照度计算

故光源在指向平面上 P 点产生的照度 E_n(又称为法线方向照度)为

$$E_n = \frac{\mathrm{d}\phi}{\mathrm{d}A_n} = \frac{I_\theta}{l^2}$$

光源在水平面上 P 点产生的照度 E_h 为

$$\left. \begin{aligned} E_h &= \frac{I_\theta}{l^2}\cos\theta \\ E_h &= \frac{I_\theta}{h^2}\cos^3\theta \end{aligned} \right\} \tag{7-25}$$

或

式中　E_h——水平面照度,lx;

I_θ——光源(灯具)照射方向的光强,cd;

l——光源(灯具)与计算点之间的距离,m;

h——光源(灯具)离工作面的高度,m(见图 7-6);

$\cos\theta$——光线入射角 θ(见图 7-6 的余弦)。

由于灯具的配光曲线是按光源光通量为 1000lm 给出的,并考虑维护系数 K,式(7-25)应写成

$$\left. \begin{aligned} E_h &= \frac{I_\theta \phi K}{l^2 1000}\cos\theta \\ E_h &= \frac{I_\theta \phi K}{h^2 1000}\cos^3\theta \end{aligned} \right\} \tag{7-26}$$

或

式中 I_θ——灯具配光曲线上 θ 方向的光强,cd;

  ϕ——实际所采用灯具的光源光通量,lm。

其他同式(7-25)。

若将长度为 L 的线状光源直径为 d 的盘形光源当作点光源计算,此时它们与计算点的距离 h 应满足下述要求:$L/h \leqslant 0.6$,$d/h \leqslant 0.4$,则其计算误差能满足工程要求(5%以下)。

7.3.2 任意倾斜面照度计算

在实际工程中,工作面不一定都是水平面,往往是任意倾斜面(如仪表控制台等),故需要计算任意倾斜面(包括垂直面)上的照度。

任意点 P 的照度值,随 P 点所在平面位置的不同而有不同的数值,根据照度平方反比定律(式7-25)可知:任意两个平面上同一点的照度之比为光源至该平面的垂线长度之比。

若 E_n 为 P 点的法线照度(即与入射光线垂直的平面上 P 点的照度),根据矢量运算法则,E_n 在 x、y、z 三个坐标轴(三维空间)上的分量分别为

$$\left.\begin{array}{l} E_x = E_n\cos\alpha \\ E_y = E_n\cos\beta \\ E_z = E_n\cos\theta \end{array}\right\} \tag{7-27}$$

式中 α,β,θ——分别为 E_n 矢量与 x、y、z 轴之间的夹角,见图7-7。

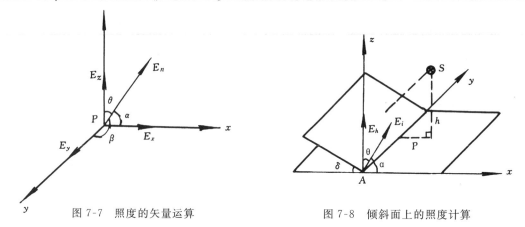

图 7-7　照度的矢量运算　　　　　　　图 7-8　倾斜面上的照度计算

反之,若已知照度矢量的分量(E_x、E_y、E_z),根据矢量运算法则,其合成矢量 E_n 等于各照度矢量在这个方向上的投影的代数和,可用下式表示:

$$E_n = E_x\cos\alpha + E_y\cos\beta + E_z\cos\theta \tag{7-28}$$

图7-8所示的倾斜面与水平面成 δ 角,则倾斜面照度 E_i 与水平面照度 E_h 间的夹角亦为 δ,即:$\theta = \delta$,$\alpha = 90° - \delta$,根据式(7-28)可得:

$$E_i = E_x\sin\delta + E_h\cos\delta = E_h\left(\cos\delta + \frac{P}{h}\sin\delta\right) \tag{7-29}$$

经分析可知:当 δ 角增大,且继续变化超过 A 点与光源的连线方位时,原来的受光面变为背光面,原来的背光面成了受光面,所以 δ 角定义为倾斜面背光的一面与水平面的夹角,

可大于或小于 90°。且当 δ 角进入 $\mathrm{arccot}(P/h)$ 范围内时，式(7-29)括号中两项之和应为两项之差。

任意倾斜面上照度 E_i 完整的计算表达式为

$$E_i = E_h \left(\cos\delta \pm \frac{P}{h} \sin\delta \right) \tag{7-30}$$

式中　E_h——A 点的水平照度，lx；

　　　δ——倾斜面(背光的一面)与水平面的夹角(见图 7-9)；

　　　P——灯具在水平面上的投影点至倾斜面与水平面的交线的垂直距离；

　　　h——灯具至水平面的距离。

当 δ 角进入 $\mathrm{arccot}(P/h)$ 范围内时，式(7-30)右边第二项取负号。

当 $\delta = 90°$ 时，求得的是垂直面照度 E_v：

$$E_v = E_h \left(\cos 90° \pm \frac{P}{h} \sin 90° \right) = \frac{P}{h} E_h$$

令：
$$\psi = \cos\delta \pm \frac{P}{h} \sin\delta$$

称 Ψ 为倾斜照度系数。

有时为了使用方便将 Ψ 作成曲线，在有关设计手册上给出这组曲线，可查用。

7.4　线光源直射照度计算(方位系数法)

一个连续的灯或灯具，其发光带的总长度远大于其到照度计算点之间的距离，可视为线光源。

7.4.1　线光源的光强分布

线光源的光强分布通常用两个平面上的光强分布曲线表示。一个平面通过线光源的纵轴，这个平面上的光强分布曲线称为纵向(平行面、C_{90} 面)光强分布曲线。另一个平面与线状光源纵轴垂直，这个平面上的光强分布曲线称为横向(垂直面、C_0 面)光强分布曲线。见图 7-9。

各种线光源的横向光强分布曲线可用如下的一般形式表示：

$$I_\theta = I_0 f(\theta) \tag{7-31}$$

式中　I_θ——θ 方向上的光强；

　　　I_0——在线光源发光面法线方向上的光强。

各种线光源的纵向光强分布曲线可能是不同的，但任何一种线状灯具在通过灯纵轴的各个平面上的光强分布曲线具有相似的形状，可以用一般式子表示为

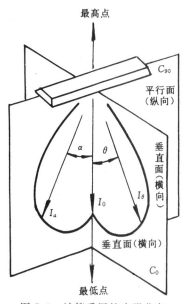

图 7-9　计算采用的光强分布

143

$$I_{\theta\alpha}=I_{\theta0}f(\alpha) \tag{7-32}$$

式中　$I_{\theta\alpha}$——与通过纵轴的对称平面成 θ 角,与垂直于纵轴的对称平面成 α 角方向上的光强;

$I_{\theta0}$——在 θ 平面上垂直于灯轴线且 $\alpha=0$ 方向的光强(θ 平面是通过灯的纵轴且与通过纵轴的铅直面成 θ 夹角的平面)。

根据研究,实际应用的各种线光源的纵向(C_{90} 面)光强分布曲线可用五类理论光强分布曲线来代表:

A 类:　　　　　　　　　　　　$I_{\theta\alpha}=I_{\theta0}\cos\alpha$

B 类:　　　　　　　　　　　　$I_{\theta\alpha}=I_{\theta0}\left(\dfrac{\cos\alpha+\cos^2\alpha}{2}\right)$

C 类:　　　　　　　　　　　　$I_{\theta\alpha}=I_{\theta0}\cos^2\alpha$

D 类:　　　　　　　　　　　　$I_{\theta\alpha}=I_{\theta0}\cos^3\alpha$

E 类:　　　　　　　　　　　　$I_{\theta\alpha}=I_{\theta0}\cos^4\alpha$

图 7-10 绘出了这五类理论光强分布的 $I_{\theta\alpha}/I_{\theta0}=f(\alpha)$ 曲线。图中虚线表示一个实际线光源光强分布的例子,可以认为它属于 C 类。

提出理论光强分布可以使线光源的照度计算标准化。一种实际的线状光源被应用时,首先鉴别(可通过测量计算)其光强分布属于哪一类,然后利用标推化的计算资料使计算大大简化。

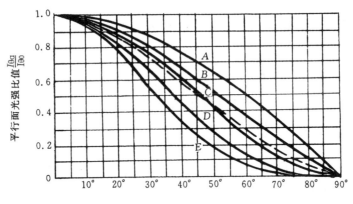

图 7-10　平行面光强分布的分类

7.4.2　基本计算方法

为简化问题起见,先讨论如图 7-11 所示线光源在水平面 P 点上的照度计算。计算点 P 与线光源的一端对齐。水平面的法线与入射光平面 APB(或称 θ 面)成 β 角。

在长度为 L 的线状光源上取一线元 $\mathrm{d}x$,线状光源在 θ 平面上垂直于灯轴线 AB 方向的单位长度光强 $I'_{\theta0}=I_{\theta0}/L$,线光源的纵向光强分布具有 $I_{\theta\alpha}=I_{\theta0}\cos^n\alpha$ 的形式,则自线元 $\mathrm{d}x$ 指向计算点的光强为

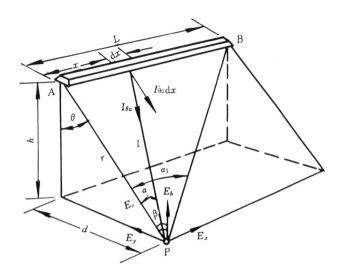

图 7-11　线光源在 P 点产生的照度计算图

$$\mathrm{d}I_{\theta_a} = \frac{I_{\theta_0}}{L}\mathrm{d}x\cos^n\alpha = I_{\theta_0}'\mathrm{d}x\cos^n\alpha$$

线元 $\mathrm{d}x$ 在 P 点上的法线（PA 方向）照度为

$$\mathrm{d}E_n = \frac{\mathrm{d}I_{\theta_a}}{l^2}\cos\alpha = \frac{I_{\theta_0}\mathrm{d}x\cos^n\alpha\cos\alpha}{L\cdot l^2} \tag{7-33}$$

整个线状光源在 P 点产生的法线（PA 方向）照度 E_n 为

$$E_n = \int_0^{a_1}\frac{I_{\theta_0}\mathrm{d}x\cos^n\alpha\cos\alpha}{L\cdot l^2} \tag{7-34}$$

从图 7-11 上可知：

$$x = r\tan\alpha$$

故
$$\mathrm{d}x = r\sec^2\alpha\mathrm{d}\alpha$$

$$r/l = \cos\alpha$$

故
$$l = r/\cos\alpha$$

$$\cos\beta = \cos\theta = h/r$$

$$r - \sqrt{h^2 + d^2}$$

将这些关系式代入式(7-36)，得：

$$E_n = \int_0^{a_1}\frac{I_{\theta_0}\mathrm{d}x\cos^2\alpha}{L\cdot r^2}r\sec^n\alpha\cos^n\alpha\cos\alpha\mathrm{d}\alpha = \frac{I_{\theta_0}}{Lr}\int_0^{a_1}\cos^n\alpha\cos\alpha\mathrm{d}\alpha \tag{7-35}$$

令
$$F_x = \int_0^{a_1}\cos^n\alpha\cos\alpha\mathrm{d}\alpha \tag{7-36}$$

则
$$E_n = \frac{I_{\theta 0}}{Lr}F_x = \frac{I'_{\theta 0}}{r}F_x$$

P 点的水平照度 E_h 可根据下式计算:

$$E_h = E_n \cos\beta = \frac{I_{\theta 0}}{Lr} \cdot \frac{h}{r}F_x = \frac{I_{\theta 0}h}{Lr^2}F_x = \frac{I'_{\theta 0}}{h}\cos^2\theta F_x \qquad (7-37)$$

式中　　$I_{\theta 0}$——长度为 L 的线状灯具在 θ 平面上垂直于轴线 AB 的光强,cd;

　　　　$I'_{\theta 0}$——为线状灯具在 θ 平面上垂直于轴线的单位长度光强(即 $I_{\theta 0}/L$),cd;

　　　　L——线状灯具的长度,m;

　　　　h——线状灯具在计算水平面上的悬挂高度,m;

　　　　d——计算点 P 至光源在水平面上的投影的距离,m;

　　　　F_x——方位系数。

将 $n = 1,2,3,4$ 分别代入式(7-36)可求出 A、C、D、E 四类理论光强分布的线光源的方位系数 F_x

A 类($n=1$)　　$F_x = \int_0^{\alpha_1} \cos\alpha\cos\alpha d\alpha = \frac{\alpha_1}{2} + \frac{\cos\alpha_1\sin\alpha_1}{2}$

C 类($n=2$)　　$F_x = \int_0^{\alpha_1} \cos^2\alpha\cos\alpha d\alpha = \frac{1}{3}(\cos^2\alpha_1\sin\alpha_1 + 2\sin\alpha_1)$

D 类($n=3$)　　$F_x = \int_0^{\alpha_1} \cos^3\alpha\cos\alpha d\alpha = \frac{\cos^3\alpha_1\sin\alpha_1}{4} + \frac{3}{4}\left(\frac{\cos\alpha_1\sin\alpha_1 + \alpha_1}{2}\right)$

E 类($n=4$)　　$F_x = \int_0^{\alpha_1} \cos^4\alpha\cos\alpha d\alpha = \frac{\cos^4\alpha_1\sin\alpha_1}{5} + \frac{4}{5}\left(\frac{\cos^2\alpha_1\sin\alpha_1 + 2\sin\alpha_1}{3}\right)$

式中
$$\alpha_1 = \arctan\frac{L}{\sqrt{h^2 + d^2}} = \arctan\frac{L}{r}$$

如果线光源的纵向光强分布具有 B 类理论光强分布的曲线,则在图 7-11 中 P 点的法线照度 E_n 为

$$E_n = \frac{I_{\theta 0}}{Lr}\int_0^{\alpha_1}\left(\frac{\cos\alpha + \cos^2\alpha}{2}\right)\cos\alpha d\alpha$$

$$= \frac{I_{\theta 0}}{Lr}\left(\frac{\cos\alpha_1\sin\alpha_1 + \alpha_1}{4} + \frac{\cos^2\alpha_1\sin\alpha_1 + 2\sin\alpha_1}{6}\right)$$

$$= \frac{I_{\theta 0}F_x}{Lr} = \frac{I'_{\theta 0}}{r}F_x \qquad (7-38)$$

P 点的水平面照度 E_h 为

$$E_h = E_n\cos\beta = \frac{I_{\theta 0}}{Lr} \cdot \frac{h}{r}F_x = \frac{I'_{\theta 0}}{h}\cos^2\theta F_x \qquad (7-39)$$

式中
$$F_x = \frac{\cos\alpha_1\sin\alpha_1 + \alpha_1}{4} + \frac{\cos^2\alpha_1\sin\alpha_1 + 2\sin\alpha_1}{6}$$

$$\alpha_1 = \arctan \frac{L}{r}$$

方位系数是角度 α 的函数 $F_x = f(\alpha)$，可从图 7-12 查得。

在实际计算中考虑到光通衰减、灯具污染等因素，以及灯具的配光曲线是按光源光通量为 1000lm 给出的具体情况，故实际照度计算公式为

$$E_h = \frac{I_{\theta0}K}{Lr} \cdot \frac{\phi}{1000}\cos\theta F_x = \frac{KI_{\theta0}\phi}{1000Lh}\cos^2\theta F_x \tag{7-40}$$

式中　　K——维护系数（查表 7-1）；

　　　　ϕ——实际所采用灯具的光源光通量，lm。

在图 7-11 中，如果 P 点在垂直于线状光源轴线的平面上，则 P 点的照度 E_x 为

$$E_x = \int_0^{\alpha_1} \frac{I_{\theta0}\,\mathrm{d}\alpha\cos^n\alpha}{Ll^2}\sin\alpha = \frac{I_{\theta0}}{Lr}\int_0^{\alpha_1}\cos^n\alpha\sin\alpha\,\mathrm{d}\alpha$$

$$= \frac{I_{\theta0}}{Lr}\left(\frac{1-\cos^{n+1}\alpha_1}{n+1}\right) = \frac{I_{\theta0}}{Lr}f_x \tag{7-41}$$

式中
$$f_x = \int_0^{\alpha_1}\cos^n\alpha\sin\alpha\,\mathrm{d}\alpha = \frac{1-\cos^{n+1}\alpha_1}{n+1}$$

$$\alpha_1 = \arctan\frac{L}{r} \tag{7-42}$$

同前，将 $n = 1,2,3,4$ 代入式（7-44），可算出 A、C、D、E 四类理论光强分布的方位系数 f_x。

当线光源具有 B 类理论光强分布时，同样方法可得其方位系数为

$$f_x = \frac{1}{2}\left(\frac{1-\cos^2\alpha_1}{2} + \frac{1-\cos^3\alpha_1}{3}\right)$$

方位系数 $f_x = f(\alpha)$ 可从图 7-13 查得。

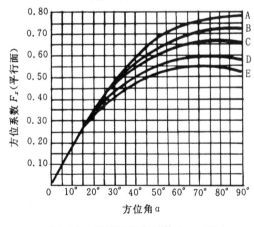

图 7-12　平行面方位系数 $F_x = F(\alpha)$　　　　图 7-13　垂直面方位系数 $f_x = f(\alpha)$

在照明计算中，应先将灯具的纵向光强分布化成 $I_{\theta0}/I_{\theta\alpha} = f(\alpha)$，并绘成曲线，与五类理

论分布曲线比较,然后按最接近的理论分布求取方位系数 F_x 或 f_x。

7.4.3 被照点在不同情况下的计算

1. 计算点不在线光源端部的照度计算

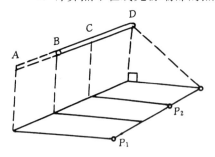

图 7-14　不同位置各点的照度计算

以上所述的基本公式,都是按计算点(P)位于荧光灯一端的的垂直平面上推导而得的,但实际计算中 P 点位置应该是任意的,不一定符合图 7-11 的条件,此时可采用将线光源分段或延长的方法,分别计算各段在该点所产生的照度,然后求其代数和。如图 7-14 所示计算点位于 P_1 或 P_2 点,则照度可利用如下的关系时进行计算:

$$E_{P1} = E_{AD} - E_{AB}$$

$$E_{P2} = E_{BC} + E_{CD}$$

式中,E_{AD}、E_{AB}、E_{BC}、E_{CD} 分别由 AD、AB、BC、CD 各段线光源(或假想的线光源)在计算点上所产生的照度。

2. 断续线状光源的计算

实际的线光源可能由间断的各段构成,此时如果各段发光体的特性相同,且依共同的轴线布置,且各段终端间的距离又不过大(不应超过 $h/4\cos\theta$),则可以看作是连续的。在计算时只要将相应的计算公式[式(7-42)、式(7-43)]乘上一个系数 C 即可,此时误差不超过 10%,即:

$$C = \frac{\text{灯具长度} \times \text{灯具个数}}{\text{一排灯具总长}}$$

当灯具间隔超过 $h/4\cos\theta$ 时,可按下述公式计算:

$$E_h = \frac{I_{\theta 0}\phi K}{1000 Lh}\cos^2\theta[F_{a1} + (F_{a3} - F_{a2}) + (F_{a5} - F_{a4})]$$

$$(7\text{-}43)$$

式中,F_{a1}、F_{a2}、F_{a3}、F_{a4}、F_{a5} 为方位系数,已知方位角 α_1、α_2、α_3、α_4、α_5(见图 7-15)后可从图 7-12 查得。

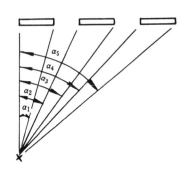

图 7-15　灯具间隔布置图

*7.5　面光源直射照度计算

由灯具组成的整片发光面或发光顶棚,其宽度与长度均大于发光面至受照面间的距离,可视为面光源。在各类建筑中由于使用的材料不同而构成了多种不同配光特性的面光源,大体可分成等亮度和非等亮度两种,其照度计算也就按此两类来讨论。

7.5.1　等亮度面光源的照度计算

亮度 L 均匀的完全扩散的面光源,其照度计算可以运用边界积分法。

1. 基本公式

图 7-16 中面光源 S_e 是亮度为 L 的均匀漫射体，其微小部分 dS_e 的法线和连接被照点 P 与面元 dS_e 之间的直线构成 α 角，上述直线和通过 P 点的水平面法线构成 β 角，P 与 dS_e 的距离为 r，则由 S_e 产生的 P 点水平照度为

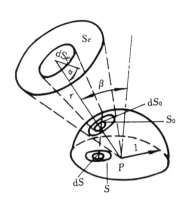

图 7-16　立体角投影法

$$E = \int_{S_e} \frac{L dS_e \cdot \cos\alpha\cos\beta}{r^2} \qquad (7\text{-}44)$$

假如以 P 点为顶点，以光源 S_e 为底的圆锥体，从以点 P 为中心、l 为半径的球切下面积 S_0，它在包含 P 点的被照面上的正投影面积为 S，此时 P 点的水平照度可写成：

$$E = LS \qquad (7\text{-}45)$$

利用上述的立体角投影法，来分析图 7-17 的情况，在面光源 S_e 边界线上取一线元 $dl(AB)$，dl 在 P 点所张的立体角为 $d\beta$，APB 面与被照面形成的角度为 δ。通过 P 点作 1m 半径的球，若此时 S_e 面从球面上切下的一部分面积为 S_0（参见图 7-16），S_e 面上 $dl(AB)$ 相对应的球面长度就是 $d\beta$，此时点 P 和球面上的长度 $d\beta$ 可组成三角形，其面积则为 $0.5d\beta$，此三角形在被照面上的正投影面积

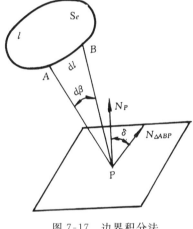

图 7-17　边界积分法

$$dS = \frac{1}{2} d\beta \cos\delta$$

因此 S_0 在被照面上的正投影 S 可用下式表示：

$$S = \int_{S_e} dS = \frac{1}{2} \int_{S_e} d\beta \cos\delta \qquad (7\text{-}46)$$

此时 P 点的水平照度可表示为

$$E = LS = \frac{L}{2} \int_{S_e} d\beta \cos\delta \qquad (7\text{-}47)$$

对多边形光源，按式（7-51）可近似表达为

$$E = \frac{L}{2} \sum_{k=1}^{n} \beta_k \cos\delta_k \qquad (7\text{-}48)$$

式中　n——多边形的条数；

β_k——第 k 条边在 P 点所形成的张角；

δ_k——第 k 条边和 P 点组成的三角形与被照面所形成的夹角；

L——面光源的亮度，cd/m^2。

宽度 w 不能忽略的线光源，或长方形面光源都可以用式（7-52）求解，此时取 $n=4$。

2. 矩形面光源的照度计算

（1）被照点在光源顶点向下作的垂线上，P 点的水平照度 E_h 按图 7-18 所示应为 OA，AB，BC，CO 四条边相应的参数乘积叠加。

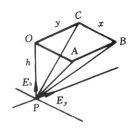

图 7-18　矩形等亮度光源

OA 边：$\quad \beta_1 = \arctan(x/h), \delta_1 = \pi/2$

所以　$\cos\delta_1 = 0$

AB 边：$\quad \beta_2 = \arctan(y/\sqrt{x^2+h^2}), \delta_2 = \arctan(h/x)$

所以　$\cos\delta_2 = x/\sqrt{x^2+h^2}$

BC 边：$\quad \beta_3 = \arctan(x/\sqrt{x^2+h^2}), \delta_3 = \arctan(h/y)$

所以　$\cos\delta_3 = y/\sqrt{y^2+h^2}$

CO 边：$\quad \beta_4 = \arctan(y/h), \delta_4 = \pi/2$

所以　$\cos\delta_4 = 0$

则：

$$E_h = \frac{L}{2}\left(\frac{x}{\sqrt{x^2+h^2}}\arctan\frac{y}{\sqrt{x^2+h^2}} + \frac{y}{\sqrt{y^2+h^2}}\arctan\frac{x}{\sqrt{y^2+h^2}}\right) \qquad (7\text{-}49)$$

同理可得 P 点的垂直照度 E_v（图 7-18）：

$$E_v = \frac{L}{2}\left(\arctan\frac{x}{h} - \frac{h}{\sqrt{y^2+h^2}}\arctan\frac{x}{\sqrt{y^2+h^2}}\right) \qquad (7\text{-}50)$$

（2）被照点在光源顶点向下作的垂线以外的地方，如图 7-19 所示，可利用叠加原理求得 P 点的水平照度 E_h。

$$E_h = E_h(OHCE) + E_h(OGAF) - E_h(OHBF) - E_h(OGDE)$$

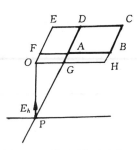

图 7-19　利用叠加法求解

7.5.2　非等亮度面光源的计算

对非等亮度的面光源，可采用立体角投影法计算其照度，即直接利用式（7-48）求解。下面以矩形非等亮度面光源为例来说明照度计算。

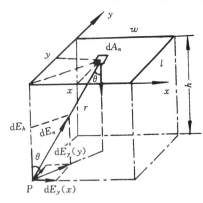

图 7-20　矩形非等亮度面光源的计算

如图 7-20 所示面光源的中心亮度为 L_0（法线方向的亮度），取面元 $dA_n = dxdy$，则面光源 dA_n 在其法线方向的光强为

$$dI_0 = L_0 dA_n = L_0 dxdy$$

设面元 dA_n 至计算点的距离为 r，则面光源在 P 点产生的法线照度 dE_n 为

$$dE_n = \frac{dI_\theta}{r^2}$$

对一般的面光源，其光强可写成通式：

$$dI_\theta = dI_0 \cos^n\theta$$

所以，P 点水平照度

$$dE_h = dE_n \cos\theta = \frac{L_0 \cos^{n+1}\theta \, dx \, dy}{r^2} \qquad (7\text{-}51)$$

矩形宽为 w，长为 l 的面光源在 P 点产生的总照度为

$$E_h = \int_0^w \int_0^l \frac{L_0 \cos^{n+1}\theta \, dx \, dy}{r^2}$$

将 $\cos\theta = h/r$ 和 $r^2 = x^2 + y^2 + h^2$ 代入得：

$$E_h = L_0 h^{n+1} \int_0^w \int_0^l \frac{dx \, dy}{(x^2 + y^2 + h^2)^{\frac{n+3}{2}}} \qquad (7\text{-}52)$$

同理可得 P 点在 x 方向与 y 方向的垂直照度表达式为

$$E_{vx} = L_0 h^n \int_0^w \int_0^l \frac{x \, dx \, dy}{(x^2 + y^2 + h^2)^{\frac{n+3}{2}}} \qquad (7\text{-}53)$$

$$E_{vy} = L_0 h^n \int_0^w \int_0^l \frac{y \, dx \, dy}{(x^2 + y^2 + h^2)^{\frac{n+3}{2}}} \qquad (7\text{-}58)$$

当计算点不在光源顶点向下作的垂线上时，仍可用叠加原理求得该点的水平照度。

*7.6　反射（间接）照度计算

光源发出的光通由顶棚、墙等室内表面反射后在被照面上产生的照度称为反射照度（间接照度）分量。当室内各表面反射比较高时，这部分照度在被照面上总照度中占的比例不小，不可忽略。

计算被照面上反射照度分量可采用与计算平均照度一样的方法——流明法。

7.6.1　水平面照度

$$E_h = \frac{N\phi_s (\mathrm{RRC}) K}{A} \qquad (7\text{-}55)$$

式中　N——灯数；

ϕ_s——光源光通量，lm；

RRC——反射的辐射系数；

K——维护系数（查表 7-1）；

A——计算平面的面积即工作面面积，m^2。

反射的辐射系数 RRC 包括墙和顶棚的反射。

若将房间四周的墙展开则和顶棚可以组成一扩散发光的平面（见图 7-21）。假设此平面为一无限平面，其亮度为 L，则此平面的面发光度（光出射度）M 就等于 L（此时 L 采用非国际单位亚熙操作单位）。设此平面发出的光通量全部落在与其平行的工作平面上，则工作平面上某点 P 的照度 E 即等于此无限平面的亮度 L。在实际环境中，由于顶棚和墙的亮度不同，P 点的照度就可看成是一亮度与墙面相同的无限平面在其上产生的照度，再加上具有顶棚（有效顶棚）亮度与墙面亮度差值的一假想顶棚产生的照度之和。后项与 P 点的位置有关，计算时用位置因数（RPM）计算其影响。

P 点照度 E 用公式表示如下：

$$E = L_\mathrm{w} + \mathrm{RPM}(L_\mathrm{cc} - L_\mathrm{w}) \tag{7-56}$$

用亮度利用系数表示照度：

$$E = \frac{\phi_\mathrm{s} N(\rho U)_\mathrm{w}}{A} + \mathrm{RPM}\left(\frac{\phi_\mathrm{s} N(\rho U)_\mathrm{w}}{A} - \frac{\phi_\mathrm{s} N(\rho U)_\mathrm{cc}}{A}\right)$$

$$= \frac{\phi_\mathrm{s} N}{A}\left\{(\rho U)_\mathrm{w} + \mathrm{RPM}[(\rho U)_\mathrm{w} - (\rho U)_\mathrm{cc}]\right\}$$

令 $\qquad (\rho U)_\mathrm{w} + \mathrm{RPM}[(\rho U)_\mathrm{w} - (\rho U)_\mathrm{cc}] = \mathrm{RRC}$

一般文献中，$(\rho U)_\mathrm{w}$ 用 LC_w 表示，$(\rho U)_\mathrm{cc}$ 用 LC_cc 表示，故：

$$\mathrm{RRC} = LC_\mathrm{w} + \mathrm{RPM}(LC_\mathrm{w} - LC_\mathrm{cc}) \tag{7-63}$$

式中　LC_w 或 $(\rho U)_\mathrm{w}$ ——墙面亮度利用系数（亮度系数），可从有关灯具计算图表查得。

$\qquad LC_\mathrm{cc}$ 或 $(\rho U)_\mathrm{cc}$ ——有效顶棚空间亮度利用系数（亮度系数），可从有关灯具计算图表查得。

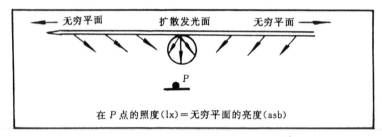

图 7-21　无限扩散发光平面产生的照度

房间的位置因数 RPM 求法如下：

（1）先将计算点按下述方法定位：将房间分成 $10 \times 10 = 100$ 方块如图 7-22 所示。沿房间的长度方向以字母（A, B, C, D, E, F）将房间分成 10 行，沿房间的宽度方向以数字（0,1,2,3,4,5）将房间分成 10 列。在方形房间中每个位置都可以用一个字母和一个数字来表示，$Q(A,0)$ 为房间转角，$P(F,5)$ 表示房间中间的一点。

（2）根据计算点的定位和室空间系数（RCR）便可从附录 7-6 中查得 RPM 值。

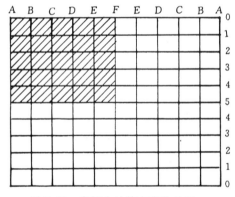

图 7-22　房间内计算点定位示图

7.6.2　垂直面照度

$$E_\mathrm{v} = \frac{N\phi_\mathrm{s}(\mathrm{WRRC})K}{A} \tag{7-58}$$

式中　WRRC——墙壁反射的辐射系数，其余符号的意义与式（7-61）相同。

墙壁反射辐射系数可用下式计算：

$$\mathrm{WRRC} = \frac{LC_\mathrm{w}}{\rho_\mathrm{w}} - \mathrm{WDRC} \tag{7-59}$$

式中　ρ_w ——墙平均反射比；

WDRC——墙直接辐射系数，是指灯具下射光通直接照到墙壁上的部分的辐射系数。

式(7-65)第一项表示灯具发出的光通中,经过直射和室内各面反射后全部落到墙面上的部分所引起的墙面辐射,第二项表示灯具发出的光通中直射到墙面上的部分所引起的墙面辐射,两者之差即表示经室内各面反射后落到墙面上的部分光通所引起的墙面辐射,用墙壁反射辐射系数 WRRC 表示。

墙直接辐射系数可按下式求得:

$$WDRC = K(1-DR)\phi_D \tag{7-60}$$

式中 K——与室空间系数(RCR)有关的数,一般有表格给出;

DR——直接比(灯具直接投射到工作面上的光通量与灯具向下光通量之比);

ϕ_D——灯具向下光通量(灯具直接投射到室空间内和直接投射到工作面上的光通量之和)。

对于水平照度间接分量还可以采用"平均反射分量法"来求得。此方法是通过利用系数求得室内照度的平均反射分量,以此作为每点的反射分量值。由于是采用的平均反射分量,没能考虑房间位置因数,但这样做对于计算点总照度的影响误差仍在 5% 以下,这是工程计算所允许的。由于采用利用系数求得的平均照度是包括直射照度与反射照度两部分的,采用 $\rho_{cc}=0$ 和 $\rho_w=0$ 时的利用系数求得的平均照度即为直射照度分量,总照度(按室内各面具有实际反射比时的利用系数求得的照度)减去直接照度分量即为反射照度分量。

7.7 平均亮度计算

照明设计有时需要求出房间各表面的亮度,以检验照明质量是否符合要求。房间表面平均亮度的计算方法与平均照度计算法相似,是根据漫反射表面亮度与其照度存在简单关系而从平均照度计算法中导出来的。

墙壁初始平均亮度 L_w 可用下式求出:

$$L_w = \frac{N\phi_s(\rho U)_c}{\pi A_w} \tag{7-61}$$

顶棚空间初始平均亮度 L_c 可用下式求出

$$L_c = \frac{N\phi_s(\rho U)_c}{\pi A_c} \tag{7-62}$$

式中 ϕ_s——光源光通量,lm;

N——灯数;

$(\rho U)_w$,$(\rho U)_c$——ρ 为墙面或顶棚表面的反射比,U 为相应于该表面的利用系数,二者乘积又称为亮度利用系数,也可用符号 LC_w 和 LC_{cc} 表示,其值可从有关灯具计算图表查得;

A_w,A_c——分别为墙和顶棚面积,m^2。

若需求"维持平均亮度"(即运行一段时间后表面具有的亮度)时,和求平均照度一样,还应考虑"亮度维护系数"。

在使用亮度系数表时,墙的反射比是按墙各表面反射比的加权平均考虑的,得出的是整个墙表面的平均亮度。如墙各部分表面的反射比不等,而且需要求得各部分的不同亮度值时,可采用对平均亮度作适当修正的办法求得各表面的近似亮度。

$$L = L_w \frac{\rho}{\rho_{ce}}$$ (7-63)

式中 L——墙的某表面亮度；

L_w——墙的平均亮度；

ρ——墙的某(待求亮度)表面的反射比；

ρ_{ce}——墙的加权平均(等效)反射比。

在采用悬挂式灯具时,式(7-62)所求得的顶棚空间平均亮度为灯具出光口平面(假想顶棚面)的平均亮度(不包括灯具本身的亮度)。如果用嵌入式或吸顶灯具时,所得的是灯具之间那部分顶棚的平均亮度。

7.8 室外场地泛光照明的计算——有效光通量法

通常由投光灯来照射某一情景或目标,且其照度比其周围照度明显高的照明称为泛光照明(Flood Lighting)。泛光照明已广泛应用于运动场、建筑工地、港口、码头广场等处,也用于公园内的景物照明和建筑物外观照明,泛光照明的照度计算方法有多种,本节主要介绍有效光通量法。

投光灯(泛光灯)发出的所有光线中,光强值大于最大光强值的10%的这部分光线所包含的光通量称为有效光通量ϕ_a。从合理利用有效光通量来考虑布灯及计算照度是有效光通量法的特点。

1. 估算泛光灯数量

当被照面积的大小、需要的平均照度和灯具的光度参数已知时,即可按下式估算所需的泛光灯数量:

$$N = \frac{E_{av}A}{\phi_s \eta u K}$$ (7-64)

式中 N——泛光灯数;

E_{av}——被照面上所需的平均照度,lx;

A——需要照明场地的面积,m^2;

ϕ_s——每个灯具中光源的光通量,lm;

K——维护系数(可查表7-1);

η——泛光灯的有效效率(有效光通量ϕ_a与光源光通量ϕ_s之比,查其光度数据表可得);

u——泛光灯有效光通利用系数,可从下式求得:

$$u = \frac{\phi_A}{\phi_a}$$ (7-65)

式中 ϕ_A——泛光灯照射到指定受照面上的光通量(即图7-23中被虚线所包围的面积内的光通量),lm;

ϕ_a——泛光灯有效光通量(查其光度数据图表可得),lm。

由于泛光灯的射程都比较远,光束流明不能全部到达被照面上,故必须考虑有效光通利用系数。

泛光灯光度数据示于图7-23。

DTG190 型投光灯具光度参数

灯具外形图

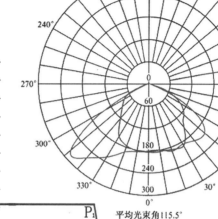

型　号	DTG190
生产厂	上海东升公司
外形尺寸 /mm　长 L_1	405
宽 W	355
高 H	160
光　源	金属卤化物灯、高压钠灯≤400W
峰值光强	291.8cd/klm
灯具效率	67.2%
防护等级	IP65

配光曲线 cd/1000 lm

平均光束角115.5°

-- -- V 0°平面　　——— H 0°平面

等光强曲线图(cd/klm)　　区域光通量分布图(lm/klm)

垂直角度(°)										总光通量(lm/klm)	有效光通量(lm/klm)
90	0.36	0.36	0.36	0.25	0.07	0.00	0.00	0.00	0.00	2.64	0.00
80	0.03	0.03	0.03	0.02	0.05	0.07	0.03	0.01	0.00	0.37	0.00
70	2.36	2.36	2.28	1.63	0.58	0.07	0.02	0.01	0.00	16.9	15.6
60	5.53	5.50	5.38	4.37	2.36	0.93	0.23	0.03	0.00	41.6	40.8
50	6.17	6.24	6.13	4.74	3.18	1.89	0.58	0.05	0.00	50.0	49.6
40	5.81	5.92	5.98	4.59	2.95	2.06	0.92	0.13	0.00	50.8	50.6
30	5.82	5.91	5.93	4.80	2.94	1.99	0.99	0.15	0.00	50.5	51.2
20	5.68	5.74	5.55	4.44	2.90	2.02	1.05	0.18	0.01	50.1	49.8
10	5.48	5.41	5.22	4.39	2.97	2.06	1.11	0.20	0.01	49.6	49.3
0	5.57	5.44	5.26	4.52	3.13	2.09	1.11	0.23	0.01	50.6	50.4
-10	5.80	5.84	5.68	4.72	3.13	2.05	1.13	0.23	0.01	52.4	52.2
-20	6.50	6.58	6.33	5.15	3.23	2.04	1.12	0.22	0.01	56.8	56.6
-30	7.39	7.46	6.84	5.42	3.65	2.18	1.04	0.19	0.01	63.2	63.0
-40	8.47	8.33	7.65	5.98	4.27	2.39	0.73	0.07	0.01	68.6	68.3
-50	6.39	6.19	5.81	4.63	2.86	1.32	0.33	0.05	0.01	47.5	46.9
-60	1.98	2.01	1.90	1.43	0.52	0.07	0.05	0.03	0.00	13.8	11.9
-70	0.22	0.28	0.25	0.23	0.22	0.17	0.06	0.02	0.00	2.29	0.00
-80	0.30	0.29	0.28	0.21	0.09	0.02	0.01	0.01	0.00	2.29	0.00
水平角度(°)											
总光通量** (lm/klm)	79.9	79.9	76.9	61.6	39.1	23.4	10.5	1.80	0.80	672	---
有效光通量** (lm/klm)	78.8	78.8	75.8	60.6	38.3	22.9	9.97	0.94	0.00	---	657

* 水平区域光通量总和;

** 垂直区域光通量总和.

图 7-23　投(泛)光灯光度数据

2. 利用泛光灯光度数据图布灯

泛光灯光束的光强分布一般采用矩形等光强图表示,如图7-23。纵轴表示垂直角V,横轴表示横向角H,泛光灯的光轴经过原点O,图的左边表示等光强曲线,右边表示各单元区域内的光通量数值(泛光灯的配光一般是左右对称的)。

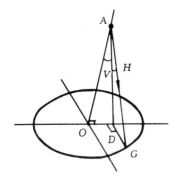

泛光灯光束中各光线的方位角坐标见图7-24所示。泛光灯的立杆AD与光轴AO的夹角称为仰角β,当仰角已确定时,则各条光线的方位角坐标可按图7-25表示的方法来确定。

假设有一个堆场$PQRS$(图7-26)需要照明,要求平均照度为E_{av}(lx)。经公式(7-64)初步估算需要一只泛光灯,同时确定灯杆立于场外D点(见图7-26),要求确定泛光灯的安装高度h及仰角β;并核算被照面上的平均照度是否已满足要求。其方法如下:

(1) 先假定一个安装高度h,并假定光轴和AD重合,此时可求出$PQRSD$五点对A点的角度坐标,如图7-26所示。

图7-24 光线方位角坐标

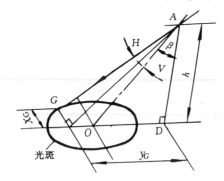

图7-25 安装仰角为β时光线方位角坐标

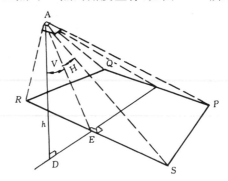

图7-26 单灯照明时被照面上光线方位角坐标

$$H_D=0;\quad V_D=0;\quad H_S=\arctan\frac{ES}{AE};\quad V_S=\arctan\frac{DE}{AD};\cdots$$

(2) 将灯杆立点D与图7-23中的O点重合,并将$PQRS$四点按已知的角坐标数值画到图7-23上,得以虚线表示的面积$P_1Q_1R_1S_1$,从图中看出被照面$P_1Q_1R_1S_1$只有部分面积落在泛光灯的有效光通量的面积内,这说明泛光灯的有效光通量没有被利用。为了充分利用泛光灯的有效光通量,可将$P_1Q_1R_1S_1$面积沿纵轴向下平移,以便被照面积尽可能多地落在泛光灯的有效光通量的面积内,如图上所示由D点移至D_1点,得$P_2Q_2R_2S_2$面积。若经过向下平移,被照面积与泛光灯的有效光通量的面积相差很多(太小或太大),则应重新选择高度h(降低或升高),然后再按上述步骤核算,直至最后确定满意的安装高度h为止。

(3) 在图7-23上找出D_1点沿纵轴平移后偏离原点O的角度值,此角度值即是所要求的泛光灯安装仰角β。

(4) 被照面$PQRS$上的初始平均照度E_{av},可按下式计算:

$$E_{av}=\frac{\phi_A}{A} \tag{7-66}$$

式中　ϕ_A——泛光灯照射到指定受照面上的光通量。图7-23中梯形所包围的面积内的光

通量,lm;

A——图 7-26 中 $PQRS$ 的面积,m^2。

3. 求被照面上任意点的水平照度

若计算点为 G、其坐标为 x_G、y_G,G 点至泛光灯的距离值为 r。泛光灯杆高为 h,指向 G 点的光强为 I_{HV}(见图 7-27)。

根据平方反比定律可得,G 点的法线照度 E_n 为

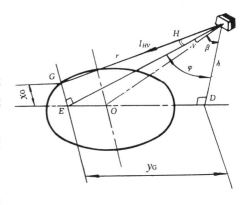

$$E_n = \frac{I_{HV}}{r^2} \qquad (7\text{-}67)$$

图 7-27　泛光灯点照度计算

则水平面照度

$$E_h = \frac{I_{HV}h}{r^3} \qquad (7\text{-}68)$$

从式(7-68)看出关键在于求出 I_{HV} 值,I_{HV} 可从灯具的光度图(图 7-23)中查出。

H 和 V 角度可按下列式子求得(见图 7-27):

$$V = \varphi - \beta \qquad (7\text{-}69)$$

$$\varphi = \arctan \frac{y_G}{h}$$

$$H = \arctan \frac{x_G \cos\varphi}{h} \qquad (7\text{-}70)$$

当 $V > 0$ 时,查水平轴线上方的曲线。$V < 0$ 时,查水平轴线下方的曲线。

4. 采用多灯照明时的布灯方法

按公式(7-64)求出所需要的灯数,然后利用灯的光度数据图中有效光通量区域的角度范围及灯杆位置确定每个灯照明的范围。并按上述方法逐灯求出安装高度 h、仰角 β,同时验证平均照度是否达到设计要求。

若利用泛光灯照射某建筑物的立面,且需要达到一定的垂直照度时,其计算方法与上述相同,只不过将水平面变成垂直面而已,此时的杆高应为灯离被照面的水平距离。

7.9　道路照明计算

道路照明设施的质量实际上只能根据得到的路面或物体的表面亮度值来作出判断,然而对于次要的道路来讲,在大部分情况下知道路面上的照度值就已经够了。所以在这一节里介绍一些快速并且准确的亮度和照度的计算方法。

7.9.1　照度计算

1. 逐点计算照度

道路表面一点上的照度是将所有路灯对这一点产生的照度叠加起来(其他光源产生的

照度不计入)。P 点上的全部照度为

$$E_P = \sum_{1}^{n} \frac{I_{\gamma c}}{h^2}\cos^3\gamma \tag{7-71}$$

式中　$I_{\gamma c}$——灯具指向 P 点方向的光强,方向用 γ 和 c 来表示(见第 5 章图 5-6);

　　　　n——路灯数。

一般道路灯的光度数据图表给出的是等光强曲线(见第 5 章图 5-5),按 P 点所对应的方向角 γ、c 在曲线上查得 $I_{\gamma c}$,代入式(7-71)即可求得一只路灯对 P 点产生的照度 E_P。

如有几只路灯时,逐只重复这个过程,就可求出任何一种道路照明布置中一点上的总照度值。

SGP268 型道路照明灯具光度参数

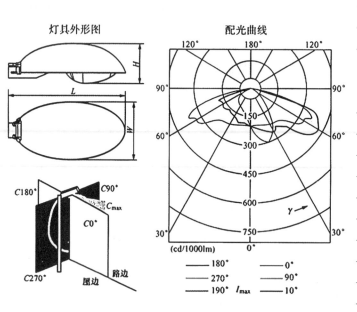

型号		SGP268/250
生产厂		飞利浦公司
外形尺寸 /mm	长 L_1	845
	宽 W	400
	高 H	269
光源		250W 高压钠灯
灯具效率		0.760
上射、下射光通比		0.008　0.752
路边、屋边光通比		0.475　0.277
$I_{max}60°(C=90°)$[①]		13593.6cd
$I_{max}70°(C=45°)$[①]		375.7cd/1000lm
$I_{80°}$[②]		110.3cd/1000lm
$I_{88°}$[②]		3.0cd/1000lm
$I_{max}90°(C=330°)$[①]		2.3cd/1000lm

发光强度值

	$\theta/°$	0	10	20	30	35	40	45	47.5	50	52.5	55	57.5
I_θ /cd	$C=180°$	196.5	194	204.4	212.4	216.9	225.1	234.8	251.5	265.6	291.3	318.9	330.3
	$C_{max}=170°$	196.5	206.9	232.9	258.8	239.4	258.8	277.4	326.4	369.3	393.7	413.5	421.7
	$C=90°$	196.5	259.9	296.4	249.4	202.6	144.2	108.9	97	87.5	79.3	71.3	63.1
	$C=270°$	196.5	136.6	120.4	105.4	99.2	91.2	85.7	81.3	80.3	76.8	70.9	63.3

	$\theta/°$	60	62.5	65	67.5	70	72.5	75	77.5	80	82.5	85	87.5
I_θ /cd	$C=180°$	336	333.9	365.9	348.3	327	290.8	214.5	161.4	110.3	45.8	7.6	3.2
	$C_{max}=170°$	424.8	411.2	402.9	394.6	375.7	325.2	210.6	66.8	78.2	32.3	6.4	2.8
	$C=90°$	54.2	43.1	32.2	21.6	18.4	11.7	7.6	4.1	3.1	1.6	1.3	0.8
	$C=270°$	56.6	51	44.4	36	30.2	24.2	14.8	7.2	3.7	2.2	1.1	0.9

$\theta/°$		90	92.5	95	97.5	100	102.5	105	120	135	150	165	180
I_θ /cd	$C=180°$	2.2	2	1.8	1.5	1.2	0.9	0.8	0.6	0.4	0.8	3.8	1.5
	$C_{\max}=170°$	1.9	1.6	1.4	0.8	0.9	0.8	0.5	0.4	0.3	0.8	4.1	1.5
	$C=90°$	0.5	0.4	0.4	0.3	0.3	0.3	0.2	0.2	0.3	0.6	4.3	1.5
	$C=270°$	0.7	0.6	0.5	0.4	0.3	0.3	0.2	0.2	0.4	0.9	2.5	1.5

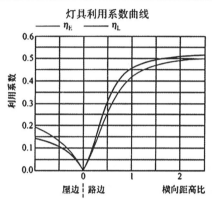

η_E——垂直于路面方向的利用系数；
η_L——水平于路面方向的利用系数

① 表中 90°切面上 60°方向上的最大光强值。

② 表中任何切面上 80°方向的最大光强值。

图 7-28　道路照明灯具光度参数

式(7-71)计算求得的是初始照度，其维持照度还要计入维护系数。

2. 平均照度

当计算一部分路面上的照度时，我们可用下式得到这个面积上的平均照度

$$E_{\text{av}} = \frac{\sum E_P}{n} \tag{7-72}$$

式中 E_P 为路面上有规律分布的每个点的照度，n 为计算点的总数。很明显，所考虑的点数愈多，计算出来的平均照度愈精确。

计算一条直的无限长的道路上的平均照度，采用利用系数法是可以很方便的求得的，其计算公式为

$$E_{\text{av}} = \frac{n\phi_s u N K}{ws} \tag{7-73}$$

式中　ϕ_s——光源光通量，lm；

　　　　n——每盏路灯中的光源数；

　　　　K——维护系数（见表 7-1）；

　　　　w——道路宽；

　　　　s——路灯的间距；

　　　　N——路灯排列方式，单排、交错排列为 $N=1$；双侧排列 $N=2$；

　　　　u——路灯利用系数（查利用系数曲线）。

在道路照明中利用系数的定义为：在一只路灯的照明范围内，确实照到路面上的光通量

ϕ' 与光源所发出的总光通 ϕ 之比。

$$U = \frac{\phi'}{\phi} \tag{7-74}$$

在灯具的光度资料中灯具的利用系数曲线用两种方式给出：

（1）作为横向距离的函数（以杆高 h 为计量单位），横向距离为从路灯的纵轴线到道路的两边侧面为止，见图7-28。

（2）作为角 γ_1 和 γ_2 的函数，这两个角是路灯对两边侧面的张角（见图7-29）。

在每种情况下，"路边一侧"的 u 值和"路中心一侧"的 u 值加起来必须等于整个路宽的真正的利用系数。第一种表达方式对一已知断面的道路提供一种确定 u 值的简单方法。用第二种表达方式，我们也能确定当灯具的倾角改变时，是否能给出一个较大的利用系数，因而可求得较佳的平均照度。

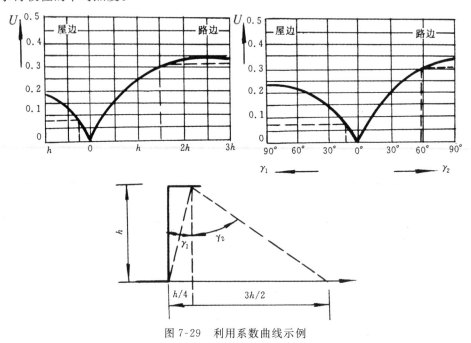

图7-29 利用系数曲线示例

7.9.2 平均照度与平均亮度的换算

能否看清路面及路面上的障碍物，决定于路面及障碍物的亮度。路面的亮度与其反射特性有关。路面的反射特性用亮度系数 q 来表示，这个系数被定义为一点上的亮度与该点上的水平照度之比：

$$q = \frac{L}{E} \tag{7-75}$$

亮度系数取决于观察者和光源相对于路面上所考虑的这一点的位置（见图7-30）。

$$q = q(\alpha, \beta, \gamma)$$

对于一个驾驶员，主要观察车前方 $60 \sim 160$m 这部分道路，此时 α 在 $1.5° \sim 0.5°$ 范围内变化，所以可将 α 假定为一个固定值 $1°$（CIE标准），此时路面亮度系数取决于 β 和 γ 两个角度的值。路面某点亮度可写成：

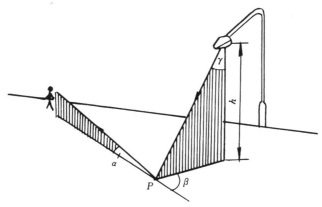

图 7-30　决定亮度系数的角度

$$L = q(\beta, \gamma)E(c, \gamma) = \frac{q(\beta, \gamma)I_{\gamma c}}{h^2}\cos^3\gamma \qquad (7\text{-}76)$$

式中　$I_{\gamma c}$——灯具在 P 点方向的光强(见图 7-30);

　　　$q(\beta, \gamma)$——路面亮度系数。

所有路灯对 P 点产生的亮度总和即为 P 点的总亮度

$$L_P = \sum \frac{I_{\gamma c}}{h^2}q(\beta, \gamma)\cos^3\gamma \qquad (7\text{-}77)$$

实际上路面亮度及其分布,除照明条件、观测方向外,还与路面色彩的明暗程度、路表面粒度的粗细及其干湿状态等有关,比较复杂,故一般用求其平均亮度的方法计算。

7.10　不舒适眩光计算

眩光可分为失能眩光和不舒适眩光两种。前者是由于眩光源的位置靠近视线,使视网膜像的边缘出现模糊,从而妨碍了对附近物体的观察,同时侧向抑制还会使对于这些物体的可见度变得更差。现在我们对失能眩光已有充分了解,Stiles-Holladay 公式可以说明它的物理意义,并且在有关的标准、规范中使用阈值增量(TI)来控制。后者仅有不舒适感觉,短时间内对可见度并无影响,但会造成分散注意力的效果。不舒适眩光不能直接测量,但通过实验人们对其影响的因素还是了解的。

我国国标《建筑照明设计标准》(GB50034—2013)中规定:公共建筑和工业建筑常用房间或场所的不舒适眩光应采用统一眩光值(UGR)评价;室外体育场的不舒适眩光应采用眩光值(GR)评价,并规定了它们的最大允许限值。

7.10.1　统一眩光值(UGR)的计算

室内照明的不舒适眩光评价指标——统一眩光值(UGR)是根据国际照明委员会(CIE)的 117 号出版物《室内照明的不舒适眩光》(1995)编制的。其报告的英文名称为 *Discomfort Glare in Interior Lighting*。

1. UGR 的基本计算公式

$$\text{UGR} = 8\lg\frac{0.25}{L_b}\sum\frac{L_a^2 \cdot \omega}{P^2} \qquad (7\text{-}78)$$

式中　L_b——背景亮度，cd/m²；

　　　L_a——观察者方向每个灯具的亮度，cd/m²；

　　　ω——每个灯具发光部分对观察者眼睛所形成的立体角，sr；

　　　P——每个单独灯具的位置指数。

式(7-78)中的各参数应按下列规定确定：

（1）背景亮度 L_b 应按式(7-80)确定：

$$L_b = \frac{E_i}{\pi} \tag{7-79}$$

式中　E_i——观察者眼睛方向的间接照度，lx。

此计算一般用计算机完成。

（2）灯具亮度 L_a 应按式(7-80)确定：

$$L_a = \frac{I_a}{A\cos\alpha} \tag{7-80}$$

式中　I_a——观察者眼睛方向的灯具发光强度，cd；

　　$A\cos\alpha$——灯具在观察者眼睛方向的投影面积，m²；

　　　α——灯具表面法线与观察者眼睛方向所夹的角度，°。

（3）立体角 ω 应按式(7-81)确定：

$$\omega = \frac{A_p}{r^2} \tag{7-81}$$

式中　A_p——灯具发光部件在观察者眼睛方向的表观面积，m²；

　　　r——灯具发光部件中心到观察者眼睛之间的距离，m。

（4）古斯位置指数 P 应按图 7-31 生成的 H/R 和 T/R 的比值由《建筑照明设计标准》（GB50034—2013）中附录 A 表 A.0.1 确定。

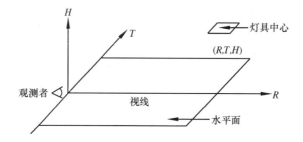

图 7-31　以观察者位置为原点的位置指数坐标系统(R,T,H)，
对灯具中心生成 H/R 和 T/R 的比值

对于发光部分面积 $S < 0.005$m² 筒灯等光源 UGR 计算公式见《建筑照明设计标准》（GB 50034—2013）附录 A。

2．统一眩光值(UGR)的应用条件

（1）UGR 适用于简单的立方体形房间的一般照明装置设计，不适用于采用间接照明和发光天棚的房间。

（2）适用于灯具发光部分对眼睛所形成的立体角为 0.1sr＞ω＞0.000 3sr 的情况。

（3）同一类灯具为均匀等间距布置。

（4）灯具为双对称配光。

（5）坐姿观测者眼睛的高度通常取 1.2m，站姿观测者眼睛的高度通常取 1.5m。

（6）观测位置一般在纵向和横向两面墙的中点，视线水平朝前观测。

（7）房间表面为大约高出地面 0.75m 的工作面、灯具安装表面以及此两个表面之间的墙面。

UGR 有一个附加的好处就是因为 ω 和 L_b 采用相同的幂次，在一个给定的设施内，眩光与灯具数量无关。

7.10.2 眩光值（GR）的计算

1. 眩光值（GR）的计算

GR 按下式计算得：

$$GR = 27 + 24\lg(L_{Vl}/L_{Ve}^{0.9}) \tag{7-82}$$

式中 L_{Vl}——由灯具发出的光直接射向眼睛所产生的光幕亮度，cd/m^2；

L_{Ve}——由环境引起直接入射到眼睛的光所产生的光幕亮度，cd/m^2。

式（7-82）中的各参数应按式（7-83）计算：

（1）由灯具产生的光幕亮度（cd/m^2）按下式确定：

$$L_{Vl} = 10\sum_{i=1}^{n}(E_{eyei}/Q_i^2) \tag{7-83}$$

式中 E_{eyei}——观察者眼睛上的照度，该照度在垂直于视线的平面上，由 i 个灯具（光源）所产生的照度，lx；

Q_i——观察者视线和第 i 个光源在视网膜上产生的入射光的方向夹角，°；

n——总的灯具（光源）数。

（2）由环境产生的光幕亮度按下式确定：

$$L_{ve} = 0.035L_{av} \tag{7-84}$$

（3）平均亮度按下式确定：

$$L_{av} = E_{horav}.\rho/\pi\Omega_0 \tag{7-85}$$

式中 E_{horav}——被照场地的平均水平照度，lx；

ρ——漫反射时区域的反射比；

Ω_0—— 1 个单位立体角，sr。

2. 眩光值（GR）的应用条件

（1）本计算方法用于常用条件下，满足照度均匀度的室外体育场地的各种照明布灯方式。

（2）用于视线方向低于眼睛高度。

（3）看到的背景是被照场地。

（4）眩光值计算用的观察者位置可采用计算照度用的网格位置，或采用标准的观察者位置。

（5）可按一定数量角度间隔（5°，…，45°）转动选取一定数量的观察方向。

靠近视线的垂直被照面上，等效光幕亮度的实际值大于由以上近似计算得到的值。可见，实际的眩光评价要好于近似计算值，亦即近似计算值是保守的。

各种不同等级的体育场馆在进行不同项目比赛时，应达到的眩光指数限值见《体育场馆照明设计及检测标准》JGJ153—2007 的有关规定，一般眩光指数不大于 30。

7.11 照明计算软件

随着计算机技术和软件技术的不断发展,近些年来在工程领域中各种应用软件得到广泛的开发和利用,这使得工程技术人员能够从繁杂的计算中解放出来,提高工作效率;同时,将计算结果进行渲染,仿真光环境的效果,让设计人员选择并优化,最终得到令人满意的方案,实现良好的效果。本节简单介绍应用较广的 DIALux 照明计算软件。

DIALux 软件是德国 DIAL 有限公司发行的开放式免费软件,利用它可以快捷地进行室内照明,室外工作场所照明以及道路照明的各项照明质量指标的量化计算,通过能量评估、优化设计等获得好的照明效果。

7.11.1 在室内照明设计中的应用

下面采用 DIALux 通用照明计算软件,计算桌面的逐点照度值。

第一步,在 DIALux 的室内照明中插入新的空间。分别设置好教室的长(6.6m)、宽(6.6m)、高(3.6m)。

第二步,在设计案中设置天花板、墙面、地面的材料。天花板采用标准天花板(反射系数 $\rho=0.7$),地板采用标准地板($\rho=0.2$),墙壁采用标准墙壁($\rho=0.5$)。

第三步,在对象的家具中设置工作面。放入长 1m、宽 0.6m、高 0.8m 的桌子 15 张。

第四步,在灯具选项中插入灯具。在灯具库中选取 6 只奥德堡 CLARIS2 型 2×28W 荧光灯,悬挂吊在教室顶棚。

通过以上四步,我们已经构建好了教室的室内空间,图 7-32 和图 7-33 是该空间的平面图、正视图。

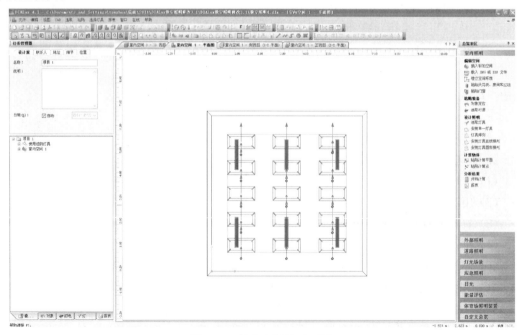

图 7-32　教室空间的平面图

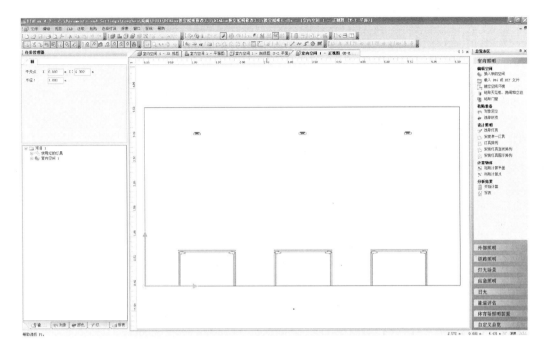

图 7-33　教室空间的正视图

接下来通过 DIALux 计算功能进行工作面照度计算。最后以报表方式生成工作面上各点的照度值、等照度曲线、UGR 值和测光结果，如图 7-34、图 7-35、图 7-36 和图 7-37 所示。由图可知，通过计算软件可得桌面各处照度值，进而判断是否达到相关照度标准要求。计算快捷、简便，既得到了平均照度值，也得到了工作面各点的照度值以及照度的分布情况。

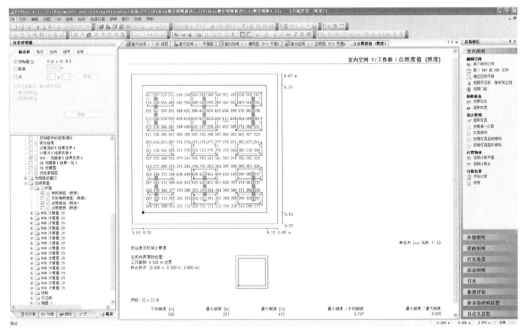

图 7-34　工作面上各点的照度值

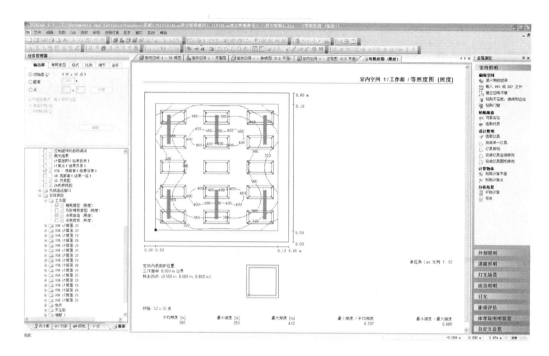

图 7-35　工作面等照度曲线

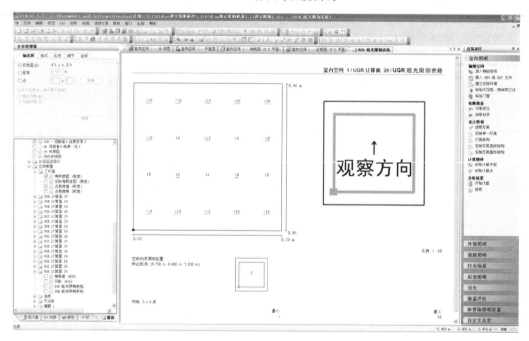

图 7-36　UGR 计算结果

7.11.2　在道路照明设计中的应用

如图 7-38 所示,9m 宽道路(机动车道宽 6m,两侧各 1.5m 宽人行道),道路等级为城市支路。根据《城市道路照明设计标准》(CJJ45—2006)表 3.3.1 机动车交通道路照明标准值

图 7-37　测光结果

要求,路面平均照度 $E_{av} \geqslant 10lx$、照度均匀度 $U_E \geqslant 0.3$、路面平均亮度 $L_{av} \geqslant 0.75cd/m^2$、亮度总均匀度 $U_0 \geqslant 0.4$、眩光限制阈值增量 $T1(\%) \leqslant 15$。设计路灯采用飞利浦的 SGP340 高压钠灯,功率为 70W,光通为 6 600lm,单侧布置,灯杆间距为 24m,灯具安装高度为 8m,挑出0.5m,仰角为 5°,试求路面平均照度。我们以本题为例,使用 DIALux 软件进行计算。

第一步,在 DIALux 的道路照明中插入标准街道,设置路面宽为 9m(机动车道宽 6m,两侧各 1.5m 宽人行道),维护系数为 0.7。柏油路面。

第二步,在设计案中设置道路照明的照度种类,可通过精灵模式设置,这里选择 ME4a。

第三步,在灯具选项中插入灯具。在灯库中选取 70W 高压钠灯,光通 6 600lm。灯具安装高度为 8m,灯间距 24m,伸出 0.5m,倾斜度为 0°。路灯排列方式采用单侧排列。

通过以上三步便构建好了道路空间环境,可通过平面图和 3D 视图查看,如图 7-38 和图7-39 所示。

接下来通过软件开始计算。最后会生成路面评估区域的测光结果以及等照度图,如图7-40 和图 7-41 所示。

图中平均辉度即平均亮度。

U_0 是路面亮度总均匀度,是路面上最小亮度与平均亮度的比值,反映前方路面上的障碍物能否看到。

U_1 是路面亮度纵向均匀度,是同一条车道中心线上最小亮度与最大亮度的比值,反映前方路面上主观感觉到的明暗不均匀程度。规范对城市支路 U_1 不作要求。

T_1 是阈值增量,是失能眩光的度量,表示存在眩光源时,为了达到同样看清物体的目的,在物体及其背景之间的亮度对比所需增加的百分比。

周边照度系数即环境比 SR,是车行道外边 5m 宽状区域内的平均水平照度与相邻的

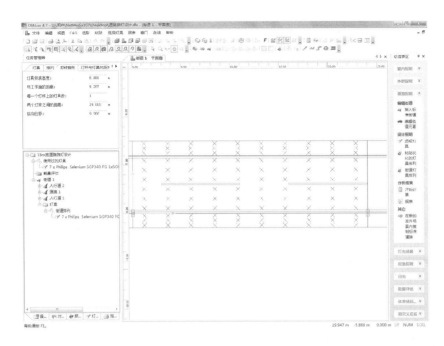

图 7-38　道路空间的平面图

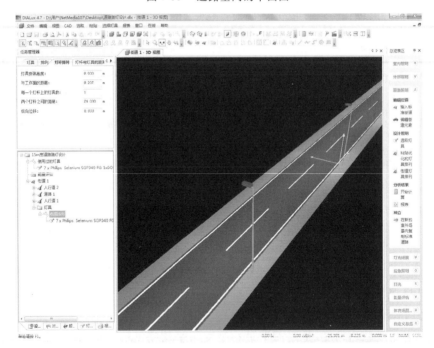

图 7-39　道路空间 3D 视图

5m 宽车行道上平均水平照度之比,规范对城市支路周边照度系数不做要求。

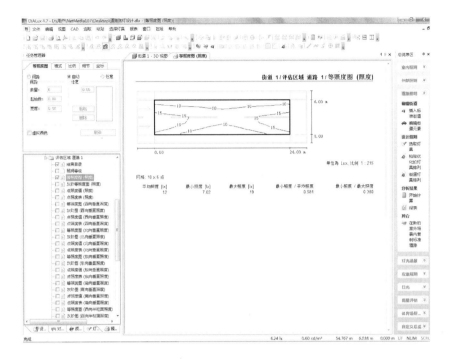

图 7-40 路面评估区域等照度图

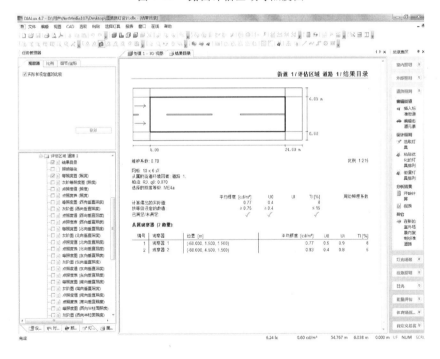

图 7-41 路面评估区域测光结果

思考与练习

1. 什么是利用系数？如何确定室内的利用系数？

2. 什么是逐点计算法？在什么情况下使用合适？

3. 什么是等照度曲线？在照度计算中如何应用？

4. 什么是顶棚空间（或地板空间）的有效反射比,如何求得？

5. 为什么照度计算中要考虑维护系数？

6. 概算曲线是如何求得的？怎样使用？

7. 利用方位系数法求室内平均照度应如何进行？

8. 室内各面的"亮度利用系数"和"利用系数"有何不同？

9. 有一教室长 11.3m、宽 6.4m、高 3.6m,灯具离地高度 3.1m(课桌高度 0.8m),室内顶棚、墙面均为大白粉刷,纵向外墙开窗面积占 60%,纵向走廊侧开窗面积为 10%,端墙不开窗,试利用照明计算软件校验课桌面上的平均照度是否符合规定(不小于 300lx)。(室内各面的反射比请查阅表 1-6)

10. 什么是"统一眩光评价系统"(UGR)？它是如何来评价不舒适眩光的？

11. 什么是"眩光指数"(GR)？它是如何来评价不舒适眩光的？

第8章 照明光照设计

8.1 概 述

照明光照设计包括照度的选择、光源选用、灯具选择和布置、照明控制策略与方式的确定、照明计算等诸方面。

对以工作面上的视看对象为照明对象的照明技术称为明视照明,主要涉及照明生理学。对以周围环境为照明对象的照明技术称为环境照明,主要涉及照明心理学。不同照明设计需要考虑的主要问题列于表8-1。

表 8-1　　　　　　　　　　明视照明和环境照明设计的要求对照

明 视 照 明	环 境 照 明
1. 工作面上要有充分的亮度	1. 亮或暗要根据需要进行设计,有时需要暗光线造成气氛
2. 亮度应当均匀	2. 照度要有差别,不可均一,采用变化的照明可造成不同的感觉
3. 不应有眩光,要尽量减少乃至消除眩光	3. 可以应用金属、玻璃或其他光泽的物体,以小面积眩光造成魅力感
4. 阴影要适当	4. 需将阴影夸大,从而起到强调突出的作用
5. 光源的显色性好	5. 宜用特殊颜色的光作为色彩照明,或用夸张手法进行色彩调节
6. 灯具布置与建筑协调	6. 可采用特殊的装饰照明手段(灯具及其设备)
7. 要考虑照明心理效果	7. 有时与明视照明要求相反,却能获得很好的气氛效果
8. 照明方案应当经济	8. 从全局来看是经济的,而从局部看可能是不经济的或过分豪华的

要求设计明视照明的场所如生产车间、办公室、教室等;要求设计环境照明的场所如剧院休息厅、宴会厅、门厅等。为了阐明设计要点,现用一简单的房间模型图说明照明设计中应考虑的各种主要因素。把图8-1与表8-2对照,说明在视野中主要出现哪些与照明有关的内容,应该如何考虑。

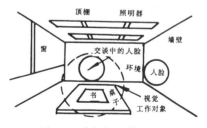

图 8-1　房间视野模型图

照明光照设计一般可按下列步骤进行:

(1) 收集原始资料:工作场所的设备布置、工作流程、环境条件及对光环境的要求;已设计完成的建筑平剖面图、土建结构图,已进行室内设计的工程应提供室内设计图。

(2) 确定照明方式和种类、并选择合理的照度。

(3) 确定合适的光源。

(4) 选择灯具的形式,并确定型号。

(5) 合理布置灯具

(6) 进行照度计算,并确定光源的安装功率(见第7章)。

(7) 根据需要计算室内各面亮度和眩光评价。

（8）确定照明控制的策略与方式（详见第6章）。

表 8-2 照明设计需要考虑的主要因素

照明设计的对象			设计要考虑的主要因素
操作视看对象	工作面（阅读类、机床操作等）		① 照度；② 照度分布均匀度；③ 光的方向性——物体上的阴影，材质感的表现，反射眩光，光泽；④ 光源的颜色和显色性
	对话时人的面貌		① 照度；② 光的方向性（实体感的表现）；③ 光源的颜色和显色性
环　　境	室内的立体空间（主要是人的面貌）		① 照度；② 光的方向性；③ 光的颜色和显色性
	面（亮度高、立体角大的各个面）	顶棚、墙、地板	① 亮度分布和照度分布；② 反射比和色彩
		光源　灯具	眩光情况
		窗	符合建筑天然采光要求

我国有关照明设计的规范、标准有：《建筑照明设计标准》（GB 50034—2013），《城市道路照明设计标准》（CJJ 45—2006），和《城市夜景照明设计规范》（JGJ/T 163—2008）。各种不同类型的建筑设计标准中也都有对照明设计的有关要求与规定，在设计时要认真查阅。有些建筑国内无标准的可参照 CIE 的有关"指南"。

8.2 照明方式和种类

8.2.1 照明方式

照明方式是照明设备按其安装部位或使用功能而构成的基本制式。

1. 一般照明

为照亮整个场地而设置的均匀照明称为一般照明。工作场所通常应设置一般照明。

2. 分区一般照明

对某一特定区域，如进行工作的地点，设计成不同的照度来照亮该区域的一般照明称为分区一般照明。同一场所的不同区域有不同照度要求时，应采用分区一般照明。

3. 局部照明

特定视觉工作用的、为照亮某个局部而设置的照明称为局部照明。局部照明只能照射有限面积，对于局部地点需要高照度时可装设局部照明。对于因一般照明受到遮挡或需要克服工作区及其附近的光幕反射时，也宜采用局部照明。当有气体放电光源所产生的频闪效应的影响时，使用白炽灯光源的局部照明是有益的。但规定在一个工作场所内，不应只装设局部照明。

4. 混合照明

由一般照明与局部照明组成的照明称为混合照明。对于工作位置视觉要求较高，且对照射方向有特殊要求的场所,往往采用混合照明方式。

8.2.2 照明种类

1. 正常照明

在正常情况下使用的室内、外照明。工作场所应设置正常照明。它一般可单独使用,也可与应急照明、值班照明同时使用,但控制线路必须分开。

2. 应急照明

因正常照明的电源失效而启用的照明。作为应急照明的一部分,用于确保正常工作和活动继续进行的照明,称为备用照明;作为应急照明的一部分用于确保处于潜在危险之中的人员安全的照明,称为安全照明;作为应急照明的一部分,用于确保人员安全疏散的出口和通道被有效地辨认和使用的照明称为疏散照明。在由于工作中断或误操作容易引起爆炸、火灾和人身事故或将造成严重政治后果和经济损失的场所,应设置应急照明。应急照明灯宜布置在可能引起事故的工作场所以及主要通道和出入口。应急照明必须采用能瞬时点燃的可靠光源,一般采用白炽灯、卤钨灯或瞬时点燃的紧凑型荧光灯(节能灯)。当应急照明作为正常照明的一部分经常点燃,且发生故障不需要切换电源时,也可用气体放电灯。

暂时继续工作用的备用照明,其照度除另有规定外,不低于一般照明照度值的10%;安全照明的照度不低于一般照明照度值的5%;保证人员疏散用的照明,主要通道上的照度不应低于0.5 lx。

3. 值班照明

在非工作时间内供值班人员用的照明。在非三班制生产的重要车间、仓库、或非营业时间的大型商店、银行等处,通常宜设置值班照明。值班照明可利用正常照明中能单独控制的一部分或利用应急照明的一部分或全部。

4. 警卫照明

在夜间为改善对人员、财产、建筑物、材料和设备的保卫,用于警戒而安装的照明。可根据警戒范围的需要,在厂区或仓库区等警卫范围内装设。

5. 障碍照明

为保障航空飞行安全,在可能危及航行安全的高大建筑物和构筑物上安装的标志灯。应按民航和交通部门的有关规定装设。

8.3 照明质量评价体系

照明质量评价体系包括三个方面的内容:①以客观物理量为主的照明质量评价体系;②以立体感评价指标为核心内容的光线方向性的质量评价指标;③以光环境为主体的评价体系。人们很早就开始研究各种相关的评价体系,但由于人们是在认识客观世界的同时认识自己的主观世界,故造成了各个体系在今天发展的不平衡。

照明设计的优劣主要是用照明质量来衡量,在进行照明设计时应全面考虑和恰当处理下列各项照明质量的指标:照度;亮度分布;照度的均匀度;阴影;眩光;光的颜色;照度的稳定性等。本节就上述各项内容逐一加以说明。

8.3.1 以客观物理量为主的照明质量评价体系

这些可以直接测量的量有照度、亮度以及相应的均匀度等。从测量仪表上的读数可以得到该场所照明的水平。包括各个方向表面上的数值,从而进行比较和鉴别。在这些数字的基础上,通过进一步的测量和计算还可以得到一些其他的数据,例如:眩光方面以及阅读照明用的等效球照度(ESI)、对比显现系数(CRF)、可见度水平(VL)等等。

1. 照度水平

在光环境中应当使人易于辨别他所从事的工作细节,同时消除或者适当地控制那些会造成视觉不舒适的因素。

视觉实验表明:在照度的主观效果上明显可感觉到的最小变化大约为 1.5 倍。能够刚刚辨认人脸的特征,需要大约 $1cd/m^2$ 的亮度。在水平面照度 20 lx 左右的普通环境下,可以达到这个亮度,所以 CIE 将 20 lx 作为所有非工作房间的最低照度。

CIE 出版了 S008—2001 出版物《室内工作场所照明》以取代 29/2—1986 出版物,它所推荐的与我国国标规定的都是在照明装置必须进行维护的时刻(维护周期末),规定表面上的平均照度,这称之为维持平均照度,也就是说规定表面上的平均照度不得低于此值。

我国《建筑照明设计标准》(GB 50034—2013)将照度按下面系列分级:0.5lx,1lx,2lx,3lx,5lx,10lx,15lx,20lx,30lx,50lx,75lx,100lx,150lx,200lx,300lx,500lx,750lx,1 000lx,1 500lx,2 000lx,3 000lx,5 000lx,照度值是指工作面(参考平面)上的平均照度。表 8-3 列出了公用场所和工业建筑通用房间或场所照明标准值;表 8-4 列出了商店建筑照明标准值;表 8-5 给出了住宅建筑照明标准值;表 8-6 给出了办公建筑照明标准值,其他列于附录中,以便设计时使用。

表 8-3 公用场所和工业建筑通用房间或场所照明标准值

房间或场所		参考平面及其高度	照度标准值/lx	UGR	U_0	R_a
门厅	普通	地面	100	—	0.40	60
	高档	地面	200	—	0.60	60
走廊、流动区域	普通	地面	50	—	0.40	60
	高档	地面	100	—	0.60	60
楼梯间	普通	地面	30	—	0.40	60
	高档	地面	75	—	0.60	60
自动扶梯		地面	150	—	0.60	60
厕所、盥洗室、浴室	普通	地面	100	—	0.40	60
	高档	地面	150	—	0.60	80
电梯前厅	普通	地面	100	—	0.40	60
	高档	地面	150	—	0.60	80
宿舍		地面	150	22	0.40	80
休息室		地面	100	22	0.40	80
更衣室		地面	150	22	0.40	80

续表

房间或场所			参考平面及其高度	照度标准值/lx	UGR	U_0	R_a
储藏室			地 面	100	—	0.40	60
餐 厅			地 面	200	22	0.40	80
车库	停车位		地 面	30	—	0.40	60
	行车道		地 面	50	—	0.60	60
	检修间		地 面	200	25	0.60	60
试验室	一 般		0.75m 水平面	300	22	0.40	80
	精 细		0.75m 水平面	500	19	0.60	80
检 验	一 般		0.75m 水平面	300	22	0.40	80
	精细,有颜色要求		0.75m 水平面	750	19	0.60	80
计量室,测量室			0.75m 水平面	500	19	0.70	80
电话站、网络中心			0.75m 水平面	500	19	0.60	80
计算机站			0.75m 水平面	500	19	0.60	80
变、配电站	配电装置室		0.75m 水平面	200	—	0.60	80
	变压器室		地 面	100	—	0.60	60
电源设备室、发电机室			地 面	200	25	0.60	80
电梯机房			地 面	200	25	0.60	80
控制室	一般控制室		0.75m 水平面	300	22	0.60	80
	主控制室		0.75m 水平面	500	19	0.60	80
动力站	风机房、空调机房		地 面	100	—	0.60	60
	泵 房		地 面	100	—	0.60	60
	冷冻站		地 面	150	—	0.60	60
	压缩空气站		地 面	150	—	0.60	60
	锅炉房、煤气站的操作层		地 面	100	—	0.60	60
仓库	大件库		1.0m 水平面	50	—	0.40	20
	一般件库		1.0m 水平面	100	—	0.60	60
	半成品库		1.0m 水平面	150	—	0.60	80
	精细件库		1.0m 水平面	200	—	0.60	80

表 8-4   商店建筑照明标准值

房间或场所	参考平面及其高度	照度标准值/lx	UGR	U_0	R_a
一般商店营业厅	0.75m 水平面	300	22	0.60	80
高档商店营业厅	0.75m 水平面	500	22	0.60	80
一般超市营业厅	0.75m 水平面	300	22	0.60	80
高档超市营业厅	0.75m 水平面	500	22	0.60	80
仓储式超市	0.75m 水平面	500	22	0.60	80

续表

房间或场所	参考平面及其高度	照度标准值/lx	UGR	U_0	R_a
专卖店营业厅	0.75m 水平面	300*	22	0.60	80
农贸市场	0.75m 水平面	200	22	0.60	80
收款台	台面	500**	22	0.60	80

注:* 宜加重点照明;

** 指混合照明照度。

表 8-5　　　　　　　　　　　　　　住宅建筑照明标准值

房间或场所		参考平面及其高度	照度标准值/lx	R_a
起居室	一般活动	0.75m 水平面	100	80
	书写、阅读		300*	
卧室	一般活动	0.75m 水平面	75	80
	床头、阅读		150*	
餐厅		0.75m 餐桌面	150	80
厨房	一般活动	0.75m 水平面		80
	操作台	台面	150*	
卫生间		0.75m 水平面	100	80
电梯前厅		地面	75	60
走道、楼梯间		地面	30	60
公共车库	停车位	地面	20	60
	行车道	地面	30	60

注:* 宜用混合照明。

表 8-6　　　　　　　　　　　　　　办公建筑照明标准值

房间或场所	参考平面及其高度	照度标准值/lx	UGR	U_0	R_a
普通办公室	0.75m 水平面	300	19	0.60	80
高档办公室	0.75m 水平面	500	19	0.60	80
会议室	0.75m 水平面	300	19	0.60	80
视频会议室*	0.75m 水平面	500	19	0.60	80
接待室、前台	0.75m 水平面	200	—	0.40	80
服务大厅	0.75m 水平面	300	22	0.40	80
设计室	实际工作面	500	19	0.60	80
文件整理、复印、发行室	0.75m 水平面	300	—	0.40	80
资料、档案室	0.75m 水平面	200	—	0.40	80

注:(1) * 垂直照度不宜低于 300lx;

(2) 此表适用于所有类型建筑的办公室照明。

照明装置新装时在规定表面上的平均照度称为初始平均照度。它由规定的维持平均照度值除以必须进行维护时的维护系数值求得。

2. 亮度分布

使作业环境中各表面上的亮度分布控制在人眼能适应的水平上,是决定物体可见度的重要因素之一。视野内有合适的亮度分布是舒适视觉的必要条件。相近环境的亮度应当尽可能低于被观察物的亮度,CIE 推荐被观察物的亮度如为它相近环境的三倍时,视觉清晰度较好,即相近环境与被观察物本身的反射比之比最好控制在 0.3～0.5 的范围内。

在工作房间,为了减弱灯具同周围及顶棚之间的亮度对比,特别是采用嵌入式安装灯具时,因为顶棚上的亮度来自室内多次反射,顶棚的反射比尽量要高(不低于 0.6)。工作房间内的墙壁或隔断的反射比最好在 0.3～0.8 之间,地板的反射比宜在 0.1～0.5 之间。作业面的反射比在 0.2～0.6 之间。因而在大多数情况下,要求用浅色的家具和浅色的地面。

此外,适当地增加作业对象与作业背景的亮度之比,较之单纯提高工作面上的照度能更有效地提高视觉功能,而且比较经济。

3. 照度均匀度

如果在工作环境中有彼此极不相同的表面,将导致视觉不适。因此,在工作面上照度应尽可能均匀。

根据我国国标,照度均匀度可用给定工作面上的最低照度与平均照度之比来衡量,即 E_{min}/E_{av}。所谓最低照度是参考面某一点最低照度,而平均照度是整个参考面上的平均照度。

我国《建筑照明设计标准》(GB50034—2013)对各种建筑的房间和工作场所的照度均匀度都有规定。

为了获得满意的照明均匀度,灯具布置间距不应大于所选灯具最大允许距高比。当要求更高时,可采用间接型、半间接型灯具或光带等方式。

4. 眩光

眩光是由光源和灯具等直接引起的,也可能是光源通过反射比高的表面,特别是抛光金属那样的镜面反射所引起的。眩光可分为失能眩光和不舒适眩光两种。CIE 于 1995 年第 117 号出版物《室内照明的不舒适眩光》中提出用统一眩光值 UGR(Unified Glare Rating)作为室内不舒适眩光的评价指标,并在 S008-2001 出版物中推荐 UGR 作为控制室内不舒适眩光的指标,我国标准中也采用了此指标。

本书在 7.10 节中介绍了 CIE"统一眩光评价体系"(UGR)的计算。本节主要结合我国现行《建筑照明设计标准》中的有关规定加以讨论。

控制直接眩光主要是控制灯具在眩光区(见图 8-2)内的亮度。因此。有两种办法:①选择透光材料,即漫射材料或表面做成一定的几何形状的材料将灯泡遮蔽,并对 γ 角范围内靠上边的部分施加更严格的限制;②控制遮光角,使 90°－γ 部分变得小于受灯具结构控制的预定的遮光角。这两种办法,可以单独使用,也可以综合使用,例如半透明隔栅的灯具。

灯具的亮度值为 γ 方向的光强值(cd)与从 γ 角

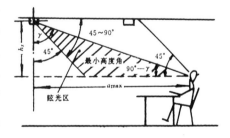

图 8-2 需要限制亮度的灯具发光区

方向看到的灯具的正投影发光面积之比。图 8-2 中 α_{max} 为从观测者到灯具的最大水平距离，h_s 为人眼水平位置到灯具的高度。我国国标规定了直接型灯具的最小遮光角，见表 8-7。

表 8-7 　　　　　　　　　　　直接型灯具的遮光角

光源平均亮度/kcd·m^{-2}	遮光角/°	光源平均亮度/kcd·m^{-2}	遮光角/°
1～20	10	50～500	20
20～50	15	≥500	30

我国现行标准规定公共建筑和工业建筑常用房间或场所的不舒适眩光是采用 UGR 评价。UGR 其数值所对应的不舒适眩光的主观感受与英国的眩光指数一致，见表 8-8。

表 8-8 　　　　　　　　UGR 值对应的不舒适眩光的主观感受

UGR	不舒适眩光的主观感受
28	严重眩光,不能忍受
25	有眩光,不舒适感
22	有眩光,刚好有不舒适感
19	轻微眩光,可忍受
16	轻微眩光,可忽略
13	极轻微眩光,无不舒适感
10	无 眩 光

室外体育场所的不舒适眩光是采用眩光指数值(GR)评价,我国标准《体育场馆照明设计及检测标准》(JGJ 153—2007)给出了 GR 的限值。标准编制组认为从国内外研究资料及现场实测结果来看,CIE No112 中提出的室外场所眩光评价系统可以应用于室内场馆。我国标准(GB 50034—2013)规定体育馆的不舒适眩光应采用眩光值(GR)评价,并给出了最大允许限值。标准推荐的室内外体育照明眩光评价分级和眩光指数列于表 8-9 和表 8-10。

表 8-9 　　　　　　　　　　　　眩光评价分级

眩光评介等级 GF	眩光感受	眩光指数 GR	
		室　外	室　内
1	不可接受	90	50
2	—	80	45
3	有干扰	70	40
4	—	60	35
5	刚刚可接受	50	30
6	—	40	25
7	可察觉	30	20
8	—	20	15
9	不可察觉	10	10

表 8-10   推荐的体育照明眩光指数

应用类型	GR~max~	
	室　外	室　内
业余训练和娱乐照明	55	35
比赛照明(包括彩色电视转播)	50	30

　　对在工作平面的反射眩光和作业上的光幕反射要有效地加以抑制。抑制最有效的方法是适当安排工作人员和光源的相对位置,力求使工作照明来自适宜的方向,使光源光线的反射不是指向人眼而指向远处或侧方。也可使用发光表面面积大、亮度低的灯具和在视线方向反射光通小的特殊配光灯具。同时视觉工作对象和工作房间内应尽量采用低光泽的表面材料。照亮顶棚和墙面,但避免出现光斑。

　　关于有视觉显示终端(visual display terminal)工作场所,限制 VDT 工作屏幕的眩光问题,《建筑照明设计标准》(GB 50034—2013)中第 4.3.5 条规定"应限制灯具中垂线成 65°～90°范围内的平均亮度",并于表 4.3.5 给出了灯具在该角度上的平均亮度限制值,此标准参考欧洲标准 EN12464—1(2011)《室内工作场所照明》(S 008/E—2001)中的要求。

　　但随着平板液晶显示屏的发展与普及,限制 VDT 工作屏幕的眩光问题发生了变化,然而在 ISO 及相应的国际标准中,有关计算机平板显示器视觉功效学方面迄今没有作出具体规定。此处,我们将国际上视觉工效学学者专家进行的一系列相关研究中成果较为显著的择要介绍如下:

　　莱必奇(Leibig)和鲁尔(Roll)进行了对不同性质(质量)的屏幕,在不同照明设施照明的情况下,显示白(亮)底黑字或黑底白(亮)字时,使用者满意度的研究,并于 1983 年发表了其试验结果,试验表明:屏幕本身质量是重要因素。

　　密勒(Miller)于 2000 年与 2001 年分别发表了屏幕显示文字的可见度与照明光源(灯具)在屏幕上形成反射像关系的研究结果,研究表明显示质量的好坏屏幕特性起主要作用。密勒(Miller)指出:在显示技术有突破性发展的今天,实际上已没有必要限制灯具表面亮度。

　　5. 光的颜色

　　在第 3 章(颜色视觉)中已介绍了"颜色对比"的概念,应用颜色对比,能提高视觉舒适感,尤其是在亮度对比差的时候,然而颜色对比除取决于灯的显色性能外,还包括环境及人们对色彩的爱好。

　　首先,正确的色视觉只有在光谱接近于天然光的情况下才能形成。而在光谱组成与天然光相差较大的照明条件下,被照物体的颜色将有失真,这对于需要正确辨别色彩的工作是不合适的,因而需要有较高显色性的光源。

　　从视觉心理来分析,在相同的照度下,显色性好的光源比显色性差的光源在感觉上要明亮。我国现行标准中,对不同类型的室内或室外场所的照明标准,都有显色指数 R_a 最低值的要求。人长期工作或停留的房间或场所,照明光源的显色指数(R_a)不宜小于 80,安装高度大于 6m 的工业建筑场所,R_a 可低于 80,但必须能辨别安全色。

　　不同波长的光在视觉心理上会有不同的感受。低色温(<3 300K)的灯光给人以"暖"的感觉,接近日暮黄昏的情调,能在室内形成亲切轻松的气氛;高色温(>5 300K)的灯光接近自然光色,给人以"冷"的感觉,能使人精神振奋。人在温暖气候条件下喜欢高色温的光,在

寒冷条件下喜欢低色温的光,一般情况下,采用中间色温,

白天需要补充自然光的场所,或在特殊要求的无窗建筑中,灯光色温不宜低于5300K。在需要进行彩色电视、电影、照相的摄影或转播的场所,照明用灯的色温需配合摄像的要求。

室内照明用的光源的色表按其色温(相关色温)的分类及适宜采用的场所示于表8-11。

表8-11   不同色温(相关色温)光源的应用场所

色表分组	色表特征	相关色温/K	适用场所举例
I	暖	<3 300	客房、卧室、病房、酒吧、餐厅
II	中间	3 300～5 300	办公室、教室、阅览室、诊室、控制室、实验室、检验室、机加工车间、仪表装配间
III	冷	>5 300	热加工车间、高照度场所

一般来说,同一种性质的光源的光效往往随其显色性能的改善而下降,但不能不考虑显色性能而单纯根据光效选择光源。

我国《建筑照明设计标准》(GB50034—2013)4.4.4条作如下规定:

当选用发光二极管灯(LED)光源时,其色度应满足下列要求:

(1)长期工作或停留的房间或场所,色温不宜高于4000K,特殊显色指数R_9应大于零;

(2)在寿命期内发光二极管(LED)灯的色品坐标与初始值的偏差在国家标准《均匀色空间和色差公式》GB/T 7921—2008规定的CIE 1976均匀色度标尺图中,不应超过0.007;

(3)发光二极管(LED)灯具在不同方向上的色品坐标与其加权平均值偏差在国家标准《均匀色空间和色差公式》GB/T 7921—2008规定的CIE 1976均匀色度标尺图中,不应超过0.004。

6. 照度的稳定性

照度变化引起的照明忽亮忽暗形成了照明的不稳定,给人的视觉带来不舒适感,从而影响工作。照度的变化主要是由于光源光通量的变化,而光通量的变化主要是由于照明电源电压的波动,因此,必须采取措施保证供电电压的质量。此外,也可能由于工业气流或自然气流冲击而形成灯具的摆动,这也是不允许的。

电光源的光通量随着交流电源电压电流的周期性交变而变化,特别是气体放电光源比白炽灯变化更大,若用于照明转动的物体则产生频闪效应。这就是说,当光通量的变化频率与转动物体的频率存在一定的关系时,观察到的物体运动显现出不同于实际运动的现象,使人容易产生错觉而影响工作和安全,因而必须设法予以消除。但频闪效应与气体放电灯所产生的周期性光线闪烁不同,后者是因亮度或光谱分布随时间波动所引起的不稳定的视觉印象。

在频闪效应对视觉工作条件有影响的场所,气体放电灯频闪效应必须降低,对可采用电子镇流器点亮的光源应采用电子镇流器,也可将单相供电的两根灯管采用移相接法或以三相电源分相接三根灯管,或在转动物体旁加装以白炽灯为光源的局部照明来弥补。

8.3.2 光线方向性的质量评价

人们发现在相同的照度水平下,当光线来自不同的方向时会有非常不同的照明效果。表现为最容易引人注意的是被照物体的立体感,必用有别于平面照度的其他评价指标,目前有:平均球面(标量)照度、照度矢量、柱面照度等。

1. 平均球面照度(E_s)

平均球面照度又称标量照度,用符号 E_s 表示,它表示位于受测点处一个无限小的球面上的平均照度。

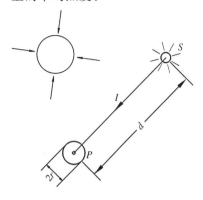

图 8-3　平均球面照度 E_s

图 8-3 表示在受测点处取一半径为 r 的球面,若光源 S 垂直于小球直径截面方向的光强为 I,光源与被测点间的距离为 d,则 P 点的平均球面照度 E_s 可用下式表示:

$$E_s = \frac{\phi}{S} = \frac{I \cdot \dfrac{\pi r^2}{d^2}}{4\pi r^2} = \frac{I}{4d^2} \qquad (8\text{-}1)$$

式(8-1)说明了 E_s 与测量球的大小无关,只与光源的光强 I 成正比,与光源到被测点的距离平方成反比。

平均球面照度适用于不需要指明受照面的方向,而要求得到无方向的空间照度,例如在航空港、火车站的候车室,休息室等处作照明效果评价比平面照度更能反映实际情况。

2. 平均柱面照度(E_c)

平均柱面照度用符号 E_c 表示,它表示置于室内某点的一个很小的圆柱体表(曲)面上的平均照度。该圆柱体的轴线通常是竖(垂)直的。

图 8-4 表示室内光源与被测点上取的垂直圆柱体之间的关系,此时 P 点的平均柱面照度为

$$E_c = \frac{\phi}{S} = \frac{I \cdot 2rl\sin\varphi / d^2}{2\pi rl} = \frac{I\sin\varphi}{\pi d^2} \qquad (8\text{-}2)$$

式(8-2)表明平均柱面照度的大小与所取的圆柱体的表面积无关,只与光源的光强 I,以及光强与垂直圆柱体的轴线之间夹角(φ)的正弦成正比,与光源到被测点之间的距离平方成反比。

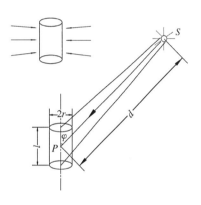

图 8-4　平均柱面照度 E_c

3. 平均半柱面照度(E_{sc})

平均半柱面照度用符号 E_{sc} 表示,它表示空间一点上假想的半个圆柱体表(曲)面上的平均照度。该圆柱体的轴线通常是竖(垂)直的。

CIE 的建议是用平均半柱面照度作为以显现人的仪表为主的场合,例如会议厅、礼堂、室外公共活动区、交通广场、人行道等的照明标准。我国标准也采用此评价指标,一般要求的是离地 1.5m 处的半柱面照度。

半柱面照度值可用下式计算:

$$E_{sc} = \sum \frac{I(C,\gamma)(1+\cos\alpha_{sc})\cos^2\varepsilon \cdot \sin\varepsilon \cdot K}{\pi(H-15)^2} \qquad (8\text{-}3)$$

式中　E_{sc}——此点上的半柱面照度,lx;

$\sum$——所有有关灯具对该半圆柱体表面贡献的总和；

$I(c,\gamma)$——灯具指向计算点方向的光强,cd；

α_{sc}——包括光强矢量的垂直面和与半圆柱体平的竖（直）平面垂直的平面之间的夹角,如图8-5所示；

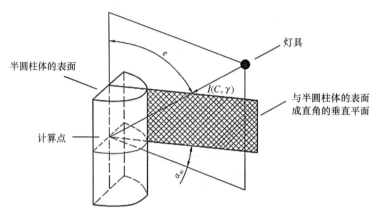

图8-5　半柱面照度计算

γ——垂直光度角,°；

ε　入射光线与通过此点的水平面法线间的角度,°；

H——灯具的安装高度,m；

K——维护系数。

4. 照度矢量（E）

照度矢量用符号 E 表示。它表示在某点上照明的方向特性,E 的数值大小用｜E｜表示。它是该点上一个无限小的圆盘两侧（正面与背面）可以测得的最大照度差值（E_f－E_r）（图8-6）,这个小圆盘的法线即为矢量的作用线方向,从照度高的一侧指向照度低的一侧。

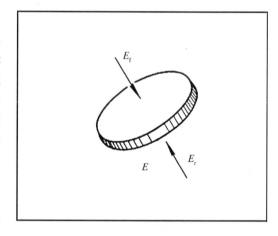

图8-6　照度矢量

｜E｜值可用式(8-4)表示：

$$|E| = \frac{I}{d^2} \qquad (8-4)$$

作为评价方向性照明效果（如雕塑及其他展品）的指标,称之为造型立体感指数。学者们有多种建议：垂直照度（E_v）/水平照度（E_h）；照度矢量（E）/标量照度（E_s）；柱面照度（E_c）/水平照度（E_h）；垂直照度（E_v）/半柱面照度（E_{sc}）等。根据使用经验,我国采用 E_v/E_h 指标,在主要观察方向上可以接受的 E_v/E_h 值不应小于 0.25,并要求不要对观察者形成眩光。

8.3.3 高质量光环境的照明设计

光的明暗变化影响着我们对周围世界的认知，也影响着我们的情感和生理反应。好的光环境可以帮助视觉行为、人际交流有效完成，也可以增进人的身心健康。而差的光环境却会给人带来不舒适、迷惑的感受，甚至导致视觉失能。因此，营造高质量的光环境应是照明设计师的目标。

1. 人对光的需求

照明设计的目的首先是为了满足人的需要。人对光的需求除了视觉方面，还有生理和心理，健康和安全的等方面。北美照明学会曾把人对光的需求概括为以下几点：

(1) 任务可视性(visibility)：使人们能在视野范围内获取信息。这是人对照明环境最最基本的要求，也是照明设计的核心。

(2) 任务完成度(task performance)：任务完成度涉及使用者与空间物体对象之间的互动。照明应为人们完成"工作任务"提供视觉环境。任务完成度和视觉完成度(visual performance)不是同义词。很多非视觉因素对任务完成度有着显著影响。培训，运动技能，人的内在动力，和其他个人的因素与任务可视性共同影响任务完成度的水平。相反，照明是影响视觉完成度的重要因素。

(3) 情绪和氛围(mood and atmosphere)：反映了人对照明空间的情感反应。人的情感状态也会间接影响人的行为，如任务执行度等。照明设计对人的空间体验有直接影响。

(4) 视觉舒适度(visual comfort)：视觉舒适度影响着人的任务执行度、健康和安全，以及情绪和氛围，是人对光环境的一个重要需求。

(5) 美学判断(aesthetic judgment)：不同于人对照明空间的情绪反应，人们对所观察空间存在的意义认知是人另一本能需求。因此，照明应让人们能立刻获取空间的信息或给予信息暗示，以帮助人对空间建筑特点和视觉重点的感知。

(6) 身体和身心健康，安全(health, safety and well-being)：这是人对照明的另一个重要的需求。过去我们常常忽视了这个因素，但照明质量的好坏确实影响着人的身体和身心健康及安全。如照明会直接影响人的褪黑激素分泌，从而影响人的睡眠和生物钟。最近很多研究表明，长期工作在夜间并暴露在高亮度环境会导致多种癌症、心脏病、糖尿病等多种疾病。

(7) 人际交流(social communication)：人际交流需要一定的光环境。如果没有良好的光环境，很多交流信息会被遗失，特别是肢体语言。

所有这些需求中，可视性为核心，因此，以客观物理量为主的照明质量评价体系是光环境设计的基础，它决定了任务可视性的基本光环境质量。

人在不同空间，执行不同视觉任务，和在不同时间段对光环境的需求是不同的。因此在设计中需要考虑的设计要素也是不同。以往在设计中，设计者常常只考虑不同工作任务的照度水平等可度量的光度参数值，错误地把照度水平做为照明设计的唯一标准，而忽略了人对光的其他需求，导致设计的光环境不能让使用者感觉舒适和满意，甚至让使用者对空间感觉迷惑。比如在建筑物立面照明设计中，照度标准不是最重要的设计指标，而建筑造型的表达，建筑意义的表达，美学价值的表达是照明设计的重要因素。在室内照明设计中，如办公空间，医院建筑，视觉舒适性和良好的空间氛围是人的一个潜在需求。设计中除了考虑必须的照度因素外,还需要考虑眩光、光分布等因素及主观评价因素。在室外照明设计中,交通空间,室外公共广场,公园等,营造安全和健康的光环境是人对这些空间的本能需求。

2. 高质量的光环境设计

照明设计不是艺术创造,而是一个系统工程。照明设计所创造的光环境不能单单只有艺术价值,而应更多地具有功能价值和社会价值。高质量的光环境设计应该平衡好人的需求与建筑的关系,满足功能需求,并与建筑和所照明的空间一道体现艺术价值。一味考虑灯光效果,过分强调照明本身概念,而忽略建筑的意义和空间形态,往往会曲解人对光的需要。例如用 *LED* 动态照明系统照明竖立在繁忙交通要道附近的建筑外立面,会分散驾驶者的注意力,产生交通事故的隐患。又如对居民区的过渡"亮化",将影响人的生活和健康,同时造成不必要的光污染。高质量的光环境设计应该平衡好人的需求和经济因素和可持续发展目标的关系。过分强调人的需求,而不考虑工程投资和维护成本,将造成不必要的浪费,同时也影响工程的可执行性。高质量的光环境设计更应该平衡好与可持续发展目标的关系。随着经济的快速增长,能源的过渡使用,空气污染等因素将危及着我们赖以生存的自然和生态环境。如何提高能源利用率,减少二氧化碳的排放等等,都是高质量光环境设计的一个重要因素。因此,一个高质量的光环境设计应该思考并解决如下问题:

(1) 满足人的需求:能为基本视觉任务提供足够的照度水平和合理的亮度水平;需要时,还需提供均匀和无眩光的照明环境;能利用光影创造立体感;同时为有色彩分辨要求的空间,优化光源色温;能为室外空间提供合适的周边照度水平,满足安全要求;在安全敏感区域,设计合理的亮度对比,提高警觉度等等。

(2) 与建筑设计的融合:将光和建筑溶为一体有利于建筑功能组织和创造美学亮点。如将灯具造型点缀或溶于建筑空间里,或者隐蔽灯具使之完全消失在建筑里;采用光和光的变化,光的韵律强调空间趣味点或区分视觉重点;通过合理的光分布提高空间舒适感;能充分利用天然光;并满足建筑所执行的电气和能源规范;注重人的安全设计等等。

(3) 经济因素和可持续发展的综合考虑:考虑系统维护要求,设计易维护和免维护系统;将工程的初始成本和寿命成本综合考虑,提出最低总投资照明方案;使用对环境污染少的照明设备;利用天然光,照明控制系统、节能灯具和合理的照明控制策略最大化节能效果;减少光对天空的散射,控制光污染和室外眩光等。

近年来,很多专家学者致力于研究光与人的视觉、生理、心理及健康需求之间的关系。随着这些研究成果和新的照明及控制技术的发展,对高质量光环境的设计要求会不断更新,请设计师们关注与照明相关领域的技术成果,并应用到设计之中。

8.4 灯具布置

本节主要讲述室内灯具的布置。至于室外灯具的布置,根据不同的使用要求而不同(如道路照明、露天堆场照明、景观照明等)。

8.4.1 对室内灯具布置的要求

室内灯具布置应满足的要求是:①规定的照度;②工作面上照度均匀;③光线的射向适当,无眩光,无阴影;④光源安装容量减至最小;⑤维护方便;⑥布置整齐美观,并与建筑空间相协调。

　　室内灯具作一般照明用时,大部分采用均匀布置的方式,只在需要局部照明或定向照明时,才根据具体情况采用选择性布置。

　　一般均匀照明常采用同类型灯具按等分面积来配置,排列形式应以眼睛看到灯具时产生的刺激感最小为原则。线光源多为按房间长的方向成直线布置;对工业厂房,应按工作场所的工艺布置排列灯具。

　　必须注意到,灯具布置方法不同,给人心理效果也不同(见图8-7)。其中(c)图使用点光源,有熙熙攘攘热闹的感觉。这对要求沉静的大型绘图设计工作室或办公室就显得不合适,若用于宴会厅照明却是合适的,而且比荧光灯效果好。(d)图为荧光灯带顺着长方向连续排列,绘图室可采用此种布灯方式。

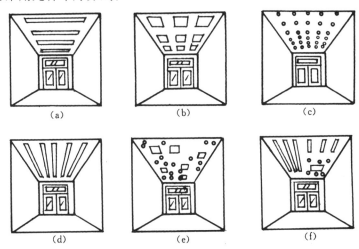

图 8-7　灯具布置所形成的心理效果

8.4.2　距高比 s/h 的确定

　　灯具布置是否合理,主要取决于灯具的间距 s 和计算高度 h(灯具至工作面的距离)的比值(称为距高比)。在 h 已定的情况下,s/h 值小,照度均匀性好,但经济性差;s/h 值大,则不能保证照度均匀度。通常每个灯具都有一个"最大允许距高比"(见5.2节),只要实际采用的 s/h 值不大于此允许值,都可认为照度均匀度是符合要求的。

　　灯具安装高度(悬挂高度)首先取决于房间的层高,因为灯具都安装在屋架下弦或顶棚下方(嵌入式灯具嵌入吊平顶内),其次要避免对工作人员产生眩光。此外,还要保证生产活动所需要的空间、人员的安全(防止因接触灯具而触电)等。

　　对点光源布置,其灯间距 s 的确定可如图8-8所示。灯具离墙的距离可根据靠墙处有无工作面,以及灯具的配光来确定。

　　线光源灯具的布置有多种如图8-9所示,灯具离墙的距离可根据靠墙处有无工作面,以及灯具的配光来确定。

　　为了使整个房间有较好的亮度分布,灯具的布置除选择合理的距高比外,还应注意灯具与天棚的距离(当采用上半球有光通分布的灯具时)。当采用均匀漫射配光的灯具时,灯具

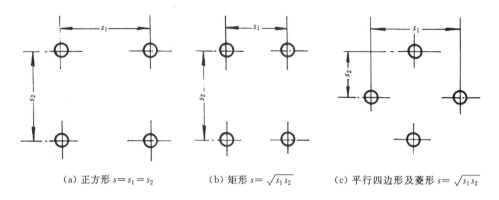

(a) 正方形 $s=s_1=s_2$ (b) 矩形 $s=\sqrt{s_1 s_2}$ (c) 平行四边形及菱形 $s=\sqrt{s_1 s_2}$

图 8-8 几种形式的均匀布灯

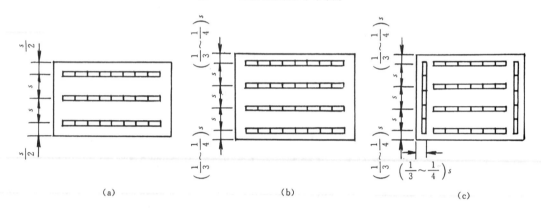

(a) (b) (c)

图 8-9 线光源布置

与天棚的距离和工作面与天棚的距离之比宜在 0.2~0.5 范围内。

灯具的布置应配合建筑、结构形式、工艺设备、其他管道布置情况以及满足安全维修等要求。厂房内灯具一般应安装在屋架下弦,但在高大厂房中,为了节能及提高垂直照度也可采用顶灯和壁灯相结合的形式,但不能只装壁灯而不装顶灯,造成空间亮度分布明暗悬殊,不利于视觉的适应。

在民用公共建筑中,特别是大厅、商店等场所,不能要求照度均匀,而主要考虑装饰美观和体现环境特点,以多种形式的光源和灯具作不对称布置,造成琳琅满目的繁华活跃气氛。

8.5 建筑化照明

建筑化照明是指照明装置有机地融合成为建筑的一部分,或利用建筑装饰元件作为灯具的组成部分。因此,建筑化照明的功能除了保证良好的明视条件外,还对建筑提供光照装饰。

8.5.1 效果分析

由于任何物体的形状显示和立体感都取决于光照条件,因而建筑处理的外观印象也取决于照明空间内光和影的分布;不同的建筑构图,多元化的建筑风格,必然对照明空间内光通分布的选择产生不同的影响。

常用的各种形式的建筑化照明所产生的不同效果分述如下：

1. 发光顶棚

在透光吊顶与建筑结构之间装灯,便形成发光顶棚。它能提供模拟昼光照明的气氛(图8-10)。亮度均匀的大面积发光顶棚很容易形成光线柔和的漫射照明。但在这种照明条件下,影深(是光通在空间分布的一项指标,它定为 $S=(E-E_s)/E$,式中 E_s 为阴影处的照度, E 为与阴影相邻的无影处照度)相当小,而且缺少本影。在一些高大的厅堂内采用浅浮雕和花纹线脚等装饰时,漫射照明难以充分显现出这些装饰件的形状、尺度和立体感。如果顶棚和墙壁的色调相近似,均匀的漫射光也容易产生单调感觉。为了避免这种情况,可适当减小顶棚发光部分的面积,并注意控制室内色调的变化,或另增设壁灯、吊灯等,以增加定向的直射光部分。

图 8-10　发光顶棚

2. 发光墙板

在透光墙板与建筑结构之间装灯,形成发光墙板。对于近处的视觉工作,它是一个良好的适宜背景,对整个房间来讲,又是一个悦目的远景(图8-11)。用于餐厅、咖啡厅、起居室等场所可以增加华丽气氛;如在漫射板表面镶贴图案花纹,内部加装彩色灯光,则更富有装饰性。

— 187 —

图 8-11　发光墙板

3. 暗灯槽照明

用墙上挑出的壁檐或水平的凹槽遮挡光源,将光投射到顶棚和墙壁上的一种照明装置(图 8-12)。它可以同墙、梁、柱、斜顶棚、凹龛等各种物件结合。

常用的灯槽形式是槽口向上,使灯光经顶棚反射下来,属间接照明,通常用于高大的厅堂。采用灯槽时,应注意选择光源的位置,灯槽口翻边的高度应使站在房间最远处的人望不到檐口内的裸灯管,以防止眩光。当厅堂内有挑台、楼梯时,也应注意满足这一要求。

8.5.2　技术处理

1. 发光顶棚

图 8-13 是三种发光顶棚的构造简图。发光顶棚只有在照度水平较高的情况下才采用。

图 8-12　暗灯槽照明

发光顶棚应当有亮度均匀的外观,这要求灯的间距与到顶棚表面的高度之比(s/h)控制在 $s/h \leqslant 1.5 \sim 2.0$ 范围之内。顶棚若有通风口等障碍物时,s/h 应取小些。如灯具装有反射器,则 $s/h < 1.5$。

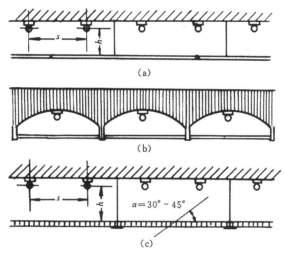

(a)

(b)

$\alpha = 30° \sim 45°$

(c)

图 8-13　发光顶棚构造简图

为避免直接眩光,发光顶棚的表面亮度必须控制在 $500\mathrm{cd/m^2}$ 以下,但又要满足较高的照度要求,故通常采用整片格栅代替漫射透光板或棱镜塑料板。格栅用金属薄片或薄塑料板构成。在正常视线内,格片构成的保护角(一般为 $30° \sim 45°$)能将光源遮住,大部分灯光透过孔格照射下来,一部分经过格片的反射或透射后散射在室内。这样,即使将格片涂黑($\rho = 0$),表面亮度为零,室内仍有一定的照度。

格栅顶棚还有以下的优点:①调节格片的角度,可获得定向照度分布;②通风散热好,减少设备层内灯的热量积蓄;③比平置的透光材料积灰尘的机会少;④外观生动,利用格栅孔几何图样变化、格片高度的错落有致、以及格片的颜色和质感,能取得丰富的装饰效果。

2. 暗灯槽

暗灯槽照明装置的几种形式见图 8-14 所示。

室内单侧设暗灯槽(光檐)时,由灯中心至顶棚的距离 D 应为顶棚跨度 S_c 的 1/4 以上。两侧设光檐时 $D \geqslant 1/6 S_c$,这样才能将顶棚均匀地照亮。不允许光檐设得太低时,可采用光

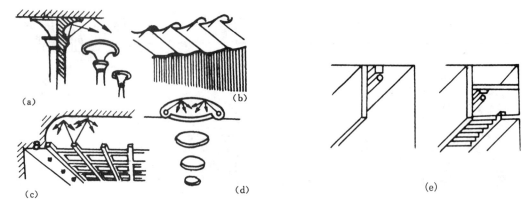

图 8-14 暗灯槽照明装置

梁或光龛,这时 S_c 为两行暗灯槽或光梁间的距离。为了获得最大的光输出,光檐挡板高度要尽量小,但以遮住人的视线为限(见图 8-15)。

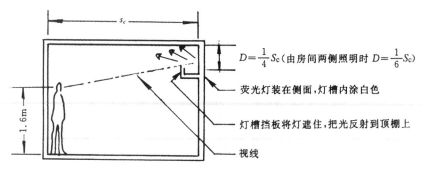

$D = \frac{1}{4} S_c$(由房间两侧照明时 $D = \frac{1}{6} S_c$)

荧光灯装在侧面,灯槽内涂白色

灯槽挡板将灯遮住,把光反射到顶棚上

视线

图 8-15 光檐结构尺寸

为了使亮度沿漫射的发光元件表面均匀分布,应注意掌握漫射材料的光学性能、灯间距离、灯和漫射材料表面距离等基本尺寸间的关系。

8.6 办公室照明

现代办公室是由多种视觉作业所组成的工作环境,它包括手写稿、复印件、精制的印刷品和各种视觉作业的近距离观察。现代化的办公室还包括办公设备的操作,如复印机、打字机、微型计算机和各种显示屏。而这些各种各样的视觉作业都必须有一个能为工作面及空间提供一种舒适的、相对无眩光的和有效的照明来加以保证。

8.6.1 照明质量

1. 照度水平

办公室的照度标准可参阅本书附录,这是我国《建筑照明设计标准》规定的照度。普通办公室的照度为 300lx、高档办公室为 500lx,它对汉字阅读的视度(可见度)是满足要求的;同时视觉心理上也是感到满意的。

日本一些专家通过实验建议:CRT 屏幕照度在 100～300lx 之间,键盘照度为 300～700lx,源文件作业面照度为 300～700lx。

2. 直射眩光

一般照明直射眩光的限制应从光源亮度、光源的表观面积大小、背景亮度以及灯具安装的位置等因素来考虑。我国限制的方法采用 CIE《室内工作场所照明》中推荐的方法,参照此法作出的我国标准中有关规定已在 8.3 节中作过介绍,此处不再重复。

3. 反射眩光

在办公室中反射眩光也是主要质量问题之一,例如办公桌桌面,视觉显示装置(VDT)等均易产生反射眩光。减少反射眩光比较理想的方法是:

(1)避免将灯具安装在干扰区内(见图 8-17 斜线部分所示)。如将灯具安装在工作位置的正上方 40°角以外区域,可避免反射眩光(光幕反射)。

(2)采用在视线方向的反射光通小的特殊配光灯具(如蝙蝠翼配光灯具等)。

(3)使用发光表面亮度低的灯具。

(4)视觉工作对象和工作房间内尽量采用低光泽的表面材料。

(5)照亮顶棚和墙面,以降低灯与它们的亮度对比度,从而减弱眩光(注意表面上不要出现光斑)

在智能化办公室中,显示屏上产生光源(灯具)的影像(反射眩光)是操作人员产生视疲劳的主要原因之一,必须认真控制。图 8-16 表示显示屏反射影像的范围。从图中可以看出控制的方法有两种:一是处理光源与显示屏的相互位置,使显示屏的反射光不进入人眼;二是降低灯具表面的亮度(将其控制在 200cd/m² 以下)。

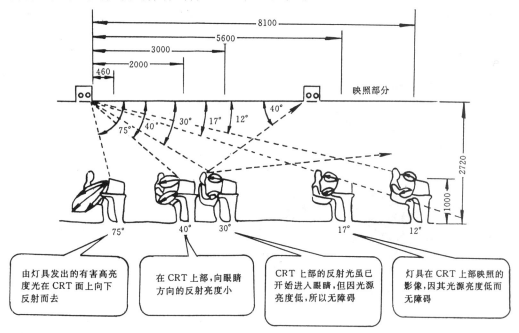

图 8-16　显示屏反射影像的范围

4. 光幕反射

当反射眩光产生在阅读或书写的作业上时就是光幕反射,这是办公室和教室照明中所特有的照明质量问题,已于前面作过介绍。一般是用对比显现系数(CRF)来估计的。CRF 的定义为:

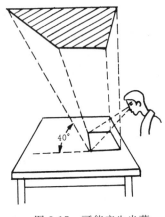

图 8-17 可能产生光幕
反射的装灯区

在给定照明环境中的作业可见度相对于均匀漫射无偏振光的照明环境中的作业可见度之比。这个系数是用来说明一个照明系统对于室内给定点上的作业,在给定方向观看时显现的亮度对比情况。CRF 是一个相对数值,假设无光幕反射时是 1.0,在一般常用照明系统下为 0.8 和 0.9。图8-17表示了产生光幕反射的装灯区域,如果在这个区内不发光,并采用间接照明时,CRF 值甚至可大于 1.0。办公室 CRF 不小于 0.7 为宜。

5. 照度均匀度

我国规定在工作区内的一般照明均匀度不宜小于 0.7,而作业面邻近周围的照度均匀度不应小于 0.5,非工作区的一般照明的照度不宜低于工作区一般照明照度的 1/3。在不能事先确定房间布置的情况下,则应采用一般均匀照明。此时需要根据照明灯具配光的特性,选择适宜的灯具布置方案。

6. 亮度分布

应符合 8.3 节所述的要求。对有视觉显示装置(VDT)房间的照明,由于视觉作业是在文本、键盘、与屏幕之间进行(主要是在文本与屏幕之间),必须处理好文本亮度与屏幕亮度之间的关系,以满足视觉适应的要求。一般取文本平均亮度与屏幕平均亮度之比为 3~5,与此相适应的屏幕照度约为文本照度的 35%~45%。屏幕亮度与环境最大亮度之比为 10,这样的视觉环境是比较满意的。日本有人设计了一个智能化办公室的照明环境,通过实验(工作人员的主观评价)认为是"最优环境",现将其实测亮度示于图 8-18。

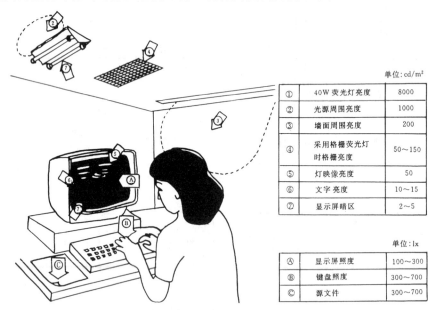

单位：cd/m²

①	40W 荧光灯亮度	8000
②	光源周围亮度	1000
③	墙面周围亮度	200
④	采用格栅荧光灯时格栅亮度	50~150
⑤	灯映像亮度	50
⑥	文字亮度	10~15
⑦	显示屏暗区	2~5

单位：lx

Ⓐ	显示屏照度	100~300
Ⓑ	键盘照度	300~700
Ⓒ	源文件	300~700

图 8-18　VDT 操作时周围实测亮度[摘自(日)小泉实《室内照明》]

在彩色显示屏幕前工作,从心理舒适的要求出发,在室内装修的色彩处理上宜采用类似谐调的手法,色调宜简不宜繁,彩度宜淡不宜浓,明度宜明不宜暗。

7. 阴影

在要求避免阴影的场合(如采用一般照明的绘图室)宜采用漫射光照明(光无显著特定方向投射到工作面和目标上)。而在需要阴影以提高亮度对比的工作区,可装设局部定向照明(光主要是从某一特定方向投射到工作面和目标上)。

8.6.2 光源和灯具选择

1. 光源的选择

光源的选择以不影响视觉功效为原则,白光较合适,白光对色彩对比影响较小,特别适合 VDT 照明。人们对白光也比较偏爱(从主观评价统计得知)。从光源的发光效率、使用寿命、价格和维护等方面比较,采用荧光灯比较合适,在通常亮度情况下,荧光灯的视敏度较高,且与光源的色温成正比。故建议采用荧光灯。

2. 照明方式的选择

按照我国一般办公室中家具布置的密度可以决定办公室宜采用一般照明,并且白天是以天然采光为主,电气照明也兼作白天光线不足时的补充照明。在办公室中为满足中年以上视力较差的工作人员的需要,可设置局部照明。在需要减少光幕反射又挡不住灯具光亮的部分时,也可采用局部照明。

为节约能源并提高照明效果,也可采用将灯具组合在家具上的照明方式。

3. 灯具的选择

图 8-19 表示了三种荧光灯灯具的光强分布,其中(a)是用乳白玻璃或塑料面板的漫射灯具,在这种灯具的正下方光强最大。因此如果在图 8-17 所示的干扰区内装设这类灯时,可以产生最严重的光幕反射。(b)是所谓蝙蝠翼配光的灯具,它的光强在 30°方向最大,如果把这种灯具进行合理的布置,光线就从两侧投向视觉作业,作业面上的反射光不会与视线重合而射入人眼,这就可完全避免光幕反射。其效果犹如左侧窗投入的天然光线,每一个人都有这种经验,左侧窗采光是最好的阅读条件。(c)是"人字形"配光,其效果与前者相似,只是 30°方向的光强更大,但是由于 30°处光强过于集中,间距必须加密才能获得比较均匀的照度。

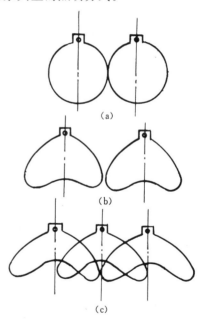

图 8-19 三种灯具的光强分布

除上述的三种直接型照明灯具外,还可以选择间接或半间接型灯具。采用间接、半间接型灯具时,光束大部分向上投射,利用顶棚与四周墙面上半部的反射,提供一个照度较均匀的视觉空间。其优点在于:可提供一个舒适的视觉空间;具有较高的等效球照度;直接眩光极少;提供一个很少有阴影的照明环境。

8.7 学校照明

学校照明的目的是为学校教育的视觉工作创造一个满足光的数量和质量要求的光环

境。良好的照明能使学生减少视觉疲劳,集中注意力,学习效率高;能使教师讲课轻松,环顾四周,教学效果好;对学校来说,环境好,设备利用率高,并有利于防止事故灾祸的发生。

8.7.1 照明质量

学校的教室、实验室、绘图室等合适的照度值可采用附录 8-1 所列的照度标准值,一般教室课桌面上是 300 lx。教室黑板上的垂直照度平均值不低于 500lx。阅览室书架中部的垂直照度希望达到 200lx。

学校照明与办公室照明从视觉作业的要求上来看是一致的,对照明质量的要求也相类似:保证足够的照度,减少眩光(特别要减少光幕反射),注意亮度分布,处理好黑板照明等以保证学生视力健康。

8.7.2 普通教室和阶梯教室照明

1. 一般照明

教室白天以天然采光为主,电气照明亦兼作自然光不足时的补充。教室采用一般照明,平均照度不低于 300 lx,照度均匀度不低于 0.7。光源宜采用显色指数不低于 80 的直管荧光灯;对识别颜色有要求的教室如美术教室,宜采用显色指数不低于 90 的光源。若采用能有效防止眩光(如防眩光格栅)且配光合理的灯具,平行黑板布置时会有较低的眩光和较佳的照明质量;若采用敞开式的灯具,与黑板垂直布置时会有较佳的照明质量。图 8-20 表示了普通教室采用敞开式灯具嵌入顶棚布置。

图 8-20　普通教室灯具的布置

灯具可以吊下也可以吸顶安装,有吊顶时,也可用嵌入式灯具。灯具距桌面的最低悬挂高度不宜低于 1.7m。在选择灯具时,若能选择蝙蝠翼配光的灯具布置在垂直于黑板的通道上空,使光线从学生的侧面射向课桌面,照明效果会很好。

教室(办公室)如果单侧采光或窗外有遮阳设施,在白天天然采光不够或不适宜时,需辅以一种日常固定使用的人工照明,这称为常设辅助室内人工照明 PSALI(Permanent Supplementary Artificial Lighting in Interiors)。PSALI 的实施有两种设想:其一是对房间深处达不到昼光照度标准的部分提供人工照明,使房间深处的照度与近窗处的照度达到平衡,称为照度平衡型 PSALI。此时对靠近窗户的灯具采用单独的配电线路,便于分开控制,以利节电。其二是对房间里的人来说,由于窗的亮度在白天很高,近窗的顶棚和墙让人觉得暗,且还能看到人与物体的剪影,所以感到室内阴暗,为防止这种现象,必须使室内人工照明和窗的亮度比例达到平衡,这种方式称为亮度平衡型 PSALI,通常是"天空亮度越高,感到室内越暗,要求的人工照明也就越多"。

在多媒体教学的报告厅(阶梯教室)、大教室等场所,宜设置供记录用的照明和非多媒体教室使用的一般照明,且一般照明宜采用调光方式或采用与电视屏幕平行的分组控制方式。其照明设施可参阅图 8-21,顶棚中的荧光灯提供教室内的一般照明,为了使灯光不射入听讲者的眼中成为刺目的眩光源,一般可将向后散射的灯光截去,只准向前投射,或将顶棚分块做成前厚后薄的尖劈形。供记录用的照明,可另设低压的小功率卤钨灯或 LED 灯。

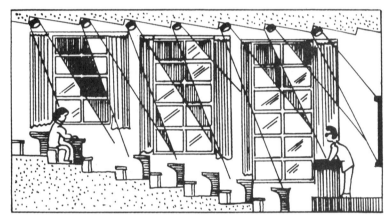

图 8-21　阶梯教室的灯具布置

2. 黑板照明

教室中的黑板是全教室学生注意力的集中点,它要求较高的垂直照度(国标规定为500lx),但顶棚上灯具提供的主要是水平面照度。蝙蝠翼配光和人字形配光灯具虽然比余弦配光的灯具可提供较多的垂直照度,但往往灯具是垂直黑板方向布置的,只能增加两侧墙上的照度,因此黑板照明应采用专用的照明设施。

图 8-22 表示了黑板照明与师生的关系。这类照明要求照亮黑板,使黑板上亮度高且均匀,同时不应对教师和学生产生眩光(包括灯具产生的直接眩光和黑板形成的反射眩光)。

提高黑板均匀度的方法是照明灯具的投射角取 55°(最大光强指向黑板的最下端)。根据上述要求,图 8-23 给出了黑板照明用的灯具离地高度与灯具到黑板之间距离的关系曲线。

灯具的安装可以采用嵌入式也可以采用悬吊式,但都以采用专为黑板照明制作的专用灯具为好(不对称配光的荧光灯具),见图 8-24,并且灯具应单独设置开关。

8.7.3　图书馆照明

1. 阅览室照明

阅览室一般照明的照度标准值为 300 lx(详见附录 8-2)。为减少视觉疲劳,除要求足够照度外,还要求避免扩散光产生的阴影,且不能有眩光,尽量减少光幕反射。

使用人数少、就座率低的阅览室应采用混合照明。大阅览室也宜采用混合照明,其中的

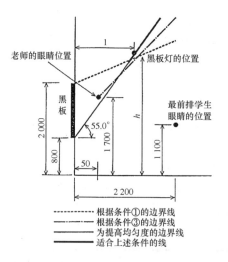

图 8-22　黑板照明与师生的相对位置（摘自日本照明学会《照明手册》第二版）

条件①：黑板照明灯光不能通过黑板反射到学生的眼睛

条件③：黑板照明灯光不能对教师产生眩光

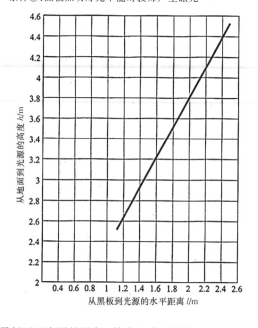

图 8-23　黑板面至光源的距离（摘自日本照明学会《照明手册》第二版）

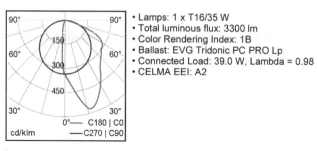

图 8-24　黑板照明灯具非对称光强分布

一般照明宜分区控制。

　　阅览室一般照明多采用荧光灯照明。若灯具直接吸顶装在顶棚面上时,宜采用半直接灯具(如上半部略有透光,下部带格栅的荧光灯灯具),使小部分光照到顶棚空间,以减小顶棚与灯具之间的亮度对比,改善室内亮度分布,同时还能把大部分光集中到工作面上。在顶棚面上装设嵌入式出光口敞开形或出光口带乳白玻璃或透明棱镜罩的灯具是一种方式。

　　对高大的阅览室或供长时间阅览的阅览室,阅览桌上宜设台灯照明。此时宜采用荧光灯台灯,书面上照度可到 300 lx,这样长时间阅读不会影响视觉健康。台灯的位置要注意不要装在人的正前方,宜装在左前方,以免产生严重的光幕反射,从而降低读物的可见度。此时,室内一般照明的照度可适当减少。

　　在阅览室选用荧光灯灯具时,应注意一些质量不良的镇流器会产生不舒适噪声,宜采用电子镇流器。

　　2. 书库照明

　　书库内的书架上要求有上下较均匀的垂直照度,特别要确保书架下部的照度要求,所以标准是按距地面 0.25m 处考虑的,国标规定为 50 lx。为此常将灯装在狭窄通道中央上方[见图 8-25(a)]或将灯具直接装在书架上[见图 8-25(b)],或将灯具吸顶(嵌入)安装[见图 8-25(c)],此时灯具的配光特性要能满足书架上垂直照度的要求。地面宜用反射比高的材料,使书架下层得到必要的照度。若是开架书库,则还应达到与阅览室要求一样的水平面照度,以便读者阅读。

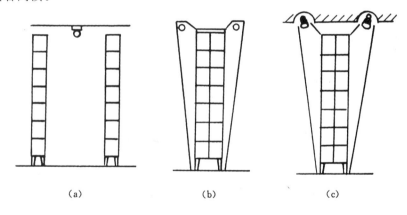

（a）　　　　　　（b）　　　　　　（c）

图 8-25　书架灯具布置

　　为方便管理与节能,书架通道应设独立开关,书库两端也有通道时,宜设双控开关。书库楼道照明也宜设双控开关。当书库内照明频繁开关时,应注意选用能频繁点灭的光源。

　　图书馆的磁带库照明,可按书库照明要求处理。微缩胶片室应特别注意灯具的选用和设置位置,以保证显示屏上不会出现灯具的影像和反射眩光。

8.8　工　厂　照　明

　　工厂包括的范围很广,从基础工业的巨大厂房到精细的显微电子工业的超净车间,它们对于照明的要求是迥然不同的。但对于容易看、不疲劳的要求则是相同的。

　　工厂的照明必须满足生产和检验的需要,这两项工作的要求在某些情况下是相似的。

在另一些情况下,特别是生产工序自动化的情况下,检验工作就需要单独的照明设备。

为提高人们的劳动效率和舒适度,要求有良好的生产环境,在这方面,照明也具有十分重要的意义。

总之,工厂照明要达到三个目的:提高劳动生产率,保证安全,建立舒适的和愉快的光环境。

8.8.1 照明质量

根据视觉功效的研究可知,对比敏感度的变化是亮度(照度)的函数,在达到某一对比敏感度值以前,增加亮度(照度)对于提高对比敏感度是很有效的。

我国国家标准规定了 15 个代表性行业及通用工业场所共 16 类的代表性房间或场所的照度标准值,见附录表 8-7。其他未涉及的工业和已列入的 15 个行业的其他房间则由行业照明标准确定。规定工作区域一般照明均匀度不宜小于 0.7,而作业面邻近周围的照度均匀度不应小于 0.5。非工作区的照度与工作区照度之比不小于 1/3。国标还规定了各行业不同工作场所的眩光指数 UGR 最大允许值,一般车间允许值为 22,精细加工车间允许值为 19。显色指数 R_a 的最小允许值,根据不同工作场所显现颜色的需要分别规定为 80、60、40、20(详见附录表 8-7)。

8.8.2 自然光照明

利用自然光时,要注意以下几点:
(1) 要避免直射光等刺眼的光进入操作者的视线。
(2) 一天内不要有剧烈的照度变化。
(3) 工作场所内照度的不均匀性要小。
(4) 应控制空调的负荷,要充分考虑使用空调的计划。

根据窗户的位置,采光方法有如图 8-26 所示的几种类型。北面以外的窗户要尽量避免直射光射入。图中还表示了照度分布非常不均匀的窗户与进深的关系。

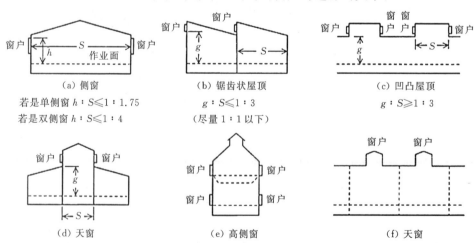

图 8-26 工厂的采光方式(摘自日本《照明手册》)

8.8.3 一般照明

1. 中高顶棚厂房(一般指灯具下口到地面的距离大于6m的空间)

其一般照明采用光通量大、效率高的高强气体放电灯作光源,采用窄配光的灯具装(吊)在屋架下弦,并与装在墙上或柱上的灯具相结合,以保证工作面上所需要的照度,见图8-27。对于超高场所考虑到灯具维护方便可使用电动升降装置。

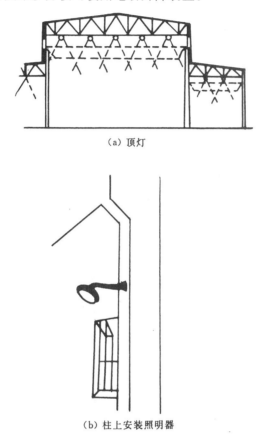

（a）顶灯

（b）柱上安装照明器

图 8-27　中高顶棚厂房灯具布置

2. 低顶棚厂房(一般指灯具下口到地面的距离小于6m的空间)

可采用荧光灯为主要光源,最好使用省电、无频闪、显色性好的高频荧光灯。灯具布置可以与梁垂直,也可以与梁平行,如图 8-28 所示。也可采用小功率的 HID 光源配宽配光的灯具。不用裸灯管以免产生眩光,避免在墙面、顶棚上形成光斑,且注意减小光源与顶棚的亮度对比。

在成片的单层厂房和多层厂房中常常是较小的生产线、组装线,此时要注意灯具的布置。可在传送带和两旁的工作位置上方设置相应的光带。在使用这种装得较低的光带时,灯具亮边的方向应给予特别注意。在连续或近乎连续生产时,视线的主要方向应与灯管平行,也就是看着灯管的端部。在工作中有时难以避免有光泽的表面,故为了避免反射眩光,灯具下口应适当考虑遮挡,例如使用格栅或棱镜面板等。

在有空调的厂房内,当用顶棚空间作回风箱时,可以采用空调式灯具将空调的风口与灯

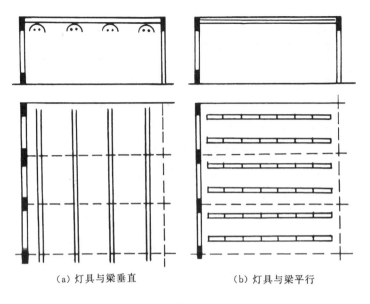

(a) 灯具与梁垂直   (b) 灯具与梁平行

图 8-28　低顶棚厂房灯具布置

具结合成一体,既解决了风口与灯具抢位置的矛盾,又可以节能,但必须注意此时风口应为空调的回风口而不是进风口。

8.8.4　控制室照明

工业控制室中主要装设直立的控制盘和有斜面或水平面的控制台,值班人员的视力工作是持续且比较紧张的,所有控制室的照明要求较高的照度。普通控制室内一般照明应达到 0.75m 高的水平面上的照度为 300 lx,主控制室为 500lx。应有较好的亮度分布和色彩分布,并应无直射眩光和反射眩光。同时,应与声、热等其他环境因素综合考虑,以创造一个良好的室内环境。控制室照明应有很高的可靠性和稳定性。要求垂直面上有足够的照度,同时要注意水平面与垂直面不要有过大的亮度差别。光源一般采用荧光灯。照明装置普遍采用低亮度漫射照明装置或方向照明装置,如利用倾斜安装的或带有方向性配光的灯具组成发光天棚或嵌入式或半嵌入式光带。

8.8.5　检验工作照明

对于一般的检验工作,检验人员的视力及其适应性、熟练程度是最重要的,其次是被检验物的性质以及照明方式。检验对象中,对于视觉工作最困难的情况是:①被检验对象非常小;②被检验对象与背景亮度和颜色的对比都很小;③被检验物体高速运动着;④要辨别微小的颜色差异。对于上述这四种最困难的情况,采用合适的照明方式能使眼睛的辨别工作变得容易起来。为了找出合适的照明方式,需要很好研究上述三个主要因素的基本关系,有时还需要进行照明效果的评价实验。检验工作照明各种因素的关系见图 8-29 所示。

我国国标规定,检验工作 0.75m 高处的水平面上照度一般为 300lx,精细、有颜色识别要求的为 750lx。可另加局部照明,恰当地采用局部照明,调整照明与观察的方向和角度,都可以使被观察的东西更加容易引人注目。

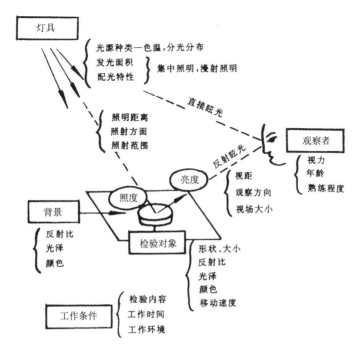

图 8-29　检验工作照明的关系因素图

8.8.6　特殊场所照明

工厂内的特殊场所一般指周围环境条件与一般常温干燥房间不同的场所,如多尘、潮湿、有腐蚀性气体、有火灾或爆炸危险的场所等。这些场所的照明要着重考虑安全、可靠性、便于维护和有较好的照明效果。下面分别说明各种环境不同时对灯具的防护要求。

1. 多尘场所

多尘场所的环境有下列三方面的特征:①生产过程中,空间常有大量尘埃飞扬并沉积在灯具上,造成光损失,效率下降(指普通粉尘场所,不包括可燃的火灾或有爆炸危险的粉尘场所);②导电、半导电粉尘聚积在电气绝缘装置上,受潮时,绝缘强度下降,易发生短路;③当粉尘积累到一定程度,并伴有高温热源时,也可能引起火灾或爆炸。因此防护的目的是减少光源及反射器上灰尘积累造成的灯具效率下降。灯具选用考虑如下:①采用整体密闭式防尘灯,即:将全部光源及反射器都密闭在灯具之内,这样被污染的机会少,灯具的效率高;②灰尘不太多的场所用开放式灯具;③采用反射型灯泡,不易污染,维护工作少;④对于一般多尘环境,宜采用防尘型(IP5X)灯具。对存在导电性灰尘的一般多尘环境,宜采用尘密型(IP6X)灯具。对有导电纤维(如碳素纤维)的环境应采用 IP65 级灯具。

工业用洁净室是指要求去除浮游粒子的洁净空间,其照明灯具应根据洁净度等级的要求选用合适的灯具(洁净灯具)。洁净度等级分为:100 级、1000 级、10000 级、100000 级等,其中的数字代表每 1ft^3 空间中有粒径大于 $0.5\mu\mathrm{m}$ 粒子的最多数量(1ft^3 = 2.831×10^{-2} m^3)。洁净灯具应有灰尘不易积落的表面、不会发生气流散乱的形状、不会产生静电的材料、保证密封性的可拆装构造。

2. 潮湿场所

特别潮湿的环境是指相对湿度在95%以上,充满潮气或常有凝结水出现的场所。它使灯具绝缘水平下降,易造成漏电或短路。人体电阻也因水分多而下降,增加触电危险,且灯具易锈蚀。为此,灯具的引入线处应严格密封,以保证安全。在选择灯具时应注意其外壳防护等级要符合防潮气进入的要求(防潮型)。当地下室中灯具悬挂高度低于2.4m而无防触电措施时,应采用36V安全电压。

3. 腐蚀性气体场所

当生产过程中溢出大量腐蚀性介质气体或在大气中含有大量盐雾、二氧化硫气体等时,对灯具或其他金属构件会造成侵蚀作用,如铸铁、铸铝厂房溢出氟气和氯气;电镀车间溢出酸性气体;化学工业中溢出各种有腐蚀性气体的场所。因此,选用灯具时应注意下列几点:①腐蚀严重或较严重场所用密闭防腐灯。选择抗腐蚀性强的材料及其面层制成灯具,常用材料的性能是:钢板耐碱性好而耐酸性差;铝材耐酸性好而耐碱性差;塑料、玻璃、陶瓷抗酸、碱腐蚀性均好。对内部易受腐蚀的部件实行密闭隔离。②对腐蚀性轻微的场所可用防水防尘型或普通型灯。

4. 火灾危险场所

在生产过程中,产生、使用、加工、贮存可燃液(21区)或有悬浮状、堆积状可燃性粉尘或纤维(22区)以及固体可燃性物质(23区)时,若有火源或高温热点,其数量或配置上能引起火灾危险的场所称为有火灾危险的场所。(21区:地下油泵间、贮油槽、油泵间、油料再生间、变压器拆装修理间、变压器油存放间等;22区:煤粉制造间、木工锯料间;23区:裁纸房、图书资料档案库、纺织品库、原棉库等。)

为防止光源火花或热点成为火源而引起火灾,灯具在22区场所应采用将光源隔离密闭的灯具,如IP-5X灯具;在21区场所使用的固定式安装灯具宜为IP-2X,移动式或便携式灯具宜为IP-5X;在23区场所使用的灯具宜为IP-2X。

5. 有爆炸危险的场所

空间具有爆炸性气体、蒸气(0区、1区、2区)、粉尘、纤维(10区、11区以及20区、21区、22区)且介质达到适当浓度,形成爆炸性混合物,在有燃烧源或热点温升达到闪点的情况下能引起爆炸的场所称为有爆炸危险的场所,这些场所的灯具防爆结构的选用应严格按国家有关标准。

8.8.7 无窗厂房照明

在无窗厂房内进行生产或其他活动,都必须依靠人工照明,因而对照明有更高的要求。在进行无窗厂房的照明设计时,对光源、照度、照明形式的选择以及灯具发热量的处理等,可参照下列原则。

1. 光源

在选择光源时,要考虑它的光谱能量分布接近于天然日光,这样一方面显色性好,另一方面能有少量中、长波紫外辐射满足人体内维生素D的合成及机体钙、磷代谢过程的需要。高度在5m及以下的厂房可采用日光色荧光灯(如太阳光管);在6m及以上的厂房内宜采用接近日光色的高强气体放电灯(如日光色镝灯)。

2. 照度

一般生产场所的照度不宜低于 $200\sim300$ lx,在经常没有工作人员停留的场所,其照度可适当降低,但不低于 $30\sim75$ lx。非直接生产的厂房及走廊不小于 30 lx,在出入口,照度宜适当提高,以改善视觉的明暗适应。

3. 灯具选择

在有恒温要求或工作精密的无窗厂房中,宜采用单独的一般照明。需采用混合照明时,要注意局部照明的发热量所造成的区域温差对工作精度的不利影响。

在选用灯具类型时,应考虑下列问题:

(1) 对防尘要求严、恒温要求较高的场所,照明形式宜采用顶棚嵌入式的带状照明。

带状照明有下列优点:

• 发光体不再是分散的点光源或线光源,而是扩散为发光带,因此它们能在保持发光表面亮度比较低的条件下使室内得到必要的照度;

• 光线的扩散度好,使整个受照空间的照度十分均匀,光线柔和,阴影微弱;

• 消除了直射眩光,并有利于减弱反射眩光;

• 不易积尘。

但在选用发光带时,应注意防火措施。

(2) 对防尘要求不严,恒温要求一般的场所,宜采用上半球有光通分布的吸顶式荧光灯,以免造成顶棚暗区。

4. 灯具热量的处理

灯具的热量被排出后,显然有利于荧光灯和镇流器的运行,使灯管光效提高,镇流器故障减少,寿命延长。

灯具的发热量主要由光源及电器产生,输入 1W 的电能每小时将产生 0.86W 的热量,通过对流、传导和辐射方式散发出来。这些散发的能量大部分消散在室内。嵌装式灯具散发出来的热量的分配与灯具的结构、所用材料以及室内与顶棚间的温差有关。

利用空调灯具,使空气按一定流向强制通过光源及其发热部件,带走它们产生的热量或引入空调系统加以利用。

5. 紫外线补偿

长期在无窗厂房内工作,由于缺乏紫外线照射,工作人员容易患某些疾病。为增强工作人员的抵抗力,保证健康,必要时可设辐射波长为 $280\sim320$ nm 的紫外线保健灯,以补偿紫外线。

可以将灯装在某一固定房间内,工人定期按疗程进行短时间照射(照射前被照人员必须淋浴并擦干,戴好护目眼镜);也可把紫外线灯和普通照明灯一样分散地设置在各房间内,进行长期照射。

图 8-30 给出了美国政府劳动卫生专家会议(ACGIH)推荐的在各种波长下曝露 8h 的最大允许辐射剂量。可以看出,这条曲线与光角膜炎的曲线很接近,且对于适度红斑的最小剂量保持一个安全的余量,供参考。

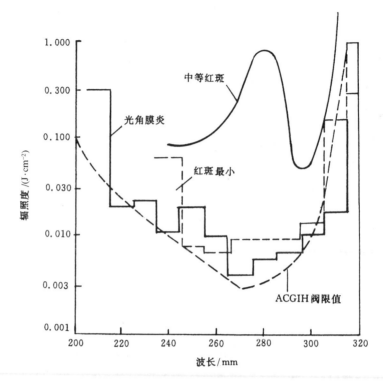

图 8-30 ACGIH 阈限值

*8.9 商店照明

社会的发展与进步使得"购物"已从单纯的购买某物品,延伸成一种充满快乐感、充实感的生活方式。人们在商店中的视觉对象可分为"注视对象"和"环境"两部分,前者是商品及商店服务人员,后者为购物空间,其场所的标示性和氛围显得非常重要。

为了吸引顾客,充分展示商品在视觉上的美,保持顾客的购买欲,主推商品或服务要醒目,国际上称为视觉营销 VDM(Visual Merchan-Dising)。

照明的目的就是为了配合人们的行为要求而提供光环境。满足上述要求的照明应综合考虑下述诸方面:商店内的照度(水平照度与垂直照度);光的方向性与扩散度;光源亮度及控制;光源的色温与显色性。详见 8.4 节。

另外,商店照明还应与地区环境、建筑式样、室内装修、商品陈列方式等相协调。

8.9.1 照度水平

我国《建筑照明设计标准》中关于商店建筑照明标准值规定:商店或超市营业厅 0.75m水平面照度一般的为 300lx,高档的为 500lx,收银台台面 500lx。UGR 限值均为 22,R_a 不小于 80。

8.9.2 营业厅一般照明

营业厅采用的照明设施常见的有如下几种:

1. 荧光灯具规则排列

荧光灯的显色性能好。灯具的选择与顶棚的处理有关,在使用吊平顶的建筑内,一般采用嵌入式的荧光灯具;如果在传统的顶棚(非吊顶)下,高度不太高时可用吸顶的荧光灯具作为一般照明;层高较大时宜用吊灯,如组合式荧光灯具的吊灯。但是所用的吊灯应有一部分光通量投向顶棚,使灯具有一个亮的背景。这不仅对于降低眩光有帮助,并且也可以使人们消除压抑的感觉。图 8-31 所示为荧光灯灯具照明示例。

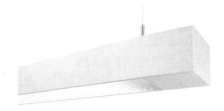

图 8-31　荧光灯具照明

2. 棱镜玻璃(塑料)罩灯具吊灯

棱镜玻璃罩灯具吊灯照明是将小功率金属卤化物灯采用棱镜玻璃(塑料)灯罩,规则的吊挂在顶棚下方。

金卤灯体积比较小,这意味着只要占用较小的一部分顶棚面积就能提供相同的照度。然而必须指出的是,这类灯的亮度很高,因此棱镜灯罩除可形成宽窄不同的配光类型外,防眩光成为其重要功能之一。图 8-31 所示是棱镜玻璃(塑料)罩灯具吊灯照明示例。

图 8-32　棱镜玻璃(塑料)罩灯具吊灯

3. 嵌入式筒灯

嵌入式筒灯可采用卤钨灯、紧凑型荧光灯或金卤灯做光源,根据不同的空间高度选用不同的光源。

近几年组合式(模块式)射灯应用较多,它是将几个筒灯组合成一个灯具,兼有一般照明和重点照明的功能。它按一般照明布灯,一个灯具中有的筒灯可作重点照明用。此时要注意光源不要露在灯具外,以满足限制不舒适眩光的要求。图 8-33 为嵌入式筒灯照明示例。

图 8-33　嵌入式筒灯

8.9.3　陈列柜和橱窗照明

陈列柜照明可分为商品柜内的照明、陈列柜上方的照明,或两者并用。

局部照明是用来加强突出某些商品,或者给某些商品以一定的方向性照明,增加其造型的立体感。将局部照明与货架、陈列柜、衣架组合在一起的形式各种各样,如图 8-34 所示。它除了应把所照物显示出来外,还需要防止眩光,一般说这种局部照明都是采用聚光型的小投光灯,市场上叫做"射灯"。但是对于像衣架等较长的垂直架,可以使用管形荧光灯。

在决定局部照明的照度标准时,很难提出一个具体的数据,因为展品的显眼程度是与它固有的反射特性以及所采用的背景有关,如果背景颜色选得适当,可以用不太高的照度而获得较佳的效果。例如背景材料采用展品的对比色可以突出展品,使用不同质地的背景材料也有帮助。假如要展出一块红宝石,将它放在一块黑丝绒或墨绿色的丝绒上,能够用不太高的照度而获得较好的效果。另外,采用非常强烈的亮度对比,将背景处理得很暗,而将高强度的射灯以极小的光束投射到展品上去,不使光外溢,也能获得极佳的效果。在这种情况下,展品的反射比不再起作用,因此黑色的大理石雕刻可以获得与白色大理石雕刻相同的

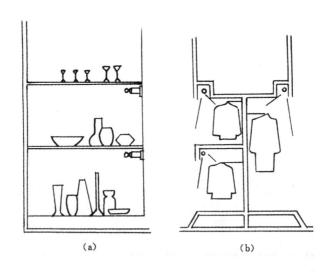

(a)   (b)

图 8-34　商品陈列柜局部照明

效果。

在大型商场中,有时需要较大面积的陈列场地,为了获得显著的效果,这部分的照度可比基本照明高出 3～6 倍,如图 8-35 所示。

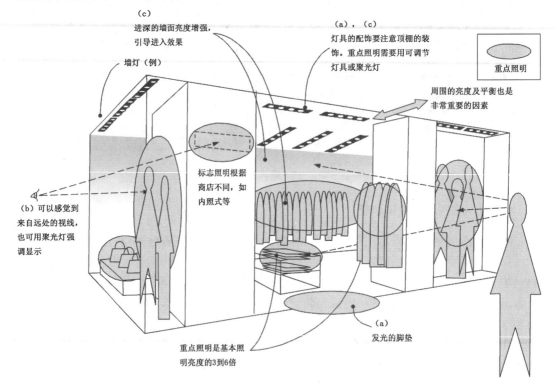

图 8-35　陈列区投光照明

使用嵌入式筒灯(可调节的)从上方以很小角度照射陈列柜商品时,灯具对柜子玻璃顶面也容易造成反射眩光,如果柜子的位置不适当时,会把光源的像反射入顾客的眼睛,图

8-36所示的位置比较恰当,它既不会把光源的像反射入顾客或营业员的眼中形成反射眩光,而投射的光线也正是营业时需要较高照度的地方。

至于立式陈列柜上的玻璃立面,当然也很容易反射出观赏者及其周围景物的像,并妨碍顾客对陈列商品的欣赏,为防止这种现象的产生,反射像的亮度 L_g' 和展品通过玻璃被看到的亮度 L_g 之比必须小。根据实验,若以 L_g 为背景的 L_g' 最小对比值为 C_{min},则亮度 L_g' 的反射像不致影响观赏的临界条件为

$$\frac{L_g'}{L_g} \leqslant 8C_{min}$$

汽车展示厅可视作一个大立式陈列框,根据此原理,汽车展示厅的照明通常是将里面的墙壁照得很亮,人在面向道路的玻璃立面外能看清展示厅内部,并感到很明亮。

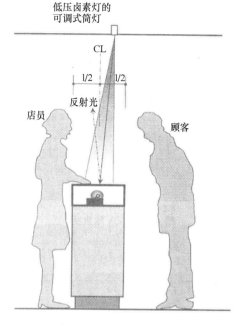

图 8-36　柜台照明

由于各种光源的光谱中都存在着紫外辐射(波长 300~380 nm),长时间照射会使展示的商品褪色。不同光源的紫外辐射量如下:白炽灯 $74\mu W/lm$,卤钨灯 $80\sim200\mu W/lm$,荧光高压汞灯 $250\sim800\mu W/lm$,荧光灯 $40\sim90\mu W/lm$,金卤灯 $150\sim700\mu W/lm$,高压钠灯 $20\sim40\mu W/lm$。对于容易褪色的商品(如纺织品),应尽量使用紫外辐射较低的光源,如卤钨灯、荧光灯等。也可在灯具上加紫外滤光片。

8.9.4　不同年龄层次、不同商品对照明的要求

表 8-12 和表 8-13 给出了不同年龄层次、不同商品对照明的要求。

表 8-12　不同年龄层次对灯光的要求

年　龄	灯光系统	展示物品及目的
婴儿	非常柔和的暖色调的漫射照明,点射灯突出重点	精制、柔软的棉纺织、羊毛制品,优雅的环境
学龄前儿童	漫射照明和定向照明相融合,暖色调	玩具,幻想中的小动物、小精灵
少年	充满色彩的动态照明,适当的对比度,装饰效果优于功能照明	反射性材料,小型自行车,太空旅行相关的事物
青年	动态的、强烈对比的定向照明,带一些色彩的功能照明	运动器材,休闲物品,艺术的浪漫的超现实主义效果
中年	隐蔽得很好的定向漫射照明,略带一些浪漫的色彩	五六十年代的艺术品,实用品
老年	隐蔽得很好的定向漫射照明,略带一些浪漫的色彩。但照度略高,对比度要小	大自然,共性的物品

表 8-13 不同商品对照明的要求

商品分类	照 明 要 求
纺织品	均匀的垂直照度、水平照度,显色性好,注意退色
皮革(鞋)	垂直照度与水平照度相接近,能表现出其外形及凹凸感、立体感、表面质地
小商品	垂直照度与水平照度相平衡,均匀,光源的色温与使用环境色温相近,防止眩光
玩具	用定向照明把它从背景中突出,一定的对比,特出表面的光泽及立体感
珠宝钟表	用窄光束投射,背景暗,对比度可达到 1∶50,注重效果(特殊照明)
陶瓷及半透明器皿	用定向照明突出其质地、半透明感,但必须避免强烈的对比和阴影,也可用环境照明烘托其飘逸的感觉
植物 花卉	合适的照度来表现生长感、新鲜感,好的显色性
糖果糕点	要表现出新鲜感,引起食欲;温暖、和谐、轻松愉快的背景;可用接近肤色的滤色片来增加自然的暖色调,如 ERCO 公司的 Skintone 滤色片
瓜果蔬菜	背景要暗,红色、黄色等深色物品要用 3300K 左右的暖白色灯光;绿色等浅色物品用 4500～5500K 的冷白色灯光

*8.10 体育运动场所照明

8.10.1 体育照明的一般要求

体育场所包括的类型很广,大的如赛车场、赛马场、田径场,小的如拳击场、乒乓球房。体育场照明除满足运动员的视觉要求外,还要满足工作人员和观众的视觉要求,所有照明设计应包括:比赛场地照明、观众席照明和应急照明。体育场馆根据比赛等级、使用功能和电视转播要求可分为六级(详见表 8-14),它们对照明的要求也不同,现就其共同的要求综述如下。

表 8-14 体育场馆使用功能分级

等级	使用功能	电视转播要求
I	训练和娱乐活动	无电视转播
II	业余比赛、专业训练	
III	专业比赛	
IV	TV 转播国家、国际比赛	有电视转播
V	TV 转播重大国际比赛	
VI	HDTV 转播重大国际比赛	
—	TV 应急	

1. 照度水平

对许多运动项目来说,观看的方向是很多的,故水平照度和垂直照度都是重要的。还要考虑到彩色电视转播的要求。我国 2004 年颁布的《建筑照明设计标准》对体育建筑照明标准值进行了规定,给出的是参考平面上的维持平均照度值。2007 年颁布了行业标准《体育场馆照明设计及检测标准》(JGJ153—2007),该标准定了比赛场地参考平面上的使用照度值及各种照度均匀度的要求(照度均匀度为最低值),对参考平面的高度也作了相应的规定。

当体育场地需进行电视转播时,电视转播照明应以场地摄像机方向的垂直照度为设计指标,其测量高度为场地区域上方 1.0m 处。当需高清晰度电视(HDTV)转播重大国际比赛时,辅助摄像机方向的垂直照度值选取的方向应平行于场地的四条边线。

为保证电视转播画面的质量,特别是对摇动摄像机还要避免图像丢失,不仅对照度均匀度有要求,而且对均匀度梯度也有要求。水平照度和垂直照度均匀度梯度应符合下列规定:当照度计算与测量网格小于 5m 时,每 2m 不应大于 10%;当照度计算与测量网格不小于 5m 时,每 4m 不应大于 20%。

有电视转播时,平均水平照度宜为平均垂直照度的 0.75~2.0;比赛场地每个计算点四个方向上的最小垂直照度与最大垂直照度之比不应小于 0.3。HDTV 转播重大国际比赛时,该比值不应小于 0.6。

2. 光色和显色性

对于高清晰度电视转播或电影拍摄,照明光源的色温在 2000~6000K 时,不存在色彩匹配和色彩平衡的问题,但各个光源的色温不能相差太大。

考虑到室外场地比赛从白天延续至晚上,要求黄昏时人工照明与天然光能有较好的匹配,希望采用 4000K 及以上色温的光源,室内通常可采用 4500K 及以下色温的光源。规范中规定,训练与一般比赛取显色指数不小 65,大型、重大国家或国际比赛显色指数不小于 80。

金卤灯的色温范围宽,随其种类不同可为 3000~6000K,显色指数 60~90,光效 60~100lm/W,功率 20~2000W,是体育场地照明首选的光源。

3. 光的方向性

在运动场地所看到的人和物都是立体的,所以造型立体感必须考虑。而造型的立体感取决于光线投射的方向、所用灯具的类型和数目,阴影很深或毫无阴影都是不希望的。为了限制阴影,从主摄像机侧投射的光线应小于 60%。对于单方向的运动项目,如射箭、滚球、赛马等必需加强某一方向上的照度。

表 8-15 列出了各种照明布置形式产生的造型立体感效果。

表 8-15　　　　　　　　各种照明布置形式的造型立体感效果

室　内　场　所	室　外　场　所	效　果
带状布置	带状布置	好
点状布置	多组布置	↓
发光顶棚加投光灯	四塔布置	
发光顶棚	两塔布置	差

4. 眩光

尽量防止直射眩光和反射眩光对运动员和观众造成的干扰,在照明设计时就要对眩光采用控制措施。

直射眩光的控制主要采取下列措施:① 适当提高比赛场地周围的亮度(标准规定观众席座位面上的平均水平照度不低于 100lx,主席台面的平均水平照度不宜低于 200lx),以减少比赛场地与其周围的亮度差;② 合理地布置灯具,避免高亮度的光源的强光直接刺入人眼,造成强烈的眩光(眩光源与观察物之间的夹角不小于20°,一般取大于25°)。

若由于窗透过来的天然光引起地板面、乒乓球台面等产生反射眩光,则可在窗上挂窗帘或设置百叶窗。一般来说对地板面、乒乓球台面等尽量采用无光泽的材料。

对室外体育场的不舒适眩光评价指标,我国采用CIE的112号出版物(1994)提出的眩光指数(GR),眩光值GR应小于50。标准编制组经研究后认为:GR也可用于室内体育馆眩光评价系统,但此时需采用适用于室内体育馆的眩光评价分级及眩光指数限制值,而且在室内体育馆眩光指数计算时其反射比宜取0.35~0.40。

5. 频闪效应

若比赛对象是高速移动的项目(棒球、网球等),此时采用工频交流供电的气体放电灯照明,将会产生频闪效应,从而妨碍运动员对对象物的视觉效果,应设法避免。

减少频闪效应,可把从同一个方向投射到场地上和运动员身上的光源,分别接在三相电源的不同相序上。在使用较多的宽光束灯具时,几乎是自然的达到"三相同点"的要求,但在使用窄光束灯具时,必须分三个相位以三相的组合方式投射。

8.10.2 体育馆照明

室内运动的项目主要是利用较小的场地且要求近一些观看的项目,如篮球、排球、拳击、乒乓球等。一般建造一个能容纳一定观众的室内运动场地,总是希望能适应多种用途。所以容量较大的体育馆实际上是按多功能大厅设计的,其照明设计需满足体育比赛的要求,有时还要考虑召开群众大会、文艺演出甚至展览陈列等。

1. 一般要求

1) 照明标准

各种运动项目所需的水平面平均照度见《体育场馆照明设计及检测标准》(JGJ 153—2007)所示,体育馆内在进行比赛时,馆内的水平面平均照度至少在500 lx以上。

对主要利用空间的运动(如羽毛球、篮球、排球、乒乓球等)特别要注意光源进入比赛者视野内形成的直接眩光。对主要利用低位置的运动的比赛(如击剑、摔跤、拳击等)则要着重注意反射眩光。拳击、摔跤、柔道等还应注意不使运动员受光源辐射热的影响。

2) 照明方式

采用一般照明方式。

灯具布置有下列几种方式:

(1)顶部布置(满天星方式):是指采用对称型配光灯具均匀布置于顶棚上,光束垂直于场地平面。这种方式垂直照度不够理想,维护比较困难,适用于主要利用低空间、对地面水平照度均匀度要求较高,并无电视转播要求的体育馆。

(2)两侧布置(灯桥方式):是指采用非对称型配光的投光灯布置在场地两边的马道(灯桥)上。此时灯具瞄准角(瞄准方向与重垂线的夹角)不应大于65°以控制眩光,此时可以达到理想的垂直照度和水平照度的要求,能满足电视转播的照明要求,有较好的立体感和空间感,维护方便。

(3)混合布置:顶部布置和两侧布置相结合的布置方式。

(4)间接照明,灯具宜采用具有中、宽光束配光的灯具向顶棚投光。适用于层高较低跨度较大及顶棚反射条件好的建筑室间;同时适用于对眩光限制较严格且无电视播要求的体育馆。不适用于悬吊式灯具和安装马道的建筑结构。

3）灯具的配光和间距

在运动项目要利用的空间不能形成暗区[见图 8-37（b）]，以免运动员难以看清对象物和有不愉快的明暗闪烁感，合理的布置见图 8-37（a）。

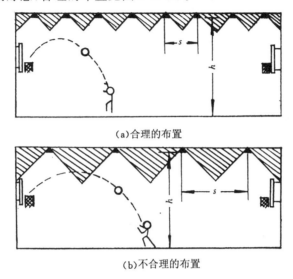

(a)合理的布置

(b)不合理的布置

图 8-37　灯具的配光和间距

4）照明光源

在利用自然光照明比例高的体育馆，人工照明的光源宜采用中间色温或高色温的光源，以便与自然光组成一和谐的混合照明方式。

灯具安装高度较高的体育馆，光源宜采用金卤灯；顶棚较低、面积较小的体育馆用直管荧光灯和小功率金卤灯；特殊场所可采用卤钨灯。

2．单项运动场地照明

1）羽毛球

羽毛球是利用空间具有代表性的运动项目，为了使穿梭似的白色球与背景有良好的对比，一般墙面和顶棚希望采用茶色或绿色，地板则用低反射率的颜色。

光源或灯具的选用可根据场地的规模、性能和比赛情况确定。灯具一般布置在比赛场地边线 1m 以外两侧，并应超出比赛场地端线，灯具安装高度不应小于 12m；主赛区 PA 上空不应布置灯具。

2）篮球

由于运动员必须用视觉掌握球和其他运动员的快速动作，故要有良好的空间照度和照度均匀度。灯具一般以带形布置在比赛场地边线两侧，并应超出比赛场地端线，灯具安装高度不应小于 12m；以篮框为中心直径 4m 的圆区上空不应布置灯具。

3）乒乓球

为了准确掌握快速运动的小球，布置灯具时不仅要顾及到球台面上的照明，还要使球台四周也十分明亮。灯具布置宜在比赛场地外侧沿长边成排布置及采用对称布置方式，灯具安装高度不应小于 4m;同时灯具瞄准方向宜与比赛方向垂直。

4）网球

为便于运动员识别对象物,室内网球场的顶棚和上部墙面做成反射比为 0.8～0.85 的无光泽表面,低于 2.5 m 高的墙面宜采用无光泽的灰色,且反射比小于 0.6,地板则采用有光泽的反射比为 0.15～0.30 的材料较理想。照明要能使运动员看清球、对手、球网和场线等。灯具宜平行布置于比赛场地边线两侧,布置总长度不应小于 36m;灯具瞄准角不应大于 65°。

5）拳击

拳击比赛台接近观众且动作迅速,运动员、裁判员、公证人、医生和观众各个方向都要有良好的可见度。比赛台照度要求 1000lx 及以上,灯具布置在拳击场上方,灯具组的高度宜为 5～7m;可采用专用升降架安装局部照明,灯具在观众席上方,瞄向比赛场地。

6）体操、柔道、武术、摔跤和跆拳道

这些主要是低位置的运动,满场应照度均匀,立体感要好,需控制好水平照度与垂直照度的比例。体操场地灯具宜布置在场地两侧,灯具瞄准角不宜大于 60°。其余各项运动灯具宜采用顶部或两侧布灯;用于补充垂直照度的灯具可布置在观众席上方,瞄向比赛场地。

8.10.3　游泳馆照明

游泳馆照明在某些方面与室内体育馆有相同之处,不同之处在于,水池水面在运动员游泳时产生波浪,自然光或亮的灯具在波浪上形成反射。照明除满足规定的水面水平照度要求、光线能向水中折射外,处理好池水面反射引起的眩光效应是游泳馆照明设计的关键。

1. 水表面的反射效应

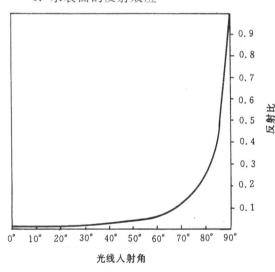

图 8-38　水的反射比与光线入射角的关系

模型试验研究表明:较小的光源（包括高强气体放电灯）在扰动水面上引起的反射范围和亮度都很小,相反,面积较大的光源产生伸展很大的光幕,其程度与光源的强度和光线与水面所形成的入射角大小成正比。当光线入射角很小时（几乎垂直水面）,入射光线大部分进入水中,只有很少一部分被反射,并不形成任何光幕,使水中看起来很清楚,图 8-38 给出了水的反射比随光线入射角变化的曲线。

2. 灯具布置

根据水面的反射特性研究可知:采用点光源或投光灯以接近与水面垂直的角度投射时,在水的深处可以产生我们所需

要的亮度,不必另设水下辅助照明装置。有些采用安装在墙上的点光源,其目的是造成有吸引力的室内效果,但入射水面的角度很平,使光不能很好透入水中,在这种情况下,最好能设置水下照明。

目前采用沿泳池纵向两侧（灯桥）布灯,灯具瞄准角宜为 50°～55°（室外灯具瞄准角宜为

$50°\sim60°$),能达到较好的效果。

3. 水下照明

水下照明可以直接提高池底的亮度,减少亮度对比,降低水面上的反射眩光,有利于照明质量的提高。有了水下照明,教练和观众很容易跟踪运动员,特别是水上芭蕾等项目更需要水下照明。

水下照明安装指标在室内池面约为 $1000\sim1100\text{lm/m}^2$,室外水池面约为 650lm/m^2。

水下照明的光源可采用 LED 灯、卤钨灯、金属卤化物灯等。灯具一般设在泳池长边两侧的池壁内,有两种安装方式:一种是干式壁龛,另一种是浸水式壁龛。前者在浇捣池壁时将防水玻璃和衬垫物埋在池壁中,要求防水,灯具装在玻璃后面(防水玻璃要能经得起水的压力),并有可靠的安全接地措施;而后者是采用加压水密型的灯具直接侵入水中,此时应采用 12V 电压的灯具。具体做法见图 8-39 所示。为获得水面全反射的特性,灯具应装在水面下适当深度,对于深的池可设两排水下照明,一排在 $0.3\sim1.0$ m 深处,另一排在 3m 深处。

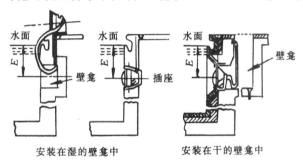

图 8-39 水下照明灯具的安装

5. 跳台区照明

为使观众能看清楚跳水运动员的优美动作(有时还要满足彩色电视转播的要求),跳台区应设置附加照明,以保证运动员跳水处有足够的垂直照度。但此时要注意不使强光干扰运动员,宜采用漫射光照明。有游泳池的跳水池,灯具布置宜为游泳池灯具布置的延伸。

8.10.4 室外运动场所照明

1. 一般要求

1)照度水平

我国各种室外运动场要求的照度见《体育场馆照明设计及检测标准》(JGJ 153—2007)。

室外运动和室内运动一样,可分为利用空间的体育运动(如棒球、网球、足球和高尔夫球等)和利用低位置的运动(如田径、游泳、射箭、滑雪等)两种。前者球不仅在地面上滚动,同时还在距地面 $10\sim30$ m 的空间飞行。故照明设计要注意比赛场地上部空间的光通分布要均匀。后者比赛大部分在距地面约为 3m 高度的范围内进行,故主要是地面光通分布要合理。

2)光源与灯具

室外运动场照明所用的光源主要为金属卤化物灯等高强气体放电灯。灯具主要采用投光灯(泛光灯)。

灯具的选择首要考虑光束的宽度和光斑的形状,投光灯到被照面的距离近时用宽光束的投光灯较经济;反之,采用窄光束的投光灯为好。距离越远时采用光束越窄,利用程度越高。

投光灯按光斑形状可分为圆形和矩形两种。前者有一锥形的对称光束,这种投光灯要求集中的光源,如单端的卤钨灯和单端的高强气体放电灯。这种锥形光束在场地上投射的光斑呈椭圆形,因此大多数装在场地的四个角,以对角线方向布置(图8-40)。矩形投光灯是由线状光源(如管状卤钨灯和管状高强气体放电灯)组合而成的,它们在场地上的光斑呈一梯形。沿着场地的两边安装时可以获得比较均匀的光通分布,且浪费的光通也很小,如图8-41所示。

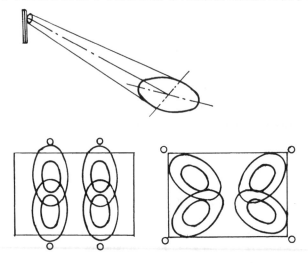

图 8-40　圆形投光灯投射的光斑

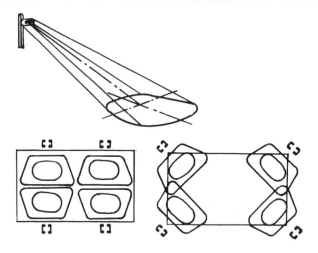

图 8-41　矩形投光灯投射的光斑

金卤灯不宜采用敞开式灯具。灯具外壳的防护等级不应小于 IP55,不便于维护或污染严重的场所防护等级不应小于 IP65。灯具的开启方式应确保在维护时不改变其瞄准角度或维护后可准确恢复原瞄准角度。

3) 灯具的布置和安装高度

决定灯具的布置和安装高度时,应尽量减少对运动员产生眩光。由于室外运动是以黑暗的空间作为背景,于是在任何方向观看光源都不可能没有眩光,因此,应尽量减轻在比赛进行方向和运动员正常视线方向上的眩光。若有彩色电视转播任务时,应满足摄像机对垂直照度的要求。

室外体育场一般采用下列布灯方式:

(1) 两侧布灯。灯具与灯杆或建筑马道相结合,以连续光带形式或簇状集中形式布置在比赛场地两侧。这种方式目前用得较多,能提供较好的照度均匀度并降低阴影,照明效果好,但整体投资高。

(2) 四角布灯。灯具以集中形式与灯杆相结合,布置在比赛场地四角。这种方式照明形成的阴影比较严重,很难做到既满足彩色电视转播对各方向垂直照度的要求又控制好眩光。目前主要应用于训练场地、小型场地或改造场地,投资较低。

(3) 混合布灯。两侧布灯和四角布灯相结合的布灯方式。相对以上两种方式,这种性价比较高。灯具安装最低高度的确定可按表 8-16 及图 8-43 所示。

表 8-16　　　　　　　　　　　　　　　　　　灯具的布置方式和用途

方　式	方　法	布置图①	投光灯安装高度	用　途
侧面方式	在比赛场地两侧布置照明的方法	(a)	$h \geqslant \left(d + \dfrac{w}{3}\right)\tan 30°$	田径比赛、足球场、橄榄球场、网球场等
四角方式	在比赛场地四角处布置照明的方法	(b)	$h \geqslant l\tan 25°$	足球场、橄榄球场等
周边方式	在比赛场地周围布置照明的方法	(c)	根据目标,个别确定(例:18m,25m,32m 等)	棒球场、田径比赛场等
四角及侧面并用方式	布置在比赛场地四角处和电视摄影机一侧的照明方法	(d)	上述两个公式并用	进行彩色电视摄像的足球场、橄榄球场等

① 见图 8-42。

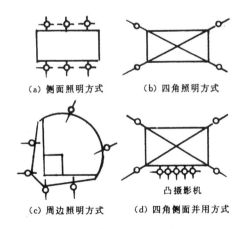

(a) 侧面照明方式　　　(b) 四角照明方式

(c) 周边照明方式　　　(d) 四角侧面并用方式

凸摄影机

图 8-42　灯杆布置方式

4) 应急照明

对于设有观众席的比赛场,应考虑疏散用的应急照明的要求,通常设置若干组能瞬时点

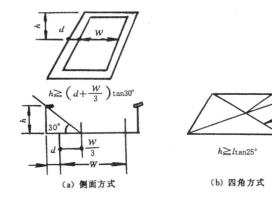

$$h \geqq \left(d + \frac{w}{3}\right)\tan 30°$$

(a) 侧面方式

$$h \geqq l\tan 25°$$

(b) 四角方式

图 8-43 安装高度的确定

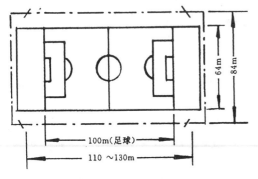

图 8-44 足球场照明布置平面图

燃的荧光灯或卤钨灯等作为应急照明。

2. 场地基本布置示例

1) 足球场

基本布置如图 8-44 所示。注意以下几点：①照明范围大，故以采用窄光束的投光灯为主；②在减少对运动员眩光的同时，还要求有较高的垂直面照度；③在球门附近的照度应比其他部分更高；④任何照明方式时，灯杆的位置均不应遮挡观众的视线。

足球场灯具布置应符合下列规定：

(1) 无电视转播宜采用场地两侧或场地四角布灯方式。

采用场地两侧布灯方式时，灯具不宜布置在球门中心点沿底线两侧 10°的范围内，灯杆底部与场地边线之间的距离不应小于 4m，灯具高度宜满足灯具到场地中心线的垂直连线与场地平面之间的夹角 φ 不宜小于 25°（见图 8-45）。采用场地四角布灯方式时，灯杆底部到场地边线中点的连线与场地边线之间的夹角不宜小于 5°，且灯杆底部到底线中点的连线与底线之间的夹角不宜小于 10°，灯具高度宜满足"灯拍"中心到场地中心的连线与场地平面之间的夹角 φ 不宜小于 25°（见图 8-46）。

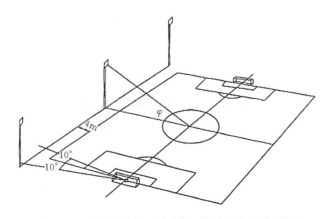

图 8-45 无电视转播时足球场两侧布灯灯具位置图

— 218 —

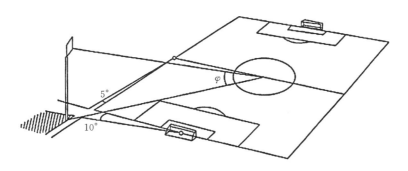

图 8-46　无电视转播时足球场四角布灯灯具位置图

（2）有电视转播宜采用场地两侧、场地四角或混合布灯方式。

采用场地两侧布灯时，灯具不应布置在球门中心点沿底线两侧 15° 的范围内（见图 8-47）。采用场地四角布灯时灯杆底部到场地边线中点的连线与场地边线之间的夹角不应小于 5°，且灯杆底部到底线中点的连线与底线之间的夹角不应小于 15°，灯具高度应满足 "灯拍" 中心到场地中心的连线与场地平面之间的夹角 φ 不应小于 25°（见图 8-48）。混合布灯时，灯具的位置及高度应同时满足两侧布灯和四角布灯的要求。

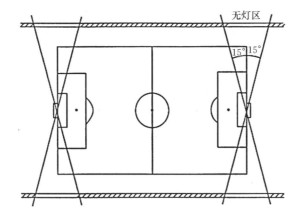

图 8-47　有电视转播时足球场两侧布灯灯具位置图

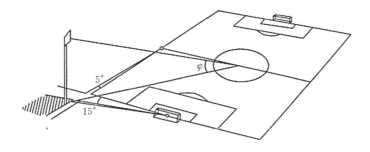

图 8-48　有电视转播时足球场四角布灯灯具位置图

2）网球场

灯具布置应符合下列规定：

（1）对没有或只有少量观众席的网球场地，宜采用两侧布灯杆的布置方式。灯杆应布置在观众席的后侧；对有较多观众席、有较高挑篷且灯杆无法布置的网球场地，宜采用两侧光带的布置方式。

（2）采用两侧灯杆的布置方式时，灯杆的位置应满足图 8-49 的要求。

（3）场地两侧应采用对称的布灯方式，提供相同的照明。

（4）灯具的安装高度应满足图 8-50 的要求，比赛场地灯具安装高度最低为 12m，训练场地灯具安装高度最低为 8m。

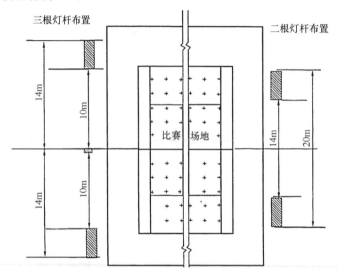

图 8-49 网球场灯杆的位置

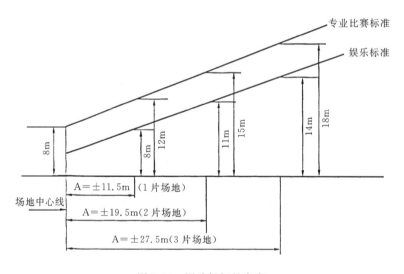

图 8-50 网球场灯具高度

3）棒、垒球场

灯具布置应符合下列规定：

（1）棒球场灯具宜采用 6 根或 8 根灯杆布置方式、垒球场宜采用不少于 4 根灯杆布置方式；也可在观众席上方的马道上安装灯具。

（2）灯杆应位于四个垒区主要视角 20°以外的范围，灯杆不应设置在图 8-51 中的阴影区内。

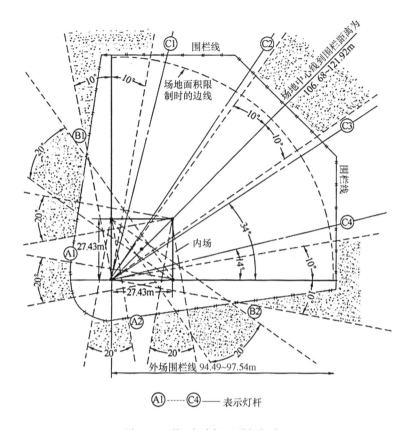

图 8-51　棒、垒球场照明灯杆布置

③-----⑥ —— 表示灯杆

3. 大型体育场的照明

大型体育场一般包括一个标准的 400m 跑道的田径场,中间为一标准足球场,比赛场的两侧或四周设有观众席、主席台以及其他设施。照明设施所提供的平均水平照度与从最远的观众到表演场地的中心的观看距离有关(见图 8-52),当距离较大时应适当提高场地中心的照度。应满足彩色电视摄像机对垂直照度的要求。

灯具一般采用四角布置或周边布置的方式。四角布置是采用四个高型灯塔(俗称四塔布灯),四塔布灯眩光限制比较容易,但对于主席台的主摄像机位置处的垂直照度较难满足要求,故四塔布灯已较少采用。周边布置可以做成灯塔设于场地两侧,也可以做成光带设在两侧看台的屋顶檐口上,周边布置能提供较均匀的垂直照度,能满足彩色电视转播时主摄像机对垂直照度的要求。大型体育场往往采用灯塔与周边相结合的照明方式,此时垂直照度高、眩光控制好。

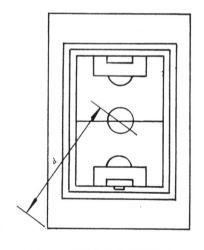

图 8-52　最远观众的观看距离

图 8-53 给出了大型体育场照明布置的两个例子。

4. 瞄准

在任何体育设施的照明设计中,灯具的瞄准很重要,这样可保证使用者所需要的质量和

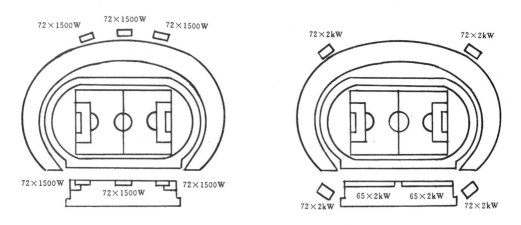

图 8-53　大型体育场照明布置

数量。每只灯具必须正确地指向它应该指向的地方,使整个照明完全按照设计者的意图提供足够的和均匀的垂直和水平照度并且避免眩光。

为了能正确地瞄准,必须准备一张泛光照明的瞄准图解,如图 8-54 所示。用计算的方法可以精确地求得任何给定瞄准图的照度分布。然而这种计算必须用计算机进行,并且要求投光灯的技术数据较齐全,故一般在实际工作中就将几个运动项目的瞄准图解(例如足球是一种使用对称场地的运动项目,或者对较小的运动项目,只包括较少量的投光灯)用缩尺作图的方法,或根据以前的计算和类似设施的实践经验画出投光灯光束的宽度以及所照明的面积。缩尺作图法的工作步骤如下:

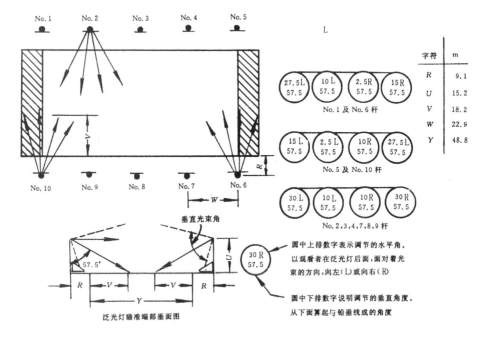

图 8-54　泛光照明瞄准图解(四十单元灯具、足球场)

1) 作泛光灯端部立面图

从端部立面图(如图 8-54 所示的足球场的端部立面图),可以确定投光灯光束轴线和垂直瞄准点(场地宽方向)。出发点是使整个场地宽度内获得接近于均匀的水平照明,并由于光束边缘和空间中的外溢光,使场地上15m高度内得到足够的照明。要注意投光灯光束中上面一部分照到对面看台上的光通要尽可能地减小。若沿着与灯杆横臂轴线垂直的一根线上计算几个点,可以并不太困难地校核用作图法所定的垂直瞄准角。这样的计算可以提高瞄准图解的准确性,特别是一根杆上有不止一排灯时更加需要。

2)作泛光灯平面布置图

平面图用以考虑水平方向(场地长方向)的瞄准,以便在场地纵向获得比较均匀的水平照度。

应该指出,图8-54中所用的是一种较宽光束的投光灯,这是因为灯杆比较靠近运动场地,也须注意到这两组投光灯的光束的上半部已照到对面的看台上去了,然而,由于这些是宽光束的投光灯,光束上半部分(离光束中心>16°)的光强值是很小的,故将从它们溢出的亮度与场地内较高的亮度相比时,正好处于舒适的限度内。

具体瞄准的方法有三种:

(1)手工将投光灯光束中心瞄准运动场地上预先定好的点,这可利用灯内装的光束瞄准器,或将一光束瞄准器附件平行于投光灯的光轴来完成。于是将瞄准图解和运动场地分成了3m×8m(冰球场)、5m×5m或10m×10m(足球场)的方格网。在每个瞄准点上做好标志(图上和场地上),然后瞄准器就对准这些点。

(2)通过计算或图解的方法求出了每只投光灯的垂直和水平的角度位置后,就可将灯调到这个角度(大部分投光灯上都有角度的刻度)。此法较上法的精度差,除非灯杆定位精确,同时横臂的水平和定线也是很准确的。

(3)让一个观察者站在不到这个瞄准点处(使从投光灯到瞄准点的线差不多通过人眼)看这只投光灯,最好是用双眼看。当助手移动投光灯时,观察者就能估计出灯丝(或同轴的反射器环)的中心正好是投光灯中心的位置。

最后一种方法的精度比第一种方法差得多,但对于较大数量的中等光束的和宽光束的投光灯在指向同一个区域的情况下,其效果还是可以令人满意的。

在实际操作中,由于灯具安装的"水平度"很难把握,故用水平角 α 与垂直角 β 来定位瞄准点就有困难,此时可用场地坐标 x、y 来定位较合适。同时,为了保证垂直照度,图8-55所示的布灯平面图中,一侧灯具的瞄准点达到场地的2/3时效果较好。

8.10.5 体育照明应用软件

体育照明是功能性较强的一类照明,其设计工作量也是很大的。可以利用设计软件来进行辅助设计。国际上大的照明专业公司都有自己的设计软件,利用它可以快捷地进行照明质量指标的各项量化计算,通过眩光评价和优化设计,获得好的照明效果。此外,还有一些商品化的照明设计软件,特别从网上下载的免费软件得到了大量使用,其中适合体育场馆照明设计计算的首选AGI32。

8.11 道路照明

道路有机动车道和人行道,本节主要讨论机动车道的照明。

机动车道照明是为了使各种机动车辆的驾驶者在夜间行驶时能辨认出道路上的各种情况（道路上的障碍物、行人、车辆及道路周围的情况）且不感到过分疲劳，以保证行车安全。也就是说，要为驾驶员创造一个较舒适愉快的行车环境。

8.11.1 照明质量

1. 亮度水平

道路表面亮度水平影响着驾驶员的对比敏感度，因而也影响着知觉的可靠性。通过一系列试验表明，路面平均亮度（在观察者前面 $60 \sim 160$m 距离间）为 $1.5 \sim 2$cd/m² 对驾驶员是合适的。

2. 亮度均匀性

为使路面亮度均匀，路灯的间距要减小，或要求灯具的配光能更合理些，这势必增加照明设备的投资。从知觉可靠性的角度来看，亮度均匀度 $U_0 = L_{min}/L_{av} \geqslant 0.3 \sim 0.4$ 是合适的，然而，即使在这种情况下，路面仍有一块亮一块暗的不舒适感觉。所以从知觉的舒适性出发，应考虑纵向均匀度 $U_l = L_{min}/L_{max}$（沿每个车道中轴线方向的最小亮度与最大亮度之比），要求 $U_l \geqslant 0.5 \sim 0.7$。

3. 眩光

CIE 关于交通道路照明设计的描述中，失能眩光被表示为"阈值增量（TI）"。它表示存在眩光源时为了达到同样看清前方道路上物体的目的，在物体与背景之间的亮度对比所需要增加的百分比。

CIE 建立了背景亮度范围为 0.05cd/m² $< L_b < 5$cd/m² 时，阈值增量的近似计算公式如下：

$$TI = \frac{650 \times E_{vert} \times MF^{0.8}}{\overline{L}^{0.8} \times Q^2} \tag{8-5}$$

式中　E_{vert}——处在新状态中的灯具在一个位于观察者眼睛处的平面上产生的照度，此平面与视线垂直；

　　　MF——计算 $\overline{L}$ 的维护系数；

　　　$\overline{L}$——路面平均亮度；

　　　Q——视线与灯具中心之间的夹角度数。

观察者的眼睛位于路面水平上方 1.5m 高度处。在英国的实际情况是，观察者在横向上位于离近人行道 1/4 车道宽度的地方，和纵向上位于在计算范围之内的第一个灯具或灯具组（交错布置的近侧和单侧安装一侧）之前 $2.75(H-1.5)$m 的距离上，其中 H 是以米为单位的安装高度，视线在水平以下 1°和经过观察者眼睛纵向的垂直平面上。

CIE 115:2010 文件按车辆行驶速度、交通流量、交通组成（机动车、非机动车）、是否有隔离带、交叉路口的密度、停放中的车辆、环境亮度以及视觉引导和交通管制的标示情况等。将道路分成从 M1 到 M6 六个等级，。对六个等级的照明要求见表 8-17。我国《城市道路照明设计标准》(CJJ45-2006)规定城市机动车道路分为快速路与主干路、次干路和支路三级，其照明标准见表 8-18。

4. 视觉引导

视觉引导是给予使用者在一定距离外能立刻辨认这条道路的方向,特别是他自己要走的那条道路的方向。这个距离决定于这条道路的允许车速。照明布置如能紧密地按照道路的走向排列,就可改进视觉的引导,这对于有许多曲线和交叉口的道路来讲特别重要。

表 8-17　　　　　　　基于路面亮度的机动车交通照明等级(CIE 115:2010)

照明等级	路面状况				阈值增量	环境比
	干			湿[①]	$f_{T1}/\%$	R_s
	$L_{av}/(cd \cdot m^{-2})$	U_0	U_l	U_0		
M1	2,0	0,40	0,70	0,15	10	0,5
M2	1,5	0,40	0,70	0,15	10	0,5
M3	1,0	0,40	0,60	0,15	15	0,5
M4	0,75	0,40	0,60	0,15	15	0,5
M5	0,50	0,35	0,40	0,15	15	0,5
M6	0,30	0,35	0,40	0,15	20	0,5

①作为干燥条件的补充应用。亮灯后较长时间路面仍是湿的,并且路面反射比数据是可知的。环境比:车行道外边 5m 宽的带状区域内的平均水平照度与相邻的 5m 宽车行道上平均水平照度之比。

表 8-18　　　　　　　机动车交通道路照明标准值(CJJ 45-2006)

级别	道路类型	路面亮度			路面照度		眩光限制阈值增量 $T_I/\%$ 最大初始值	环境比 SR 最小值
		平均亮度 L_{av} /(cd·m⁻²) 维持值	总均匀度 U_0 最小值	纵向均匀度 U_L 最小值	平均照度 E_{av}/lx 维持值	均匀度 U_E 最小值		
Ⅰ	快速路、主干路(含迎宾路、通向政府机关和大型公共建筑的主要道路,位于市中心或商业中心的道路)	1.5/2.0	0.4	0.7	20/30	0.4	10	0.5
Ⅱ	次干路	0.75/1.0	0.4	0.5	10/15	0.35	10	0.5
Ⅲ	支路	0.5/0.75	0.4	—	8/10	0.3	15	—

注:(1) 表中所列的平均照度仅适用于沥青路面。若系水泥混凝土路面,其平均照度值可相应降低约 30%。根据本标准附录 A 给出的平均亮度系数可求出相同的路面平均亮度,沥青路面和水泥混凝土路面分别需要的平均照度。

(2) 计算路面的维持平均亮度或维持平均照度时应根据光源种类、灯具防护等级和擦拭周期,按照本标准附录 B 确定维护系数。

(3) 表中各项数值又适用于干燥路面。

(4) 表中对每一级道路的平均亮度和平均照度经了两档标准值。"/"的左侧为低档值,右侧为高档值。

图 8-55(a)所示的路灯布置具有较好的视觉引导(灯具单侧布置在道路弯曲部分的外侧)。图 8-55(b)所示的路灯布置视觉引导差。

8.11.2　光源选择

通过试验可知,在低压钠灯下物体的可见距离大于在高压汞灯下的可见距离。低压钠灯比其他光源有下列优点:

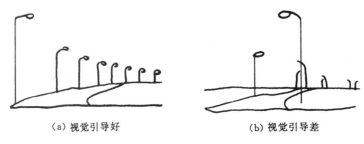

| (a) 视觉引导好 | (b) 视觉引导差 |

图 8-55　视觉引导

(1) 较高的视觉敏锐度。

(2) 在某一给定的路面亮度时,能产生更高的明亮感觉。

(3) 有较高的知觉速度,且不舒适眩光小。

(4) 在发生眩光后只需较短的恢复时间。

低压钠灯虽有上述优于其他光源的特点,但其光色是单一的黄光,显色性太差,所以国外在郊区公路上有使用,我国基本上没有使用。

我国行业标准《城市道路照明设计标准》(CJJ 45－2006)规定:快速路与主干路、次干路和支路应采用高压钠灯;居住区机动车和行人混合交通道路宜采用高压钠灯或小功率金属卤化物灯;市中心、商业中心等对颜色识别要求较高的机动车道路可采用金属卤化物灯;商业区步行街、居住区人行道路、机动车道路两侧人行道可采用小功率金属卤化物灯、细直管荧光灯或紧凑型荧光灯。道路照明不应采用自镇流高压汞灯和白炽灯。

最近 CIE 发布了基于视觉功能的中间视觉光度学系统的技术报告 CIE 191:2010(中间视觉见第 2 章)。应用中间视觉光度学时,需要背景亮度和从光源光谱数据得出的 S/P 值作为输入量,S/P 值是暗视觉时光源光输出量与明视觉时光源光输出量的比值,光源的 S/P 值越高,在按中间视觉设计时的光效就越高。利用中间视觉系统进行度量将改变灯的光度输出,进而改变灯的光效等级。中间视觉光度学青睐于高 S/P 值的白光光源,采用中间视觉设计照明还能获得很好的显色性指标,这有望为白光 LED 应用到室外照明领域进一步铺平道路。随着技术的进步,LED 道路灯具正在不断的研发中,其在道路照明中的应用正在不断推进。

8.11.3　灯具选择与布置

1. 灯具选择

功能性道路灯具按其光强分布可分成截光、半截光、非截光三类。

我国规定:快速路与主干路必须采用截光型或半截光型灯具;次干路应采用半截光型灯具;支路宜采用半截光型灯具。

一般高速公路、一级国家道路、郊外重要道路等四周没有建筑物、环境较暗,可采用截光型灯具,道路亮度高,均匀度高,且几乎无眩光。一般城市道路、市内街道,周围有建筑物、环境比较明亮,宜采用半截光型灯具。

商业区步行街、人行道路、人行地道、人行天桥以及有必要单独设灯的非机动车道宜采用功能性和装饰性相结合的灯具。当采用装饰性灯具时其上射光通比不应大于 25%。

2. 灯具布置

1) 杆柱式照明(常规照明方式)

在杆柱的顶端安置灯具,杆柱沿道路配置,这种方式用得最普遍。常用的布灯方式有5种,见图 8-56。

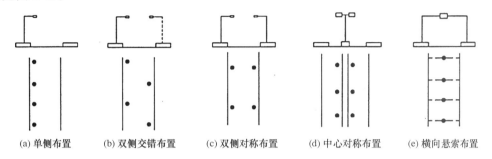

(a) 单侧布置　　(b) 双侧交错布置　　(c) 双侧对称布置　　(d) 中心对称布置　　(e) 横向悬索布置

图 8-56　常规照明灯具布灯方式

(1)灯具安装高度(灯具的光中心至路面的垂直距离)。应根据灯具布置方式、路面有效宽度、灯具配光以及光源功率决定。灯具安装高度越低,投资越低;但眩光增加。一般安装高度在 15m 以下。

(2)灯具悬挑长度(灯具的光中心至邻近一侧缘石的水平距离)。路面在干燥的情况下,灯具悬挑长度大,路面亮度高。但在雨天,路面潮湿时,路面两侧亮度很低,使得人行道和车道两侧的视看条件变差,而此处又是行人、停车带等障碍物存在,且情况多变的地方,为保证驾驶员行车安全,灯具外伸部分不能太大,我国规范规定不宜超过安装高度的 1/4。

(3)灯具仰角(θ)。为使人行道、慢车道与车行道具有相同的亮度,灯具尽量水平安装,仰角大,车行道亮度增加,不舒适眩光也增加,慢车道、人行道亮度降低,我国规范规定仰角不宜超过 15°。

(4)杆柱的间距。灯的间距与灯具配光和安装高度以及路面亮度纵向均匀度有关,安装高度越高,灯间距可以越大。

(5)灯具的配光类型、布置方式与灯具的安装高度、间距的关系列于表 8-19。

表 8-19　　　　　灯具的配光类型、布置方式与灯具的安装高度、间距的关系

配光类型	截光型		半截光型		非截光型	
布置方式	安装高度 H/m	间距 S/m	安装高度 H/m	间距 S/m	安装高度 H/m	间距 S/m
单侧布置	$H \geqslant W_{eff}$	$S \leqslant 3H$	$H \geqslant 1.2W_{eff}$	$S \leqslant 3.5H$	$H \geqslant 1.4W_{eff}$	$S \leqslant 4H$
双侧交错布置	$H \geqslant 0.7W_{eff}$	$S \leqslant 3H$	$H \geqslant 0.8W_{eff}$	$S \leqslant 3.5H$	$H \geqslant 0.9W_{eff}$	$S \leqslant 4H$
双侧对称布置	$H \geqslant 0.5W_{eff}$	$S \leqslant 3H$	$H \geqslant 0.6W_{eff}$	$S \leqslant 3.5H$	$H \geqslant 0.7W_{eff}$	$S \leqslant 4H$

注:W_{eff} 为路面有效宽度(m)。

2)高杆照明

在 20m 及以上的高杆上,装上多个大功率的灯具进行大面积照明的方式称为高杆照明。

高杆照明适用于高速公路的立体交叉点、休息场,市内街道的交叉点、停车场,与道路相连的材料贮放场,港口,码头,各种广场,凡是需要大面积照明的地方都能用。

高杆照明是从高处照明路面,路面亮度均匀度极好,司机在比较远的地方就会感到将要

图 8-57　高杆照明

接近汇合处或立体交叉了。此外,灯柱位于车道外,调换灯泡、清洁维护灯具都不影响交通。也可兼作附近的建筑物、树木等的照明,主要缺点是初投资高。

高杆照明有固定式和升降式两种,升降式高杆系统的灯盘可以根据需要降至地面水平以便于灯具维护。图 8-57 给出一高杆照明装置。

3) 低栏照明

沿着道路轴线,在车道两侧栏杆或防撞墙上离地约 1m 及以下的高度上设置灯具,并对灯具的配光有特定的要求(不对司机产生眩光)这种方式仅适用于车道宽度较窄的场合,如用丁坡度较大的路段和弯道,则要特别注意控制眩光。

低栏照明不用灯杆比较美观,如用在飞机场附近可减少空中障碍。但建设、维护费用都较高,灯具容易污染,车辆通过时对光有遮挡,路面亮度不均匀。

低栏照明有时只作诱导照明,司机可根据需要打开车前灯,这在一般城市之间的高速公路上也有采用,但此时要注意控制灯间距离,应避免产生灯具本身或是灯具在驾驶者视野内的反射光的进和出的效果所引起的频率为 2.5～15Hz 的闪烁现象。此闪烁现象会使驾驶者感到不舒适,易引起视觉疲劳。

8.11.4　隧道照明

长度大于 100m 的隧道应设置照明。

隧道照明主要面对的问题不是夜间而是白天的照明。驾驶者以较高的速度驶入长长的隧道,他们必须在由白天环境进入隧道的情况下保持视觉能力,而这些隧道如果不够亮的话,则完全是个"黑洞"。所以在隧道入口的第一段必须设计高达几百 cd/m^2 的路面亮度,但在隧道内部,最高达 $10cd/m^2$ 的平均路面亮度就足够了。故其照明分为入口段照明、中间段照明和出口段照明。各照明段亮度与长度示于图 8-58。

要求路面左、右两侧墙面 2m 高范围内的平均亮度应不低于路面平均亮度(墙面宜铺设反射系数 $\rho \geqslant 0.7$ 的材料)。

我国已颁布《公路隧道通风照明设计规范》(JTJ 026.1—1999)作为行业标准,自 2000 年 6 月 1 日起施行。现结合该规范有关规定简单介绍如下:

1. 中间段照明

中间段的路面亮度 L_{in}(cd/m^2)按《公路隧道通风照明设计规范》(JGJ 026.1—1999)取值。当双车道单向交通 700 辆/h＜N≤2400 辆/h,双向交通 360 辆/h＜N≤1300 辆/h,且

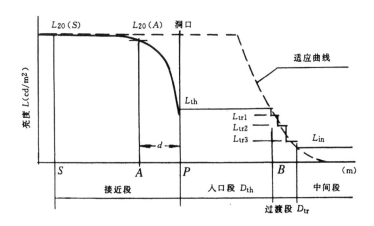

图 8-58 各照明段亮度与长度

通过隧道的行车时间超过 135s 时,可按表 8-20 的 80% 取值。

人车混合通行的隧道中,$L_{in} \geqslant 2.5 cd/m^2$。

表 8-20   中间段亮度 L_{in}

计算行车速度 /(km/h)	$L_{in}/(cd/m^2)$	
	双车道单向交通 N>2400 辆/h 双车道双向交通 N>1300 辆/h	双车道单向交通 N≤700 辆/h 双车道双向交通 N≤360 辆/h
100	9.0	4
80	4.5	2
60	2.5	1.5
40	1.5	1.5

灯具可以布置在隧道顶部(中线布置)、两侧交错布置或两侧对称布置。但若采用单个灯具(如高压钠灯灯具)布灯时,其灯具的间距要注意控制以避免灯具引起的闪烁现象。采用荧光灯具或 LED 线型灯具连续排列形成光带就可避免这种闪烁现象。

应急停车带上因经常进行车辆检修,宜采用显色性好的荧光灯照明,其路面亮度应大于 $7cd/m^2$。连接通道亮度应大于 $2cd/m^2$。

2. 入口段照明

入口段亮度 L_{th} 可按下式计算:

$$L_{th} = k \cdot L_{20}(S) \tag{8-6}$$

式中 $L_{20}(S)$——洞外亮度,cd/m^2(实测或查规范);

k—— 亮度折减系数(可按表 8-21 取值);

L_{th}——入口段亮度,cd/m^2。

表 8-21 入口段亮度折减系数

设计交通量 $N/($辆·$h^{-1})$		k			
		计算行车速度 $v_t/($km·$h^{-1})$			
双车道单向交通	双车道双向交通	100	80	60	40
≥2400	≥1300	0.045	0.035	0.022	0.012
≤700	≤360	0.035	0.025	0.015	0.01

注:当交通量在其中间值时,按内插考虑。

入口段长度 D_{th} 可按下式计算:

$$D_{th} = 1.154D_s - \frac{h-1.5}{\tan 10°} \tag{8-7}$$

式中　D_{th}——入口段长度,m;

　　　D_s——照明停车视距,m(可按表 8-22 取值);

　　　h——洞口内净空高度,m。

表 8-22 照明停车视距 D_s 表(m)

纵坡(%)　$v_t/($km·$h^{-1})$	−4	−3	−2	−1	0	1	2	3	4
100	179	173	168	163	158	154	149	145	142
80	112	110	106	103	100	98	95	93	90
60	62	60	58	57	56	55	54	53	52
40	29	28	27	27	26	26	25	25	25

入口段的照明由基本照明和加强照明两部分组成,前者可按中间段照明考虑,后者可用功率较大的灯具加强照明。加强照明可以从洞口以内 10m 处开始布灯。

3. 过渡段的照明

过渡段由 TR1、TR2、TR3 三个照明段组成,与之对应的亮度可按表 8-23 取值。

表 8-23 过渡段亮度

照明段	TR₁	TR₂	TR₃
亮度	$L_{tr1} = 0.3L_{th}$	$L_{tr2} = 0.1L_{th}$	$L_{tr3} = 0.035L_{th}$

过渡段长度可按表 8-24 取值。

表 8-24 过渡段长度 D_{tr}

计算行车速度 v_t /(km·h^{-1})	D_{tr1} /m	D_{tr2} /m	D_{tr3} /m	计算行车速度 v_t /(km·h^{-1})	D_{tr1} /m	D_{tr2} /m	D_{tr3} /m
100	106	111	167	60	44	67	100
80	72	89	133	40	26	44	67

4. 出口段照明

在单向交通隧道中,应设置出口段照明。出口段长度宜取 60m,亮度取中间段亮度的 5 倍。在双向交通的隧道中,可不设出口段照明。

5. 调光

根据洞外亮度和交通量变化分级调整入口段、过渡段、出口段的照明亮度,可按表 8-25 和表 8-26 取值。

表 8-25　　　白天调光

分级		亮　　度	分级		亮　　度
Ⅰ	晴天	$L_{20}(S)$	Ⅲ	阴天	$0.25L_{20}(S)$
Ⅱ	云天	$0.5L_{20}(S)$	Ⅳ	重阴	$0.13L_{20}(S)$

表 8-26　　　夜间调光

分级		亮　　度
Ⅰ	交通量较大	与 L_{in} 相等
Ⅱ	交通量较小	$0.5L_{in}$,但不少于 $1cd/m^2$

隧道照明灯具应采用 IP65 的产品,且具有适合公路隧道特点的防眩光装置。灯具应便于更换灯泡和附件,并能调整安装角度。零部件应具有良好的防腐性能。

高速公路隧道应设置不间断照明供电系统。长度大于 1km 的其他隧道应设置应急照明系统,并保证照明中断时间不超过 0.3s,维持时间不短于 3min。配合启动应急照明,在洞外一定距离处应设置信号灯或可变信息板显示警告信息。在启动应急照明时,洞内路面亮度应不小于中间段亮度的 10% 或 $0.2cd/m^2$。在高速公路长隧道和长度大于 2km 的其他隧道中,应设避灾诱导灯。

《公路隧道和地下通道照明指南》(CIE 88－2004)根据视觉功效的研究成果,推荐了一种新颖的公路隧道照明设计方法———察觉对比法,利用该方法可以方便地进行不同隧道照明方式节能效果的比较。而现行的《公路隧道通风照明设计规范》(JTJ026.1—1999)推荐的 k 值设计方法(见式 8-6),按其确定的入口段亮度值大小与灯具的配光曲线无关,不能比较不同照明方式的优缺点,不利于隧道照明节能研究。

思考与练习

1. 照明光照设计的任务是什么? 其方法步骤如何?

2. 评价"照明质量"好坏总的出发点是什么? 具体有哪些评价指标?

3. 灯具最大允许距高比是根据什么确定的? 照明设计时应如何考虑此因素?

4. 办公室、教室照明效果好坏的主要评价指标有哪些? 在照明设计中如何来达到这些指标?

5. 试设计你所使用的教室的黑板照明?

6. 请设计改进你单位图书馆的书架照明,使其符合要求。

7. 车间照明效果好坏的主要评价指标是什么? 与教室、办公室照明有什么不同?

8. 在设计精密仪器生产车间的照明时,如何解决好空调风口与灯具安装位置的矛盾?

9. 哪些场所的照明应避免频闪效应的产生? 可采取哪些措施来达到?

10. 特殊场所的照明装置与一般场所有何区别? 设计时应如何考虑?

11. 从照明设计的角度如何考虑节约电能?

12. 无窗厂房的照明设计有些什么特殊问题需要考虑? 它与地下建筑的照明是否有相同点?

13. 道路照明的照明质量应符合哪些要求? 与室内照明有什么不同?

14. CIE 对道路照明的照明水平为什么建议"亮度值"而不是"照度值"?

15. 请对一条 7m 路宽的市内街道进行照明设计。

16. 隧道照明应解决好哪些特殊的问题? 它与普通道路照明有什么不同?

第9章　室外环境照明

9.1　概　述

室外环境照明主要是指人们进行室外活动和社会交往的城市"公共空间环境"的照明。城市公共空间包括公共建筑的外部空间、居住区住宅楼的外部空间及城市中相对独立的街道、广场、绿地和公园等。这些城市空间随着人类技术经济、社会文化的发展及价值观念的变化而不断地发展演变,逐渐成为新的具有环境整体美、群体精神价值美和文化艺术内涵美的城市公共空间。这些公共空间的照明对整体坏境质量起着越米越重要的作用(在夜间),因此世界各国主要城市都纷纷实施了城市夜景照明。

9.1.1　研究的对象和范围

城市公共空间照明(夜景照明)泛指除体育场、工地等专用地段以外的所有室外公共活动空间的照明,其对象包括建筑物的外观照明、机场和车站的室外环境照明、道路和立交桥的照明、广场照明、名胜古迹和公园照明、商业街特别是广告和橱窗的照明等。夜景照明的目的是把这些照明元素组合成一个有机的整体,构成一幅与该城市空间定位相吻合的灯光图画来表现城市的夜间形象。

9.1.2　城市公共空间照明的作用

城市公共空间的照明总的来说分为两大类:一类是功能性的;另一类是装饰性的。其作用是多方面的。

1. 安全性

1) 人身安全和财产安全

众所周知,黑暗是恐怖与犯罪的盟友。由于照明提高了远距离外的可见度,行人可以对潜在的危险提早作出反应,它给居民和行人提供了安全感。市区照明可以阻止破坏,限制犯罪、不轨和虐待等行为的发生。在英国、法国、美国都发表过大量的调查材料,说明了照明是防治犯罪的有力武器。

2) 减少道路交通事故

在道路上提供照明可以帮助驾驶员识别标志,减少交通事故。市区街区,特别是商业街、住宅区道路、火车站入口、公共汽车站等处,人多路窄,由于车速低,人们思想上容易产生麻痹(错误的安全感),特别是老人和小孩,经常出现交通事故。良好的市区道路照明可使交通事故的发生率明显降低(减少 20%～60%)。

2. 商业利润

照明改变了人们日出而作、日落而息的生活方式。如今城市夜晚灯光璀璨,人们纷纷走出家门去体验都市的夜生活。商业街更是热闹非凡,店面招牌照明及橱窗照明造就了"灯红酒绿、熙熙攘攘"的活跃气氛,它吸引顾客并激发起观赏兴趣与购买欲望,促进了商业的繁荣。例如：上海南京路、淮海路商业街夜景灯光自 1992 年建成后，据上海市商委当时统计，夜间销售额达到了全天销售额的 40％以上。现在，上海已逐渐形成了"灯招客、客促商、商养灯"的运行机制，这也解决了灯光工程的建设和运行费用问题。

3. 提高城市夜视环境质量，增色城市

人们对夜晚周围环境的理解，很大程度上依赖于照明的状况，不同的照明环境能给人亲切、温暖、诱人、开阔甚至兴奋的感觉。

提高城市夜视环境质量的照明设施可归纳为如下诸方面：

（1）公共信息照明。公共空间的标志灯光（道路标示牌、广告牌照明，标志性建筑的照明等）。它为人们提供基本的信息，以满足安全、生存和空间定向的需要。

（2）特殊场合照明。反映夜间活动场所的类型、激烈程度以及发生频率，并用灯光来营造活动的气氛，满足人们追求自己感兴趣的活动。

（3）行为照明。用人工照明来表征地域特征，通过灯光的强度、节奏、色彩、范围以及街道上固定的高度、空间、序列的巧妙安排，表达不同街道及活动区域的重要性和类型。

（4）塑造形态照明。利用人工照明强调不同表面、建筑要素以及区分空间。如灯光照亮树木、喷泉、雕塑等，以及建筑物的装饰照明。

（5）庆典照明。更强调用灯光本身来表达欢乐、喜庆和节日气氛。今日霓虹灯、激光、动感 LED 或探照灯等现代化照明设施代替了昔日的火炬与篝火，庆典灯光的魅力依旧存在。

各个城市根据自身的特点和风格建设各种照明灯光设施，将有助于展现城市风貌、渲染城市气氛、增色城市。提供一个良好的夜视环境，也是城市实力的表现，它反映出一个国家和地区的经济状况和照明科技发展的水平，是经济发展、社会稳定的一种表现形式。在我国，良好的城市夜景照明已成为开发旅游业、吸引外资、促进经济发展的一个有效手段。

9.1.3 室外环境照明设计的要求与原则

城市夜景照明设计的要求和原则随照明的对象不同而异，但是以下几点基本要求和原则是各类夜景照明都应遵守的。

（1）首先应该做好夜景照明总体规划，在总体规划的指导下，再进行细部规划和各类照明设计。

（2）对新建工程，在进行建筑和景观设计的同时就应考虑夜景照明的内容。

（3）设计者了解被照对象的特征、功能、风格、历史背景、社会地位、饰面材料及环境等；特别是要了解规划、建筑或景观园林设计师、工艺美术设计师的创作和设计意图；同时也应仔细了解工程用户及该空间主要使用者对夜景照明的要求。

（4）夜景的照度和亮度水平、照明光源、灯具和电气控制设备与系统应严格按照有关标准规范设计、施工、调试和验收。应按我国城市夜景照明设计标准，或按国际照明委员会（CIE）有关的夜景照明技术文件提供的标准和规定进行。

（5）应做到被照对象的亮度和颜色与周围环境既有差别，又和谐统一。

（6）鉴于颜色光有强烈的感情色彩，而且它们的亮度和显色性也不同，使用颜色光要慎重。根据被照对象表面材料的质地和反射特性合理使用颜色光，对表现被照对象的特征、营造某种气氛、提高照明效果都是很重要的。

夜景照明的目的是展示建筑形象,创造特定气氛。不论使用白光还是颜色光,均应围绕这个目标。建筑本身带有特定风格,传达某种文化信息,白光具有相当的表现力,能够有效地揭示建筑的形象,并且它的作用就是通过展示建筑的形体及明暗特征来表现建筑的自身美感。颜色光一般具有强烈的感情特征,它可以极度地强化某种情绪,创造一个非常鲜明的气氛。那么,颜色光的使用与否就应依据建筑的情况以及被照明场合是否需要创造某种特定气氛来确定。要考虑诸如建筑功能、建筑风格、历史背景、环境等因素。如果确实需要以颜色光作为表现手段,则应认真考虑色彩规律及人们的欣赏心理,精心安排设计。

(7)见光不见灯。布灯时尽量避开人的视线,将灯安装在隐蔽的位置,不要让人直接看到光源或灯具。当条件不允许,灯必定外露时,应认真研究和设计灯的固定支架或灯柱,支架或灯柱的外形、尺度和色彩应与被照物协调一致。

(8)节资节电。通过选择合理的照度标准,使用节能的光源和灯具,精心设计照明方案和控制系统。应该对平日、节假日、后半夜照明采用不同的模式分别控制,认真维护和管理照明设施,将照明能耗和工程造价减少到最低限度。

(9)工程所使用的照明器材、电气设备和控制系统应是技术成熟、安全可靠的产品,并便于维修管理。

(10)防止光污染。夜景照明经常使用上千瓦大功率的高强度气体放电灯或五光十色、闪烁耀眼的霓虹灯、或 LED 灯具。过亮的夜景照明形成的光污染好比噪音一样会影响人的休息和健康,同时对环境,特别是对天文观测和飞机夜航都会产生不良影响。这个问题已引起国际照明界的广泛关注。我们在设计夜景照明时必须重视这个问题,切忌不按标准办事,防止互相攀比和越亮越好的不良倾向。

9.1.4　我国与国际照明委员会(CIE)有关技术文件

(1)中华人民共和国行业标准:《城市夜景照明设计规范》(JGJ/T163—2008)。

(2)中华人民共和国行业标准:《城市道路照明设计标准》(JGJ 45—2006)。

(3)CIE 第 94 号出版物:《泛光(投光)照明指南》(1992 年出版)。

(4)CIE 第 115 号出版物:《机动车道和步行道照明的建议》(2010 年出版)。

(5)CIE 第 136 号出版物:《城区照明指南》(2000 年出版)。

(6)CIE 第 150 号出版物:《关于限制由室外照明装置产生的干扰光效应的指南》(2003 年出版)。

(7)CIE 第 154 号出版物:《室外照明系统的维护》(2003 年出版)。

(8)CIE 第 X008 号研讨会论文:《城市天空光,天文学的烦恼》(1994 年出版)。

9.2　城市夜景照明规划

为了使城市夜景成为有城市特色的人文景观,充分发挥城市照明在促进社会、经济、环境发展方面的作用,城市夜景照明规划已被立为专项规划,应当引起规划师、照明设计师的高度重视。实施时应当采用城市规划的基本步骤和方法,即总体规划与详细规划两部分,大城市或情况复杂的城市可编制分区规划;采用景区群体形象设计及单体设计的方法,结合照明设计自身的特点,进行城市夜景照明的规划与设计。

9.2.1　总体规划

进行夜景照明总体规划的目的是使城市夜景错落有序,有代表性的城市夜景与其他景观的关系主次分明、张弛有序,充分体现城市的美学蕴意和特色内涵。夜景照明的总体规划要充分考虑城市的建筑景观、道路景观、节点景观、城市轮廓线、城市标志、河道景观和区域景观等诸多方面的要素,这些景观是构成城市夜景的主要方面,同时又是局部的可观赏性的城市形象。

城市夜景照明规划应成为城市规划不可缺少的一部分,在城市设计阶段就应引入。

城市夜景照明规划城市应确定规划范围、规划年限、规划依据、规划原则与目标,必须符合城市总体规划对城市的定位(按其经济、文化发展及规模的级别和特色),与它的历史文化、景观特征、经济和资源状况、居民生活习惯与心理需求相协调;根据城市性质和发展需求、城市经济基础和技术水平,确定其照明发展目标(体现人与自然的和谐,并促进功能照明与景观照明的协调发展)。

具体包含三方面:首先确定城市照明空间结构与布局,提出功能照明(道路照明、指引照明、标识照明)的要求与标准、景观照明体系与夜间活动组织,使功能照明与景观照明协调发展;其次提出能保证有重点、有步骤、有统一部署地进行建设的城市照明框架,以提升城市夜间形象;最后要明确照明节能与环保要求,使光污染、能源浪费等负面影响得以避免或最小化,并对照明设施的分期建设与管理提出建议。

城市照明规划应与该城市的电力规划、交通规划、商业网点规划、旅游规划、绿地系统规划、历史文化名城(保护区)保护规划等相关规划互相协调。

9.2.2　详细规划

详细规划是城市夜景照明总体规划的延伸,其成功与否将直接影响到城市夜景的总体效果。我们从组成城市夜景主要的六个方面进行分析。

1. 道路景观

城市道路组成了城市交通与联系的纽带。而在城市的夜景中,它则组成了城市的道路风景线,是舞动在城市夜景中的彩带。道路景观不仅是指道路本身,还包括沿街景观绿化和两侧建筑(构筑物)等许多方面。

2. 节点景观

城市节点是指该城的广场、车站、中心地段等汇合处(如上海人民广场),其景观的重要性是可想而知的。节点景观应在表现白天景色的前提下,营造出与白天不同的夜景观。

3. 城市轮廓线

城市轮廓线指的是在白天由城市建筑形成的天际线组合,夜景照明要能体现城市轮廓线。道路照明从城市夜景的角度而言,勾勒出的也是城市轮廓线,它与建筑天际轮廓线上下呼应,形成了白天不能一见的风景,勾勒出了城市的第二轮廓线。

4. 城市标志

城市标志是构成特色景观的重要因素,具有历史、文化意义的城市新老标志均可为城市增光添色。上海的东方明珠电视塔与外滩分别是上海的新老城市标志,它们各自的夜景一动一静,隔黄浦江遥相呼应,构成了上海最有魅力的城市夜景。

5. 河流景观

城市内蜿蜒曲折的河流,它的水体、驳岸、亲(滨)水建(构)筑物、两岸步道及绿化等如进行适当的照明并配上恰当的控制,可以形成颇有特色的河流景观带。尤其在河流与道路的交汇处(如桥梁、隧道),更是创造节点景观的良好场所。

6. 区域景观

城市的各个区域各具特点而形成了各自的景观。区域景观也是夜景照明分区规划的一个重要方面。我们可以将区域景观划分成道路景观、节点景观、轮廓线、区域标志、河流景观等五个方面。可见,区域景观实际上是城市景观按比例的缩小。

详细规划应确定上述各类景观的布局与照明设计要求:照明方式、照明标准及控制要求,并给出概念图式示例与照明技术指标;注意照明效果的协调与组织;提出近期照明工程建设项目计划、整改对策、投资与能耗概算。

9.2.3 景区群体形象设计与单体设计

对景区的建筑物(如商业街、文化街、广场等)必须进行群体形象设计。

对群体的平均亮度(或照度)水平、色调、照明方法等应有所规划,使其与周围景区的照明在宏观上保持协调的比例关系,从而保障整个城市夜景照明的总体效果。

对景区群体照明水平和格调进行规划,以体现自身固有的特征和文化内涵。确定各单体建筑在景区中扮演的"角色",使重点与一般相结合。各单体的照明方法和效果可根据具体情况多变有别,但整体上要统一协调,给人以既多姿多彩,又完整和谐的总体效果。

规划主要要确定下列内容:

(1)夜景照明的基本要求、原则和将要达到的总体效果。

(2)夜景照明的总体格调、总的平均亮度水平。

(3)分析景区内各照明对象在群体中的地位,确定照明的主景、对景、配景和底景的部位和对象,并确定各自亮度水平和它们的比例关系、照明的基本要求与方法、色调的配置与颜色光的运用以及照明控制的手段和方法。

(4)制定出实施的步骤、方法和进度表。

9.2.4 照明与表现

当代照明技术的迅速发展,给设计者提供了愈来愈多的光源和灯具的选择,同时也带来了如何合理、巧妙地使用这些工具做好照明设计工作的问题。要做好这一工作,必须具备下列条件。

1. 了解知觉过程

一般而言,人的知觉过程是:属性分类→预测→情感反应。当一个环境中的情况与人们的肯定的预测相符合,并能引起情感上的积极反应时,这个视觉环境将是亲切或有吸引力的;反之若一个环境与人们肯定的预测相抵触,则必定引起人们情感上的消极反应,这样的视觉环境将是不亲切或感觉难看的。同时,知觉过程是一个完形的过程,人们总是不自觉地将看到的事物抽象成一个整体。此外,物体在人们的脑海里具有常性。比如说,人人都知道树叶是绿的,虽然我们晚上看到的树叶一片漆黑,可我们仍以为并能感觉到它是绿的,这就是视觉常性的作用。视觉常性理论给照明工作者用灯光创造特殊的视觉效果提供了理论依据,违背常性的设计从知觉过程而言,一定会引起人们新奇、刺激或否定、消极的反应。

2. 掌握一定的形体分析方法

形体分析的方法很多,在这里介绍一种叫做"图底分析"的方法。如果我们把局部需要照明的景观作为实体覆盖到整个夜间环境之中去加以分析,此时的景观与背景的关系具有类似格式塔心理学中"图形与背景"的关系,这样的分析方法可称之为"图底分析"法。我们认为,引入这一方法进行夜景分析是很有必要的。因为城市夜景照明就是要从一个黑暗的"底"中,勾勒出一幅白天所不能见到的"图"。"图"的样子、"图"与"图"的配合、"图"与"底"的韵律,都可以通过图底分析法获得满意的结果。

3. 熟悉各种光源并掌握各种各样的灯光造型艺术手法

在此介绍一种新的表现手法——"借景"。借景的手法在中国古代的园林建筑和建筑装修中屡见不鲜,我们觉得这一手法也可为照明设计师在城市夜景规划和设计当中采用。要形成一个完整的景观,单单依靠被照建筑本身的形体是远远不够的,还需要周围环境和其他建筑与之配合。照明设计师可以利用照明本身所具有的可强调重点的优势,结合环境的共融性,运用照明虚实处理的手法,借周围之景为我所用,创造出与白天风格迥异的城市夜景。在光色的运用上可以多用一些暖色调的光如黄光,除非特殊需要,尽量慎用蓝、紫色光,因为晚间看到蓝、紫色总会引起不安与消极被动的情绪;绿色光源近年来被广泛采用,但主要还是在公园或喷泉等处,可以给人以安详宁静之感,若配上少量白光则效果更佳。

4. 夜晚景观与白天景观的关系

白天景观靠天然光照明,光是从上往下照,它构成了城市的第一轮廓线。夜晚景观依靠灯光照明来表现这一景观,同时连续的道路照明构成城市的第二轮廓线。照明设计师(工程师)在营造夜景时,尽量利用灯光展示建筑物、景观等环境要素白天的风韵,不足之处再加以弥补与再创造,不要破坏白天景观(由某种特殊原因需要作秀例外)。同时在实施夜景工程时,更要注意保护城市的光环境,尽量避免光污染。

9.2.5 照明与节能

1993 年,联合国教科文组织和国际建筑师协会联合提出了可持续发展(sustainable development)的概念,其核心即"生态问题、节能问题、节地问题",节约能源正成为全世界的焦点,也是我国的基本国策。

城市夜景照明的实施需要电力供应的保障。据不完全统计,上海 2005 年全市景观灯光(不包括道路照明)耗电功率约为 3×10^4 kW,这是一个相当可观的数字。所以在夜景照明规划的同时,应规划其电力供应。

在规划、设计与实施时不要盲目追求亮,要有明有暗形成对比,有错落才能表现整体效果。首先是亮度水平的确定,其次是合理地选择照明方式,在满足光色(色温)与显色性要求的前提下优先选用长寿命高光效的节能光源和长寿命高效能的灯具。特别注意室外使用灯具对外壳防护等级的要求(IP-55、IP-65),当选用 HID 灯时尽量采用能耗小、功率因数高的镇流器。当然,精心设计最佳装灯位置和投光方向对于节能也是很重要的,LED、冷阴极荧光灯都是长寿命的光源,在室外环境照明中宜加以推荐。最后采用合理的、智能化的照明控制系统是照明节能不可缺少的组成部分。

总之,夜景照明是我们目前正在实施的"绿色照明计划"的重要组成部分。

表 9-1 列出了建筑物夜景照明的功率密度值(LPD)作为照明节能的评价指标,此表摘自《城市夜景照明设计规范》(JGJ/T163—2008)。

表 9-1   建筑立面夜景照明的照明功率密度值(LPD)

建筑物饰面材料	反射比 (ρ)	城市规模	E2 区 对应照度 /lx	E2 区 功率密度 /(W·m⁻²)	E3 区 对应照度 /lx	E3 区 功率密度 /(W·m⁻²)	E4 区 对应照度 /lx	E4 区 功率密度 /(W·m⁻²)
白色外墙涂料、乳白色外墙釉面砖、浅冷和暖色外墙涂料、白色大理石	0.6—0.8	大	30	1.3	50	2.2	150	6.7
		中等	20	0.9	30	1.3	100	4.58
		小	15	0.7	20	0.9	75	3.3
银色或灰绿色铝塑板、浅色大理石、浅色瓷砖、灰色或土黄色釉面砖、中等浅色涂料、中等色铝塑板等	0.3—0.6	大	50	2.2	75	3.3	200	8.9
		中等	30	1.3	50	2.2	150	6.7
		小	20	0.9	30	1.3	100	4.5
深色的天然花岗石、褐色的大理石、瓷砖、混凝土等、暗红色的釉面砖、人造花岗石、普通砖等	0.2—0.3	大	75	3.3	150	6.7	300	13.3
		中等	50	2.2	100	4.5	250	11.2
		小	30	1.3	75	3.3	200	8.9

注:(1) 为保护 E1 区(天然暗环境区)的生态环境,建筑立面不应设置夜景照明。

(2) E2 为低亮度环境区,如乡村的工业或居住区等;

E3 为中等亮度环境区,如城郊工业或居住区等;

E4 为高亮度环境区,如城市中心和商业区等。

(3) 城市规模的划分见《城市夜景照明设计规范》附录 A。

9.2.6 夜景意象(效果)图

夜景意象即是通过照明呈现在人们面前的夜间环境与人的主观感知的结合,它不但包含夜景自身的物质属性,同时也包含使用者对环境的主观感受。夜景意象(效果)图是照明设计师表达照明设计成果的好方法,照明设计师在进行照明规划设计的第三阶段,即景区群体形象设计与单体设计时,应当画出夜景意象图。一来可以看看总体效果如何,做到心中有数;二来也便于方案的改进。夜景意象图是具体而微缩的实际夜景观,我们可以直观地在图上看到设计的预想效果,避免在竣工后出现不必要的既浪费人力又浪费物力的修改或重做。

9.2.7 创建有城市特色的夜景照明

这里说的城市特色不是指城市在功能与性质上的差异性,而是指对人们审美经验而言的审美特征的差异性。

1. 时代性

夜景照明应具有时代性是毋庸置疑的,能反映城市时代特色的照明是有城市特色的夜景照明。

2. 人文特色

每一个城市有自己独特的人文特色,如上海的建筑属于西洋建筑风格与江南建筑风格的共融,其文化是扎根于中国土壤而又受国外熏陶的海派文化。所以,夜景照明总体规划要着重渲染具有文脉特征的景点(如外滩、豫园等)。

只有把时代性、文脉特色和景观美学有机地结合起来的夜景照明规划设计,才是真正能反映城市特色的夜景照明。

9.3　泛光(投光)照明

为了创造城市夜景,设计师应充分了解并掌握最新的光源和照明技术,利用光线将自然景区和人工景区表现出来。

创造城市夜景的照明手法有很多,一般而言可分为泛光照明(投光照明)、动感照明、轮廓照明、自发光照明以及声光照明。各种照明手段各有特色,一个优秀的照明设计作品往往不是单独用一种照明方式所能达到的,它需要用不同的照明手段有机地结合。本节着重讨论泛光照明。

泛光照明是目前最常用的一种照明方法,它是利用泛光(投光)灯照亮建筑物或自然物,起到用强光突出的一种有效的方法。泛光(投光)照明是最具表现力的照明手段,在塑造城市美丽夜景方面有着很大的作用。它可以照亮建筑、桥梁、树木、台阶、雕塑、柱头等等,几乎无所不包。进行泛光照明时应当确定选用的光源类型、灯具的光通输出比和光度特性、投光灯的位置等。因此在照明设计时必须考虑以下诸多因素:要强调的面或形体的颜色和质感;观察点的位置;被照物到灯具的距离;周围的照明情况以及预期的效果等等。

9.3.1　选择被照物体

泛光照明方案的成功,不仅与照明技术和使用器材的质量有关,预先对环境及被照物的研究也起到了决定性的作用。泛光照明的强调作用是其他的照明方法所不能比拟的。根据这一特点,研究城市中历史的、文化的、建筑的以及自然的元素确定照明的对象,是照明设计工作首先应当做的,而这对揭示城市性质、展示城市风采的作用将是十分重要的。

从城市景观的设计角度,采用城市夜景分析方法,用我们的鉴赏能力来认识城市中的美,并且用照明在夜晚来揭示它,这正是照明设计(工程)师应当做的。

泛光照明的特点之一是能够从周围环境中分离出某个有品质的题材,而其周围的环境只是一种陪衬或只有影子。在进行泛光照明时,应当将照明的范围扩大一点从而给设计主题一个环境,给人一个空间。另外在考虑泛光照明本身的同时,也应当考虑环境照明(如道路照明)的影响,它的强度与光的方向可能会有碍于被照物的观察。

9.3.2　投光照明技术

投光照明并不是而且决不可将被照物浸没在光的海洋之中。照明的表现应当是有层次、有重心的。在处理上,应充分利用照明技术使一些希望重点表现的表面亮一些,让被照物体在不同平面与形体上显示出立体感。在 CIE 的 No.136 出版物《城区照明指南》中提出:$E_v/E_{sc}=0.8\sim1.3$(其中 E_v 为垂直面照度,E_{sc} 为半柱面照度)时立体感是较好的。

为此,必须考虑如下几个方面:

1. 投射角

阴影的存在可以使被照物显示出立体感。阴影的大小取决于被照表面的凹凸程度以及光线的投射角度,垂直被照面投光的照射方法是不会产生阴影的,投光的主光轴和被照面的

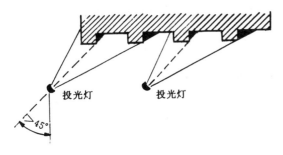

图 9-1　投光照明投射角

法线（主视线）的夹角宜大于或等于 45°（图 9-1）。

2. 照明方向

为使被照面看上去比较均匀，应使所有的阴影处在同一方向，即照明的方向应一致。若两侧对称布灯，可能会引起消除表面阴影，减少照明立体感。单方向照明时大的凸出物会产生大块的阴影，为避免破坏正面照明效果的统一性，可在与主要照明方向呈 90°的方向使用较弱的补充光使阴影柔和（图 9-2）。

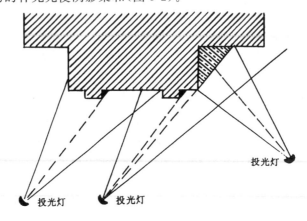

图 9-2　主光、补充光示意图

3. 观察点与照明方向

为看到阴影，对凸出物的照明方向需随观察点的不同而不同。一般而言，照明方向与观察方向之间夹角至少为 45°，应避免观察方向与照明方向相同或呈较小的夹角，对于在多个观察点观看的被照物，通常不可能严格遵循上述的规则，此时，需选定一个主要的观察方向，并为这个优选的观察点进行照明设计（图 9-3）。

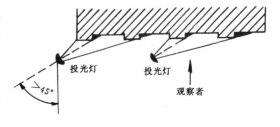

图 9-3　观察点与观察方向

9.3.3　设施的类型与投光灯的布置

1. 确定位置

投光灯位置的确定是一个颇费功夫的事，它首先应满足前述的各项原则，其次还受许多实际情况的制约。如电源问题、白天的美观问题、投射的距离与角度问题等等因素的约束，所以我们在确定安装位置时应进行充分的考虑，对预先研究的方案进行修改，制定出最合适的方案。

2. 示例

下面介绍 CIE No.94 出版物提出的，常见的不同类型设施的照明方法：

（1）几种常见建筑物的投光和布灯方案，见图 9-4。

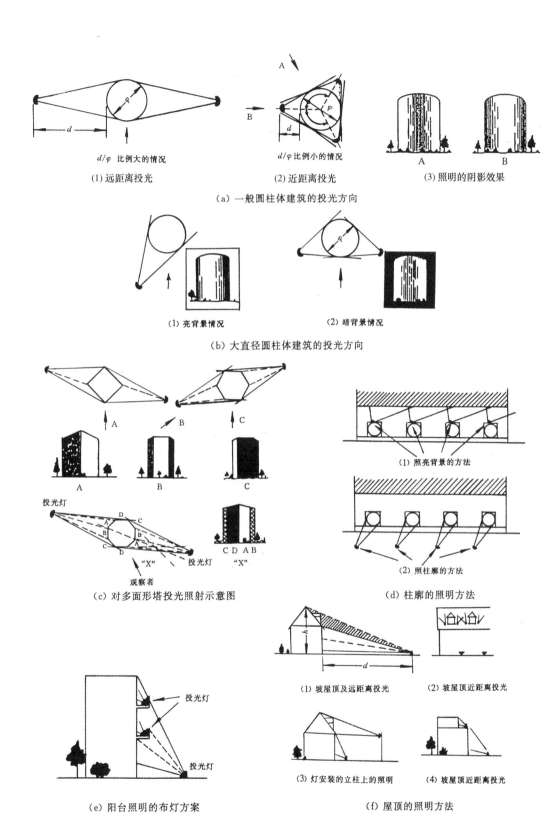

（1）远距离投光 d/φ 比例大的情况

（2）近距离投光 d/φ 比例小的情况

（3）照明的阴影效果

（a）一般圆柱体建筑的投光方向

（1）亮背景情况

（2）暗背景情况

（b）大直径圆柱体建筑的投光方向

投光灯

（1）照亮背景的方法

（2）照柱廊的方法

观察者

（c）对多面形塔投光照射示意图

（d）柱廊的照明方法

（1）坡屋顶及远距离投光

（2）坡屋顶近距离投光

（3）灯安装的立柱上的照明

（4）坡屋顶近距离投光

投光灯

投光灯

（e）阳台照明的布灯方案

（f）屋顶的照明方法

图 9-4 几种常见建筑物的投光和布灯方案

（2）雕塑小品、屋顶和地面旗杆与旗帜的投光和布灯方案，见图9-5。

（3）喷泉的投光和布灯方案，见图9-6。

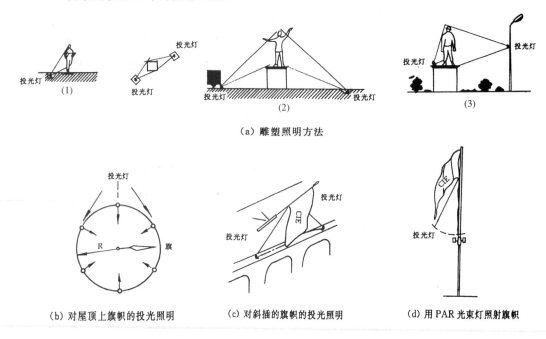

（a）雕塑照明方法

（b）对屋顶上旗帜的投光照明　　　（c）对斜插的旗帜的投光照明　　　（d）用 PAR 光束灯照射旗帜

图 9-5　雕塑小品、屋顶和地面旗杆与旗帜的投光和布灯方案

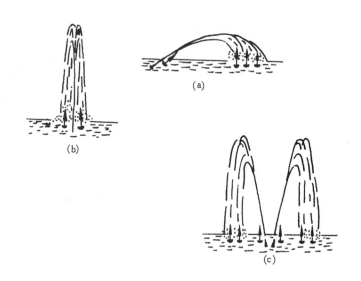

图 9-6　喷泉的投光和布灯方案

（4）阶梯式水流照明的布灯方式，见图9-7。

（5）树木照明的投光方向和布灯方案，见图9-8。

（6）花坛照明的投光方向和布灯方案，见图9-9。

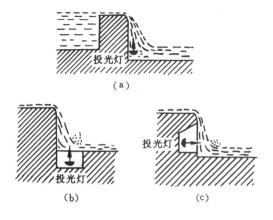

图 9-7 阶梯式水流照明的布灯方式

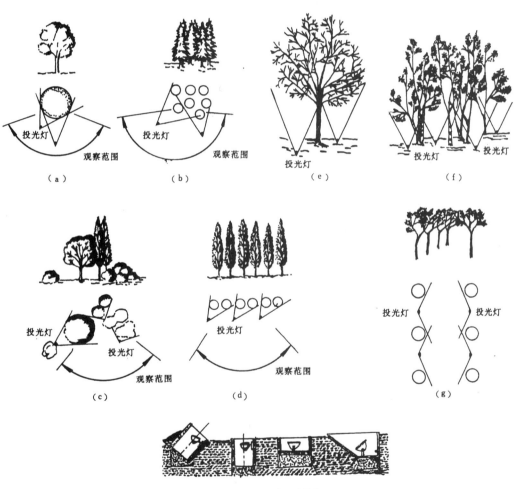

(f)树木埋地灯的几种做法

图 9-8 树木照明的投光方向和布灯方案

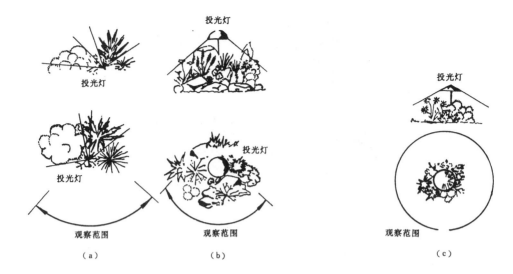

图 9-9　花坛照明的投光方向和布灯方案

9.3.4　照明质量

1. 亮度水平

为确保可见度,被照物的表面平均亮度应当与其环境在亮度、位置上相匹配。视觉工效的研究结果表明当背景亮度与目标亮度之比至少为 1:5 时,视觉上才感到目标似乎比背景亮 1 倍。

作为环境,尤其是作为被照物的背景时,如果其平均亮度高,则被照物的亮度也要高。若要产生足够的视觉影响,小的、独立的表面需要有一个较高的亮度水平。在环境相似的情况下,表面越大,其亮度要求也越低。此外,环境相似,被照物大小相同的情况下,从远距离观看的照明目标要比近距离观看的照明目标亮度要求高。在以平均亮度表述合适的地方,可以用背景亮度的大小来描述地区的明暗情况。

2. 照度水平与反射比

在一般照明的设计中,我们直接使用的是照度而不是亮度,但是在观察被照物时,人眼的直接感觉是亮度,亮度与被照面的照度水平和反射特性有关。在漫反射条件下,亮度与照度的关系可参见第 1 章中的式(1-28)。

对于有光泽的材料来讲,基本上不能采用泛光照明,而大部分材料是两者兼有,则可根据 β/ρ 的比值确定一个界限,此时:

$$L=\frac{\beta E}{\pi} \tag{9-1}$$

β 是亮度因数,它受光源亮度、入射角、视角影响的同时,还受到材料表面反射特性的影响,见图 9-10。

图 9-10(a)表示中性无光泽表面上用白光照射,反射光的光谱分布与入射光的光谱分布一致,并且反射的亮度在各个方向上看起来是相同的,所以可写成 $L=\rho E$。

图 9-10(b)是表示无光泽的有色表面的反射,反射亮度在各个方向上看还是相同,仍可写成 $L=\rho E$。

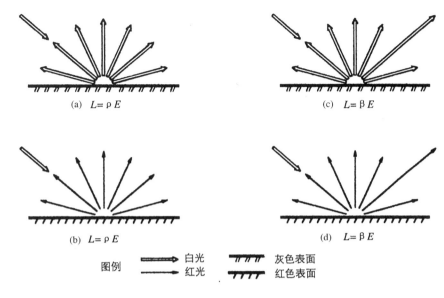

图 9-10　各种表面的反射

图 9-10(c)表面仍然是中性的,但某一方向的反射特别强(定向漫反射),亮度就与观察方向有关,此时 $L=\beta E$。

图 9-10(d)表面既不是中性的,也不是无光泽的,仍然可以写成 $L=\beta E$,但现在所看到的颜色与亮度一样,取决于方向与视角。

β/ρ 值越大,则从某一方向看去越可能出现亮度较大的光斑,并可能会产生较差的颜色属性。因此 β/ρ 值应尽量地小,这就是玻璃幕墙等镜面材料不能进行泛光照明的原因。

不同规模的城市、不同环境区域建筑物的夜景照明照度或亮度标准值见表 9-2。

表 9-2　　　大、中和小城市中不同环境区域建筑物夜景照明的照度和亮度标准值

(摘自《城市夜景照明设计规范》JGJ/T163—2008)

建筑物饰面材料	反射比 (ρ)	城市 规模	平均亮/cd·m⁻²				平均照度/lx			
			E1 区	E2 区	E3 区	E4 区	E1 区	E2 区	E3 区	E4 区
白色外墙涂料、乳白色外墙釉面砖、浅冷和暖色外墙涂料、白色大理石	0.6~0.8	大	—	5	10	25	—	30	50	150
		中等	—	4	8	20	—	20	30	100
		小	—	3	6	15	—	15	20	75
银色或灰绿色铝塑板、浅色大理石、浅色瓷砖、灰色或土黄色釉面砖、中等浅色涂料、中等色铝塑板等	0.3~0.6	大	—	5	10	25	50	75	200	
		中等	—	4	8	20	30	50	150	
		小	—	3	6	15	20	30	100	
深色的天然花岗石、褐色的大理石、瓷砖、混凝土等、暗红色的釉面砖、人造花岗石、普通砖等	0.2~0.3	大	—	5	10	25	75	150	300	
		中等	—	4	8	20	50	100	300	
		小	—	5	6	15	30	75	200	

注:(1) 为保护 E1 区(天然暗环境区)的生态环境,建筑立面不应设置夜景照明。

　　(2) 对特别重要的建筑物,需要提高其照度或亮度时,只宜在该建筑物上局部提高。

安装在低处的灯具向上照射时,光线经过反射后射向空中,对地面的观察者没有大的影

响,但是应当在灯具的出光口加上挡光板或采用不对称灯具以防止光线外逸,尽量避免产生光污染。而当灯具安装在高处或另外一幢建筑物上向下照射时,在某方向观看时可能会产生反射眩光。另外,光泽材料表面色彩越饱和,光的吸收便越大。因此,需要的照度水平应当与所用材料的反射比相匹配,对于事先不知道反射比的材料,可以通过现场测试来获得。

9.3.5 光源和灯具选择

选择合适的光源与灯具对投光照明是至关重要的,选择时应仔细考虑投光灯的光强、光束角、配光曲线、光源的额定光通、光输出比(灯具效率)等。一般来说,这些数据厂家是会提供的。表 9-3 给出了室外照明中经常使用的光源的技术数据。

表 9-3 常用光源的技术数据

光源类型	光效 /(lm·W^{-1})	显色指数 (R_a)	色温 /K	平均寿命 /h	应用场合
三基色荧光灯	>90	80~96	2700~6500	12000~15000	内透照明、路桥、广告灯箱、广场等
紧凑型荧光灯	40~65	>80	2700~6500	5000~8000	建筑轮廓照明、彩灯、园林、广场等
金属卤化物灯	75~95	65~92	3000~5600	9000~15000	泛光照明、路桥、园林、彩灯、路桥、广告、广场等
高压钠灯	80~130	23~25	1700~2500	>20000	泛光照明、路桥、园林、广告、广场等
冷阴极荧光灯	30~40	>80	2700~10000 或彩色	>20000	内透照明、装饰照明、彩灯、路桥、园林、广告等
发光二极管(LED)	白光 >40	70~80	白光或彩色	>60000	内透照明、装饰照明、彩灯、路桥、园林、广告、广场等
无极荧光灯 (电磁感应灯)	60~80	75~80	2700~6400	>60000	泛光照明、路桥、园林、广告、广场等

9.3.6 照明计算

建筑物立面照明一般采用投光灯或反射型灯泡。采用多灯照明时,必须按光束角(见第 5 章)的大小选定灯的间隔。如图 9-11 所示。光束角大者,适用于高度较小、宽度较大的建筑;光束角小的适用于较高的建筑。表 9-4 给出了在建筑物上安装投光灯的间隔推荐值。

表 9-4 在建筑物上安装投光灯的灯具间距建议值

建筑高度	灯具光束类型	灯具伸出建筑物 1m 安装间距/m	灯具伸出建筑物 0.75m 安装间距/m
25	窄光束	0.6~0.7	0.5~0.6
20	窄光束或中光束	0.6~0.9	0.6~0.7
15	窄光束或中光束	0.7~1.2	0.6~0.9
10	窄、中、宽均可	0.7~1.2	0.7~1.2

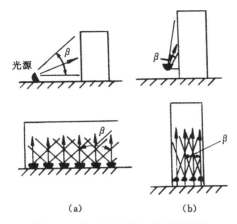

图 9-11　投光灯按光束角配置举例

1. 光束宽度等参数的计算

投光灯照射到建筑物上的高度、宽度、面积与灯的光束角大小和建筑物之间的相对位置等有关,可以用下列各式来计算确定(见图 9-12)。

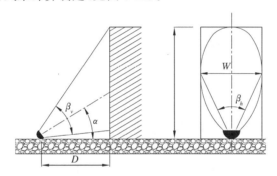

图 9-12　光束照射的高度与宽度

$$l=D\left[\tan(\alpha+\beta_\mathrm{v}/2)-\tan(\alpha-\beta_\mathrm{v}/2)\right] \tag{9-2}$$

$$w=2D\sec\alpha\tan(\beta_\mathrm{h}/2)=2D\tan(\beta_\mathrm{h}/2)/\cos\alpha \tag{9-3}$$

$$A_0=\pi lw/4 \tag{9-4}$$

其中　l——投光灯的照射高度(椭圆形光斑的长轴);

　　　w——投光灯的照射宽度(椭圆形光斑的短轴);

　　　β_v——投光灯垂直方向光束角;

　　　β_h——投光灯水平方向光束角;

　　　D——投光灯距建筑物距离;

　　　A_0——一台投光灯近似照射面积;

　　　α——投光灯光束中心与地面的夹角。

上述公式为投光灯从正面垂直投射建筑物时的计算公式,当投光灯光轴与建筑物立面成一定角度时,建议求出 w 值后用作图法求出倾斜宽度。

2. 计算步骤

(1) 按已知条件,参考表 9-2 首先确定平均照度,按具体情况进行适当调整。

（2）根据所选择的投光灯的光束角数据及投光方案，利用作图法反复调整 D 及 α 以确定灯位（D 的初选可以用 $E_p = I/D^2 \cdot \cos^3\alpha$ 来定），而后按前式求出 l 值，以保证投射光达到建筑物所需的照射高度。

（3）按下式求出所需的灯数

$$N = \frac{E_{av}A}{\phi_b UK} \tag{9-5}$$

或

$$N = \frac{E_{av}A}{\phi_s \eta UK} \tag{9-6}$$

其中　E_{av}——被照面的照度平均值，lx；

　　　A——被照面积，m^2；

　　　ϕ_b——投光灯光束角内射出的光通量，lm；

　　　ϕ_s——投光灯内光源光通量，lm；

　　　η——投光灯有效效率；

　　　N——投光灯数量；

　　　U——有效光通利用系数；

　　　K——灯具维护系数。

计算出所需的投光灯的数目后求出布灯间距。计算灯数时，因投光灯立面照明溢出光很少，如灯具离建筑较近时，光束角以外的溢散光一般也可以照到建筑物上，故光通利用率 U 可取 $0.85 \sim 1.0$。

（4）用式（9-3）算出光束宽度 w，验证 w 与布灯间隔的差别。若 w 大于布灯间隔，则光束相交；若 w 小于布灯间隔则不能满足要求，需重新调整。

（5）验证投射面积，一般需满足

$$NA_0 \geqslant A（A 为被照面面积）$$

（6）根据所选择的灯具及安装条件，由式（9-5）或（9-6）算出 E，然后由式（1-28）或（9-1）算出平均亮度 L。用 L 与环境亮度 L' 的比值来确定投光照明是否可行。

9.3.7　动感投光照明

动感投光照明的基本概念与上述各部分相同，只不过它是通过对被照对象不同部位的照度水平的变化来加强照明效果，增加生动感。

1. 原理

动感投光照明采用传统投光照明方法，利用了照明控制系统，通过控制投光灯的开关或明暗，甚至控制颜色的变化来达到动态的效果。它可以通过不断更换图像、移动光线、变换光色等手法提高观赏者的兴趣并活跃气氛，同时又因为照明方案在感觉上和设施上根据时间和空间一部分一部分地发光，所以运行费与维护费也有下降的可能。

2. 计划与方案

进行动感投光照明的设计，首先应当对被照目标进行分析，将目标分隔成既相互独立又相互联系的单元。划分的单元数必须足够多，使之能产生真正的动感效果，但又不能太多。因为每个单元是一个独立的发光体，其效果可以是单独使用时或是各种组合时产生的效果，必须确保当它们一起工作形成总体照明效果时各单元相互之间不发生任何的抵触。特别要注意照明的方向,其照明的效果必须与被照对象的总体美学性质相一致,主要观察点的照明质量也必须与其他多个观察点的照明质量相一致。

再次,要编写要求控制系统做的工作,即方案与程序。这包括在整个工作周期中各单元的组合方式及不同照明效果的先后间隔,照明的每一个步骤不能太慢而造成动感不强烈,也不能太快而使观察者无法对每个图案的状况作出评价。

3. 控制系统

对控制系统的要求一般是由设计人员直接提供的。它必须能够存储各种操作指令,并能重复操作各种指令,每一件设备至少应满足下列条件:

(1) 满足所有照明设施一起满负荷工作。

(2) 可用停止工作、降低功率等两种控制状态来获得中间照度水平。

(3) 用增加或减少发光亮度来控制照度水平的变化。

(4) 能瞬时"开"或"关"。

9.4　室外装饰照明

本节讨论除投光(泛光)照明以外的其他各种室外装饰照明的方法,着重讨论轮廓照明、自发光照明和内光外透。

9.4.1　轮廓照明

轮廓照明是室外照明中用得很多的一种照明方式。它采用线状光源或由点状光源组成线来勾勒出建筑的轮廓、门和窗的框架或屋脊线等结构线条。轮廓照明对表现建筑的形态、线条的组合是很有效的手段。

1. 适用范围

轮廓照明与投光照明起到的作用是完全不同的。它感兴趣的地方不在于细节而在于线条和整个建筑物的形状;它所产生的照明环境,比较接近于街市景观,适合于较大型建筑物,而不适于小型纪念物。中国的古建筑、桥梁和圆穹顶等可以采用这种方式来照明。对于较小的建筑物建议不要采用这种手法,因为发光线条靠得太近在一定距离观看会造成视觉混淆,并形成一堆令人讨厌的杂乱光。

2. 优缺点

轮廓照明的优点主要表现在它相对周围环境具有安装的独立性,不像安装投光灯那样要征得周围居民的同意,以及安装悬挂式道路照明灯那样要征得市政管理部门的同意。由于所有的安装点都设在大楼上面,也简化了连线。

轮廓照明的缺点一是安装及维护费用较大;二是由于有许多固定点处于或靠近突出的角上,增加了灯具损坏或功能衰退的机率;三是由于存在照明灯具,在许多观察位置上,改变(或破坏)了大楼白天的景观。

3. 照明方法及设备

1) 白炽灯泡(卤钨灯泡)

一般是将白炽灯安装在装饰照明带上,然后再装设在建筑物上,这样可以使安装更方便。灯与灯之间的距离应当根据主要观察点的位置来确定,在向厂家订货时就要交代清楚。

在选择灯泡时应优先选择长寿命的灯泡。另外,可以考虑采用降低光源工作电压的方法来延长光源的寿命,同时可以降低运行和维护的费用。若需要实现"动态"的效果,还可以配上控制器,使不同的灯泡在不同的时间点燃,按照预定程序形成各种组合,灯泡还可以涂上各种不同的颜色,这就是俗称的"跑马灯"或"皮带灯"。由于白炽灯光效低,目前已有采用冷阴极荧光灯泡或 LED 灯代替以达到节能和增加使用寿命目的。

2）霓虹灯

霓虹灯的特点是可以做成任何形状和多种颜色,使它能按建筑物的性质及立面的不同而变化,灯管的长度也可以精确控制。但霓虹灯必须使用高电压(约 9～12kV)工作,所以在使用时应注意电气安全。目前霓虹灯已可以实现调光。

3）冷阴极荧光灯(cold cathode florescent lamps)

它的电极无需加热能瞬时启动、低温(约−25℃)启动并正常工作,灯工作电压较高。此类灯寿命较长,约达 20 000～30 000h。由于灯管细、表面温升小、表面亮度高、易加工成各种形状(直管形、L 形、U 形、环形等),适用于艺术装饰照明,作背光光源,将其装入各种管径的透明、彩色、乳白等外壳内,可作为装饰用的护栏灯、轮廓灯、组字灯、组图灯等使用。并通过控制系统可实现动态变化。

4）荧光灯

这里指热阴极荧光灯(弧光放电),将其线状地排列成为一种线形光源。有人将它用在高架路的护栏上以勾勒其轮廓,得到了较好的效果。其特点是光效比较高,有利于节约电能。但由于荧光灯寿命短(与冷阴极管相比)而且灯管长度有限,使用时要一根根灯管连接起来,单根灯管不能弯曲。

5）彩色塑料霓虹白炽灯带

在软性彩色塑料管内定距离安装微型灯泡,点亮时发出彩色光,外形可根据用户要求弯曲成任意形状的,称为彩色塑料霓虹白炽灯带。内部灯泡直径 6mm、工作电压 6～6.5V,工作电流 60～100mA,功耗 14W/m,可直接接入 220V 电源,寿命达 10000h,安装维护简便、无电磁干扰。但由于白炽灯光效低,目前已有采用 LED 代替微型灯泡以达到节能的目的,此类产品称为 LED 彩色装饰软灯带。

6）装饰用发光二极管(LED)组合灯

(1) LED 彩色球形装饰灯泡:将 LED 根据不同需要封装入球形、反光型等玻壳中,在后部装入整流电路,采用通用的各类灯头,可生产出多种型式和尺寸的装饰灯泡。一般灯泡直径为 50mm、60mm,亮度 4.5cd/m² (1.5W)。

(2) LED 直管形装饰灯(护栏灯):将一定数量的 LED 封装入各种颜色的圆形、半圆形、方形的透光塑料管中。同时配有插接件、整流电路,组成各种用途的直管形装饰灯。典型的尺寸为 110mm×80mm×1000mm,外观颜色透明或乳白。

(3) LED 彩色装饰软灯带:将 LED 封装入圆形、扁形的各种彩色塑料圆管或方形的软塑料管中,可以用于轮廓照明,也可组字、组图案。直径 11～13mm,寿命 50 000h。

所有 LED 产品都可以采用单色 LED 做成单一色的,也可以采用三种颜色(三基色)的 LED 混光产生多种颜色,并利用控制器可以实现动态照明。

7）场致发光(EL)光带

EL 是在无机化合物(如陶瓷)上或有机化合物(如塑料)上涂荧光粉,在电场作用下发光。随着各低压荧光粉的开发,EL 已进入实用阶段。使用的薄膜厚度一般小于 1.2mm,亮度不断提高(达到 $1000cd/m^2$)。它可以做成白色及各种颜色。它发光效率并不高,但可以随意改变形状,热损耗电力很少,反应较快、视觉认知性较好,耐久性好,可将其制成光带沿建筑物轮廓敷设,实现轮廓照明。

8)光纤照明系统

光纤照明系统由光发生器、光导纤维管(光纤)、光输出装置(仅用于端发光光纤)三部分组成。有两种类型,一种是利用光纤的全反射特性,将光从发生器传输到光输出装置,称为端发光;另一种是使入射光线方向与光纤轴线的夹角大于临界角,即入射光线方向不满足全反射条件,有一部分光线从光纤侧面透出来,做成侧发光光纤。侧发光光纤用于轮廓照明很合适,可以任意弯曲,外套透明抗紫外 PVC 套管,整条发光,类似霓虹灯效果,故有人称它为光纤霓虹。

对于侧发光的光纤,由于光线在传导过程中发生了折射,会产生衰减,传导距离较长时会造成亮度不均匀。可在末端装一个反射装置,使光线再从末端反射回来,再在光纤中传导。也可采用在双端同时连接光发生器或采用链式连接发生器的方式,以改善光纤管表面亮度的不均匀性。

侧发光光纤比霓虹灯暗,同时 PVC 管易吸附灰尘,亮度衰减很厉害,适用在周围环境亮度不太高、而采用光纤有明显优势的地方。

9.4.2 内透光照明

大楼利用安装在室内的灯光,透过玻璃窗或玻璃幕墙,形成一块块的发光面或发光体,从外面观看的夜景效果很有特色,玻璃体有一种晶莹剔透的感觉,而且具有省电、检修方便的优点。

设计内透光照明的方法有两种,一是不专门安装内透光照明设备,而是利用室内一般照明灯光,在晚上不关灯,让光线向外透出,目前国外大多数内透光夜景照明属此类。为节约能源,我们建议靠窗的两排灯单独控制,以满足内光外透的要求,而其他灯具可关闭。二是在室内专门设置内透光设施,灯具可设置在玻璃幕墙、柱廊、透空结构或艺术阳台等部位上方,有吊顶时,可以采用灯槽安装将顶棚照亮或嵌入吊顶,无吊顶时可明装。但注意不要让周围的观察者直接看到很亮的发光体,以免造成视觉不舒适。当然根据具体情况(如利用窗帘),只要形成一个发亮的空腔内透效果就会很好。这种照明方式在国外有不少应用的实例,如芝加哥国家银行、美国科罗拉多州丹佛(Denver)金融大楼等都很有特色。上海市政府 2001 年十件实事之一就是实施内光外透工程,让上海的夜景更亮丽、更璀璨。目前我们国内已有许多做得好的案例。

从"内透光"的思路出发,有的建筑小品和灯光很好地结合在一起,形成"灯光小品",或称为"灯光雕塑",能达到很好的美化环境的作用。

9.4.3 自发光照明

一般讲的投光照明和装饰照明都以建筑为载体来表现建筑或自然物。光线还可以作为一种材料创造独立的发光效果,这就是自发光照明效果。

霓虹灯、LED 组件、EL 光源和光纤都可以用于自发光照明。由于它们可塑性较强,可以组合成各种形体、文字或图形,通过编程和照明控制的手段还可以实现变换节目,达到动态照明的效果。

9.4.4　灯光表演

有时为了配合某些活动(节日),制造欢乐的气氛,举行各种灯光表演。

灯光表演的常用方法和设备有:

1. 激光

夜景照明用激光光源是近些年出现的。

激光的特性是光束的会聚性强,基本不会扩散。利用视觉的暂留,以足够快的速度移动一束激光则可以在空间产生平面的或圆锥的发光表面。通过同样的方法将激光投射到某一屏障、建筑物表面或水幕上就可能用光线书写文字或绘制图案。其控制是通过一套可移动的镜子连接到有计算机控制的电动机上,通过光束的偏转来产生图案,因此,任何用来书写或绘图的移动光束都可以重复产生。为了使文字或图案能稳定显示或为了使图案保持完整,扫描的频率应大于25Hz。

根据上述方法,目前有全彩动画激光灯(RGB)可用于灯光表演及户外广告。它可按用户要求配绿色(532nm)或红色(660nm)或蓝色(473nm)半导体固态激光管,灯的输出功率大、扫描范围宽,表演效果佳(可配上音乐表演各种场景、可120°摇摆或翻滚或收放),既可作为远程特征标志,又可取代烟花焰火。

注意,低发散的激光束聚焦的能量如果直接照射到眼睛上,可能会导致视网膜损伤,因此,激光灯的安装和运行必须遵循相关的规范,以保障公众的健康和安全。

2. 全息图技术

全息图于1962年首次出现,全息过程使一个物体非常好地再现为一个轮廓鲜明的三维图像。这一特点对晚间的室外环境照明具有很大的吸引力。目前由于技术上的种种限制与昂贵的造价,还不能广泛地运用。

3. 探照灯

由于探照灯光束强、亮度高、夜晚的可见性好等优点,目前有人利用它的强光束在夜空中形成各种图案,且具动态的各种变化,俗称"空中芭蕾",在节日使用可以创造效果不错的欢庆气氛,但应该注意防止光污染。一般也仅作为背景光来使用。

9.5　城市广场环境照明

城市广场是城市空间环境中最具公共性、最富艺术魅力、也是最能反映现代化都市文明和气氛的开放空间,它在城市中起着"起居室"的作用。故以城市广场作为切入口,运用心理学和行为科学的分析方法来讨论城市公共空间的环境照明。也以此作为对CIE有关室外环境照明技术文件应用的范例。

9.5.1　城市广场使用者的需求

城市广场虽然按其性质有所不同可分为市政广场、纪念广场、交通广场、商业广场、休闲娱乐广场等,但人们的活动行为对光环境的需求应该是一致的。

根据著名心理学家亚伯拉罕·马斯洛(Abraham Maslow)关于人的需求层次的解释,我们把人在广场上的行为归纳为四个层次的需求:一是生理需求,即最基本的需求,要求广场舒适、方便。二是安全需求,要求广场为自身的"个体领域"提供防卫的心理保证,防止外界对身体、精神等的潜在威胁,使人的行为不受周围的影响而保证个人行动的自由。三是交往的需求,这是人作为社会中一员的基本需求,也是社会生活的组成部分;从心理学角度来说,交往是指在人们共同活动的过程中相互交流不同的兴趣、观念、感情与意向等等。四是实现自我价值的需求,人们在公共场合中,总是希望能够引人注目,引起他人的重视与尊重,甚至产生想表现自己的即时创造愿望,这是人的一种高级精神需求。这四个需求层次从低到高排成一个阶梯,但是,各类需求的相互关系,并非固定不变。它可因人、因时、因不同情景而出现不同类型的需求结构,其中,总有一种需求占优势地位。

综合上述,使用者对广场照明的需求可以分为以下几个内容:

(1) 觉察到障碍物。

(2) 视觉定向。

(3) 个人特征识别。

(4) 舒适和愉快。

因此,对广场照明质量的评价也应从这四方面着手。

9.5.2 城市广场环境照明质量要素及评价

1. 觉察到广场地面的障碍物

一般还是采用地面上的水平照度 E_h 作为衡量指标。我们根据所查阅的资料及对上海部分广场的实测、问卷调查,并考虑到节能,推荐表 9-5 中的数据作为广场水平照度的数值。

表 9-5 建议的广场水平照度值

照明场所	绿地	人行道	公共活动区				主要出入口
			市政广场	交通广场	商业广场	其他广场	
水平照度/lx	≤3	5~10	15~25	10~20	10~20	5~10	20~30

注:(1) 人行道的最小水平照度为 2~5lx。

(2) 人行道的最小半柱面照度为 2lx。

2. 视觉定向

广场的照明应能满足那些不太熟悉周围环境的人,使他们一进入广场就能粗略感知整个空间,因此照明不能只照亮地面,还应包括空间的各垂直面的照明。通过问卷调查可知,对广场周边建筑进行适宜的照明能帮助人们确定方向。另外,标识、指示牌的照明也能帮助那些不熟悉周围环境的人确定方向。

3. 个人特征识别

CIE 第 136 号出版物《城区照明指南》中指出:夜间照明重要的作用之一是使人能识别正在接近的或处在一定距离以外的其他人。为了给人以必要的安全感,必须能分辨他人是否可能是友善的、异常的或是侵犯的,以便有充分的时间作出适当的反应。研究表明,若需要分辨任何敌对迹象从而采取防范措施的最小识别距离,是观察者前方 4m。

市民在广场上的行为活动中,无论是白天还是夜晚,无论是自我独处的个人行为或公共交往的社会行为,都具有私密性与公共性的双重品格。当独处时,只有在社会安定与环境安全的条件下方能心安理得地各自存在,如失去场所的安全感和安定感,则无法潜心静处;反之,当处于公共活动时,也不忘带着自我防卫的心理。因此,夜间广场的照明应能满足人在近距离接触之前相互识别,并提供足够的视觉信息来判别广场上一定距离内的其他人。

荷兰飞利浦公司照明专家 W. J. M Van Bommel 等人 20 年前在居住街区做了个人特征识别(面部识别)实验,实验结果表明:采用半柱面照度 E_{sc} 作为面部识别距离的研究判据最合适。且提出当人脸识别距离分别为 $d_f=4m$ 与 $d_f=10m$ 时,最小半柱面照度分别为 $E_{sc}=0.8lx$ 和 $E_{sc}=2.7lx$(10m 是理想的面部识别距离)。此处半柱面照度是指离地高度 1.5m 处的照度,相当于成年人脸部的平均高度(儿童在 12 岁时可达到此高度)。

CIE No. 136 技术文件中推荐:根据重要性和使用程度,城区非机动车道的最小半柱面照度 E_{sc} 分别为 5lx,2lx,1.5lx,1lx,0.75lx,0.5lx 六个等级。

笔者根据有关资料及研究生所做的问卷调查结果,建议:整个广场最小半柱面照度 E_{sc} 不宜小于 2lx。

4. 舒适和愉快

广场的照明要使人感到舒适和愉快,还应该考虑下面几个照明要素:

(1) 造型立体感。

(2) 眩光限制。

(3) 灯具的视觉效果。

(4) 色温和显色性。

(5) 色彩和动态。

(6) 亮度比。

(7) 光污染。

1) 造型立体感

广场属于非正式社交场合,一个合适的照明应该是能表达人的外貌、街具和建筑物的"自然状态",这是造型立体感的度量,需要有合适的对比。CIE 第 136 号出版物中指出:研究表明垂直照度 E_v 和半柱面照度 E_{sc} 的比值是评价造型立体感的很好的指标,并推荐 E_v/E_{sc} 在 0.8～1.3 之间为宜。

2) 灯具眩光限制

在广场引起行人、骑自行车的人或行车速度很慢的司机产生不舒适眩光的因素,往往是接近观察者视线的个别灯具的亮度过高。CIE 出版物 No. 136 不舒适眩光的限制值建议如下:

眩光源的安装高度 $h \leqslant 4.5m$	$LA^{0.5} \leqslant 4\,000$
眩光源的安装高度 $4.5m < h \leqslant 6m$	$LA^{0.5} \leqslant 5\,500$
眩光源的安装高度 $h > 6m$	$LA^{0.5} \leqslant 7\,000$

其中　L——眩光源的亮度(指与向下铅垂线成 85°和 90°方向间的灯具最大平均亮度),cd/m^2;

　　　　A——眩光源在视线方向的投影面积(指与向下铅垂线成 90°方向灯具的出光面面积,此时灯具所有发光表面都包括在内),m^2。

3) 灯具的视觉效果

广场空间设置不同高度的灯具可以产生不同层次的照明效果。灯具的尺寸应与人体高度成适当的比例。高杆灯赋予广场一种开放和公共的性格,降低到人体尺度的庭院灯,高度在 3～5m 左右,能够产生亲切感和私密感。对于树木比较多的广场,灯具的安装高度最好比树木的高度低,但又不能太低以防止人为的破坏,3m 的高度比较适宜,见图 9-13。

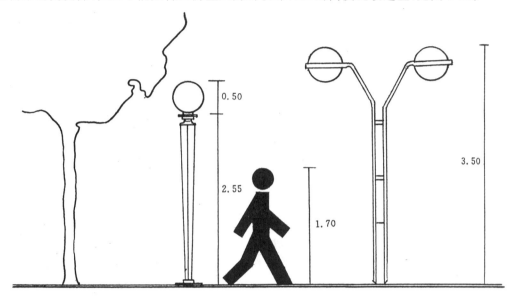

图 9-13　灯具的安装高度与人、树木的比例(m)

4) 光源的光色和显色性

低色温的光源,给人以"暖"的感觉,接近日暮黄昏的情调,能在广场空间中形成亲切轻松的气氛,适于休闲娱乐广场的照明。高色温的光源,给人以"冷"的感觉,但可以振奋精神,适合于交通广场。一般集合于各种功能都有的广场,可采用中间色温的光源。

光源的显色性能取决于光源的光谱能量分布。广场照明中除了花草树木要选用合适的光源以很好地显现颜色外,也要注意对广场上人的颜色外貌(肤色、着装)的显现。在一般情况下,广场的亮度大约在 $0.1～5cd/m^2$ 左右,介于人眼的明、暗视觉之间,即中间视觉状态($0.01～2cd/m^2$),也就是说,此时视网膜上的杆状体和锥状体都发生作用,人眼的视觉机能已经开始辨别颜色。

推荐广场照明光源的显色指数 R_a 不应小于 65。用于花卉照明的光源 R_a 应大于 80。用于广场照明的显色性较好的光源有金卤灯、三基色荧光灯(紧凑型荧光灯)、卤钨灯等。

5) 色彩和动态

色彩和动态有助于节日气氛的创造,并且利用光的色彩的对比可以显现出所要强调的物体。动感的灯光引人注目,能增添活泼趣味性。不过,有时虽然耀眼,但由于表现得过于强烈反而破坏了平静祥和的氛围,给人留下不愉快的印象,因此,在表现时,必须懂得分寸,这跟图形与背景的关系有关。

6) 亮度比

对于建筑、雕塑、绿化、水体等广场的构景元素的照明,还要考虑其亮度与环境背景的亮度比,见表 9-6。并且各个构景元素的亮度分布应遵循主从关系的原则,达到整体的和谐统一。若亮度比超过 1:10,会对道路上的汽车司机造成干扰。

表 9-6	北美照明工程协会《照明手册》推荐的室外照明效果的亮度比
照明效果	最大亮度比
与周围环境相协调的	1:2
轻微强调的	1:3
强调的	1:5
非常强调的	1:10

7）控制光污染

广场上的光污染包括射向天空的杂散光线和居民家中的侵入光，必须加以控制，详见9.6节。

9.5.3 对广场所用灯具的要求

1. 围合空间用的灯具

人们往往采用绿篱（称为隐性维护体）在空间上将广场与外面的道路相隔离（隔离不仅是围合空间的需要，还可使外部空间的人对内产生期待感），同时还保证了公共广场在视觉上对行人的开放性。所在绿化带的外侧一般都布置有灯具。白天，灯具会产生空间围合的效果。灯具在各占领空间之间形成一种张力，它们共同限制一个空间。夜晚，通过灯具起到了一个隐性维护体的作用。故对灯具的要求希望造型上美观、大方，并且希望光线通过白色漫透射体射出，发光部分有一定的体量，可以给人以清晰的导向性。一般采用草坪灯（高度 1.5m 以下），光源可用紧凑型荧光灯等。

2. 绿化照明用的灯具

绿化照明灯具的设置应尽量减少对白天景观的影响，地埋灯投光灯用得多，其中不对称配光的方灯用途很广，由于配光的不对称性，可使绝大部分的光线射到要照射的物体上，同时限制了杂散光形成的眩光。

花坛草坪用的灯，除能照亮花坛内花卉以外，希望顶部能发光，因为人需要有一定的空间亮度感觉上才比较安全、舒适。

3. 各种庭院灯（高度 2~7m）

从前面有关广场照明质量的评价可知，对于广场照明除了水平照度以外，还要考虑垂直面照度、半柱面照度等，因此选择灯具时不能按照"选利用系数高的灯具"的原则，要按具体情况考虑。

4. 作标示、诱导用的灯

出于视觉定向的需要，人们往往在广场照明中采用一些既起诱导、标识作用又起美化作用的灯。

1）地灯

嵌在广场硬地里，围合某个空间（物体），如喷水池周围、雕塑周围、建筑的出入口处等。它不需要很亮，但希望寿命长、省电，光可以是彩色的，甚至光色可以变化的，光的出射方向可以直接向上出射，也可以是向边上出射的。

2）墙灯

目前提倡"绿化共享"，各处围墙在改造成"通透的"，设计一些造型上与通透的围墙格调相适应的美观大方的、与围墙融为一体的（嵌装或直附型装）户外用的灯具，它也不需要很亮，但要求寿命长、省电、维护方便。

广场上照明灯具的设置高度与主要特征见表 9-7。道路、街道、公园、广场用照明灯具的分类与特征见表 9-8。

表 9-7 　　　　　　　　　　　　照明灯具的设置高度与主要特征

设置高度	主　要　特　征	使用例	光源光通的估算 /(lm/灯)
12m 以上	• 照明可形成象征性的景观 • 照明效率高、经济 • 防止乱设照明灯杆 • 易外泄到周围 • 要有维护检查的对策	大型停车场 交通广场	40000 以上
7～12m	• 如设置间隔相当于高度的 3～5 倍，易获得连续光线的美（引导效果） • 能获得必要的照度及经济效果 • 能够比较容易控制光线	道路 停车场 一般广场 绿地	10000～50000
2～7m	• 与人的高度接近，易产生亲和、温馨感 • 合适的造型设计易形成景观 • 容易产生眩光 （重要的是选择发光面亮度不高的光源灯具）	公园 绿地 建筑内 小规模广场	1000～2000
1.5m 以下	• 易展示阴影、明暗等"光与影"效果 • 易维修，但有可能被损坏 • 能有效地起到诱导与引起注意的作用 • 易产生眩光（注意选择灯的光通量，要限制发光面亮度）	楼前空地 住宅内庭院 公园	3000 以下

（日本照明灯具工业协会，2002）

表 9-8 　　　　　　　　　　道路、街道、公园、广场用照明灯具的分类与特征

	照明灯具分类	特　征	参考图（照明灯具、配光例）
A	光线几乎全方位均匀照射型	• 也可照射到高大建筑物，易把握空间 • 周围若是开阔空间，会使很多光浪费 • 照明灯具的亮度大，易产生活泼的氛围	
	上射光通比[①]＞20％	• 易感到刺眼，要控制亮度 • 可能会替代其他照明效果	
B	上射光线被稍微挡型	• 照射低建筑物，易使空间获得亮度 • 周围若是开阔空间，会使很多光浪费向上逸散光与 A 不同，有些遮挡	
	上射光通比≤20％	• 易感到刺眼，要控制亮度 • 可能会降低其他照明效果	

照明灯具分类		特 征	参考图(照明灯具、配光例)	
C	上射光线被遮挡型	· 细腻的配光控制,对周围影响小		
	上射光通比≤15%	· 对路面照明的效果好,易获得所需照度		
		· 易使空间感到很暗,相反会提高其他的照明效果		
D	上射线被遮挡很多型	· 细腻的配光控制,对周围影响小		
	上射光通比≤50%	· 对路面照明的效果好,易获得所需照度		
		· 易使空间感到很暗,相反会提高其他的照明效果		
E	上射光线被完全挡型	· 细腻的配光控制,对周围影响大幅度降低 · 对路面照明的效果好,非常容易获得所需照度		
	上射光通比=0	· 易使空间感到很暗,相反会提高其他的照明效果		
		· 用于道路照明眩光也小		

① 上射光通比是上射光通量与光源光通量之比(ULOR＝上射光通量/光源光通量,小数点后四舍五入)。

(日本照明灯具工业协会,2002)

9.6 光污染

随着城市夜景照明的迅速发展,特别是大功率高强度气体放电灯的广泛应用,建筑和道路的表面亮度不断提高,霓虹灯、广告灯箱越来越多,它们所产生的光污染的问题也日益显露出来。高功率投光灯或路灯的光透过窗户,将室内照得通亮,使人昼夜不分,晚上难以入睡,打乱了正常的生物规律,严重影响和干扰了人们正常的工作和生活;刺眼的路灯和沿途灯光广告及标志,使汽车司机感到开车紧张;城市的上空笼罩着一层厚厚的光雾,使天上的星星都看不见了。

光污染可分为眩光(glare)与干扰光(obtrusive light)两种。前者常使用在对车辆、行人造成的影响的评价,而后者较多地使用在对居民的影响的评价。

干扰光,一是来自泛光照明产生的逸出光,据有关人士推算,泛光照明有1/3的光线逸散到空中,或射入室内;二是城市夜景照明中各种灯光通过建筑物墙面及地面产生的反射光。所以夜景照明设计中照度和亮度的确定、光源的选择、灯具的选型与布置等都与干扰光的产生有着密切的关系。

早在20世纪70年代,光污染就引起了人们的重视,并对比进行了大量的研究,制定了一系列的标准。现将我国《城市夜景照明设计规范》JGJ/T163中对光污染控制的有关规定和标准列出如下:

按下列4个环境区域来确定防治光污染的标准值:

E1区为天然暗环境区,如国家公园和自然保护区等;

E2 区为低亮度环境区,如乡村的工业或居住区等;

E3 区为中等亮度环境区,如城郊工业或居住区等;

E4 区为高亮度环境区,如城市中心和商业区等。

（1）夜景照明设施在住宅建筑(住宅、公寓、旅馆和医院病房楼等)窗户外表面产生的垂直照度不应大于表 9-9 的规定值。

表 9-9　　　　　　　　　　住宅建筑窗户外表面产生的垂直面照度最大允许值

照明技术参数	应用条件	环境区域			
		E1 区	E2 区	E3 区	E4 区
垂直面照度 E_v/lx	熄灯时段前	2	5	10	25
	熄灯时段	0	1	2	5

注:考虑到公共(道路)照明灯具会产生影响 E1 区熄灯时段的垂直面照度最大允许值,可提高到 1lx。

（2）夜景照明灯具朝居室(住宅、公寓、旅馆和医院病房楼等)的发光强度应小于或等于表 9-10 的规定值。

表 9-10　　　　　　　　　夜景照明灯具朝居室方向的发光强度值的最大允许值

照明技术参数	应用条件	环境区域			
		E1 区	E2 区	E3 区	E4 区
灯具发光强度 I/cd	熄灯时段前	2500	7500	10000	25000
	熄灯时段	0	500	1000	2500

注:(1)要限制每个能持续看到的灯具,但对于瞬时或短时间看到的灯具不在此例。

(2)如果看到光源是闪动的,其发光强度应降低一半。

(3)如果是公共(道路)照明灯具,E1 区熄灯时段此值可提高到 500cd。

（3）城市道路的非道路照明设施对汽车驾驶员产生的眩光的阈值增量 TI(%)不应大于 15%。

（4）夜景照明灯具的上射光通比的最大值不应大于表 9-11 的规定值。

表 9-11　　　　　　　　　　夜景照明灯具的上射光通比的最大允许值

照明技术参数	应用条件	环 境 区 域			
		E1 区	E2 区	E3 区	E4 区
上射光通比	灯具所处位置水平面以上的光通量 与灯具总光通量之比(%)	0	5	15	25

注:本表不适用于自发光的广告牌。

目前 LED 灯具在夜景照明中大量使用,它们大部分以显示屏的形式出现,有外露于建筑和内置于建筑的不同,有半露或全露的广告牌形式,它们颜色鲜艳、或明或暗、或静或动,其出射光有不少是投向天空的,对它们必须要加以限制。

• 国外对 LED 广告牌已有采用水平格栅的,使大多数出射光的方向指向水平线以下;

• 国内外有专家提出用"夜景照明上射光通量与道路照明上射光通量之比值"作为评价指标,并规定其限值。

（5）夜景照明在建筑立面和标识面产生的平均亮度不应大于表 9-12 的规定值。

表 9-12 建筑立面和标识面的平均亮度的规定值

照明技术参数	应用条件	环 境 区 域			
		E1 区	E2 区	E3 区	E4 区
建筑立面亮度(L_b) /(cd·m^{-2})	被照面平均亮度	0	5	10	25
标识亮度(L_s) /(cd·m^{-2})	外投光标识被照面平均亮度;对自发光广告标识,指发光面的平均亮度	50	400	800	1000

注:(1) 假设被照面为漫反射面,亮度可根据被照面的照度 E 和反射比 ρ,按 $L=\rho E/\pi$ 式计算出亮度 L_b 或 L_s。

(2) 标识亮度 L_s 值不适用于交通信号标识。

(3) 闪烁、循环组合的发光标识,在 E1 区和 E2 区里不应采用,在所有环境区域这类标识均不应靠近住宅的窗户设置。

防止光污染应采取下列措施:

(1) 在编制夜景照明规划时,应提出防治光污染的要求和措施。

(2) 在设计夜景照明工程时,要严格按规划和设计标准的规定进行。

(3) 正确选用灯具,通过灯位、投射角、遮光措施的合理选用,将光线严格控制在被照区域内,限制灯具产生的干扰光,超出被照面区域内的溢出光不应超过 15%。

(4) 合理选择夜景照明的控制模式,采取工作日、节假日、后半夜等不同时段开灯,以减少光污染。

(5) 制订防治光污染的监管条例和方法,建立和健全监管机制,做好监管工作。

思考与练习

1. 室外环境照明的作用是什么?设计的要求与原则是哪些?

2. 为什么城市夜景照明需要进行规划?规划哪些内容?如何规划?

3. 什么是泛光(投光)照明?如何实施?结合你周围的泛光照明分析其照明质量,并提出改进意见。

4. 什么是室外装饰照明?有哪些照明方法与设备?选择一个照明对象试着运用一下。

5. 城市广场环境照明质量包含哪些要素?如何评价?对你熟悉的一个广场进行照明质量的评价。

6. 什么是光污染?为什么要加以控制?如何控制?结合你周围的环境照明说明。

第 10 章　照明电气设计

目前在照明装置中采用的都是电光源,为保证电光源正常、安全、可靠地工作,同时便于管理维护,又利于节约电能,就必须有合理的供配电系统和控制方式给予保证。为此,照明电气设计就成了照明设计中不可缺少的一部分。照明电气设计除符合照明光照技术设计标准中有关规定外,必须符合电气设计规范(规程)中的有关规定。

10.1　概　述

1. 照明电气设计的任务

照明电气设计的任务可归纳如下:

(1) 满足光照设计确定的各种电光源对电压大小、电能质量的要求,使它们能工作在额定状态,以保证照明质量和灯泡寿命。

(2) 选择合理、方便的控制方式,以便照明系统的管理、维护和节能。

(3) 保证照明装置和人身的电气安全。

(4) 尽量减少电气部分的投资和年运行费。

2. 照明电气设计的一般步骤

照明电气设计通常按下述步骤进行:

(1) 收集原始资料:电源情况、照明负荷对供电连续性的要求。

(2) 确定照明供电系统:电源、电压的选择;网络接线方式的确定;保护设备、控制方式的确定,电气安全措施的确定。

(3) 线路计算:负荷计算、电压损失计算、保护装置整定计算。

(4) 确定导线型号、规格及其敷设方式,并选择供电、控制设备及其安装位置。

(5) 绘制照明设计施工图:绘制照明供电系统图和照明平面布置图。并列出主要设备、材料清单,编制概算、预算(在没有专职概预算人员的情况下)。

10.2　照明供电

照明装置的供电决定于电源情况和照明装置本身对电气的要求。

10.2.1　照明对电压质量的要求

电能质量是指电压、频率和波形质量,主要指标为电压偏移、电压波动和闪变、频率偏差、谐波等。

照明电光源对电能质量的要求主要体现在对电压质量的要求方面,它包括电压偏移和电压波动两方面。

1. 电压偏移

电压偏移是指系统在正常运行方式下,各点实际电压 U 对系统标称电压 U_n 的偏差,用相对电压百分数表示:

$$\delta = \frac{U-U_n}{U_n} \times 100\% \tag{10-1}$$

有关设计规范规定,灯具的端电压其允许电压偏移值应不超过额定电压的 105%,也不宜低于额定电压的下列数值:

(1) 对视觉要求较高的室内照明为 97.5%。

(2) 一般工作场所的照明、室外工作场所照明为 95%,但远离变电所的小面积工作场所允许降低到 90%。

(3) 应急照明、道路照明、警卫照明以及电压为 12~36V 的照明为 90%。

2. 电压波动与闪变

电压波动是指电压的快速变化。冲击性功率的负荷(炼钢电弧炉、轧机、电弧焊机等)引起连续的电压波动或电压幅值包络线的周期性变动,其变化过程中相继出现的电压有效值的最大值 U_{max} 与最小值 U_{min} 之差称为电压波动,常取相对值(与系统标称电压 U_n 之比值)用百分数表示:

$$\Delta u_f = \frac{U_{max} - U_{min}}{U_n} \times 100\% \tag{10-2}$$

电压变化速度不低于每秒 0.2% 的称为电压波动。

电压波动能引起电光源光通量的波动,光通量的波动使被照物体的照度、亮度都随时间而波动,使人眼有一种闪烁感(不稳定的视觉印象)。轻度的是不舒适感,严重时会使眼睛受损、产品废品增多和劳动生产率降低,所以电压波动必须限制。

人眼对不同频率的电压波动而引起的闪烁的敏感度曲线示于图 10-1。从曲线可知,人眼对波动频率为 10Hz 的电压波动最敏感。

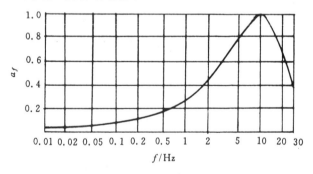

图 10-1　闪变视感度曲线

我国国标《电能质量电压波动和闪变》(GB/T 12326—2008)对电压波动和闪变规定了"限值",闪变"限值"系根据用户负荷大小(用电容量占供电容量的比例)以及系统电压分别按三级作不同的规定和处理。即闪变干扰不符合限值要求的设备不得接入电网,以免引起电气照明的闪变和出现电压波动幅值超出允许范围的风险。

3. 防止电压波动或偏移的措施

(1) 带冲击性负荷的电力设备等应单独供电,不应与照明负荷共用一台变压器。

（2）当冲击性负荷不得已与照明负荷共用变压器时,照明应采用专用线路供电,不能与冲击负荷合用一条线路。

（3）当照明负荷较大时,或几处照明负荷较大的场所相邻时,可采用专用的照明变压器供电。

（4）对无变电所的建筑物,当照明负荷较大时,照明线路应与动力线路分开供电。只有在照明负荷较小、动力线路又无冲击负荷时,才可以使用同一线路混合供电。

（5）当系统的电压变化较大时,可考虑采用有载调压变压器供电,或在照明线路上装设调压器。

10.2.2　照明负荷分级

按其重要性可将照明负荷分为三级。

1）一级负荷

中断供电将造成政治上、经济上重大损失,甚至于出现人身伤亡等重大事故的场所的照明。如:重要车间的工作照明及大型企业的指挥控制中心的照明;国家、省市等各级政府主要办公室照明;特大型火车站、国境站、海港客运站等交通设施的候车(船)室照明;售票处、检票口照明等;大型体育建筑的比赛厅、广场照明;四星级、五星级宾馆的高级客房、宴会厅、餐厅、娱乐厅主要通道照明;省、直辖市重点百货商场营业厅部分照明和收款处照明;省、市级影剧院的舞台、观众厅部分照明、化妆室照明等;医院的手术室照明、监狱的警卫照明等等。

所有建筑或设施中需要在正常供电中断后使用的备用照明、安全照明以及疏散标志照明都作为一级负荷。为确保一级负荷,应有两个电源供电,两个电源之间应无联系,且不致同时停电。

2）二级负荷

中断供电将在政治上、经济上造成较大损失,严重影响重要单位的正常工作以及造成重要的公共场所秩序混乱。如:省市图书馆的阅览室照明;三星级宾馆饭店的高级客房、宴会厅、餐厅、娱乐厅等照明;大、中型火车站及内河港客运站照明;高层住宅的楼梯照明、疏散标志照明等。

二级负荷应尽量做到:当发生电力变压器故障或电力线路等常见故障时(不包括极少见的自然灾害)不致中断供电,或中断后能迅速恢复供电。

3）三级负荷

不属于一、二级负荷的均属三级负荷,三级负荷由单电源供电即可。

10.2.3　照明供电网络

照明供电网络由馈电线、干线和分支线组成。馈电线是将电能从变电所低压配电屏送至照明配电盘(箱)的线路,干线是将电能从总配电盘送至各个照明分配电箱的线路,分支线是由干线分出,即将电能送至每一个照明分配电箱的线路,或从照明配电箱分出接至各个灯的线路,见图10-2所示。

1. 供电网络的接线方式

1）放射式

见图10-3(a)所示。

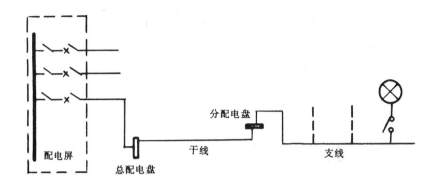

图 10-2　照明线路的基本形式

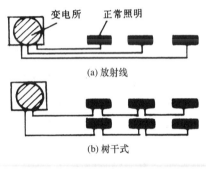

(a) 放射线

(b) 树干式

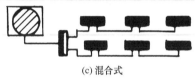

(c) 混合式

图 10-3　照明配电接线方式

放射式线路采用的导线较多,这在大多数情况下使有色金属消耗量增加,同时也占用较多的低压配电盘回路,从而将使配电盘投资增加。但当供电线路发生故障时,影响停电的范围较小,这是放射式供电的优点。

2) 树干式

见图 10-3(b),其主要优点是导线消耗量小。

(3) 混合式

是放射式和树干式混合使用的方式,见图 10-3(c)。这种供电方式可根据配电盘分散的位置、容量、线路走向综合考虑,故这种方式往往使用较多。

2. 配电线路

灯具一般由照明配电箱以单相支线供电,但也可以二相或三相的分支线对许多灯供电(灯分别接于各相上)。采用二相三线或三相四线供电比单相二线供电优越:线路的电能损耗、电压损耗都减小,对于气体放电灯还可以减少光通量的脉动。单相供电其缺点是导线用得多,有色金属消耗量增加,投资也增加。考虑到使用与维修的方便,从配电箱接出的单相分支线所接的灯数不宜过多。室内每一路单相回路不宜超过 16A,室外每一路单相分支线路不宜超过 25A,线路长度不宜超过 100m。

每个分配电盘(箱)和线路上各相负荷分配应尽量均衡。

屋外灯具数量较多时,可用三相四线供电。各个灯分别接到不同的相上,分支线路长度不宜超过 300m。

局部照明负荷较大时可设置局部照明配电箱,当无局部照明配电箱时,局部照明可从常用照明配电箱或事故照明配电箱以单独的支线供电。

供手提行灯接电用的插座,一般采用固定的干式变压器供电。当插座数量很少,且不经常使用时,也可以采用工作附近的 220V 插座,手提行灯通过携带式变压器接电。此时,220V 插座应采用带接地极的三眼插座。

重要厅室的照明配线,可采用两个电源自动切换方式或由两电源回路各带一半负荷的交叉配线,其配电装置和管路应分开。

3. 控制方式

灯的控制主要满足安全、节能、便于管理和维护等要求。

1) 室内照明控制

生产厂房内的照明一般按生产组织(如加工段、班组、流水线等)分组集中在分配电箱上控制,但在出、入门口应安装部分开关。在分配电箱内可直接用分路单极开关实行分相控制。照明采用分区域或按房间就地控制时,分配电箱的出线回路可只装分路保护设备。大型厂房或车间宜采用带自动开关的分配电箱,分配电箱应安装在便于维修的地方,并尽量靠近电源侧或所供照明场地的负荷中心。在非昼夜工作的房间中,分配电箱应尽量靠近人员入口处。分配电箱严禁装设在有爆炸危险的场所,可放在邻近的非爆炸危险房间或电气控制间内。

一般房间照明开关装在入口处的门把手旁边的墙上。偶尔出入的房间(通风室、贮藏室等),开关宜装在室外,其他房间均宜装在室内。房间内灯具数量为一个以上时,开关数量不宜少于两个。

天然采光照度不同的场所,照明宜分区控制。

2) 室外照明控制

工业企业室外的警卫照明、露天堆场照明、道路照明、户外生产场所照明及高大建筑物的户外灯光装置均应单独控制。

大城市的主要街道照明,可用集中遥控方式控制高压开关的分合,及通断专用照明变压器以达到分片控制的目的。大城市的次要街道和一般城市的街道照明采用分片分区的控制方式。

工业企业的道路照明和警卫照明宜集中控制,控制点一般设在有值班人员的变电所或警卫室内。

为节约电能,要求在后半夜切断部分道路的照明,切断方式是:

(1) 切断间隔灯杆上的部分照明;

(2) 切断同一杆灯上的部分灯具;

(3) 大城市主要干道切断自行车和人行道照明,保留快车道照明。

由于照明控制系统是创造合理、舒适的光环境以及节约电能必不可少的环节,故本书单独列章阐述(详见第 6 章)。

10.3　照明线路计算

本节主要讨论与确定照明供电网络有关的负荷计算、功率因数补偿计算和电压损失计算。

10.3.1　照明负荷计算

在选择导线截面及各种开关元件时,都是以照明设备的计算负荷(P_c)为依据的。它是按照照明设备的安装容量 P_e 乘以需要系数 K_n 而求得,其公式为

$$P_c = K_n P_e \qquad\qquad (10\text{-}3)$$

式中　P_c——计算负荷，W；

　　　　P_e——照明设备的安装容量，包括光源和镇流器所消耗的功率，W；

　　　　K_n——需要系数，它表示不同性质的建筑对照明负荷需要的程度（主要反映各照明设备同时点燃的情况），见表 10-1。

表 10-1 给出了各种建筑计算照明干线负荷时采用的需要系数供参考。照明支线的需要系数为 1。

表 10-3　　　　　　　　　　　计算照明干线负荷时采用的需要系数 K_x

建筑物分类	K_x	建筑物分类	K_x
住宅区、住宅	0.6～0.8	由小房间组成的车间或厂房	0.85
医院	0.5～0.8	辅助小型车间、商业场所	1.0
办公楼、实验室	0.7～0.9	
科研楼、教学楼	0.8～0.9	仓库、变电所	0.5～0.6
大型厂房（由几个大跨度组成）	0.8～1.0	应急照明、室外照明	1.0

各种气体放电灯配用的镇流器其功率损耗以光源功率的百分数表示，当采用电感镇流器时一般为 10%～20%，可查品样本。

在实际工作中往往需要的是计算电流（I_c）的数值，当已知 P_c 后就可方便地求得 I_c。

采用一种光源时，线路的计算电流可按下述公式计算：

（1）三相线路计算电流

$$I_c = \frac{P_c}{\sqrt{3}U_l\cos\varphi} \quad (\mathrm{A}) \tag{10-4}$$

（2）单相线路计算电流

$$I_c = \frac{P_c'}{U_p\cos\varphi} \quad (\mathrm{A}) \tag{10-5}$$

以上两式中　U_l——额定线电压，kV；

　　　　　　U_p——额定相电压，kV；

　　　　　　$\cos\varphi$——光源的功率因数（见第 3 章）；

　　　　　　P_c,P_c'——分别为三相及单相计算负荷，kW。

采用两种光源混合使用时，线路的计算电流按下式计算：

$$I_c = \sqrt{(I_{a1}+I_{a2})^2 + (I_{r1}+I_{r2})^2} \tag{10-6}$$

式中　I_{a1}, I_{a2}——分别为两种光源的有功电流，A；

　　　　I_{r1}, I_{r2}——分别为两种光源的无功电流，A。

气体放电灯的功率因数往往比较低，这使得线路上的功率损失和电压损失都增加。因此采用并联电容器进行无功功率的补偿，一般可以将并联电容器放在光源处进行个别补偿，也可放在配电箱处进行分组补偿，或放在变电所集中补偿。由于目前较多类型的灯泡尚无与之相配套的单个电容器，为便于维护，较多采用分组补偿或集中补偿。

分散个别补偿时，采用小容量的电容器，其电容 C 可按下式计算：

$$C = \frac{Q_c}{2\pi f U^2 10^{-3}} \quad (\mu\text{F}) \tag{10-7}$$

式中　U——电容器端子上电压，kV；

　　　f——交流电频率，Hz；

　　　Q_c——电容器的无功功率，kVar。

Q_c 的数据可按式(10-8)计算，但此时功率 P_c 应为灯泡功率与镇流器功率损耗之和。

当采用三相线路供电时，电容器的补偿容量可按下式计算：

$$Q_c = P_c (\tan\varphi_1 - \tan\varphi_2) \tag{10-8}$$

式中　$\tan\varphi_1$——补偿前最大负荷时的功率因数角的正切值；

　　　$\tan\varphi_2$——补偿后最大负荷时的功率因数角的正切值；

　　　P_c——三相计算负荷，kW。

10.3.2　照明线路电压损失计算

所谓电压损失是指线路始端电压与末端电压的代数差。控制电压损失是为了使线路末端的灯具的电压偏移符合要求。

1. 照明网络允许电压损失值的确定

照明网络中允许的电压损失的大小按下式确定：

$$\Delta U = U_e - U_{\min} - \Delta U_i \tag{10-9}$$

式中　ΔU——照明线路中电压损失值允许值，%；

　　　U_e——变压器空载运行时的额定电压，%；

　　　$U_{\min}$——距离最远的灯具允许的最低电压，%；

　　　ΔU_i——变压器内部电压损失，折算到二次电压，%。

假定变压器一次侧端子电压为额定值，或为电压分接头的电压对应值，变压器内部电压损失 ΔU_i 可近似地按下式确定：

$$\Delta U_i = \beta (U_a \cos\varphi + U_r \sin\varphi) \tag{10-10}$$

式中　β——变压器负荷率；

　　　U_a——变压器短路有功电压，%；

　　　U_r——变压器短路无功功率，%；

　　　$\cos\varphi$——变压器二次绕组端子上的功率因数。

U_a 和 U_r 的数值由下式确定：

$$\left.\begin{array}{l} U_a = \dfrac{P_d}{S_e} \times 100 \\[2mm] U_r = \sqrt{U_d^2 - U_a^2} \end{array}\right\} \tag{10-11}$$

式中　P_d——变压器的短路损耗，kW；

　　　S_e——变压器额定容量，kVA；

　　　U_d——变压器的短路电压，%。

P_d 和 U_d 的值可在变压器产品样本中查得。

当缺乏计算资料时,线路允许电压损失可取 3%～5%。

2. 电压损失计算

1）线路电压损失计算

三相平衡的照明负荷线路、接于线电压（380V）的照明负荷线路、接于相电压（220V）的单相负荷线路,它们的电压损失计算公式列于表 10-2,供选用。

表 10-2 线路电压损失的计算公式

线路种类	负荷情况	计 算 公 式
三相平衡负荷线路	（1）终端负荷用电流矩（A·km）表示;	$\Delta u\% = \dfrac{\sqrt{3}}{10U_n}(R'\cos\varphi + X'\sin\varphi)Il = \Delta u_a\% Il$
	（2）几个负荷用电流矩（A·km）表示;	$\Delta u\% = \dfrac{\sqrt{3}}{10U_n}\sum[(R'\cos\varphi + X'\sin\varphi)Il] = \sum(\Delta u_a\% Il)$
	（3）终端负荷用负荷矩（kW·km）表示;	$\Delta u\% = \dfrac{1}{10U_n^2}(R' + X'\tan\varphi)Pl = \Delta u_p\% Pl$
	（4）几个负荷用负荷矩（kW·km）表示;	$\Delta u\% = \dfrac{1}{10U_n^2}\sum[(R' + X'\tan\varphi)Pl] = \sum(\Delta u_p\% Pl)$
	（5）整条线路的导线截面、材料及敷设方式均相同且 $\cos\varphi=1$,几个负荷用负荷矩（kW·km）表示	$\Delta u\% = \dfrac{R'}{10U_n^2}\sum Pl = \dfrac{1}{10U_n^2\gamma S}\sum Pl$ $= \dfrac{\sum Pl}{CS}$
接于线电压的单相负荷线路	（1）终端负荷用电流矩（A·km）表示;	$\Delta u\% = \dfrac{2}{10U_n}(R'\cos\varphi + X_1'\sin\varphi)Il \approx 1.15\Delta u_a\% Il$
	（2）几个负荷用电流矩（A·km）表示;	$\Delta u\% = \dfrac{2}{10U_n}\sum[(R'\cos\varphi + X_1'\sin\varphi)Il] \approx 1.15\sum(\Delta u_a\% Il)$
	（3）终端负荷用负荷矩（kW·km）表示;	$\Delta u\% = \dfrac{2}{10U_n^2}(R' + X_1'\tan\varphi)Pl \approx 2\Delta u_p\% Pl$
	（4）几个负荷用负荷矩（kW·km）表示;	$\Delta u\% = \dfrac{2}{10U_n^2}\sum[(R' + X_1'\tan\varphi)Pl] \approx 2\sum(\Delta u_p\% Pl)$
	（5）整条线路的导线截面、材料及敷设方式均相同且 $\cos\varphi=1$,几个负荷用负荷矩（kW·km）表示	$\Delta u\% = \dfrac{2R'}{10U_n^2}\sum Pl$
接于相电压的两相-N 线平衡负荷线路	（1）终端负荷用电流矩（A·km）表示;	$\Delta u\% = \dfrac{1.5\sqrt{3}}{10U_n}(R'\cos\varphi + X_1'\sin\varphi)Il \approx 1.5\Delta u_a\% Il$
	（2）终端负荷用负荷矩（kW·km）表示;	$\Delta u\% = \dfrac{2.25}{10U_n^2}(R' + X_1'\tan\varphi)Pl \approx 2.25\Delta u_p\% Pl$
	（3）终端负荷且 $\cos\varphi=1$,用负荷矩（kW·km）表示	$\Delta u\% = \dfrac{2.25R'}{10U_n^2}Pl = \dfrac{2.25}{10U_n^2\gamma S}Pl$ $= \dfrac{Pl}{CS}$
接相电压的单相负荷线路	（1）终端负荷用电流矩（A·km）表示;	$\Delta u\% = \dfrac{2}{10U_{n\varphi}}(R'\cos\varphi + X_1'\sin\varphi)Il \approx 2\Delta u_a\% Il$
	（2）终端负荷用负荷矩（kW·km）表示;	$\Delta u\% = \dfrac{2}{10U_{n\varphi}^2}(R' + X_1'\tan\varphi)Pl \approx 6\Delta u_p\% Pl$
	（3）终端负荷且 $\cos\varphi=1$ 或直流线路用负荷矩（kW·km）表示	$\Delta u\% = \dfrac{2R'}{10U_{n\varphi}^2}Pl = \dfrac{2}{10U_{n\varphi}^2\gamma S}Pl = \dfrac{Pl}{CS}$

线路种类	负 荷 情 况	计 算 公 式
符号说明	$\Delta u\%$——线路电压损失百分数,%; $\Delta u_a\%$——三相线路每 1A·km 的电压损失百分数,%/(A·km); $\Delta u_p\%$——三相线路每 1kW·km 的电压损失百分数,%/(kW·km); U_n——标称电压,kV; $U_{n\varphi}$——标称相电压,kV; X_l'——单相线路单位长度的感抗,Ω/km,其值可取 X' 值①; R',X'——三相线路单位长度的电阻和感抗,Ω/km; I——负荷计算电流,A; l——线路长度,km; P——有功负荷,kW; γ——电导率;S/μm,$\gamma=\dfrac{1}{\rho}$; ρ——电阻率,$\Omega\cdot\mu$m,见表 10-5 的表下注; S——线芯标称截面,mm²; $\cos\varphi$——功率因数; C——功率因数为 1 时的计算系数,见表 10-5	

① 实际上单相线路的感抗值与三相线路的感抗值不同,但在工程计算中可以忽略其误差,对于 220/380V 线路的电压损失,导线截面为 50mm² 及以下时误差约 1%,50mm² 以上时最大误差约 5%。

2) 简化计算

对于 380/220V 低压网络,若整条线路的导线截面、材料都相同,不计线路阻抗,且 $\cos\varphi$
≈1 时,电压损失可按下式进行计算:

$$\Delta u\% = \frac{R_0 \sum_1^n Pl}{10v_l^2} = \frac{\sum M}{CS} \tag{10-12}$$

式中 R_0——三相线路单位长度的电阻,Ω/km;

v_l——线路额定电压,kV;

$\sum M = \sum Pl$——总负荷矩;

P——各负荷的有功功率,kW;

l——各负荷至电源的线路长度,km;

S——导线截面,mm²;

C——线路系数,根据电压和导线材料而定,可查表 10-3。

3) 不对称线路的电压损失计算

在三相四线制线路中,虽然在设计时尽量做到各相负荷均匀分配,但在实际运行时是做
不到的,下列两种情况应看作不平衡:①用单相开关就地控制的两相或三相成组线路;②在
配电箱上分相控制的照明线路。

三相负荷不平衡时电压损失的计算是很复杂的,但若导线截面相同,材料相同,负载
$\cos\varphi\approx1$,且线路电抗略去不计时,问题即可简化。此时线路上的电压损失可视为相线上的
电压损失和零线(中性线)上的电压损失之和,用公式表达如下:

$$\Delta U_a\% = \frac{M_a}{2CS_a} + \frac{M_a - 0.5(M_b + M_c)}{2CS_0} \tag{10-13}$$

式中　M_a——计算相 a 的负荷矩，kW·m；

　　　　M_b，M_c——其他两相的负荷矩，kW·m；

　　　　S_a——计算相导线截面，mm^2；

　　　　S_0——零线截面，mm^2；

　　　　C——两根导线线路系数（表 10-3）；

　　　　$\Delta U_a\%$——计算相的线路电压损失百分数。

当 $S_0=0.5S_a$ 时

$$\Delta U\%=\frac{3M_a-M_b-M_c}{2CS_a} \tag{10-14}$$

各相负荷矩应计算到该相末端的灯泡。但当计算某一相时，如其他两相灯泡的位置远于此相最末灯泡，则该两相的灯泡应移至计算相最末灯泡的位置进行计算。

表 10-3　　　　　　　　线路电压损失的计算系数的 C 值（$\cos\varphi=1$）

标称电压/V	线路系统	计算公式	导线 C 值（$\theta=50℃$）		母线 C 值（$\theta=65℃$）	
			铝	铜	铝	铜
220/380	三相四线	$10\nu U_n^2$	45.70	75.00	43.40	71.10
220/380	两相三线	$\dfrac{10\nu U_n^2}{2.25}$	20.30	33.30	19.30	31.60
220	单相及直流	$5\nu U_{n\varphi}^2$	7.66	12.56	7.27	11.92
110			1.92	3.14	1.82	2.98
36			0.21	0.34	0.20	0.32
24			0.091	0.15	0.087	0.14
12			0.023	0.037	0.022	0.036
6			0.0057	0.0093	0.0054	0.0089

注：（1）20℃时 ρ 值（Ω·μm）：铝母线、铝导线为 0.0282；铜母线、铜导线为 0.0172。

　　（2）计算 C 值时，导线工作温度为 50℃，铝导线 ν 值（S/μm）为 31.66，铜导线为 51.91，母线工作温度为 65℃，铝母线 ν 值（S/μm）为 30.05，铜母线为 49.27。

　　（3）U_n 为标称电压，kV；$U_{n\varphi}$ 为标称相电压，kV。

通常各种电气设计手册、照明设计手册上均列出计算表格，设计人员查这些表格即可求得所需的电压损失百分数。

10.4　照明线路保护

沿导线流过的电流过大时，由于导线温升过高，会对其绝缘、接头、端子或导体周围的物质造成损害。温升过高时，还可能引起着火，因此照明线路应具有过电流保护装置。过电流的原因主要是短路或过负荷（过载），因此过电流保护又分为短路保护和过载保护两种。

照明线路还应装设能防止人身间接电击及电气火灾、线路损坏等事故的接地故障保护装置。间接电击是指电气设备或线路的外壳在正常情况下它们是不带电的，在故障情况下由于绝缘损坏导致电气设备外壳带电，当人身触及时，会造成伤亡事故。

短路保护、过载保护和接地故障保护均作用于切断供电电源或发出报警信号。

10.4.1 保护装置的选择

1. 短路保护

线路的短路保护是在短路电流对导体和连接件产生的热作用和机械作用造成危害前切断短路电流。

所有照明配电线路均应设短路保护,通常用熔断器或低压断路器的瞬时脱扣器作短路保护。

对于持续时间不大于 5s 的短路,绝缘导线或电缆的热稳定应按下式校验:

$$S \geqslant \frac{I}{K}\sqrt{t} \qquad (10\text{-}15)$$

式中 S——绝缘导线或电缆的线芯截面,mm^2;

I——短路电流有效值,A;

t——在已达允许最高工作温度的导体内短路电流作用的时间,s;

K——计算系数,不同绝缘材料的 K 值,见表 10-4。

表 10-4 不同绝缘材料的计算系数 K 值

绝缘材料		聚氯乙烯	普通橡胶	乙丙橡胶	油浸纸
不同线芯材料的 K 值	铜芯	115	131	143	107
	铝芯	76	87	94	71

当短路持续时间小于 0.1s 时,应考虑短路电流非周期分量的影响。此时按以下条件校验,导线或电缆的 K^2S^2 值应大于保护电器的焦耳积分(I_2t)值(由产品标准或制造厂提供)。

2. 过载保护

照明配电线路除不可能增加负荷或因电源容量限制而不会导致过载者外,均应装过载保护。通常用断路器的长延时过流脱扣器或熔断器作过载保护。

过载保护的保护电器动作特性应满足下列条件:

$$I_B \leqslant I_n \leqslant I_z \qquad (10\text{-}16)$$

$$I_2 \leqslant 1.45 I_z \qquad (10\text{-}17)$$

式中 I_B——线路计算电流,A;

I_n——熔断器熔体额定电流或断路器的长延时过流脱扣器整定电流,A;

I_z——导线或电缆允许持续载流量,A;

I_2——是保护电器可靠动作的电流(即保护电器约定时间内的约定熔断电流或约定动作电流),A。

熔断器熔体额定电流或断路器长延时过电流脱扣器整定电流 I_n 与导体允许持续载流量 I_z 之比值符合表 10-5 规定时,即满足式(10-16)及式(10-17)要求。

表 10-5						I_n/I_z 值			
保护电器类别	I_n/A	I_n/I_z	保护电器类别	I_n/A	I_n/I_z	保护电器类别	I_n/A	I_n/I_z
熔断器	<16	≤0.85①	熔断器	≥16	≤1.0	断路器		≤1.0

① 对于 I_n≤4A 的刀型触头和圆筒帽形熔断器,要求 I_n/I_z≤0.75。

3. 接地故障保护

1）接地故障及保护通用要求

接地故障是指相线对地或与地有联系的导电体之间的短路。它包括相线与大地,及 PE 线、PEN 线、配电设备和照明灯具的金属外壳、敷线管槽、建筑物金属构件、水管、暖气管以及金属屋面等之间的短路。接地故障是短路的一种,仍需要及时切断电路,以保证线路短路时的热稳定。不仅如此,若不切断电路,则会产生更大的危害性,当发生接地短路时在接地故障持续的时间内,与它有联系的配电设备(照明配电箱、插座箱等)和外露可导电部分对地和对装置外导电部分间存在故障电压,此故障电压可使人身遭受电击,也可因对地的电弧或火花引起火灾或爆炸,造成严重的生命财产损失。由于接地故障电流较小,保护方式还因接地型式和故障回路阻抗不同而异,所以接地故障保护比较复杂。

总的原则是:

（1）切断接地故障的时限,应根据系统接地型式和用电设备使用情况确定,但最长不宜超过5s。

在正常环境下,人身触电时安全电压限值 U_L 为50V(电压限值 U_L 的确定系根据国际电工委员会出版物 IEC 479-1 第 2 版"电流通过人体的效应"决定)。当接触电压不超过 50V 时,人体可长期承受此电压而不受伤害。允许切断接地故障电路的时间最大值不得超过5s,此值亦根据 IEC 364-4-41 决定。

（2）室内照明应设置总等电位联结,将电气线路的 PE 干线或 PEN 干线与建筑物金属构件和金属管道等导电体联结。

单一的切断故障保护措施因保护电器产品的质量、电器参数的选择和其使用过程中性能变化以及施工质量、维护管理水平等原因,其动作并非完全可靠。采用接地故障保护时,还采用等电位联结措施,以降低电气装置或建筑物内人身触电时的接触电压,提高电气安全水平。

2）TN 系统的接地故障保护

室内照明系统多采用 TN-S 系统。TN 电力系统有一点直接接地,电气设备的外露可导电部分用保护线与该点联结。根据中性线（N）与保护线（PE）的组合情况,TN 系统由三种类型 TN-S、TN-C-S、TN-C(见图 10-4)。但不管哪一种类型,其接地故障保护应满足下式:

$$Z_s \cdot I_a \leqslant U_0 \tag{10-18}$$

式中 Z_s——接地故障回路阻抗,Ω;

I_a——保证保护器在规定时间内自动切断故障回路的电流值,A;

U_0——相线对地标称电压,V。

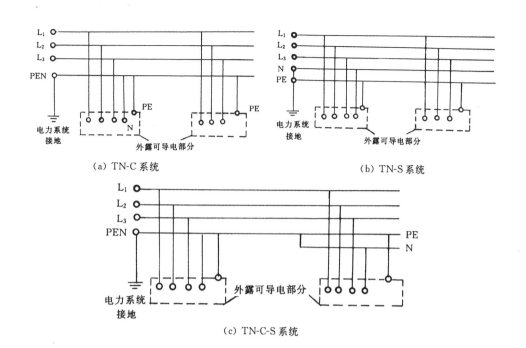

（a）TN-C 系统　　　　　　　　（b）TN-S 系统

（c）TN-C-S 系统

图 10-4　TN 系统图

切断故障回路的规定时间,对于配电干线和供给固定式灯具及电器的线路不大于 5s;对于供给手提灯、移动式灯具的线路和插座回路不大于 0.4s。

用熔断器保护时,接地故障回路电流 I_d 与熔断器熔体额定电流 I_n 的比值不小于表 10-6 中的数值,即可满足式(10-18)及切断故障回路的时间要求。

表 10-6　　　　　　TN 系统用熔断器作线路接地保护的最小 I_d / I_n 值

熔体额定电流 /A 切断时间/s	4～10	16～32	40～63	80～200	250～500
5	4.5	5	5	6	7
0.4	8	9	10	11	—

3）TT 系统的接地故障保护

TT 电力系统有一个直接接地点,电气设备(灯具)的外露可导电部分接至电气上与电力系统的接地点无关的接地极,如图 10-5 所示。

TT 系统接地故障保护要求应符合下式

$$R_A I_a \leqslant 50V \qquad (10-19)$$

式中　R_A——外露导电体的接地电阻和 PE 线电阻,Ω;

　　　I_a——保证保护电路切断故障回路的动作电流,A。

I_a 值的具体要求如下:

当采用熔断器或断路器长延时过流脱扣器时,I_a 为在 5s 内切断故障回路的动作电流;

当采用断路器瞬时过流脱扣器时,I_a 为保证瞬时动作的最小电流;

当采用剩余电流保护时,I_a 为剩余电流保护器(漏电保护器)的额定动作电流。

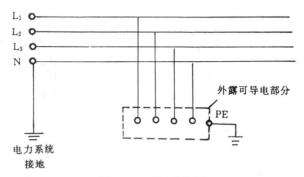

图 10-5 TT 系统图

装于室外的景观照明中距建筑物外墙 20m 以内的设施,应与室内系统的接地形式一致 (通常为 TN-S 型式),距建筑物外墙大于 20m 宜采用局部 TT 型式,将全部外露可导电部分连接后就地直接接地。其配电回路应装设剩余电流保护。

4)当用瞬时(或短延时)动作的断路器保护时,动作电流应取瞬时(或短延时)过流脱扣器整定电流的 1.3 倍。

10.4.2 保护电器的选择

1. 熔断器、断路器的选择

保护电器一般采用熔断器、断路器和剩余电流保护器进行保护。熔断器和断路器选择的一般原则如下:

1)按正常工作条件选择

(1)电器的额定电压不应低于网络的标称电压;额定频率应符合网络要求。

(2)电器的额定电流不应小于该回路计算电流。

$$I_n \geqslant I_B \tag{10-20}$$

2)按使用场所环境条件选择

根据使用场所的温度、湿度、灰尘、冲击、振动、海拔高度、腐蚀性介质、火灾与爆炸危险介质等条件选择电器相应的外壳防护等级。

3)按短路工作条件选择

(1)保护电器是切断短路电流的电器,其分断能力不应小于该电路最大的预期短路电流。

(2)保护电器额定电流或整定电流应满足切断故障电路灵敏度要求,即符合本节"保护装置选择"条款。

4)按启动电流选择

考虑光源启动电流的影响,照明线路,特别是分支回路的保护电器,应按下列各式确定其额定电流或整定电流。

对熔断器 $\qquad I_n \geqslant K_m I_B \tag{10-21}$

对断路器 $\qquad I_n \geqslant K_{k1} I_B \tag{10-22}$

$$I_{n3} \geqslant K_{k3} I_B \tag{10-23}$$

式中　I_{n3}——断路器瞬时过流脱扣器整定电流,A;

　　　K_m——选择熔体的计算系数;

K_{k1}——选择断路器长延时过流脱扣器整定电流的计算系数;

K_{k3}——选择断路器瞬时过流脱扣器整定电流的计算系数。

其余符号含义同上。

K_m,K_{k1},K_{k3}取决于光源启动性能和保护电器特性,其数值见表 10-7 与表 10-8。

表 10-7 选择熔断体的计算系数

熔断器型号	熔断体额定电流/A	K_m		
		白炽灯、荧光灯、卤钨灯	高压钠灯、金属卤化物灯	高压汞灯
RL7,NT00	≤63	1.0	1.2	1.1~1.5
RL6	≤63	1.0	1.5	1.3~1.7

表 10-8 长延时与瞬时过电流脱扣器的计算系数

可靠系数	白炽灯、卤钨灯	荧光灯	高压钠灯、金属卤化物灯	高压汞灯
K_{rell}	1.0	1.0	1.0	1.1
K_{rell3}	10~12	4~7	4~7	4~7

对于气体放电灯,启动时镇流器的限流方式不同,会产生不同的冲击电流,除美国标准超前顶峰式镇流器启动电流低于正常工作电流外,一般启动电流为正常工作电流的 1.7 倍左右,启动时间较长,高压汞灯约 4~8min,高压钠灯约 3min,金属卤化物灯约 2~3min,选择长延时过电流脱扣器整定电流值要躲过启动时的冲击电流,除在控制上要采取避免灯具同时启动的措施外,要根据不同灯具启动情况留有一定裕量。

5) 各级保护的配合

为了使故障限制在一定的范围内,各级保护装置之间必须能够配合,使保护电器动作具有选择性。配合的措施如下:

(1)熔断器与熔断器间的配合:为了保证熔断器动作的选择性,一般要求上一级熔断电流比下一级熔断电流大二至三级。

(2)断路器与断路器之间的配合:要求上一级断路器脱扣器的额定电流一定要大于下级断路器脱扣器的额定电流;上一级断路器脱扣器瞬时动作的整定电流一定要大于下一级断路器脱扣器瞬时动作的整定电流。

(3)熔断器与断路器之间的配合:当上一级断路器与下一级熔断器配合时,熔断器的熔断时间一定要小于断路器脱扣器动作所要求的时间;当下一级断路器与上一级熔断器配合时,断路器脱扣器动作时间一定要小于熔断器的最小熔断时间。

6) 保护装置与导线允许载流量的配合

为在短路时,保护装置能对导线和电缆起保护作用,两者之间要有适当的配合。具体内容将在 10.5 节中阐述。

2. 剩余电流保护器

剩余电流保护器的最显著功能是接地故障保护,其漏电动作电流一般有 30mA、50mA、100mA、300mA、500mA 等,带有过载和短路保护功能的剩余电流保护器也称漏电断路器,是具有漏电保护功能的断路器。如果剩余电流保护器无短路保护功能,则应另行考虑短路保护,如加装熔断器配合使用。

1) 剩余电流保护器的使用环境条件

(1) 环境温度:-5～55℃。

(2) 相对湿度:85%(+25℃时)或湿热型。

(3) 海拔高度:<2000m。

(4) 外磁场:<5倍地磁场值。

2) 剩余电流保护器的选用原则

(1) 剩余电流保护器应能迅速切断故障电路,在导致人身伤亡及火灾事故之前切断电路。

(2) 剩余电流保护断路器的分断能力应能满足过负荷及短路保护的要求。当不能满足分断能力要求时,应另行增设短路保护电器。

(3) 对电压偏差较大的配电回路,电磁干扰强烈的地区,雷电活动频繁的地区,雷暴日超过60天以及高温或低温环境中的电气设备,应优先选用电磁型剩余电流保护器。

(4) 安装在电源进线处及雷电活动频繁地区的电气设备,应选用耐冲击型的剩余电流保护器。

(5) 在恶劣环境中装设的剩余电流保护器,应具有特殊防护条件。

(6) 有强烈震动的场所(如射击场等)宜选用电子型剩余电流保护器。

(7) 为防止接地故障而引起的火灾而设置的漏电保护器,其动作电流宜为0.3～0.5A,动作时间为0.15～0.5s,并为现场可调型。

(8) 分级安装的剩余电流保护器动作特性,上下级的电流值一般可取3:1,以保证上下级间的选择性,见表10-9。

表 10-9　　　　　　　　　　　剩余电流保护器的配合表

保护级别 / 保护特性	第一级($I_{\Delta n1}$)	第二级($I_{\Delta n2}$)	
	干　　线	分干线	线路末端
动作电流 $I_{\Delta n}$	≥10倍线路与设备漏泄电流总和或≥3$I_{\Delta n2}$	≥10倍线路与设备漏泄电流总和	≥8～10倍设备漏泄电流

根据电流通过人体的效应(IEC60479)中时间/电流区域划分,在间接接触保护措施中,采用剩余电流保护器保护,漏电动作电流为30mA时,持续时间可以无穷大,漏电动作电流为100mA时,基本上对应于允许最大接触时间为0.4s,在0.4s内切断线路是安全的,户外场所,线路泄漏电流较大,使用30mA时,尽管对防触电是较安全的,但容易引起误动作,因此选用漏电动作电流为100mA。但对于交通要道的路灯,不允许在电源侧安装漏电保护器来切断电源,仅作用于报警。

10.5　电线、电缆选择与线路敷设

10.5.1　电线、电缆型式选择

电线、电缆型式的选择主要考虑环境条件、运行电压、敷设方法和经济性、可靠性等方面的要求。

1. 照明线路用的电线型式

（1）BLV,BV:塑料绝缘铝芯、铜芯电线。

（2）BLVV,BVV:塑料绝缘塑料护套铝芯、铜芯电线（单芯及多芯）。

（3）BLXF,BXF,BLXY,BXY:橡皮绝缘、氯丁橡胶护套或聚乙烯护套铝芯、铜芯电线。

2. 照明线路用的电缆

（1）VLV,VV:聚氯乙烯绝缘、聚氯乙烯护套铝芯、铜芯电力电缆,又称全塑电缆。

（2）YJLV,YJV:交联聚乙烯绝缘聚氯乙烯护套铝芯、铜芯电力电缆。

（3）XLV,XV:橡皮绝缘聚氯乙烯护套铝芯、铜芯电缆。

电缆型号后面还有下标,表示其铠装层的情况,例如 VV_{20} 表示聚氯乙烯绝缘聚氯乙烯护套内钢带铠装电力电缆。埋在地下,能承受机械外力作用,但不能承受大的拉力。

在选择电线、电缆时一般宜采用铜芯,在有爆炸危险的场所、有急剧振动的场所及移动式灯具的供电应采用铜芯电线。

10.5.2 绝缘材料、护套及电缆防护结构的选择

（1）聚氯乙烯绝缘聚氯乙烯护套电缆由于制造工艺简单、价格便宜、重量轻、耐酸碱、不延燃等优点,适用于一般工程。

（2）交联聚乙烯电缆具有结构简单、允许温度高、载流量大、重量轻的特点、宜优先选用。

（3）直埋电缆宜选用能承受机械张力的钢丝或钢带铠装电缆。

（4）室内电缆沟、电缆桥架、隧道、穿管敷设等,宜选用带外护套不带铠装的电缆。

（5）空气中敷设的电缆,有防鼠害、蚁害要求的场所,应选用铠装电缆。

10.5.3 绝缘水平选择

（1）应正确选择电线、电缆的额定电压,确保长期安全运行。

（2）低压配电线路绝缘水平选择:系统标称电压 U_n 为 0.22/0.38kV 时,线路绝缘水平电缆配线为 0.6/1.0kV,导线一般为 0.3/0.5kV,IT 系统导线为 0.45/0.75kV。

10.5.4 电线、电缆截面的选择

电线、电缆截面一般根据下列条件选择:

1. 按载流量选择

即按电线、电缆的允许温升选择。在最大允许连续负荷电流通过的情况下,其发热不超过线芯所允许的温度,不会因过热而引起绝缘损坏或加速老化。选用时它们的允许载流量必须大于或等于线路中的计算电流值。

电线、电缆的允许载流量是通过实验得到的数据。不同规格的电线（绝缘导线及裸导线）、电缆的载流量和不同环境温度、不同敷设方式、不同负荷特性的校正系数等可查阅有关的设计手册。

2. 按电压损失选择

线路上的电压损失应低于最大允许值,以保证供电质量。

按 10.2 节所述的灯具端电压的电压偏移允许值,和 10.3 节所述的线路电压损失计算公式进行。

3. 按机械强度要求

在正常工作状态下,电线、电缆应有足够的机械强度以防断线,保证安全可靠运行。

按机械强度要求的最小截面列于表 10-10。

表 10-10　　　　　　　　　　按机械强度导线允许的最小截面　　　　　　　　单位:mm²

用　　途			导线最小允许截面		
			铝	铜	铜芯软线
裸导线敷设于绝缘子上(低压架空线路)			16	10	
绝缘导线敷设于绝缘子上,支点距离 L/m	室内	$L \leqslant 2$	2.5	1.0	
	室　外	$L \leqslant 2$	2.5	1.5	
		$2 < L \leqslant 6$	4	2.5	
		$6 < L \leqslant 15$	6	4	
		$15 < L \leqslant 25$	10	6	
固定敷设护套线,轧头直敷			2.5	1.0	
移动式用电设备用导线	生产用				1.0
	生活用				0.2
照明灯头引下线	工业建筑	屋　内	2.5	0.8	0.5
		屋　外	2.5	1.0	1.0
	民用建筑、室内		1.5	0.5	0.4
绝缘导线穿管			2.5	1.0	1.0
绝缘导线槽板敷设			2.5	1.0	
绝缘导线线槽敷设			2.5	1.0	

4. 与线路保护设备相配合选择

为了在线路短路时,保护设备能对导线起保护作用,两者之间要有适当的配合。

5. 热稳定校验

由于电缆结构紧凑、散热条件差,为使其在短路电流通过时不至于由于导线温升超过允许值而损坏,还须校验其热稳定。

选择的电线、电缆截面必须同时满足上述各项要求,通常可先按允许载流量选择,然后再按其他条件校验,若不能满足要求,则应加大截面。

中性线(N)截面可按下列条件决定:

(1)在单相及二相线路中,中性线截面应与相线截面相同。

(2)在三相四线制供电系统中,中性线(N 线)的允许载流量不应小于线路中最大不平衡电流,且应计入谐波电流的影响。如果全部或大部分为气体放电灯,中性线截面不应小于相线截面。在选用带中性线的四芯电缆时,则应使中性线截面满足载流量要求。

(3)照明分支线及截面为 4mm² 及以下的干线,中性线应与相线截面相同。

10.5.5　线路敷设

室内照明线路可采用封闭式母线、电缆沿电缆桥架、线槽布线、导线穿金属管、塑料管等布线型式。布线系统的选择和敷设应避免因环境温度、外部热源、浸水、灰尘聚集及腐蚀性或污染物质存在等外部影响对布线系统带来的损害,并应防止在敷设和使用过程中因受撞击、振动、电线或电缆自重和建筑物的变形等各种机械应力作用而带来的损害。金属导管、可挠金属电线保护套管、刚性塑料导管(槽)及金属线槽等布线,应采用绝缘电线和电缆。在同一根导管或线槽内有几个回路时,所有绝缘电线和电缆都应具有与最高标称电压回路绝缘相同的绝缘等级。布线用塑料导管、线槽及附件应采用难燃材料产品,其氧指数不应低于32。敷设在钢筋混凝土现浇楼板内的电线导管的最大外径不宜大于板厚的1/3。布线用各种电缆、电缆桥架、金属线槽及封闭式母线在穿越防火分区楼板、隔墙时,其空隙应按建筑构件原有防火等级采用不燃烧材料填塞密实。

电线、电缆的穿管、线槽规格参见国家建筑标准设计图集 04DX101-1《建筑电气常用数据》第 68～74 页。

为便于辨认,室外照明供电电缆布线用的管、标志带或电缆盖砖,应有适当的颜色或标志,以区别于其他用途的电缆。

10.6　照明装置的电气安全

10.6.1　安全电流和电压

触电又称电击,它导致心室纤颤而使人死亡,试验表明:流过人体的电流在 30mA 及以下时不会产生心室纤颤,不致死亡。大量测试数据又表明:在正常环境下,人体的平均总阻抗在 1000Ω 以上,在潮湿环境中,则在 1000Ω 以下。根据这个平均数,IEC(国际电工委员会)规定了长期保持接触的电压最大值(称为通用接触电压极限值 U_L):对于 15～100Hz 交流在正常环境下为 50V,在潮湿环境下为 25V,对于脉动值不超过 10% 的直流,则相应为120V 及 60V。我国规定的安全电压标准为:42V,36V,24V,12V,6V。

10.6.2　电击保护(防触电保护)

防止与正常带电体接触而遭电击的保护称为直接接触保护(正常工作时的电击保护),其主要措施是设置使人体不能与带电部分接触的绝缘、必须的遮拦等或采用安全电压。预防与正常时不带电而异常时带电的金属结构(如灯具外壳)的接触而采取的保护,称为间接接触保护(故障情况下的电击保护),其主要方法是将电源自动切断,或采用双重绝缘的电气产品或使人不致于触及不同电压的两点或采用等电位联结等。

在照明系统中正常工作时和故障情况下的电击保护可采取下列几种方式。

1. 采用安全电压

如手提灯及电缆隧道中的照明等都采用 36V 安全电压。但此时电源变压器(220/36V)的一、二次绕组间必须有接地屏蔽层或采用双重绝缘;二次回路中的带电部分必须与其他电压回路的导体、大地等隔离。

2. 保护接地

在电网与电器设备故障时,为保证人身和设备的安全而进行的接地,称为保护接地。在 TN 系统中是将灯具、电器箱与灯杆等接 PE 线(或 PEN 线);在 TT 系统中灯具、电器箱与灯杆等通过导体直接与大地连接,此时接地电阻不应大于 4Ω。

3. 采用剩余电流保护装置(RCD)(漏电保护)

通过保护装置主回路各极电流的矢量和称为剩余电流。正常工作时,剩余电流值为零,但人接触到带电体或所保护的线路及设备绝缘损坏时,呈现剩余电流。对于直接接触保护,采用 30mA 及以下的数值作为剩余电流保护装置的动作电流;对于间接接触保护,则采用通用接触电压极限值 U_L(50V)除以接地电阻所得的商,作为该装置的动作电流。

在 TN 及 TT 系统中,当过电流保护不能满足切断电源的要求时(灵敏度不够),可采用剩余电流保护。

10.6.3 照明装置及线路应采取的安全措施

(1) 照明装置及线路的外露可导电部分,必须与保护地线(PE 线)或保护中性线(PEN 线)实行电气联结。

(2) 在 TN-C 系统中,灯具的外壳应以单独的保护线(PE 线)与保护中性线(PEN 线)相连。不允许将灯具的外壳与支接的工作中性线(N 线)相连。

(3) 采用硬质塑料管或难燃塑料管的照明线路,要敷专用保护线(PE 线)。

(4) 爆炸危险场所 1 区、10 区的照明装置,须敷设专用保护接地线(PE 线)。

(5) 采用单芯导线作保护中性线(PEN 线)干线,当选用铜导线时,其截面不应小于 $10mm^2$,选用铝导线时,不应小于 $16mm^2$,采用多芯电缆的芯线作 PEN 线干线,其截面不应小于 $4mm^2$。

(6) 当保护线(PE 线)所用材质与相线相同时,PE 线最小截面应符合以下要求(按热稳定校验):相线截面不大于 $16mm^2$ 时,PE 线与相线截面相同;当相线截面大于 $16mm^2$ 且不大于 $35mm^2$ 时,PE 线为 $16mm^2$;相线截面大于 $35mm^2$ 时,PE 线为相线截面的一半。

(7) PE 线采用单芯绝缘导线时,按机械强度要求,其截面不应小于下列数值:穿管保护时为 $2.5mm^2$,无机械保护管时为 $4mm^2$。

(8) 在 TN-C 系统中,PEN 线严禁接入开关设备。

(9) 在 TT 系统中装置剩余电流保护器后,被保护设备的外露可导电部分仍必须与接地系统相连接。

10.7 照明节能及评价标准

10.7.1 照明节能

照明节能的基本原则是在保证不降低生产、作业视觉要求,不降低照明质量的条件下,力求减少照明系统中光能的损失,最有效地使用照明用电。

综合起来有下述诸方面:

(1) 根据视觉作业要求,确定合理的照明标准,不同场所应有目的地进行照明。在同一房间内,可分为工作区、交通区、非重要区等,以便在选择照度时区别对待。当工作区的某一部分或几个部分需要高照度时,可采用"分区一般照明"方式;要求高照度的场所,可设局部照明。在工作位置经常要变动的房间,可设法采用灯具位置能调整的灵活的照明系统。

(2) 充分利用天然光,白天以天然采光为主,当天然采光不足时辅以恒定的人工照明(PSALI),使窗户入射的天然光和室内的人工照明适当合理地协调,形成良好的照明环境,可大大地节约能源。

(3) 根据视觉工作的要求,在综合光源技术经济指标时,应尽量采用高光效、光衰少、长寿命的光源,以获得长期运行的经济效益。

(4) 为充分利用光源发出的光通量,在灯具选用时应注意选用配光合理、效率高、效能高的灯具。优先采用光通衰减少、光通量维持率高的灯具。空调房间宜采用空调照明一体化灯具,节省冷量,实现能量综合利用。

(5) 大面积使用气体放电灯的场所,应优先采用效率高、功率因数高的镇流器(如电子镇流器)。当采用电感镇流器时,宜在灯具内装置补偿电容器,提高功率因数。

(6) 按使用需要与节能要求确定控制策略,并选择合适的控制方式。如:手动控制、时间控制、光敏控制、微机控制等,使不同的阶段开闭不同的照明。如与窗平行的照明灯,按天然光的强弱而开闭;楼梯灯可采用定时控制或光控与声控的组合。

(7) 定期更换灯泡、定时清扫,加强维护管理,以发挥照明设施的效能。

(8) 对车间内、宿舍区、住宅的照明用电量采取单独计量(装置电度表),以减少电能的浪费。

10.7.2 绿色建筑及照明节能评价标准

(1)《城市照明节能评价标准》(JGJ/T 307—2013)已由住建部正式批准公布,于2014年2月1日正式实施。城市照明是指在城市规划区内,城市道路、隧道、广场、公园、公共绿化、名胜古迹以及其他建(构)筑物的功能照明或者景观照明。该标准适用于城市单项或者区域的城市照明。

该标准全寿命周期内评价效益、成本和能耗。提出城市照明工程建设中对规划设计、施工建设和维护管理阶段进行过程控制,要求优先选用列入国家推荐目录的节能环保材料和设备。功率密度(LPD)W/m² 应符合国家相关规范的要求。读者可具体查阅。

(2) LEED 绿色建筑认证体系。绿色建筑由理念到实践已有40年,近十年来发达国家各国开发了相应的绿色建筑评价系统。

美国绿色建筑委员会(VSGBC)率先制定了 LEED(Leadership in Energy & Environmental Design)绿色建筑认证系统。这个认证系统的目的是为了有效衡量一个建筑或小区在能源消耗、室内空气质量、生态、环保等方面体现可持续发展的成效。

LEED 认证系统中,有三个主要方面涉及照明设计:(1)节能环境(EA)方面,要求室内、室外照明实现能耗最小化。(2)材料(MS)方面,要求减少有毒材料,如光源中的水银(汞)。(3)室内环境(EQ)质量,对天然光的使用,考虑人的视觉感受和照明控制系统的使用。

(3) LEED 认证系统保证了工程全过程的节能实现。如:要求项目使用具有"能源之星"(Energy star)标志的照明产品。"能源之星"项目是美国环保局和能源部共同合作的项目,意在推广节能产品的使用,通过 LEED 认证的实施,照明节能目标可落到实处。

鉴于 LEED 的国际影响力,商业操作的成功性及相似的气候带,我国同类项目更多的以 LEED 为标准。已有很多建筑开始申请 LEED 认证,有些已经通过该认证。但随着 LEED 系统在中国的广泛采用,照明设计师需要进一步学习提高,以配合绿色建筑项目的实施。

10.7.3 照明方案的技术经济比较

照明设计宜作多方案的技术经济比较,包括下列几个方面:

1. 工作面达到的照度水平

对作业的难度、持续时间、危险性和所处位置进行分析,并考虑年龄及其他因素造成的人在视觉能力上的差异,因人因地制宜的确定照度,但保证作业面照度不低于现行照明标准的要求。

2. 初投资额

照明设备初投资 I 是照明方案经济比较的重要数据,其值为

$$I = N(C_f + C_i + nC_l) \qquad (10\text{-}24)$$

式中　I——照明装置初投资;

　　　C_f——灯具及其附件(镇流器、触发器、启辉器等)单价;

　　　C_i——照明设备安装费(包括线路、开关控制等设备材料费、人工费);

　　　C_l——灯泡单价;

　　　n——每个灯具内的灯泡数;

　　　N——建筑设施内的灯具数。

3. 年运行费

年运行费包括年电力费、年维护费、年折旧费,可用下式表达:

$$R = E + D + P + F \qquad (10\text{-}25)$$

式中　R——照明装置年运行费;

　　　E——年更换灯泡费;

　　　D——年清扫费;

　　　P——年电力费(应包括镇流器及线路损耗费);

　　　F——年折旧费。

4. 照明功率密度值(W/m^2)

我国《建筑照明设计标准》(GB50034—2013)、《城市道路照明设计标准》(CJJ45—2006)、《城市夜景照明设计规范》(JCJ/T163—2008)规定以照明功率密度值 Lighting power density (LPD)作为节能评价指标。LPD 是指单位面积上的照明安装功率(包括光源、镇流器、变压器),单位为瓦特每平方米(W/m^2)。使用时请注意:此规定值是对应于规定的照度标准而言的。参见附录。

众所周知,影响电能消耗(W/m^2)的因素有许多,我国标准中给出的 LPD 目标效能值考虑了照度(第一相关因子)、光源的光效(第二相关因子)、室空间指数(第三相关因子)。选用时请注意,它是与不同的房间或场所、不同的照度值相对应的数值。

思考与练习

1. 照明对供电质量有哪些要求？在照明设计中如何来考虑这些要求？

2. 不同等级的照明负荷对供电可靠性的要求有什么不同？结合某工程加以阐述。

3. 照明线路设置哪些保护？设置保护装置的原则如何？如何实现？你做的照明设计中采用了哪些保护装置？

4. 照明线路有哪些敷设方式？你工作和学习的房间是采用什么敷设方式？你认为是否合适？

5. 照明系统中电击保护采用哪些方式？你的住宅采用何种保护方式？安全否？

6. 电线电缆的截面选择需满足哪些要求？如何进行？

7. 试以教室中的照明装置为案例进行照明线路型号、导线截面尺寸及敷设方式的选择。

8. 照明节能有哪些措施？你上课的教室照明有哪些可改进的地方？请分析并提出降低能耗的方法与措施。

第 11 章 光的测量

在照明工程中,需要进行光度测量、辐射测量和色度测量。在一般情况下,以光度测量较为普遍.本章主要介绍光度测量和色度测量的方法,即照度、光强、光通量、亮度和颜色的测量方法。

光度测量有两种方法:目测法和物理法。目测法以人眼为检测器,物理法则以物理仪器为检测器。目测法涉及人眼对可见光所引起的心理-物理反应。眼睛不能用于测量,仅能判断相等的程度。这种目视光度学只用于视觉研究和国家标准化工作中,而在其他方面已由物理光度学所代替。

目前广泛采用的物理测光法主要是以光电效应为基础的电测法,其优点是测量的精确度较高,并且有可能实现测量的自动化。

11.1 光检测器

光检测器是用光电元件组成。光电元件的理论基础是光电效应。光可被看成由一连串具有一定能量的粒子(光子)所构成,每个光子具有的能量 $h\nu$ 正比于光的频率 ν,h 为普朗克常数,故用光照射某一物体,就可以看作此物体受到一连串光子的轰击,而光电效应就是这些材料吸收到光子能量的结果。通常把光线照射到物体表面后产生的光电效应分为三类:

第一类 在光的作用下能使电子逸出物体表面的称外光电效应。基于外光电效应的光电元件有光电管、光电倍增管等。

第二类 在光的作用下能使物体电阻率改变的称内光电效应,又叫光电导效应,基于内光电效应的光电元件有光敏电阻,以及由光敏电阻制成的光导管等。

第三类 在光的作用下能使物体产生一定方向电动势的称阻挡层光电效应。这类光电元件,主要有光电池和光电晶体管等。

在光度测量方面光电池具有重要的意义。这种光电池能容易地制成各种形状,在使用时不需要辅助电源,直接与微安表连接起来便可使用,比较轻便和便于携带,灵敏度和光谱特性比较理想。

光电池种类很多,有硒、氧化亚铜、硫化镉、锗、硅、砷化镓光电池等。其中最受重视的是硅光电池,因它具有性能稳定、光谱范围宽、频率特性好、传递效率高、能耐高温和辐射的优点,下面以硅光电池为例介绍其工作原理。

11.1.1 工作原理

硅光电池是在一块 N 型硅片上扩散 P 型杂质而形成一个大面积的 PN 结。当光照射 P 型面时,若电子能量 $h\nu$ 大于半导体材料的禁带宽度,则在 P 型区每吸收一个光子便产生一个自由电子—空穴对。而使 P 型区带阳电,N 型区带阴电形成光电电动势。

11.1.2 光电池的基本特性

1. 光电池的光谱特性

图 11-1 为硅光电池的光谱特性曲线。硅光电池可在 450～1100nm 范围内使用，光谱峰值在 800nm 附近，因此硅光电池可以在很宽的波长范围内得到应用。硅光电池广泛应用于光度、色度测量仪器上的光电转换器件如光度计、白度计、比色计、光泽度计。

在实际使用中应根据光源性质来选择光电池，反之也可根据光电池特性选择光源。例如硅光电池对于白炽灯在绝对温度为 2850K 时有最佳光谱响应。但要注意光电池的光谱峰值不仅与制造光电池的材料有关，同时也随着使用温度而变化。

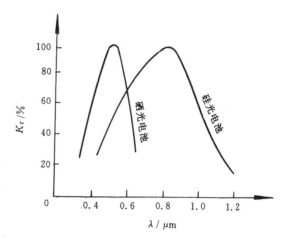

图 11-1　光电池的光谱特性曲线

2. 光电池的光照特性

图 11-2 为硅光电池的光照特性曲线。光生电动势 U 与照度 E_e 间的特性曲线称为开路电压曲线；光电流密度 J_e 与照度 E_e 间的特性曲线称为短路电流曲线。

短路电流在很大范围内与光照成线形关系，开路电压与光照度的关系是非线形的，且在照度为 2000 lx 时就趋于饱和了。因此把光电池作为检测元件时，应该把它当作电流源的形式使用，即利用短路电流与光照成线形关系的特点。

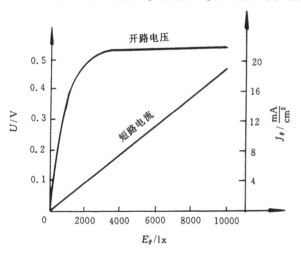

图 11-2　硅光电池的光照特性曲线

所谓短路电流，是指外接负载电阻足够小，近似"短路"条件时的电流。由实验得出结论，负载电阻愈小，光电池与照度之间的线形关系愈好，且线形范围宽。对于不同的负载电阻，可以在不同的照度下，使光电流与光照度保持线形关系。所以，应用光电池作检测元件时，所用负载电阻的大小应根据光照的具体情况来定。一般取 1kΩ 左右的阻值。

3. 光电池的频率特性

图 11-3 为光的调制频率 f 和光电池相对输出电流 I 的关系曲线。

$$相对输出电流 \ I = \frac{高频输出电流}{低频最大输出电流}$$

可以看出，硅光电池具有较高的频率响应，而硒光电池较差。因此在高速记数、有声电

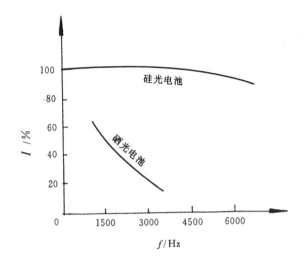

图 11-3　光电池的频率特性曲线

影以及其他方面多采用硅光电池。

4. 光电池的温度特性

光电池的温度特性是描述光电池的开路电压 U、短路电路 I 随温度变化的曲线。

由于它关系到应用光电池设备的温度漂移,影响到测量精确度或控制精确度等主要指标,因此它是光电池的重要特性之一,如图 11-4 所示。

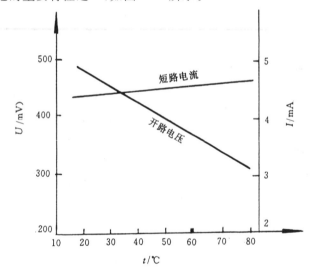

图 11-4　光电池的温度特性曲线

硅光电池的光谱特性曲线与 $V(\lambda)$ 不一致,且输出电流随温度变化较硒光电池大(温度每升高一度,电流下降 $0.2\% \sim 0.3\%$)。但硅光电池有很多优点:疲劳效应极小、寿命长(属于永久性元件)、线形范围宽,只要将其相对光谱特性(灵敏度)曲线校正到与人眼的 $V(\lambda)$ 曲线接近(一致),就能很好地利用。由于硅光电池适合在电子放大电路中使用,近年来,已做成内装放大器的数字式照度计。

11.2 光度测量

11.2.1 照度测量

照度测量一般采用将光检测器和电流表连接起来,并且表头以 lx 为单位进行分度构成的照度计。将光电池放到要测量的地方,当它的全部表面被光照射时,由表头可以直接读出光照度的数值。由于照度计携带方便、使用简单,因而得到广泛的应用。

通常一只好的照度计应符合下列要求:

(1) 应附有 $V(\lambda)$ 滤光器。常用的光电池(硒、硅)其光谱灵敏度曲线与 $V(\lambda)$ 曲线都有相当大的偏差,这就造成测量光谱能量分布不同的光源,特别是测量非连续光谱的气体放电灯产生的照度时,出现较大的偏差,所以照度计都要给光电池配一个合适的玻璃的或液体的滤光器,校正光电池的光谱响应,它的光谱灵敏度曲线与 $V(\lambda)$ 曲线相符的程度越好,照度测量的精确度越高。

(2) 应配合适的余弦校正(修正)器。当光源由倾斜方向照射光电池表面时,光电流输出应当符合余弦法则,即这时的照度应等于光线垂直入射时的法线照度与入射角余弦的乘积。但是,由于光电池表面的镜面反射作用,在入射角较大时,会从光电池表面反射掉一部分光线,致使光电流小于上面所说的正确数值。为了修正这一误差,通常在光电池上外加一个由均匀漫透射材料制成的余弦校正器。

(3) 应选择线性度好的光电池。在测量范围内,照度计的读数要与投射到光电池的受光面上的光通量成正比。也就是说,光电流与光电池受光面的照度应成线性关系。

照度计在使用和保管过程中,由于光电池受环境的影响,其特性会有所改变,必须定期对照度计进行标定,以保证测量的精度。

照度计的标定可以在光具座上进行,如图 11-5 所示。利用标准光强灯,在满足"点光源"(标准灯距光电池的距离是光源尺寸的 10 倍以上)的条件下,逐步改变光电池与标准灯的距离 d,记下各个距离时的电流计读数,由距离平方反比定律:$E = I/d^2$ 计算光照度,可得到相当于不同光照度的电流计读数。将电流计读数与光照度的关系作图,就是照度计的定标曲线,由此可以对照度计进行分度。定标曲线不仅与光电池有关,而且与电流计有关,换用电流计或光电池时,必须重新定标。

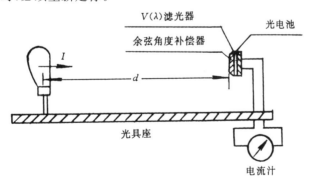

图 11-5　标定照度计的装置

11.2.2 光强测量

测量光强主要应用直尺光度计(光轨),见图 11-6 所示,它有以下几部分组成:能在光具座 A 上移动的光度头 B,已知光强度的标准光源 S,放置待测光源 C 的活动台架和防止杂散光的黑色挡屏 D 等。用光度镜头,对标准光源的已知光强和被测光强进行比较。光度头可由光电池构成。

使用光电池光度头时,使灯与光电池保持一定的距离,先对标准灯测得一个光电流值 i_s,然后以被测灯代替标准灯测得另一个光电流值 i_t。假设标准灯的已知光强为 I_s,则被测光强 I_t 为

$$I_t = I_s \frac{i_t}{i_s} \qquad\qquad (11\text{-}1)$$

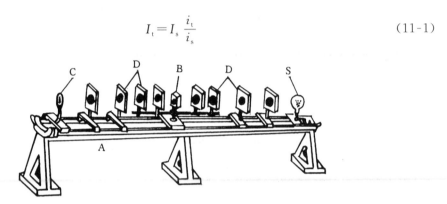

图 11-6　测量光强度的装置

或者,分别改变标准灯和被测灯与光电池的距离 l_s 和 l_t,使其得到相等的光电流。此时,被测灯的光强由下式求出:

$$I_t = I_s \left(\frac{l_t}{l_s} \right)^{\frac{1}{2}} \qquad\qquad (11\text{-}2)$$

式中　I_s——标准灯的已知光强,cd。

在实际测量灯具的光强时,为了使式(11-1)准确地成立,距离 l 必须取得比较大[当 l 为光源最大尺寸的 5 倍以上时,使用式(11-2)引起的误差小于 1%]。

11.2.3 光强分布(配光特性)测量

在实际工作中常常需要测量灯具或光源在空间各个方向上的光强分布。通常采用分布光度计进行测量。

分布光度计的接收器(光电检测器)相对于被测体(光源或灯具)运动的轨迹是一个球面,被测体位于球心,这样就可以测量到光度量的空间分布。根据接收器和被测体之间相对运动的方式,分布光度计可分为立式、卧式两大类。

1. 卧式分布光度计(角分布光度计)

这类仪器在测量时被测体能作绕垂直轴和绕水平轴作 360°旋转,而接收器静止不动,靠被测体自身的运动来得到球面测量轨迹。测量装置示意图见图 11-7 所示。

这种装置的优点是结构简单、卧式安装,对安装空间的高度要求低,直接测量光程长(接

收器放在光轨上,测量光程由光轨长度决定)。

这种装置的缺点是要求被测体能任意转动,这对于有些有工作位置要求的光源测量就有困难了。

泛光灯、投光灯、汽车前灯和其他光束集中的灯具,它们的测试距离要求很长,探测器应该足够远到能看到反射器整个闪光表面。体育场照明用的泛光灯,约需 33m 的测光距离。

2. 立式分布光度计(极坐标光度计)

这类仪器在测量时被测体只要绕垂直轴旋转就可以了,而接受器相对于被测体绕水平轴做垂直面上的圆周运动,从而得到球面测量轨迹。测量装置示意图如图 11-8 所示。

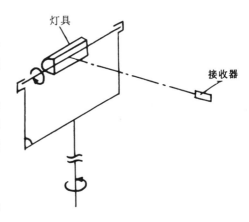

图 11-7　卧式分布光度计示意图

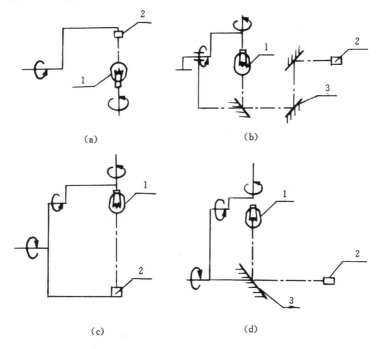

(a)　　　　　　　(b)

(c)　　　　　　　(d)

1—被测体;2—接收器

图 11-8　立式分布光度计示意图

图 11-8(a)表示的情况是测量时被测体静止不动,接收器绕被测体在垂直面内转动,测完一圈之后,被测体自转一个角度,再测第二圈(即第二个面),这样直至测完在整个空间的光强分布。

图 11-8(c)表示的是测量时接收器和被测体同时绕某一轴线转动,转动时,被测体本身同时有一转动,此转动轴线始终保持垂直(或水平),接收器面始终对着被测体,因此,它们绕公共轴转动一周时,接收器就能测得被测体在一个垂直面的各方向光强,然后,被测体自转一定角度再测第二个面。此种运动方式的装置比前一种需要的安装空间高度小。

为了增加测量距离,在分布光度计中应用反射镜,用一块、两块或三块都可以,见图11-8 (b)和图11-8(d)。

分布光度计除用来测量光强在空间的分布曲线外,还可以测量灯具或光源的总光通量。

分布光度计的转动系统及数据处理系统可以全部自动控制,目前先进的分布光度计已用微型计算机控制。

测定道路照明灯具和室内照明的灯具都是采用立式分布光度计(极坐标光度计)。

11.2.4 光通量测量

测量光源的光通量通常用球形积分光度计,称为"相对测量或比对测量法"。球形积分光度计是一个内部涂以漫反射白色涂料的中空球形容器。在容器上开一个小孔,用光检测器(如光电池)测量从小孔射出的光通量便可测得光源的光通量。容器一般做成两半,可以打开,以便把光源拿到容器内测量。球的直径可达 $1\sim5m$。球形积分光度计的结构如图11-9所示。

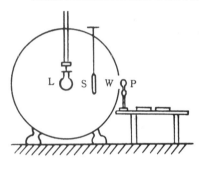

图 11-9 光通球结构示意

用球形光度计测量光源光通量的原理是:球内壁上反射光通量所形成的附加照度与光源光通量成正比。因此,测量球壁的附加照度值就可得出被测光源所发出的光通量。

将被测光源放在球内。设从光源发射的光通量为 ϕ_1 和 ϕ_1 投射到球内壁上,球内壁为均匀漫反射表面,其反射比为 ρ,所以入射光通量 ϕ_1 将有一部分 $\rho\phi_1$ 从球壁反射出来。这部分光通量 $\rho\phi_1$ 将再度投射到球壁上并有光通量从球内壁反射出来,光通量 $\rho^2\phi_1$,又投射到球壁上产生第三次反射光通量 $\rho^3\phi_1$。这种多次反射,反射过程将进行不止,因光源不断发射光通量,故经过多次反射叠加后,球内壁上实际接收的光通量 ϕ 为

$$\phi=\phi_1+\rho\phi_1+\rho^2\phi_1+\rho^3\phi_2+\cdots+\rho^n\phi_1 \qquad (11\text{-}3)$$

因 $\rho<1$,所以可写成

$$\phi=\frac{\phi_1}{1-\rho}=\phi_1+\frac{\rho\phi_1}{1-\rho} \qquad (11\text{-}4)$$

式(11-4)中的第一项 ϕ_1 为光源发出的光通量,第二项 $\rho\phi_1/(1-\rho)$ 是由于经球内壁多次反射而落到球壁上的附加光通量 ϕ_0,可以认为它是均匀分布的,因此球壁上的附加照度 E_0 为

$$E_0=\frac{\phi_0}{A}=\frac{\rho\phi_1}{4\pi R^2(1-\rho)}=C\phi_1 \qquad (11\text{-}5)$$

式中 $A=4\pi R^2$——球内壁的面积,R 为球的半径;

$C=\rho/4\pi R^2(1-\rho)$——系数,当球的特性一定时,C 是常数。

从式(11-5)可知,只要测量球壁的附加照度 E_0 就可求得被测光源的光通量 ϕ_1,即:

$$\phi_1=\frac{E_0}{C} \qquad (11\text{-}6)$$

为了测量 E_0，可在球壁上开一小孔，在此小孔上安装光电池，在球内设一挡板挡住光源的直射光通量，使之不能照射到小孔上，这样小孔上的照度就是附加照度 E_0。

球形积分光度计的常数 C 可以用标准光源来确定。对于标准光源，其光通量 ϕ_s 是已知的，把它放到球内并测量附加照度 E_0'，即可从下式求常数 C，即：

$$C = \frac{E_0'}{\phi_s} \tag{11-7}$$

由于光源的存在所引起的吸收误差和球表面的涂层还不是理想的，所以在实际测量中是用"取代法"。这个方法是将已知光通量的灯泡放在积分球内，并测量球壁的照度，然后把被测灯泡放在球内取代标准灯泡的位置，再测得照度。如果标准灯泡和被测灯泡除了光通量不同外，物理上完全相同，则从照度读数比可计算出被测灯泡的光通量。这时，认为标准灯泡和被测灯泡吸收同样的辐射量。如果标准灯泡和被测灯泡在物理上不相同，这就需要测量自吸收比。

测量自吸收比的方法是放一只辅助灯泡紧靠球壁（与光电池在一直线上），并用挡板挡住，以防止光线直接落到光电池和被测灯泡上，见图 11-10。用辅助灯泡得到一个读数，然后把标准灯泡放到积分球的球心上，但不点亮，再得到一个读数，设这两个读数比为 R_s。随后用被测灯泡替代标准灯泡重复上述过程，设这个读数比为 R_t。R_s/R_t 比值可用来修正一般方法得到的读数。

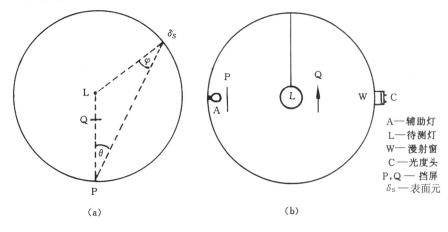

图 11-10 自吸收比的测量

为了保证测量结果的准确性，积分光度计应尽可能地大一点，与合适的灵敏度相称并易于操作，通常要求灯的最大尺寸不超过球直径的 $1/10 \sim 1/6$。球内壁涂料的反射比也不能太高，太高了会在式(11-5)中产生不成比例的很大的影响，所以推荐使用反射比约为 0.8 的涂料。同时要求其反射比与反射光线的波长无关，一般用专门的涂料（如 MgO、ZnO、$BaSO_4$ 等）

测量光通量的另一种方法是用"分布光度计"测量待测灯在空间各个方向的光强分布，由于光源任意方向的光强和该方向立体角的乘积即为该立体角内的光通量，测出各个角度方向的光强值，得出各个立体角内的光通，其和即为光源的总光通，称为"绝对法"测量。

目前使用微机控制的分布光度计，测量、计算可全部自动化。

11.2.5 亮度测量

光度量之间存在着一定的关系,运用这种关系能使某些光度量的测量变得较为容易,并且能用照度计来测量其他光度量。

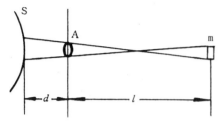

图 11-11 亮度测量原理

图 11-11 为测量亮度的原理图,为了测量表面 S 的亮度,在它的前面距离 d 处设置一个光屏 Q。光屏上有一透镜(透射比为 τ),它的面积为 A,在光屏的右方设置照度计作检测器 m,m 与透镜的距离为 l,m 与透镜的法线垂直,在 l 的尺度比 A 大得多的情况下,照度计检测器 m 上的照度等于

$$E = \frac{I}{l^2} = \frac{\tau L A}{l^2}$$

即

$$L = \frac{E l^2}{\tau A} \qquad (11-8)$$

根据这一原理制成亮度计。亮度计的刻度已由厂家标定。

典型的透镜式亮度计如图 11-12 所示。被测光源经过物镜后,在带孔反射镜上成像,其中一部分光经过反射镜上的小孔到达光电接收器上,另一部分光经反射镜反射到取景器,在取景器的目镜后可以用人眼观察被测目标的位置以及被测光源的成像情况。如成像不清楚,可以调节物镜的位置。光电接收器的输出信号经过放大后由电表指示(目前已有采用数字显示)。在光电接收器前一般加 $V(\lambda)$ 滤光器以符合人眼的光谱光效率,如果放一些特定的滤色片还可以用来测光源的颜色。

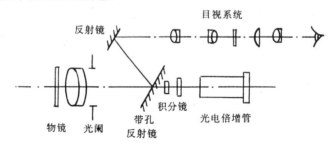

图 11-12 透镜式亮度计简图

亮度计的视场角 θ 决定于带孔反射镜上小孔的直径,通常在 $0.1°\sim2°$ 之间,测量不同尺寸和不同亮度的目标物时用不同的视场角。

亮度计可事先用标准亮度板进行检验,在不同标准亮度下对亮度计的读数进行分度,标准量度板可以用标准光强灯照射在白色理想漫射屏上获得。

*11.3 灯具光强分布(配光特性)测量举例

本节以测量一台室内灯具的配光特性为例介绍灯具光强分布(配光曲线)的测量方法。

11.3.1 测量装置及要求

室内灯具使用时光轴垂直向下,采用如图 11-8 所示的立式分布光度计,使用 C-γ 坐标系统(见图 5-2)。

为保证光强测量的精度(要求测量值与实际值的差异不大于 $\pm 5\%$ 或 10cd/1000lm),对测量设备及测量工作作如下要求:

1. 光电池

工作要稳定(包括它的工作线路),暴露在高照度下不会发生疲劳,对不同量程都有线性响应;光电池的光谱灵敏度要符合 CIE 光谱光效率曲线[$V(\lambda)$曲线]。由于光电池得到的读数是其本身受光面的平均照度,要求光电池的面积对灯具的张角不大于 0.25°。

2. 分布光度计

能刚性架着灯具,并能提供灯具在两个方向转动,保证能测量任意角度上的光强。角度误差根据光束扩散角(见 5.2 节)的不同而不同,若光束半扩散角用 α 表示,角误差用 δ 表示,则应符合下列要求:

$$2^\circ < \alpha < 4^\circ \qquad \delta \pm 0.1^\circ$$
$$4^\circ < \alpha < 8^\circ \qquad \delta \pm 0.2^\circ$$
$$8^\circ < \alpha \qquad \delta \pm 0.4^\circ$$

3. 测试距离

希望足够长以保证照度的平方反比定律完全成立。光路长度一般至少应 5 倍于被测灯具的最大尺寸。

4. 灯具光度中心的确定

灯具光度中心的确定对测试距离有影响,确定方法如下:

(1) 对嵌入式灯具(格栅和全部直接光的灯具),测量距离应从灯具出光口面(即顶棚平面)算起。

(2) 对侧面发光的灯具(如直接—间接型灯具吸顶安装),测量距离应从发光体的几何中心算起,且在测光时应设置一块模拟顶棚的挡板,以符合灯具使用条件。

(3) 对悬挂式灯具:

(a) 光源的光中心在反射器内,且没有折射器,测试距离应从灯具的出光口面算起;

(b) 光源的光中心不在反射器内,且没有折射器,测试距离应从光源中心算起;

(c) 如有折射器,则测试距离应从折射器几何中心算起。

5. 环境温度

不同光源测试时对环境温度要求不同,管状荧光灯要求 25℃ $\pm$2℃;HID 灯要求 25℃ $\pm$5℃;白炽灯没有明确规定。空气流动与空调都会对测量有影响。当差别超过 2% 时,需要修正。

6. 电源电压

避免电源电压变化对测量结果的影响,可采用稳定电源装置。稳定精度:白炽灯$\leqslant$ $\pm 0.2\%$;气体放电灯$\leqslant$ $\pm 0.5\%$;各谐波的均方根值不超过基波波形的 3%;频率稳定度为 $\pm 0.5\%$;输出阻抗为低阻抗。

7. 光源

测试前光源必须经过老化,以保证测试过程中发出的光通量恒定不变或只有极微小的变化。钨丝灯和管状荧光灯老化 100h,其他灯老化 200h(老化方式是点燃 4h,关闭 15min 作为一周期)。

8. 灯具在光度计上稳定

在不小于 15min 的间隔里,连续测定三次光强,若它们之间的变化小于 1%,可以认为灯具在光度计上已趋稳定,可以开始进行光度测量。

11.3.2 测量原理

根据照度的平方反比定律可知:

$$\begin{cases} E(\gamma) = \dfrac{I(\gamma)}{l^2} \\ I(\gamma) = E(\gamma)l^2 \end{cases} \tag{11-9}$$

式中 $E(\gamma)$ ——被测光源或灯具在 θ 方向的测试照度值;

$\quad\quad I(\gamma)$ ——光源或灯具在 γ 方向的光强值;

$\quad\quad l$ ——测试距离。

若把光强在空间分布的球体分解成一个个球带(见图 11-13),则光源光通量 ϕ_s 为

$$\phi_s = \sum_1^n \phi_\omega = \sum_1^n I_s(\gamma)\mathrm{d}\omega \tag{11-10}$$

将式(11-9)代入式(11-10),简化后可得:

$$\phi_s = \sum_1^n E_s(\gamma)2\pi(\cos\gamma_1 - \cos\gamma_2)l^2 = l^2 \sum_1^n E_s(\gamma)C(\gamma) \tag{11-11}$$

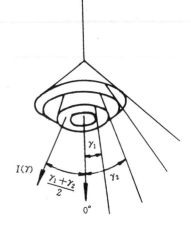

图 11-13　球带与光通计算

式中 γ_1,γ_2 ——球带的起始角度与终至角度(见图 11-13);

$\quad\quad C(\gamma)$ ——球带系数 $C(\gamma) = 2\pi(\cos\gamma_1 - \cos\gamma_2)$;

$\quad\quad E_s(\gamma)$ ——光源在 γ 方向的测试照度值。

通常配光曲线是按光源的光通量为 1000lm 给出的,故引入一折算系数 K,即:

$$K = \frac{1000l^2}{\phi_s} = \frac{1000}{\sum\limits_1^n E_s(\gamma)C(\gamma)} \tag{11-12}$$

所以,灯具的光强分布表达式可写成:

$$I_l(\gamma) = E_l(\gamma)K \tag{11-13}$$

式中 $I_l(\gamma)$ ——灯具在 γ 方向的光强;

$\quad\quad E_l(\gamma)$ ——灯具在 γ 方向的测试照度;

$\quad\quad K$ ——折算系数。

综合式(11-13)和式(11-12)可知,在测试时只要接收器(光电池)围绕光源转一圈测得光源在各个方向的照度 $E_s(\gamma)$,然后用同样的方法测得灯具在各方向的照度 $E_l(\gamma)$,即可求

得灯具的光强分布(一个 C 平面内的)。这种方法称为相对测量法。

对于任一测光平面 C 上的光强分布,参照式(11-13)可写出下式:

$$I_l(c,\gamma)=E_l(c,\gamma)K \qquad (11\text{-}14)$$

11.3.3　测量方法

1. 光源光通的测量

(1)光源在光度计上安装时,使其呈水平(垂直)位置避免产生冷端,也要避免通风给光源的性能带来影响。

(2)采用以 $10°$ 为间隔的球带光通测量时,测量 $10°$ 的中点值,即测点 γ 角为 $5°,15°,25°,\cdots$,将此值乘以球带系数,就是代表该球带内的光通量,这样把 18 个乘积累加起来($\sum E_s(\gamma)C(\gamma)$),就得到相应的光源光通量。式(11-12)表示的折算系数 K 也可求得。

(3)在测量过程中经常要校验灯是否处在稳定状态,方法是比较每次在过光源轴线中心垂直线方向(铅垂线)上的读数,此读数变化不应超过 2%。

2. 灯具光强的测量

(1)光强测量一般在相互间隔为 $30°$ 的 12 个半平面(过灯轴线的子午面)上进行,也有在间隔为 $15°$ 或 $22.5°$ 等几种方法下进行的。其中一个半平面必须通过灯具的对称轴线,在每个半平面上可采用 $10°$ 球带的中点角度法进行测量。

(2)对于具有旋转对称光分布的灯具,可以将所有读数(指同一球带上)平均后代表该球带上的光强。对光分布具有两个对称平面的灯具(如直管形荧光灯具),那么取各对称平面上相应方向上的值求平均后代表灯具在该平面上的光强。

(3)灯具在测试过程中也要校验是否处在稳定状态中,方法是每次测量灯具铅垂轴线方向上的光强变化不大于 2%。

11.3.4　光强分布曲线(配光曲线)及其数值

(1)光强分布曲线是以 cd/1000lm 为单位的极坐标灯具配光曲线。

(2)旋转对称的配光,采用过铅垂线一个平面中的光强表示(该值往往是几个子午面上的平均值)。

(3)对非对称配光,往往用两个或两个以上的配光曲线表示,并要标出配光曲线所表征的平面。例如直管形荧光灯具往往取平行于灯管与垂直于灯管的两个子午面上的配光曲线。

(4)在给出配光曲线的同时,用表列出 $5°,15°,25°,\cdots,165°,175°$ 等角度上的灯具光强值。

目前测试和数据处理已完全可以利用计算机进行。

*11.4　颜色的测量

11.4.1　光源色度的测量

在实际工作中,往往需要简单、快捷地测量光源的色坐标,此时可使用色度计。

色度计可由三个光探测器构成,它们具有 CIE 1931 年公布的色匹配函数的光谱响应。

这可以通过将滤光片装在光电池上得到。如果用这样的光度计测量光源，从三块光电池上得到的光电流正比于三刺激值 X、Y、Z（见第三章），由此三刺激值就可计算得色坐标 x、y、z。

因为在光谱的蓝光部分有次峰，$\bar{x}$ 函数非常难表达，克服的办法是在 $\bar{x}$ 上加一个正比于 $\bar{z}$ 的信号，或者用两块光电池和滤光片的组合来表示 $\bar{x}$ 响应。

如果利用多个光电池和局部滤光片非常小心地修正光电池的响应，则能够得到非常好的修正，此时色度计无需校准光源。这些仪器能给出连续的色度坐标的数字读数，但相对价格要昂贵一些。

11.4.2　物体表面颜色的色度测量

物体表面颜色的色度依赖于照射光源的光谱组成。一种方法是测量样品的光谱反射曲线，再一个波长一个波长地乘以光源的光谱分布，然后用一般的方法计算色坐标。

测量光谱反射曲线的仪器叫分光光度计，其光学原理为：先将由相应的光源发出的光色散，然后在直接投射到样品或白的标准表面（白板）上。通过把色散光束分成相同的部分，或分别把色散光束交替地折射到样品或白板表面上。从读数的比例，可以计算出整个光谱范围内每个波长的反射比。理想的白色表面是挤压成平面的 $BaSO_4$。为保证测量的准确性，输入光路、样品的排列、以及怎样照明样品对测量都是十分重要的。如果被测的材料是散射光的，则必须用一个小积分球来收集反射光。

分光光度计也可用来测量材料的光谱透射比。若用标准光源照明，测量材料的光谱透射比，并计算其色度，就可以确定透明材料的色度。

11.5　LED 灯具的测量

随着技术和性能上的突破，新型 LED 在照明领域已逐步得到推广应用，但是 LED 灯具与传统的灯具在性能上存在着极大的差异，不能用传统的测量方法代替。因此，LED 灯具的测试研究和标准制定成为亟待解决的问题。近年来，国际电工委员会（IEC）和国际照明委员会（CIE）相继制订了一系列国际标准；美国、日本也发布了多项国家标准。目前，我国针对 LED 主要性能的检测方法，制订了检测 LED 的国家标准 11 项，行业标准 1 项。下面介绍 LED 灯具的一些测量方法，相信在今后的发展中会得到进一步的改善。

11.5.1　绝对测量和相对测量

传统灯具中的发光光源一般是可拆卸的，而在很多 LED 灯具中，光源和灯具是一体化的，且不可拆卸。传统灯具的光度量的相对表征方法和相对测量方法都不再适用，而必须整体测量 LED 灯具的光通量、光强分布和颜色。

用绝对方法表征 LED 灯具是基于绝对单位基础上的，如 LED 灯具光通量可直接用流明（lm）表示，光强用坎德拉（cd）表示。相应的绝对测量也是将 LED 灯具作为一个整体，直接测量整个 LED 灯具的光通量值和光强分布值以及颜色参数。

11.5.2　能效和总光通量的测量

LED灯具的能效用绝对方法表征为总光通量与总功率的比值,单位为 lm/W。测量能效的关键在于准确测量总光通量。从基本原理上讲,总光通量的测量可以通过积分球替代法、光强积分法和照度积分法实现。

积分球替代法是将被测 LED 灯具与标准灯相比较后,得到被测 LED 灯具的总光通量。当被测 LED 灯具的发光面积或者光空间分布与标准灯存在较大差异时,该方法误差较大。如果先用高精度方法测量出典型 LED 灯具的总光通量量值,再用该 LED 灯具定标积分球系统,可减小误差。

光强积分法能够实现总光通量的绝对测量,该方法的总光通量测量精度取决于光强测量的精度。在照度积分法中,被测 LED 灯具位于分布光度计的旋转中心,探测器绕 LED 灯具旋转,不经过任何中间过程(如反光镜)而直接接收 LED 灯具的光,测量包括 LED 灯具的虚拟球表面的照度,经积分求得总光通量。

11.5.3　绝对光强分布的测量

灯具的光强分布用分布光度计测量,一般通过测量照度和照度与距离平方成反比的关系实现。距离平方反比关系成立的条件是灯具到探测器的光测量距离足够远,能够将灯具近似看作是点光源。

分布光度计种类多样,测量的精度也各不相同。被测 LED 灯具绕反光镜旋转的中心旋转反射镜式分布光度计,由于在测量中被测 LED 灯具需在大空间范围内运动,周围环境温度会不断发生明显的变化,易导致发光不稳定,测量精度易受到较大影响;LED 灯具旋转而探测器保持不动的卧式分布光度计会使 LED 灯具的姿态发生变化,其影响程度没有传统光源和灯具大,测量效果要优于中心旋转反射镜式分布光度计。反射镜绕被测 LED 灯具旋转的圆周运动反射镜式的双镜双探分布光度计或全空间分布光度计中的 LED 灯具发光稳定性很高,相对易于实现较高精度的光强分布的测量。

11.5.4　全空间分布光度测量

根据远场测量和近场测量分布光度计的测量值,通过光线追踪的方法能够得到落在空间任一面元的光线光通量,即任意截面的照度,而无论该截面在哪个位置,是否为曲面。因此,全空间分布光度测量能够提供详尽的 LED 灯具光度数据,对灯具开发和照明设计产生很大的影响。

典型的全空间分布光度测量包括近场测量、远场测量及软件的校准和推导计算。远场测量与传统方法相同,在距光源或灯具较远处测量其照度和光强值。近场分布光度计使用具有二维 CCD 阵列的成像亮度计作为测量设备,通过一次取样测得 LED 灯具在某一方向的发光平面内各点的亮度,为全空间光度测量打开了思路。成像亮度计测得的亮度值分布能够为评价 LED 灯具产生眩光的可能性提供重要的参数。

11.5.5　空间颜色不均匀性测量

LED 灯具一般由多颗 LED 组成,因而容易出现空间颜色分布不均匀的现象,即在不同的方向上的发光颜色不相同。因此,对 LED 灯具空间颜色不均匀的表征和测量是十分必要的。

目前,德国 PTB、美国 NIST 都使用分布光谱辐射计来测量和定标 LED 光源,我国也开发了相应设备,与成像亮度计相类似的位置安装光谱辐射计,实现空间光谱功率分布测量。但是,分布光谱辐射计的直接测量数据庞大,不利于使用,为此,GB/T 24824 用"平均颜色不均匀性"和"最大颜色不均匀性"两个指标来表征颜色的不均匀性。平均颜色不均匀性是指 LED 灯具发出的全部光谱混合后的平均颜色与机械轴方向发光颜色的色差,而最大颜色不均匀性是 LED 灯具在全部半峰光束角内的任意方向的发光颜色与机械轴方向发光颜色的色差的最大值。色差用 CIE1976 均匀色度空间(u',v')的差值 $\Delta u'$、$\Delta v'$ 来表征(详见本书 3.3 节)。

LED 灯具的平均色度量 $\overline{C}$ 可通过下式计算:

$$\overline{C} = \frac{\sum\limits_{\Omega} c_i w_i \Delta\Omega}{\sum\limits_{\Omega} w_i \Delta\Omega} \tag{11-15}$$

其中,c_i 为某方向的色度量;$\Delta\Omega$ 为立体角;w_i 为加权因子,一般为光强值。

11.5.6　美国对 LED 照明产品认证执行的标准

美国能源部对 LED 照明产品认证执行两个 IES 通过的标准:
(1) IES LM-79-08《LED 照明产品的电气和光度测量方法》
(2) IES LM-80-08《LED 照明光源的维持光通量的测量方法》
上述标准很重要,需要时读者可查阅。

11.6　光的现场测量

在现场进行光的测量,是为了检验实际照明效果是否达到预期的设计目标、现有的照明装置是否需要进行改造,或为某些研究积累资料。

现场测量要注意以下几个问题:

1) 选择符合测量精度要求的仪器

一般选用精度为 2 级以上的仪表。仪表要经过校准,确定其误差范围,且测量时注意仪表量程的使用要合理。

2) 选择标准的测量条件

新建的照明设施要在灯点燃过 100h(气体放电灯)和 20h(白炽灯)之后再测量,使灯泡光通衰减并达稳定值。开始测量以前,灯也要预点一段时间,使灯的光通输出稳定;通常白炽灯需要 5min,荧光灯要 15min,HID 灯需点 30min。灯的光通会随电压的变化而波动,白炽灯尤为显著,所以测量中需要监视并记录照明电源的电压值,必要时根据电压偏移给予光通量变化修正。

3) 编制实测报告

既要列出详实的测量数据,也要将测量时的各项实际情况记录下来。这包括:

（1）灯、镇流器和灯具的类型、功率和数量。

（2）灯和灯具的使用龄期。

（3）房间平、剖面图，注明灯具或窗子的位置。

（4）测量时的电源电压。

（5）室内主要表面的颜色和反射比。

（6）最近一次维修、擦洗照明设备的日期；灯和灯具的损坏与污染情况。

（7）测量仪器的型号和编号。

（8）测定日期、起止时间、测定人。

4）防止测试者和其他因素对接收器的遮挡和干扰

现场测量要保持环境安静，防止不必要的人员走动或干扰。

11.6.1 照度测量

在进行工作的房间内，应该在每个工作地点（例如书桌、工作台）测量照度，然后加以平均。对于没有确定工作地点的空房间，或非工作房间如果单用一般照明，通常选 0.8m 高的水平面测量照度。将测量区域划分成大小相等的方格（或接近长方形），测量每格中心的照度 E_i，平均照度等于各点照度的算术平均值。即：

$$E_{av} = \frac{\sum E_i}{n} \tag{11-16}$$

式中 E_{av}—— 测量区域的平均照度，lx；

E_i——每个测量网格中心的照度，lx；

n——测量点。

小房间每个方格的边长为 1m，大房间可取 2~4m。走道、楼梯等狭长的交通地段沿长度方向中心线布置测点，间距 1~2m；网格边线一般距房间各边为 0.5~1m。测量平面为地平面或地面以上 150 mm 的水平面。

测点数目越多，得到的平均照度值越精确，不过也要花费更多的时间和精力。如果 E_{av} 的允许测量误差为 ±10%，可以用根据室形指数选择最少测点的办法减少工作量。两者的关系列于表 11-1。若灯具数与表 11-1 给出的测点数恰好相等，必须增加测点。

表 11-1   室形指数与测点数的关系

室形指数 K_r[①]	最少测点数
小于 1	4
1~2	9
2~3	16
3 和 3 以上	25

① $K_r = \frac{lw}{h_r(l+w)}$，式中 l 和 w 为房间的长和宽，h_r 为由灯具出光口至测量平面的高度。

当以局部照明补充一般照明时，要按人的正常工作位置来测量工作点的照度，将照度计的光电池置于工作面上或进行视觉作业的操作表面上。

测量数据可用表格记录，同时将测点位置正确地标注在平面图上，最好是在平面图的测点位置上直接记下数据。在测点数目足够多的情况下,根据测得数据画出一张等照度曲线分布图则更为理想。图 11-14 是一个示例。而对于特殊功能性建筑另有专门的测量要求,如体育场馆等。

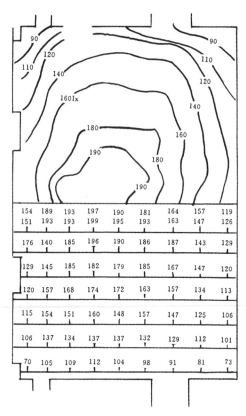

图 11-14　照度测量数据在平面图上的表示方法

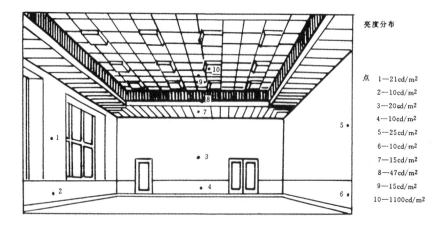

亮度分布

点　1—21cd/m²
　　2—10cd/m²
　　3—20cd/m²
　　4—10cd/m²
　　5—25cd/m²
　　6—10cd/m²
　　7—15cd/m²
　　8—47cd/m²
　　9—15cd/m²
　　10—1100cd/m²

图 11-15　环境亮度测量数据的表示方法

11.6.2 亮度测量

环境的亮度测量应在实际工作条件下进行。先选定一个工作地点作为测量位置,从这个位置测量各表面的亮度。将得到的数据直接标注在同一位置、同一角度拍摄的室内照片上,或以测量位置为视点的透视图上,如图 11-15 所示。亮度计的放置高度,以观察者的眼睛高度为准,通常站立时为 1.5m,坐下时为 1.2m。需要测量亮度的表面是人眼睛经常注视,并且对室内亮度分布和人的视觉影响大的表面。这主要是:

(1) 视觉作业对象。

(2) 贴邻作业的背景,如桌面。

(3) 视野内的环境:从不同角度看顶棚、墙面、地面。

(4) 观察者面对的垂直面,例如在眼睛高度的墙面。

(5) 从不同角度看灯具。

(6) 中午和夜间的窗子。

当没有亮度计时,可用下列方法进行间接测量:

(1) 当被测表面反射比已知时,可通过照度来确定表面的亮度,对于漫反射的表面,其亮度为

$$L = \frac{\rho E}{\pi} \tag{11-17}$$

式中　E——表面的照度,lx;

　　　ρ——表面的反射比。

(2) 当被测表面反射比未知时,可按下述方法测量:选择一块适当的测量表面(不受直射光影响的漫反射面),将光电池紧贴被测表面的一点上,受光面朝外,测下入射照度 E_i,然后将光电池翻转 $180°$,面向被测点,与被测面保持平行地渐渐移开。这时照度计读数逐渐上升。当光电池离开被侧面相当距离(约 400mm)时,照度趋于稳定(再远则照度开始下降),记下这时的照度 E_m。于是:

$$\rho = \frac{E_m}{E_i} \tag{11-18}$$

此时被测表面的亮度近似为

$$L = \frac{\rho E_i}{\pi} = \frac{\frac{E_m}{E_i} E_i}{\pi} = \frac{E_m}{\pi} \tag{11-19}$$

11.6.3 主观评价

在实测过程中,测试人员通过使用仪器得到测试数据,如被测空间的逐点照度值、照度分布及均匀度、亮度、亮度对比及分布情况等,一方面人们把实测结果与 GB 50034—2004《建筑照明设计标准》等照明设计标准比对,是否满足设计标准;另一方面,将实测的各个客观物理量进行全面考虑,考察其在光环境中的处理是否恰当,整体的照明效果是否实现照明设计的方案,完成以客观物理量为主的照明质量评价体系。

经过对光环境的现场测量,测试人员在得到测试数据的同时,也会在生理和心理上对所测光环境的效果产生不同的感觉,而不同的人因年龄、阅历以及性格等,对同一空间会形成不同的评价,即形成以视觉环境为主体的另一套评价体系,称为主观评价。主观评价一般以非物理量的、无法量化的主观感觉指标进行评价,通过问卷、调研的方法,尽可能多地收集主观评价样本,用数理统计或模糊数学等方法加以表述结果。

对于照明效果的评价应该将基于以客观物理量为主的照明质量评价体系和以视觉环境为主体的主观评价体系结合起来综合考虑,才能形成完整的体系。

11.7 室内照度测量——实验指示书

11.7.1 实验目的

了解室内照度测量的方法及平均照度的计算,并学会使用照度计。

11.7.2 实验前的准备

预习实验指示书,熟悉测点布置方法及测量方法。

11.7.3 实验设备

光电池式照度计 1台; 电压表(交流 0~500V) 1台;
卷尺 1盘; 温度计 1只。

11.7.4 实验项目

1. 求室内一般照明的平均照度

实验步骤如下:

(1)在测定场所打好网格,作测点记号。一般室内或工作区为 2~4m 正方形网格。走廊、通道、楼梯等处为在长度方向上的中心线按 1~2m 的间隔布点,网格边线一般距房间各边 0.5~1m。当实验房间较小时可取 1~2m 正方形网格,以增加测点数。

(2)确定测量平面和测点高度:无特殊规定时一般为距地 0.8m 的水平面。走廊、楼梯规定为地面或距地面为 15cm 以内的水平面。

(3)根据需要点燃必要的光源,排除其他无关光源的影响。测定开始前,白炽灯需要点燃 5min,荧光灯需点燃 15min,高强气体放电灯需点燃 30min,待各种光源的光输稳定后再测量。对于新安装的灯,宜在点燃 100h(气体放电灯)和 20h(白炽灯)后进行照度测量。

(4)测每个网格中心一点的照度,并记录在表格中。

(5)以所测范围内各点照度值求出全部测量范围的平均照度值。即按下式求其平均照度 E_{av}:

$$E_{av} = \frac{\sum E_i}{MN} \tag{11-20}$$

式中 E_i——各网格中心点照度;

M, N——在纵横方向的网格数。

2. 求室内局部照明的照度

在室内需要局部照明的地方进行测量。当测量场所狭窄时,选择其中有代表性的一点,当测量场所广阔时,可按一般照明时的方法布点。

3. 求室内混合照明的照度

将一般照明系统的灯与局部照明系统的灯同时点燃,按室内一般照明的照度测量方法进行。

11.7.5 注意事项

(1) 照度计必需配备滤光片,使光电池的灵敏度曲线和人眼一致,同时必需配备余弦校正器,以免产生测量误差。照度计测量前必需经过校正。

(2) 测量时先用照度计的大量程档,然后根据指示值大小逐步找到量程适用的档数,原则上不允许在最大量程的 1/10 范围内测定。

(3) 指示值稳定后读数。

(4) 在测量过程中宜使电源电压稳定,在额定电压下进行测量,如做不到,在测量时应测量电源电压,当与额定电压不符时,则应按电压偏移予以光通量变化修正。

(5) 为提高测量的准确性,一测点可取 2~3 次读数,然后取其算术平均值。

(6) 测量人员着深色衣服;要防止测试者人影和其他各种因素对接收器读数的影响。

11.7.6 实验报告

(1) 将实验中的各项数据记录入表 11-2 和表 11-3,并分析和评价。

(2) 根据测定值绘制平面上的等照度曲线。

表 11-2 照明测量一般情况记录表

房间名称		光源种类	一般照明		灯具悬挂高度 (距工作面)	
			局部照明			
视觉作业内容		灯泡(管)功率 /W	一般照明		灯具污染情况	
			局部照明			
房间尺寸 (长×宽×高)		灯泡(管)数 /个	一般照明		灯具擦洗情况	
			局部照明			
照明方式		总功率/W			遮挡情况	
灯具类型		每平方米功率 /W·m⁻²			房间污染情况	
灯具台数					灯具点燃情况	

注:灯具和测点平面和剖面布置图(注明尺寸)。

表 11-3　　　　　　　　　　照明实测记录表

场所名称		照度计	型号 编号			电压 /V	测前 测后			环境温度 /℃			测量时间	
一般照明	测量点	1	2	3	4	5	6	7	8	9	10	11	12	$E_{min}=$
	实测值													$E_{max}=$
	校正值													
	测量点	13	14	15	16	17	18	19	20	21	22	23	24	$E_{av}=$
	实测值													$E_{min}/E_{av}=$
	校正值													
局部照明	测量点	1	2	3	4	5	6	7	8	9	10	11	12	$E_{min}=$
	实测值													$E_{max}=$
	校正值													
	测量点	13	14	15	16	17	18	19	20	21	22	23	24	$E_{av}=$
	实测值													$E_{min}/E_{av}=$
	校正值													
混合照明	测量点	1	2	3	4	5	6	7	8	9	10	11	12	$E_{min}=$
	实测值													$E_{max}=$
	校正值													
	测量点	13	14	15	16	17	18	19	20	21	22	23	24	$E_{av}=$
	实测值													$E_{min}/E_{av}=$
	校正值													

主观评价效果：

测定日期：　　　　年　月　日　　　　　　　测定人

11.8　室内亮度测量——实验指示书

11.8.1　实验目的

了解室内亮度测量的方法,并学会使用亮度计。

11.8.2　实验前的准备

预习实验指示书,熟悉测点布置方法及测量方法。

11.8.3　实验设备

光电池式亮度计　　1台;　　　电压表(交流 0～500V)　1台;

卷尺　　　　　　　1盘;　　　温度计　　　　　　　　1只。

11.8.4　实验项目

1. 测量室内各表面的亮度

实验步骤如下：

（1）确定测量表面和测点高度：表面包括墙面、顶棚、地面、墙裙、工作面、家具、作业对象表面、灯表面。亮度计的放置高度，以观察者的眼睛高度为准，通常站立时为150cm，坐时为120cm，特殊场合，应按实际情况确定。

（2）根据需要点燃必要的光源，排除其他无关光源的影响。测定开始前，白炽灯需要点燃5min，荧光灯需点燃15min，高强气体放电灯需点燃30min，待各种光源的光输稳定后再测量。对于新安装的灯，宜在点燃100h（气体放电灯）和20h（白炽灯）后进行照度测量。

（3）测每个表面的亮度，并记录在表格中。每个被测表面一般选取3~5个测点，并记录每个测点的三维空间坐标。

11.8.5 注意事项

（1）亮度计必需配备滤光片，使光电池的灵敏度曲线和人眼一致。亮度计测量前必需经过校正。

（2）测量时先用亮度计的大量程档，然后根据指示值大小逐步找到量程适用的档数，原则上不允许在最大量程的1/10范围内测定。

（3）指示值稳定后读数。

（4）在测量过程中宜使电源电压稳定，在额定电压下进行测量，如做不到，在测量时应测量电源电压，当与额定电压不符时，则应按电压偏移予以光通量变化修正。

（5）为提高测量的准确性，一测点可取2~3次读数，然后取其算术平均值。

（6）测量人员着深色衣服；要防止测试者人影和其他各种因素对接收器读数的影响。

11.8.6 实验报告

（1）将实验中的各项数据记录入表11-2和表11-4，并分析和评价。

（2）将得到的数据直接标注在同一位置、同一角度、拍摄的室内照片上，或以测量位置为视点的透视图上，如图11-15所示。

表 11-4   表面亮度记录表

表面名称	材料	颜色	第一点亮度、坐标	第二点亮度、坐标	第三点亮度、坐标	第四点亮度、坐标	第五点亮度、坐标
墙面							
顶棚							
地面							
墙裙							
工作面							

表面名称	材料	颜色	第一点亮度、坐标	第二点亮度、坐标	第三点亮度、坐标	第四点亮度、坐标	第五点亮度、坐标
家具							
作业对象表面							
灯表面							
作业对象与其背景的亮度比			亮度计型号				
作业对象与其周围亮部分的亮度比			亮度计编号				
作业对象与其周围暗部分的亮度比							
各表面间的最大亮度比							
主观评价效果							

思考与练习

1. 光电池的基本特性有哪些？为什么近年来照度计陆续采用硅光电池？

2. 如何选用照度计？

3. 如何利用积分球光度计测量光源（灯具）发出的光通量？

4. 灯具的配光曲线是如何测得的？

5. 已知某房间内墙面为大白粉刷（$\rho = 0.7$），欲测墙面亮度，而手头无亮度计，问用照度计如何测得墙面的亮度值？

6. 进行室内照度测定，学会使用照度计。

7. 色度计是如何测得光源色坐标的？

第12章　照明设计基本流程及内容

12.1　照明设计的基本流程及内容

12.1.1　照明设计的目的和要求

1. 照明设计的含义

照明设计是一个创造光环境的过程。通过合理的光分布,选择有效的照明手段,有机的组织光与影、色彩、空间、韵律、质感、造型等元素,并选用符合使用场所要求的照明产品和控制策略,实现安全、舒适、愉悦的光环境。

2. 照明设计的质量要求

(1)照明设计的质量要求用指标来描述为:照度、亮度分布、照度均匀度(照度的稳定性)、阴影、眩光、光的颜色(色温和显色性)、溢出光的控制等(详见第8章)。

(2)不同的视觉任务照明质量要求有不同的侧重点。

(3)不同年龄的人对相同的视觉任务照明质量要求不同。

(4)照明质量直接影响人的心理感受和工作积极性。

(5)能源政策和可持续发展对照明质量有要求。

12.1.2　照明设计的基本阶段和内容

北美照明学会(IES)把照明设计任务分为7个阶段:规划阶段(programming)、方案设计阶段(schematic design)、深化方案设计阶段(design development)、施工图设计阶段(contract document)、设备招标阶段(bidding and negotiation)、施工阶段(construction)、使用评估阶段(post-occupancy evaluation)。在我国设计中,通常按以下6个阶段进行:方案设计阶段、深化方案阶段(扩初设计阶段)、施工图阶段、配合施工阶段、施工验收阶段、文件归档阶段。

1. 方案设计阶段

1)前期调研

了解使用者需求、分析使用者心理要求、空间的功能分布、建筑设计的特点及细部、照明质量要求、室外周边环境(户外照明)、室内环境(室内照明)、客户所能承受的预算、当地的经济情况、法律法规、供电情况等。

2)收集资料内容

(1)业主和相关专业设计团队对项目的要求:包括空间功能的使用要求,建筑使用的材质、墙面材料和建筑风格。室外设计包括业主和建筑师对彩色的喜爱,对光的喜爱,对建筑的表现与理解。室内设计包括平面布局、家具风格、装饰重点、艺术品和标识的位置(特别是酒店)、使用者舒适度要求、对空间的灵活性要求等。

(2)使用者视觉要求:包括使用者年龄、所执行视觉任务的特点即重要性和持久性、空间使用时间、对光的心理需求等。

（3）与安全有关的事项：使用者的个人安全和破坏性事件的可能性。

（4）建筑可以提供的空间和限制（特别是对于改造工程）：包括室外条件、层高、设备空间的高度、结构尺寸和机械管道尺寸、室内开窗位置和方向、电气系统和施工安全规范。对于景观项目，需要收集景观设计特点和与周边建筑环境的关系、施工进度计划。

（5）光度设计所需要的资料：收集重要视觉任务的作业面和周边情况（室内）、总体视线范围内重点照明和环境照明部分内容（室外）、流动区域和过渡区域的距离范围。

（6）预算资料：包括初投资和维护成本，以及回收成本年限。

（7）电力限制：电源情况和供电规范要求。

（8）维护情况的考虑：使用环境。

3）资料来源

建筑规划设计师、业主、现场考察。

4）设计内容

通过分析收集资料，提出设计方案，可以通过文字、照片、草图、效果图（意象图）、动画等形式表现。

5）提交成品

设计方案文本：包括需求分析、相关规范、照明概念、方案效果仿真、主要照明方法的采用、重点照明部分的照明质量分析、主要灯具清单、工程概预算。同时准备方案汇报文件。

2. 深化方案阶段（初步设计）

通常在投标完成后进行的工作，相当于扩初设计。

1）设计内容

按业主要求修改方案，进行详细的灯具选型，并作详细的光度计算和用电量计算，进行灯具的具体布置，同时及时与相关工种的设计师协调沟通。要注意与建筑师沟通照明是否与其他结构、风口、喷淋、烟感、音箱等设备协调，照明设备是否和风口、喷淋、烟感、音箱等冲突，照明设备是否与其他管线冲突。照明设备选型是否符合照明区域的安全等级要求。要注意照明设备与家具的关系，以提高照明舒适度和照明能效。照明设计要有利于今后照明设备的维护，还要考虑设备供货时间是否满足施工周期要求。

2）提交成品

照明扩初设计文本：包括扩初设计说明、照明平面布置图、照明立面图、控制系统图、非标灯具设计图及部分照明安装详图（主要涉及需要建筑和其他工种配合的部分）、灯具选型表、详细的光度计算和分析报告。

3. 施工图阶段（施工招标图阶段）

在得到业主和其他相关工种的扩初审批后进行（拿到扩初审批意见文件后开始工作）。

1）设计内容

施工图设计说明、照明及控制平面图、灯具的立面位置和安装尺寸图（室外照明）、控制系统图和控制系统要求、灯具规格和参数要求表、灯具安装详图和非标灯具设计详图。

2）达到的要求

与建筑协调（解决了与建筑的冲突），与其他工种协调，符合电气安全设计规范，满足控制功能的需要，符合概预算要求，提供维护设备的条件，所选产品是可提供的。

4. 配合施工阶段

1）工作内容

包括设备招标阶段的配合，为业主的招标过程提供技术文件和招标答疑，审核投标替代产品的技术参数是否符合设计要求，并对产品结构和可靠性做审核。审核施工单位的深化图纸和中标文件是否符合设计要求，审核替代产品的样品是否符合要求。参加定期的现场会议，解决施工现场出现的安装冲突和发现现场问题，提出整改意见。完成最后的现场调试，包括室内外灯具瞄准点的调试，控制系统的调试和设定。

2）收集的文件

所有施工现场的会议纪要，所有与照明设计相关的往来信函，现场问题照片。

3）提供的文件

修改备忘录（说明修改原因、提出修改办法、并附修改图）和签认技术核定单。这个阶段，不再出施工图，所有修改以备忘录形式出现。除非有重大调整，设计大部分图纸需修改，经项目负责人同意出第二版施工图，并通知业主第一版作废，以第二版为准。同时也可采用签认施工单位技术核定单的方式解决图纸与现场冲突的小问题，但签认时一定要审核发生的费用，签认技术核定单需要由主任设计师以上职务的人签认。

5. 施工验收阶段

1）参与业主的施工验收

包括检查现场安装与图纸的数量、位置出入，检查灯具是否符合设计要求，检查控制系统是否满足设计要求，检查安装是否符合设计规范。

2）提供文件

提供验收规范和验收检查报告。报告中要把现场发现的问题及时提出，并提出整改意见。

3）文件归档过程

所有技术图纸，包括备忘录、校审记录、声像记录均需要按项目归档。

12.1.3 设计过程中的注意事项

（1）保留所有与技术有关的沟通文件，实行往来发文制度。

（2）有严格的技术签认制度，所有提交业主的技术文件，需要有校对、审定和审批过程。所有过程需要有校审记录和修改记录。

（3）对外发文需要有项目主要负责人审批认可并签字后，才生效。

12.1.4 实施 LEED 认证系统对照明设计师工作的影响

主要有如下诸方面：

（1）照明设计师与建筑师、结构设计师及其他顾问的配合将变得越来越密切。如：LEED 认证系统中要求充分采用天然光。由于天然光的动态性和不稳定性对照明质量的影响，合理将天然采光和人工照明结合变得越来越重要，照明设计师需要与建筑师共同制定照明策略，以达到最大采用天然光的目的。同时由于天然光采光系统对建筑及设备空间要求不同于人工照明系统，照明设计师与结构设计师的协调将会越来越重要。

（2）照明设计师不仅需要将多学科技术集成到照明系统中，同时需要跟上技术更新的速度。照明设计师应将天然采光技术,照明控制技术,材料科学技术,光源与灯具技术融于视觉环境要求,达到绿色环保,节能的目标。

(3)照明设计师需要平衡好节能环保与视觉环境要求和视觉效果的矛盾。LEED认证系统中针对建筑室内外功能照明的节能有严格要求,照明设计需要满足功率密度(LPD)要求,同时达到良好的照明质量和照明效果。LEED的认证系统提高了设计师的设计难度。

(4)照明设计师需要平衡好设计目标与工程造价的矛盾。要实现节能环保的技术要求,往往需要项目近期投入比较大。而很多国内项目常常是要求设计师在有限的预算中实现功能最大化。有效地说服业主进行项目的合理投入,与业主共同参与平衡设计目标与工程造价的矛盾变得越来越重要。

随着LEED认证系统的不断发展,新的要求也将会成为照明设计师的新的挑战。每个照明设计师都希望有机会接受挑战,有挑战就有新的机遇。

12.2 土建图的阅读

由于整个照明装置都是装设在建筑物上的,且照明设计中的"照明平面图"是在建筑平面图上绘制配电箱、开关、插座、线路等设备的,故必须对土建图能理解,土建图包括建筑施工图和结构施工图。由于篇幅的关系我们只能简单介绍一下建筑图。希望读者能根据图例看懂这几张图。

1. 建筑图用图形、符号

建筑图例见表12-1。建筑材料图例见表12-2。

表 12-1(a) 总平面图例

图　例	名　称	图　例	名　称
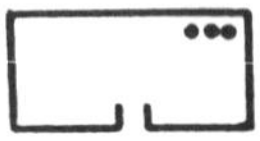	新设计的建筑物右上角以点数表示层数	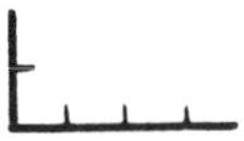	围　墙 表示砖石、混凝土及金属材料围墙
	原有的建筑物		围　墙 表示镀锌铁丝网、篱笆等围墙
	计划扩建的建筑物或预留地	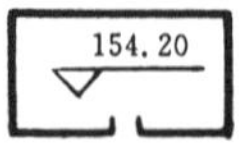 154.20	室内地坪标高
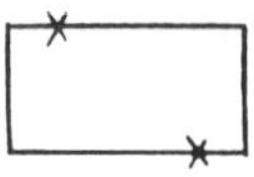	拆除的建筑物	 ▼ 143.00	室外整平标高
	地下建筑物或构筑物		原有的道路

续表

图 例	名 称	图 例	名 称
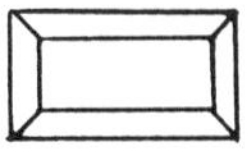	散状材料露天堆场		计划的道路
	其他材料露天堆场或露天作业场		公路桥
			铁路桥
	露天桥式吊车	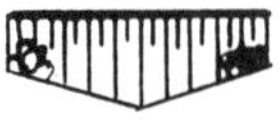	护 坡
	龙门吊车	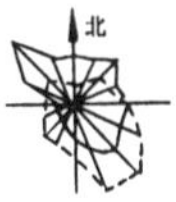	风向频率玫瑰图
	烟 囱		指北针

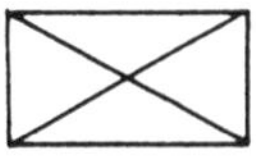

注:(1) 指北针圆圈直径一般以 25mm 为宜,指北针下端的宽度约为直径的 1/3。

(2) 风向频率玫瑰图是根据当地多年平均统计的各个方向吹风次数的百分数按一定比例绘制的。风吹方向是指从外面吹向中心。实线——表示全年风向频率;虚线——表示夏季风向频率,按 6,7,8 三个月统计。

表 12-1(b)　　　　　　　　　　建筑图例

图 例	名 称	图 例	名 称
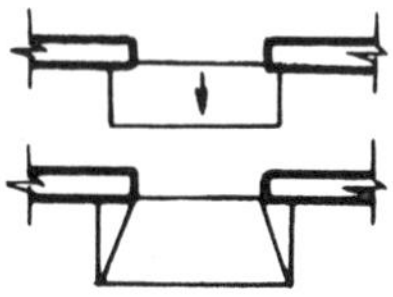	入口坡道		空门洞
			单扇门
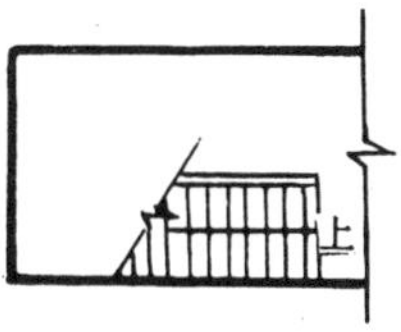	底层楼梯		单扇双面弹簧门
			双扇门
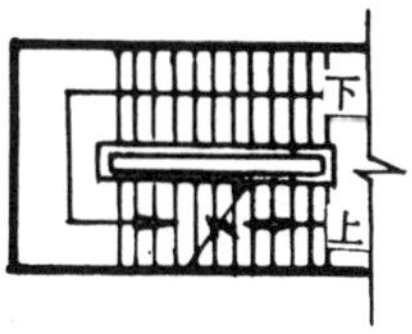	中间层楼梯		对开折门
			双扇双面弹簧门

311

续表

图　例	名　称	图　例	名　称
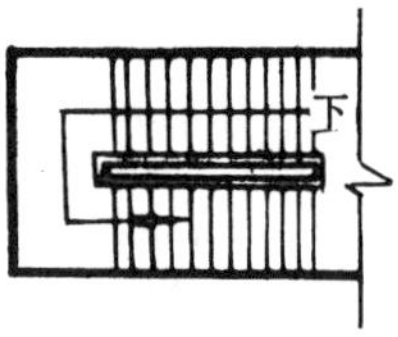	顶层楼梯	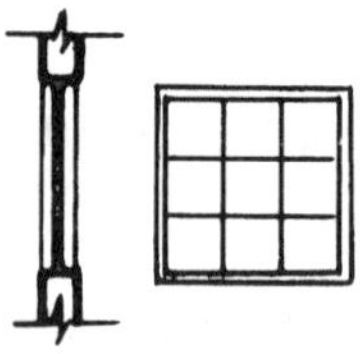	单层固定窗
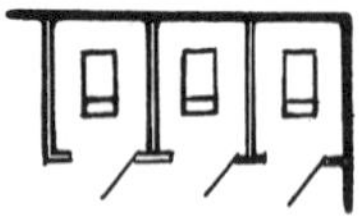	厕 所 间	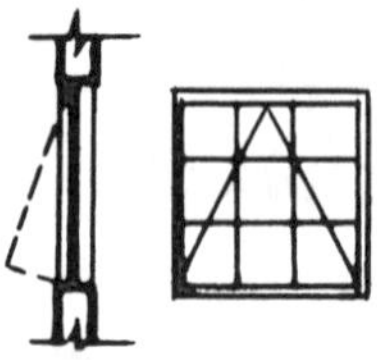	单层外开上悬窗
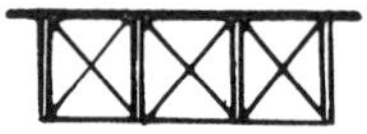	楼梯小间	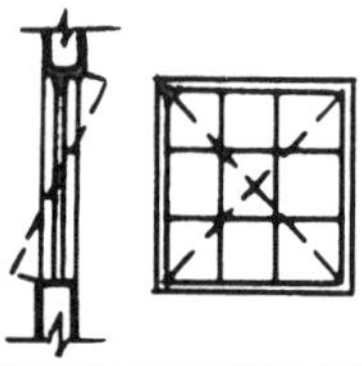	单层中悬窗
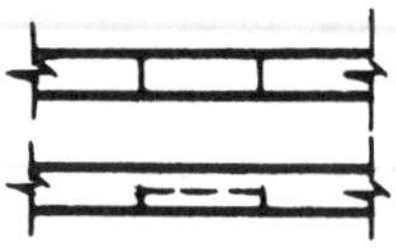	墙上预留洞口 墙上预留槽	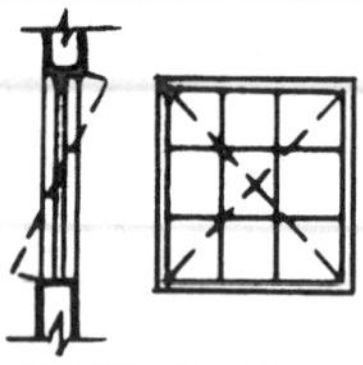	单层外开平开窗
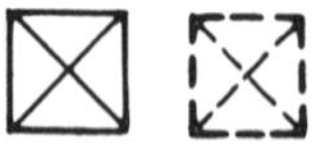	检 查 孔 地面检查孔 吊顶检查孔	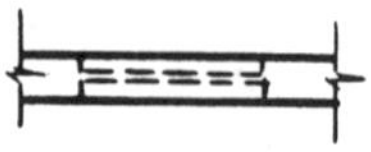	高　　窗

表 12-1(c)　　详图标志及对称符号

名称	符　号	说　明
详图的索引标志	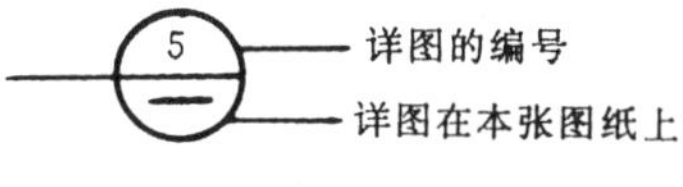 5 详图的编号 详图在本张图纸上 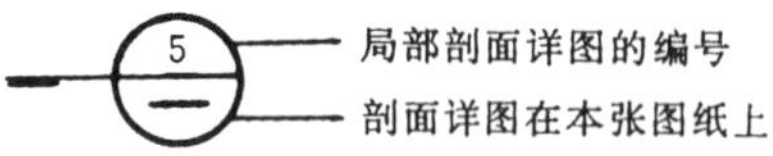 5 局部剖面详图的编号 剖面详图在本张图纸上	用单圆圈表示，圆圈直径一般以8～10mm 为宜。 详图在本张图纸上
	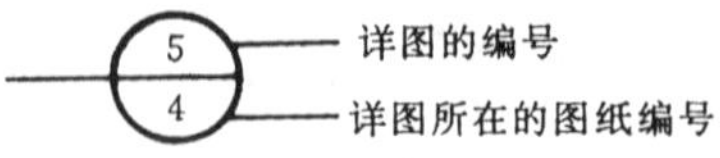 5 4 详图的编号 详图所在的图纸编号 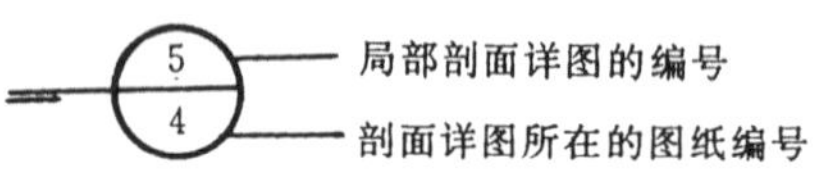 5 4 局部剖面详图的编号 剖面详图所在的图纸编号	详图不在本张图纸上

续表

名称	符号	说明
详图的索引标志	J103 — 标准图册编号 5 — 标准详图编号 4 — 详图所在的图纸编号	标准详图
详图的标志	5 — 详图的编号	用双圆圈表示,外细内粗,内圈直径一般为14mm,外圈直径一般为10mm。 被索引的在本张图纸上
详图的标志	5 — 详图的编号 2 — 被索引的图纸编号	被索引的不在本张图纸上
对称符号		完全对称的构件图,可在构件中心线上用对称符号表示,其对称部分可省略绘制

表 12-2   建筑材料图例

图 例	名 称	图 例	名 称
	自然土壤		混凝土
	素土夯实		钢筋混凝土
	砂、灰土及粉刷材料		毛石混凝土
	砂砾石及碎砖三合土		木 材
	石 材 包括岩层及贴面、铺地等石材		多孔材料或耐火砖

续表

图　例	名　称	图　例	名　称
	方整石、条石		玻　璃
	毛　石		纤维材料或人造板
	普　通　砖硬　质　砖		防水材料或防潮层
	非承重的空心砖		金　属
	瓷砖或类似材料包括面砖、马赛克及各种铺地砖		水

注:同一格图例中画有两个图例时,左图为立面,右图为剖面。仅有一个图例时均为剖面。

2. 建筑平面图

建筑平面图主要表示建筑物的平面形状、水平方向各部分(如出入口、房间、走廊、楼梯等)的布置和组合关系、门窗位置、其他建筑构件配件的位置以及墙、柱布置和大小等情况。

建筑平面图(除屋顶平面图外)实际上是剖切平面位于窗台上方的水平剖面图,但习惯上称它为平面图。见图 12-1 为某一建筑物的底层平面。

照明设计的照明平面图就是在建筑平面图的基础上绘制的,要表达清楚灯具、开关、配电箱、插座、线路等与建筑的相对关系。

3. 建筑立面图

建筑立面图用来表示建筑物的外貌,并表明外墙装修的要求。

房屋有多个立面,通常把房屋的主要出入口的立面图画为正立面图,从而确定背立面图和侧立面图。有时可按房屋的朝向来定立面图的名称,例如南立面图、东立面图等。也可以按立面图两端轴线编号来定立面图的名称。图 12-2 为某建筑的南立面。

照明设计中电源进线位置、装置方式要与建筑立面相符合。

4. 建筑剖面图

建筑剖面图的用途在于简要的表达建筑物内部垂直方向的结构形式、构造、高度及楼层房屋的内部分层情况。

建筑剖面图是建筑物的垂直剖面图,其剖切位置一般选择在内部结构和构造比较复杂或有变化的部位。剖面图的数量视建筑物的复杂程度和实际需要而定。如图 12-1 底层平面图中剖切线 1-1 和 2-2 所示,1-1 剖面图的剖切位置是通过房屋的主要出入口(大厅、门厅和楼梯等部分,即房屋内部构造比较复杂也是主要的部位);2-2 剖面图的剖切位置则是通

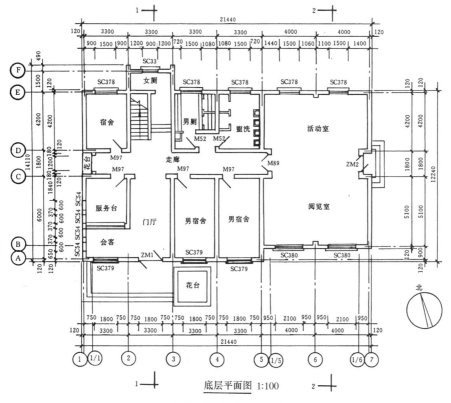

图 12-1 底层平面图

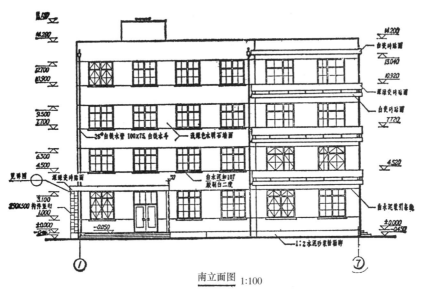

南立面图 1:100

图 12-2 南立面图

过各层房间分割有变化的部位。一般剖切位置都应通过门窗洞,如果用一个剖切平面不能满足上述要求,则剖切线允许转折一次。图 12-3 是 1-1 剖面的剖面图。

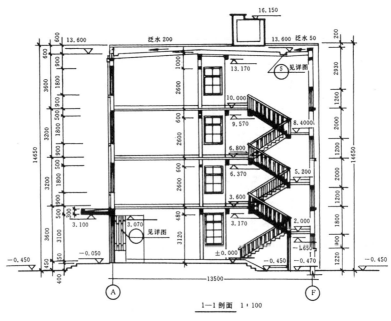

图 12-3　剖面图

12.3　电气图绘制要求

　　图纸的绘制应按国家现行的制图标准执行。现行标准有:《电气简图用图形符号》(GB 4728—2000)和《电气技术用文件的编制》(GB 6988—1997)。2001 年 1 月 15 日中华人民共和国建设部批准了《建筑电气工程设计常用图形和文字符号》(00D—001)为国家建筑标准设计图集。该图集是根据上述两个标准及其他相关的标准编制的。

　　照明设计中常用的图形符号可参见表 12-3。

表 12-3　　　　　　　　　　　常用的电气图形符号

图例	名称	图例	名称	图例	名称	图例	名称
	弯灯		单相插座		接地或接零线路		线路标注法 $d(e \times f) - g - h$
	广照型灯(配照型灯)		暗装		导线相交或分支		
	深照型灯		密闭(防水)插座		不相交的导线	d	导线型号
	局部照明灯		防爆		接地装置	e	导线根数
	矿山灯		带接地插孔的单相插座	灯具标注法 $a - b \dfrac{c \times d \times L}{e} f$		f	导线截面 mm^2
	乳白玻璃球型灯	●	暗装			g	线路敷设方式及管径

续表

图例	名称	图例	名称	图例	名称	图例	名称
	防水防尘灯		密闭(防水)	a	灯具数量	h	线路敷设的部位
	花灯		防爆	b	灯具型号或符号		线路敷设方式
	壁灯		带接地插孔的三相插座	c	每盏灯具的光源数	E	明设
○	防爆灯		带熔断器的插座	d	光源的容量(W)	C	暗设
⊖	安全灯		自动空气断路器额定电流 断路器 脱扣器额定电流	e	悬挂高度(m)	MR	金属线槽敷设
○	天棚灯			f	安装方式	CT	桥架敷设
	荧光灯	15/10	熔断器 熔断器额定电流 熔丝额定电流	L	光源种类		
	三管荧光灯				灯具安装方式	FPC	塑料管(半硬)
×	瓷质座式灯头		双极刀闸开关 多线表示	C	吸顶安装或直付安装	PR	塑料线槽敷设
○	各种灯的一般符号		单线表示	W	壁式安装	MT	电线管敷设
⊗	轴流式排风扇		三极刀闸开关 多线表示	SW	吊线式安装	SC	钢管敷设
▷◁	吊式风扇			CS	吊链式安装		立管
KWH	电度表		单线表示	DS	管吊式安装		线路敷设部位
㉚	设计照度30lx		管线由上引来, 管线引上	CL	柱上安装	B	沿(跨)屋架
	单极拉线开关		管线由下引来, 管线引下	S	支架安装	CL	船(跨)柱
	单极双控拉线开关		管线由上引来并引下 管线由下引来并引上	R	嵌入式安装	W	沿墙
	单极开关				室内分线盒	C	沿顶棚或屋面
	单极暗装开关	P_1 XRM	配电盘 编号 型号		室外分线盒	F	沿地板或埋地
	单极密闭(防水)开关				自动开关箱	SCE	吊顶内
	单极防爆开关	→	进户线				相序标注

317

续表

图例	名称	图例	名称		图例	名称	图例	名称
⚲	双极开关	——	交流线路 500V 以下 除注明者外,铝线 为 2.5mm² 截面; 铜线 为 1.0mm² 截面	2根	▯	刀开关箱	U① $L_1$②	A 相
╫	双极暗装开关	╫		3根			V① $L_2$②	B 相
⚲	双极密闭(防水)开关	╫		4根	▭	组合开关箱	W① $L_3$②	C 相
⚲	双极防爆开关	╫		5根				① 交流设备端 ② 交流电源端
⚲̄	单极延时开关	— · —	36V 以下交流线路		φφφ	电流互感器		
⚲	双控开关(单极三线)	— — —	直流线路应急照明线					

配电箱系统图、照明平面图、智能照明控制系统框图的绘制要求,分别见 12.4 节中图 12-5、图 12-6、图 12-8。

12.4 夜景照明设计案例

本节以某工业园区行政中心夜景照明设计为案例进行介绍。该项目开始于 2005 年 1 月,设计完成于 2005 年 5 月,施工完毕交付使用为 2005 年底,获中照照明工程设计三等奖。

城市景观照明设计是通过光与影展现建筑与景观的风格,同时可以再创造一些比白天更好的景致与气氛。也就是说,通过灯光来营造一个舒适宜人的夜空间。这需要艺术的设计创意与科学技术的手段结合才能实现。

做景观照明设计必须进行前期调研,收集所需资料。

12.4.1 某工业园区行政中心现状与分析

1. 区位与用地

该工业园区行政中心位于工业园区二区核心区域内的东西主轴线上,总用地面积 28hm²,是园区行政及各项公共事业的中心。地块西部为园区文化中心——文化水廊地区,南侧为 2 万人组团住宅,东、西部为规划高密度住宅区。四周以道路为界——北侧现代大道,西侧星湖街,东侧万胜街,南侧旺敦路。

2. 行政中心布局

行政中心区域内在建有 8 栋建筑:现代大厦(园区管委会机关办公楼)高 99m;公安大厦(园区公安机关办公楼)高 47m;检察院大厦高 27m;法院大厦高 40m;工商大厦高 45m;市场大厦高 24m;置业广场高 85m,建屋大厦高 94m。8 栋建筑呈围合之势,建筑之间分布有园林景观。

3. 夜景照明现状

8 栋建筑已由各业主分别找了各有关公司进行了夜景设计,放在一起整体不协调且也无法进行管理,故甲方要求我们将 8 栋建筑的外观照明进行整合——放在一起协调且便于管理。室外景观由美国 SWA 公司设计,对夜景 SWA 公司已有概念性设计。

4．项目设计深度

我们的工作是对 SWA 概念设计进行可行性分析及调整,结合园区总体灯光规划,进行区域内景观照明的整合和详细设计(提交施工招标图)。

12.4.2　景观照明设计的原则与方法

1．区域景观(昼景)分析

区域景观总平面示于图 12-4。

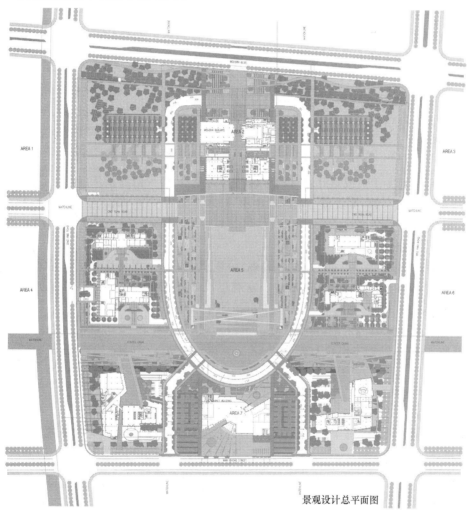

景观设计总平面图

图 12-4　景观照明设计总平面图

(1)城市界面。

(2)区域内部景观。

2．景观照明设计目标与理念

1)设计目标

(1)确立区域的夜景定位。

（2）合理组织完整的夜间景观系统。

（3）为人们的各项夜间活动提供支持。

（4）满足夜间的视觉定向。

（5）通过智能控制手段，达到节约能源、科学管理的目标。

2）设计理念

（1）功能性的照明必须满足要求，装饰照明突出重点。

（2）减少溢出光与杂散光对人的干扰（眩光）及对天空的污染，尽量设法见光不见灯。

（3）采用节能光源与灯具。

（4）灯具宜少不宜多，型式简洁、大方，并与环境景观相协调。

（5）通过智能化灯光控制系统，按照工作日、节假日和后半夜等不同的开灯模式运行，根据需要创造不同的光环境，节约能源，科学管理。

3. 观景点分析

1）城市角度从区域外观察

（1）从空中远处鸟瞰：8栋高雅、现代、很有质感的建筑和谐地"分布"在园区内，通过道路、水系、绿化的灯光使建筑与景观相互交融，宁静中蕴涵活力，颇具时代气息，体现"洋苏州"的魅力。

（2）从外部交通主干道或道路通过的车辆与行人观察：当人们驾车从现代大道通过时，虽对行政中心仅匆匆一瞥，但要留下难忘的印象，旺敦路南侧车辆与行人感知"行政中心"整体印象是"现代、亲切、和谐"。

2）区域内部观察

（1）区域内的高处（现代大厦主楼上部）观察：视野中景观草坪及其周边环境（包括景观水阶、树林花园、喷泉）、环形道路尽收眼底。富有层次（不同明暗）、立体（不同高度）的动态彩色的灯光让人心旷神怡、充满活力，而周围挺拔的建筑是它们的陪衬。

（2）车辆从东西入口进入园区，行驶在主干道上观察。

（3）车辆行驶在U型主干道上观察。

（4）行人漫步在园区内的观察。

4. 夜景总体框架构思

1）夜景定位（主题、格调）

行政中心园区的夜景是城市（工业园区）夜景的核心部分，其总体格调为现代、简洁、大气。

2）夜景空间体系

根据"行政中心"的城市形态和功能分区，夜景空间体系确定为三个轴线（一个纵轴、二个横轴），一个中心区域，两个界面。

3）夜景亮度体系

行政中心区域内亮度分为四级。现代大厦、灯柱阵列、景观水阶、喷泉及园区各入口为一级亮度区；区内主干道、除现代大厦以外的7栋建筑为二级亮度区；中央河河滨及其水系、各建筑的入口为三级亮度区；其他均为四级亮度区。

4）夜景光色体系

整个园区建筑、主干道及喷泉都以白光为主要基调，体现大气、高雅的整体形象，并采用高显色性光源表现建筑、水、绿化及其他景观元素本身的特质。

中央河以北的行政办公区,以不同色温的白光为主,只有景观水阶用彩色光,加强对水景的表现。

中央河及以南的商务办公区,局部增加些色彩,包括建筑的顶部及河堤的装饰性照明。

5. 夜景表现方法

1) 建(构)筑物

(1) 总体风格的协调,并结合各个建筑自身的特点,做到统一中有个性。

(2) 建筑物第五立面(屋顶)的表达。

(3) 泛光灯灯架,其型式、颜色与环境相协调。

2) 入口

通过照明手段,加强标示性与导向性,并注意与主体部分相协调;在各入口设置景观灯柱(阵列),加强入口标识同时表现行政中心的"气势"。

3) 道路及人行道

道路按功能分级,通过照度计算确定路灯的布置方式,光源功率、灯具型式、杆高、杆距。

4) 广场(现代大厦前广场)

(1) 确定广场的功能定位:"市政"与"休闲"的结合。

(2) 旗杆和旗帜应有良好的照明。

(3) 保证人员的安全。

(4) 创建和谐、温馨的氛围。

5) 水系与喷泉

园区内设有中央河、景观水阶、喷泉等,不同的对象采用不同的表现手法:动、静、白光、彩色光,充分利用灯光在水中倒影的效果。

6) 绿化

(1) 树林花园:位于中心草坪两侧的树林花园为游人提供了散步、休息、交谈的公共开放空间。采用步道照明,以满足所需要的基本环境照明。

(2) 景观草坪:位于行政中心的核心位置,面积很大,若完全没有照明,夜间将是漆黑一片,对整体夜景会产生一定的负面影响,可适当设置照明。

7) 停车场

主楼两侧的停车场照明主要应满足停车功能的要求,设置专用照明(停车场专用照明灯或庭园灯)。

6. 对光源、灯具、控制系统的选择

1) 水下灯

选用 12V、IP68、LED 灯具或卤钨灯具。

2) 路灯

它兼有道路照明及景观的效果,其配光及外形都很重要。

3) 广场地埋灯

采用安全电压,灯具表面要能承压;表面温度低,人手摸上去不会烫伤;灯具内部不结露;IP65(有排水设施)或 IP68;形状可采用:点状、条状、块状。

4) 庭园灯、草坪灯

草坪灯又称矮柱庭园灯,庭园灯与草坪灯外形选同一系列较好;其造型与白天景观协调;光源可用 LED 灯、金卤灯、节能灯(紧凑型荧光灯)等,注意色温的选用要适合使用场所的环境氛围。

5)灯光 LOGO

可采用 LED 自发光字,字的大小、颜色、亮度、外壳材料设计都有技术要求提交 LOGO 灯具商。

6)对照明控制系统的要求

整个区域采用一套独立的智能化的照明控制系统。整个园区设控制中心,各建筑设分控中心,建筑外观照明(泛光照明)与景观照明联成一个系统分级控制;可采用光控或时钟控制,或按设置的程序由控制器控制;按工作日、节假日、后半夜等不同的模式运行;与 8 幢楼宇的 BA 系统有接口相接;注意选用性价比好的控制系统产品。

12.4.3 施工招标图示例

施工招标图应是一套完整的图纸(包括设计说明),并盖有施工图章。这里列举几种类型的图纸,以示图纸的表达方式与深度。

1. 照明配电箱(控制箱)系统图

园区中央区域景观照明配电箱(控制箱)系统图见图 12-5。

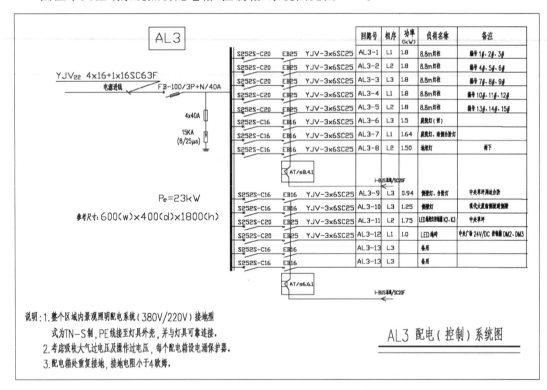

图 12-5　园区中央区域景观照明配电箱系统图

2. 灯具布置及配电线路走向示意图

园区中央区域灯具布置及配电线路走向示意图见图 12-6。

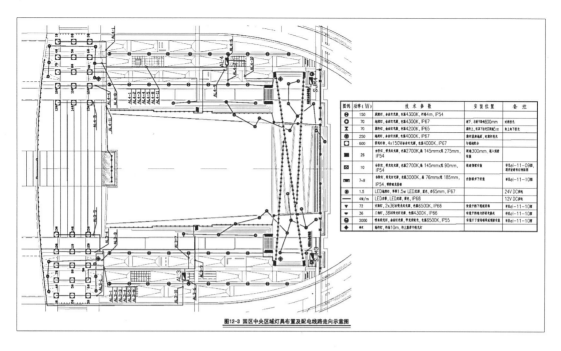

图 12-6　园区中央区域灯具布置及配电线路走向示意图

3. 灯具安装位置示意图

部分灯具安装位置示意图见图 12-7。

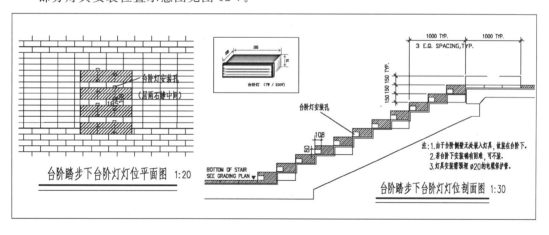

图 12-7　部分灯具安装位置示意图

4. 智能照明控制系统框图

智能照明控制系统框图见图 12-8。

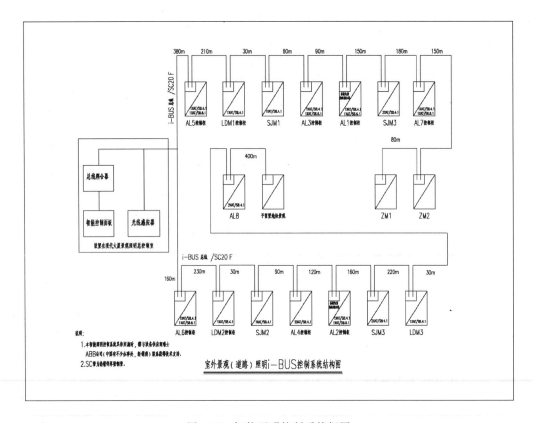

图 12-8　智能照明控制系统框图

附　录

照度单位换算表

单位名称	勒克斯 /(lm·m^{-2})	英尺-坎德拉 /(lm·ft^{-1})	辐　透 /(lm·cm^{-2})	毫辐透
1 勒克斯 (1lx)	1	$9.29×10^{-2}$	$1×10^{-4}$	0.1
1 英尺-坎德拉 (1fc)	10.76	1	$1.076×10^{-3}$	1.076
1 辐透 (1ph)	$1×10^4$	929	1	$1×10^3$
1 毫辐透 (1mph)	10	0.929	$1×10^{-3}$	1

附录 1-2　　　　　　　　　　　　　　　亮度单位换算表

单位名称	坎德拉每平方米 /(cd·m^{-2})	熙提 /sb	阿波熙提 /asb	朗伯 /L	毫朗伯 /mL	英尺-朗伯 /ft-L
坎德拉每平方米(尼特) cd/m^2(nt)	1	10^{-4}	π	$\pi×10^{-4}$	$\pi×10^{-1}$	0.292
熙提 sb=cd/cm^2	10^4	1	$\pi×10^4$	π	$\pi×10^3$	$2.92×10^3$
阿波熙提 asb=cd/πm^2	$\dfrac{1}{\pi}$	$\dfrac{1}{\pi}×10^{-4}$	1	10^{-4}	10^{-1}	$9.29×10^{-2}$
朗伯 L=$\dfrac{1}{\pi}$cd/cm^2	$\dfrac{1}{\pi}×10^4$	$\dfrac{1}{\pi}$	10^4	1	10^3	$9.29×10^2$
毫朗伯 mL	$\dfrac{1}{\pi}×10$	$\dfrac{1}{\pi}×10^{-3}$	10	10^{-3}	1	0.929
英尺-朗伯 ft-L	3.43	$3.43×10^4$	10.8	$1.08×10^3$	1.08	1

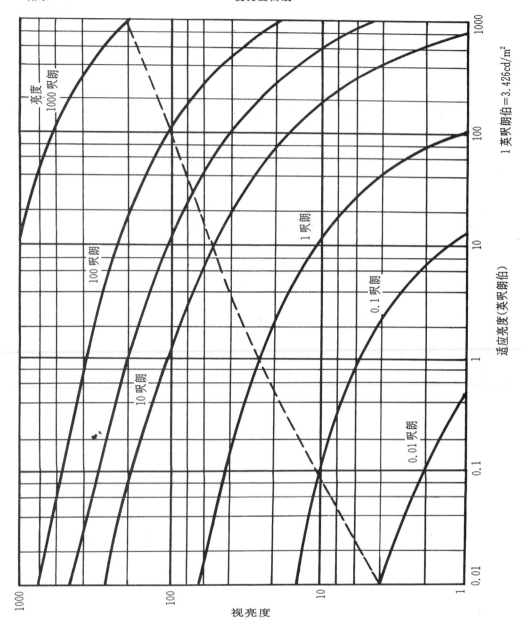

局部照明用白炽灯技术参数

型号	额定电压 /V	功率 /W	光通量 /lm	显色指数 R_a	色温 /K	平均寿命 /h	外形尺寸 （直径×长度,mm）	灯头 型号
JZ6-10	6	10	120	95～99	2400～2950	1000	$\phi61\times110$	E27/27
JZ6-20	6	20	260					
JZ12-15	12	15	180					
JZ12-25	12	25	325					
JZ12-40	12	40	550					
JZ12-60	12	60	850					
JZ36-15	36	15	135					
JZ6-25	36	25	250					
JZ36-40	36	40	500					
JZ36-60	36	60	800					
JZ36-100	36	100	1550					

注:根据用户要求,也可配用 B22d/25×26 型灯头。

冷光束低压卤钨反光杯灯光电参数

型号	灯功率 /W	灯电压 /V	色温 /K	光束角度 /°	始光强 /cd	直径 D/mm	总长 l/mm	平均寿命 /h	灯头
46871WFL	50	12	4500	38	1200	51	45	4000	GU5.3

注:(1) 能减少 66％的热辐射量。

以上数据为欧司朗公司提供

T8 三基色直荧光灯技术数据

产品型号 产品代码	W		R_a	lm CCG	灯管 d [mm]	l [mm]		*

T8 LUMILUX® 三基色直管荧光灯

产品型号	产品代码	W	颜色	R_a	lm	d	l	灯头	*
L18W/865	4050300 926841	18	日光色	≥80	1300	26	590	G13	25
L18W/840	4050300 926858	18	冷白色	≥82	1350	26	590	G13	25
L18W/830	4050300 926865	18	暖白色	≥82	1350	26	590	G13	25
L18W/827	4050300 517834	18	白炽灯色	≥82	1350	26	590	G13	25
L30W/865	4050300 926889	30	日光色	≥80	2350	26	895	G13	25
L30W/840	4050300 926896	30	冷白色	≥82	2400	26	895	G13	25
L30W/830	4050300 518053	30	暖白色	≥82	2400	26	895	G13	25
L30W/827	4050300 518077	30	白炽灯色	≥82	2400	26	895	G13	25
L36W/865	4050300 926926	36	日光色	≥80	3250	26	1200	G13	25
L36W/840	4050300 926933	36	冷白色	≥82	3350	26	1200	G13	25
L36W/830	4050300 926940	36	暖白色	≥82	3350	26	1200	G13	25
L36W/827	4050300 517919	36	白炽灯色	≥82	3350	26	1200	G13	25
L58W/865	4050300 926803	58	日光色	≥80	5000	26	1500	G13	25
L58W/840	4050300 926810	58	冷白色	≥82	5200	26	1500	G13	25
L58W/830	4050300 926827	58	暖白色	≥82	5200	26	1500	G13	25
L58W/827	4050300 603049	58	白炽灯色	≥82	5200	26	1500	G13	25

T8 LUMLUX® SKYWHITH® 三基色蓝天管　　　　　　　　　　　　　产地:欧洲

产品型号	产品代码	W	颜色	R_a	lm	d	l	灯头	*
L18W/880	4008321 027962	18	超白色	≥80	1300	26	590	G13	25
L30W/880	4008321 027986	30	超白色	≥80	2350	26	895	G13	25
L36W/880	4008321 002976	36	超白色	≥80	3000	26	1200	G13	25
L58W/880	4008321 002990	58	超白色	≥80	4900	26	1500	G13	25

附录 4-3b　　　　　　　　　　　　　**T5 超细环形荧光灯技术数据**

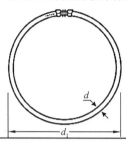

T5 LUMILUX® 超细环形荧光灯

产品型号	产品代码	W		Ra	lm CCG	灯管 d [mm]	I [mm]		*
FC 22W/865	4050300 528441	22	日光色	80...90	1710	16	225	2Gx13	12
FC 22W/840	4050300 528465	22	冷白色	80...90	1800	16	225	2Gx13	12
FC 22W/830	4050300 528489	22	暖白色	80...90	1800	16	225	2Gx13	12
FC 22W/827	4050300 646237	22	白炽灯色	80...90	1800	16	225	2Gx13	12
FC 40W/865	4050300 528502	40	日光色	80...90	3000	16	300	2Gx13	12
FC 40W/840	4050300 528526	40	冷白色	80...90	3200	16	300	2Gx13	12
FC 40W/830	4050300 528540	40	暖白色	80...90	3200	16	300	2Gx13	12
FC 40W/827	4050300 646251	40	白炽灯色	80...90	3200	16	300	2Gx13	12
FC 55W/865	4050300 528564	55	日光色	80...90	3800	16	300	2Gx13	12
FC 55W/840	4050300 528588	55	冷白色	80...90	4200	16	300	2Gx13	12
FC 55W/830	4050300 528601	55	暖白色	80...90	4200	16	300	2Gx13	12
FC 55W/827	4050300 646275	55	白炽灯色	80...90	4200	16	300	2Gx13	12

由于形状的关系,环形荧光灯的光线分布非常均匀。
只可使用电子镇流器。

附录 4-4　　　　　　　　　　　**T5 节能普及型直管荧光灯技术数据**

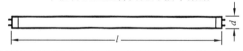

T5 Energy Saver 节能普及型直管荧光灯

产品型号	产品代码	W		Ra	lm 25°C	灯管 d [mm]	I [mm]	*
L14W/865	4050300 828893	14	日光色	≥82	1100	16	549	50
L14W/840	4050300 828565	14	冷白色	≥84	1200	16	549	50
L14W/830	4050300 828480	14	暖白色	≥84	1200	16	549	50
L21W/865	4008321 135759	21	日光色	≥82	1750	16	849	50
L21W/840	4008321 135735	21	冷白色	≥84	1900	16	849	50
L21W/830	4008321 135513	21	暖白色	≥84	1900	16	849	50
L28W/865	4008321 828954	28	日光色	≥82	2400	16	1149	50
L28W/840	4008321 828930	28	冷白色	≥84	2600	16	1149	50
L28W/830	4008321 828916	28	暖白色	≥84	2600	16	1149	50

　　　　　　　　　　　　金属卤化物灯技术数据

系列	型　号	功率 /W	光通量 /lm	光效 /(lm·W⁻¹)	灯电流 /A	补偿 电容 /μF	直径 /mm	长度 /mm	光中心 长度 /mm	灯头	平均 寿命 /h
管形金卤灯	HQI-250/D	250	20000	80	3.0	32	46	225	150	E40	12000
	HQI-BT 400/D*	400	32000	76	4.0	45	62	285	175	E40	12000
	HQI-T 400/N*	400	42000	100	4.1	45	46	275	175	E40	12000
	HQI-T 1000/D	1000	80000	800	9.5	85	76	340	220	E40	9000
	HQI-T 2000/D	2000	180000	90	10.3	37	100	430	265	E40	9000
	HQI-T 2000/N/E SUPER	2000	240000	120	8.8	37	100	430	265	E40	9000
	HQI-T 2000/N	2000	200000	100	8.8	37	100	430	265	E40	9000
泡形金卤灯	HQI-E 70/NDL clear	70	5200	74	1.0	12	55	144	—	E27	9000
	HQI-E 70/WDL clear	70	4700	79	1.0	12	55	144	—	E27	9000
	HQI-E 100/NDL clear	100	7800	78	1.1	16	55	144	—	E27	9000
	HQI-E 100/WDL clear	100	8500	85	1.1	16	55	144	—	E27	9000
	HQI-E 150/NDL clear	150	11400	76	1.8	20	55	144	—	E27	9000
	HQI-E 150/WDL clear	150	12000	80	1.8	20	55	144	—	E27	9000
	HQI-E 250/D	250	19000	76	2.1	32	90	226	—	E40	12000
	HQI-E 400/N clear*	400	45000	112	4.2	45	120	290	—	E40	12000
	HQI-E 400/D*	400	32000	76	3.8	45	120	290	—	E40	12000
	HQI-E 1000/N	1000	80000	80	9.5	85	165	380	—	E40	9000

附录 4-6　　　　　　　　　　普通型高压钠灯性能参数

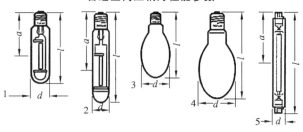

产品型号		产品代码	W	lm	⌀ d [mm]	I max. [mm]	LCL a [mm]	No.		*
VIALOX® NAV®-T 管形高压钠灯										
NAV-T 70	透明	4050300 255590	70	6000	37	156	104	1	E27	12
NAV-T 150	透明	4050300 864006	150	15000	46	211	132	2	E40	12
NAV-T 250	透明	4050300 864020	250	28000	46	257	158	2	E40	12
NAV-T 400	透明	4050300 864044	400	48000	46	285	175	2	E40	12
NAV-T 1000	透明	4050300 251417	1000	130000	65	355	240	2	E40	12
VIALOX® NAV®-T/I 管形高压钠灯,内置触发器										
NAV-T 150/I	透明	4050300 942827	150	15250	46	211	132	2	E40	12
NAV-T 250/I	透明	4050300 942841	250	27000	46	257	158	2	E40	12
NAV-T 400/I	透明	4050300 942865	400	49000	46	285	175	2	E40	12
VIALOX® NAV®-E 泡形高压钠灯,需触发器										
NAV-E 150	涂粉	4050300 015613	150	14500	90	226	—	4	E40	12
NAV-E 250	涂粉	4050300 015620	250	27000	90	226	—	4	E40	12
NAV-E 400	涂粉	4050300 015637	400	48000	120	290	—	4	E40	12
NAV-E 1000	涂粉	4050300 015644	1000	120000	165	370	—	4	E40	6
VIALOX® NAV®-E/I 泡形高压钠灯,内置触发器										
NAV-E 150/I	涂粉	4050300 290911	150	15000	90	227	150	4	E40	12
NAV-E 250/I	涂粉	4050300 286990	250	27000	90	227	150	4	E40	12
NAV-E 400/I	涂粉	4050300 287034	400	48000	120	285	175	4	E40	12
VIALOX® NAV®-TS 高压钠灯,双端管形										
NAV-TS 250		4050300 015705	250	25500	23	206	103	5	Fc2	12
NAV-TS 400		4050300 015712	400	48000	23	206	103	5	Fc2	12

PANOS M　　　　　　　　　　　　　　　　　　　　　　　　　　嵌入式荧光灯具

嵌入式荧光灯具;光源:1/18W TC-TEL;光源垂直安装;分离式高频镇流器;反射器:高纯铝阳极氧化处理;白色压铸铝安装环;电气连接:5 位接线端子;反射器安装便捷并且无需工具;适用吊顶厚度 1～25mm;开孔尺寸:150mm,安装高度:215mm;重量:0.79kg。

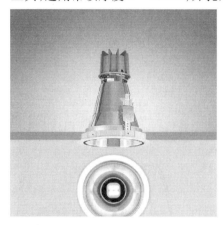

型号		PANOS M
生产厂		
外形尺寸 /mm	Φ	163
	高 H	215
光源		1×TC-TEL/18W
灯具效率		65%
上射光通比		0%
下射光通比		65%
最大允许距高比 L/h		

配光曲线

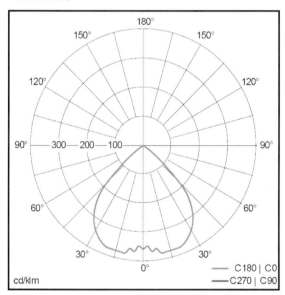

	C0	C90	C180	C270
0°	356	356	356	356
5°	365	365	365	365
10°	375	375	375	375
15°	372	372	372	372
20°	372	372	372	372
25°	358	358	358	358
30°	336	336	336	336
35°	303	303	303	303
40°	256	256	256	256
45°	176	176	176	176
50°	73	73	73	73
55°	27	27	27	27
60°	4	4	4	4
65°	0	0	0	0
70°	0	0	0	0
75°	0	0	0	0
80°	0	0	0	0
85°	0	0	0	0
90°	0	0	0	0
95°	0	0	0	0
100°	0	0	0	0
105°	0	0	0	0
110°	0	0	0	0
115°	0	0	0	0
120°	0	0	0	0
125°	0	0	0	0
130°	0	0	0	0
135°	0	0	0	0
140°	0	0	0	0
145°	0	0	0	0
150°	0	0	0	0
155°	0	0	0	0
160°	0	0	0	0
165°	0	0	0	0
170°	0	0	0	0
175°	0	0	0	0
180°	0	0	0	0

- 光源:1×TC-TEL/18W
- 总光通量:1200lm
- 显色指数:1B
- 镇流器:EVG Tridonic PC PRO
- 系统功率:20.5W,功率因数=0.96
- 节能等级:A3
- 系统功率:20.5W,功率因数=0.96
- 节能等级:A3

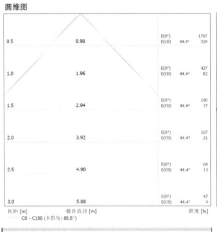

圆维图

间距 [m]	锥体直径 [m]		照度 [lx]
0.5	0.98	E(0°) E(C0) 44.4°	1707 329
1.0	1.96	E(0°) E(C0) 44.4°	427 82
1.5	2.94	E(0°) E(C0) 44.4°	190 37
2.0	3.92	E(0°) E(C0) 44.4°	107 21
2.5	4.90	E(0°) E(C0) 44.4°	68 13
3.0	5.88	E(0°) E(C0) 44.4°	47 9

C0 - C180 (半散角: 88.8°)

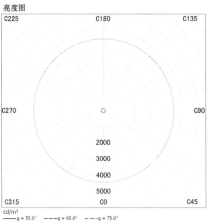

亮度图

cd/m²
——— g = 55.0°   - - - g = 65.0°   -·-·- g = 75.0°

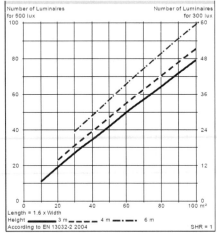

Number of Luminaires for 500 lux / Number of Luminaires for 300 lux

Length = 1.6 x Width
Height ——— 3 m - - - 4 m -·-·- 6 m
According to EN 13032-2 2004   SHR = 1

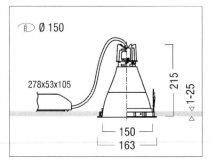

Ø 150

278x53x105

150
163
215
1-25

参照 UGR 的照射评估											
ρ 天花板		70	70	50	50	30	70	70	50	50	30
ρ 墙壁		50	30	50	30	30	50	30	50	30	30
ρ 地板		20	20	20	20	20	20	20	20	20	20
空间尺寸		纬向观察方向 向灯轴					平行观察方向 向灯轴				
X	Y										
2H	2H	19.6	20.5	19.9	20.7	20.9	19.6	20.5	19.9	20.7	20.9
	3H	19.5	20.3	19.8	20.5	20.8	19.5	20.3	19.8	20.5	20.8
	4H	19.4	20.1	19.7	20.4	20.7	19.4	20.1	19.7	20.4	20.7
	6H	19.3	20.0	19.7	20.3	20.6	19.3	20.0	19.7	20.3	20.6
	8H	19.3	19.9	19.6	20.2	20.5	19.3	19.9	19.6	20.2	20.5
	12H	19.3	19.9	19.6	20.2	20.5	19.3	19.9	19.6	20.2	20.5
4H	2H	19.4	20.2	19.7	20.4	20.7	19.4	20.2	19.7	20.4	20.7
	3H	19.3	19.9	19.6	20.2	20.5	19.3	19.9	19.6	20.2	20.5
	4H	19.2	19.7	19.6	20.1	20.4	19.2	19.7	19.6	20.1	20.4
	6H	19.1	19.6	19.6	20.0	20.3	19.1	19.6	19.6	20.0	20.3
	8H	19.1	19.5	19.5	19.9	20.3	19.1	19.5	19.5	19.9	20.3
	12H	19.1	19.4	19.5	19.8	20.3	19.1	19.4	19.5	19.8	20.3
8H	4H	19.1	19.6	19.5	19.9	20.4	19.1	19.6	19.5	19.9	20.4
	6H	19.0	19.3	19.5	19.8	20.2	19.0	19.3	19.5	19.8	20.2
	8H	19.0	19.3	19.4	19.7	20.2	19.0	19.3	19.4	19.7	20.2
	12H	18.9	19.2	19.4	19.6	20.1	18.9	19.2	19.4	19.6	20.1
12H	4H	19.1	19.6	19.5	19.9	20.4	19.1	19.6	19.5	19.9	20.4
	6H	19.0	19.3	19.4	19.7	20.2	19.0	19.3	19.4	19.7	20.2
	8H	18.9	19.2	19.4	19.6	20.1	18.9	19.2	19.4	19.6	20.1
对应照射距离,改变观察者位置 S											
S=1.0H		+2.1/−8.1					+2.1/−8.1				
S=1.5H		+4.6/−28.4					+4.6/−28.4				
S=2.0H		+6.6/−34.9					+6.6/−34.9				
标准表格		BK00					BK00				
更正加数		−0.5					−0.5				
更正的闪光指数,参照 1200lm 总光通量											

依据 CIE Publ.
117 计算 UGR 数据。
Spacing-to-Height-
Ratio＝ 0.25

SLOTLIGHT II   嵌入式长条型荧光灯具

2×T16/54W 光带。数字式可调光电子镇流器,挤压成形铝制灯体,粉末喷涂。乳白色亚克力漫射体。灯具由灯罩、白色亚克力漫射体、镇流器、预留电缆和塑料端盖组成。灯具电缆不含卤素。尺寸:2296mm×72mm×100mm,重量:6.59kg,防护等级:IP54。

型号		SLOTLIGHT II
生产厂		
外形尺寸 /mm	长 L_1	1×=1226
		2×=2296
		3×=3366
	宽 W	97
	高 H	132
光源		2×T16/54W
灯具效率		45%
上射光通比		0%
下射光通比		45%
最大允许距高比 L/h		

配光曲线

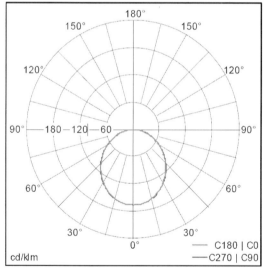

— C180 | C0
— C270 | C90

cd/klm

D26834V8.ldt

- 光源:2×T16/54W
- 总光通量:8900lm
- 显色指数:1B
- 镇流器:EVG digital Tridonic one4all
- 系统功率:117.9W,功率因数=0.99
- 节能等级:A1
- 系统功率:117.9W,功率因数=0.99
- 节能等级:A1

	C0	C90	C180	C270
0°	165	165	165	165
5°	165	165	165	165
10°	162	162	162	162
15°	158	158	158	158
20°	151	152	151	152
25°	143	144	143	144
30°	134	135	134	135
35°	124	125	124	125
40°	113	115	113	115
45°	102	103	102	103
50°	90	92	90	92
55°	78	79	78	79
60°	67	67	67	67
65°	55	55	55	55
70°	43	43	43	43
75°	32	31	32	31
80°	21	20	21	20
85°	11	10	11	10
90°	1	1	1	1
95°	0	0	0	0
100°	0	0	0	0
105°	0	0	0	0
110°	0	0	0	0
115°	0	0	0	0
120°	0	0	0	0
125°	0	0	0	0
130°	0	0	0	0
135°	0	0	0	0
140°	0	0	0	0
145°	0	0	0	0
150°	0	0	0	0
155°	0	0	0	0
160°	0	0	0	0
165°	0	0	0	0
170°	0	0	0	0
175°	0	0	0	0
180°	0	0	0	0

圆锥图

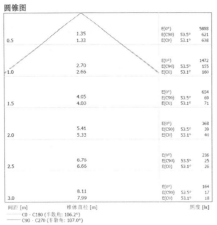

间距 [m]	锥体直径 [m]		照度 [lx]
0.5	1.35 / 1.33	E(0°) / E(C90) 53.5° / E(C0) 53.1°	5893 / 621 / 638
1.0	2.70 / 2.66	E(0°) / E(C90) 53.5° / E(C0) 53.1°	1472 / 155 / 160
1.5	4.05 / 4.00	E(0°) / E(C90) 53.5° / E(C0) 53.1°	654 / 69 / 71
2.0	5.41 / 5.33	E(0°) / E(C90) 53.5° / E(C0) 53.1°	368 / 39 / 40
2.5	6.76 / 6.66	E(0°) / E(C90) 53.5° / E(C0) 53.1°	236 / 25 / 26
3.0	8.11 / 7.99	E(0°) / E(C90) 53.5° / E(C0) 53.1°	164 / 17 / 18

C0 - C180 (半锥角: 106.2°)
C90 - C270 (半锥角: 107.0°)

亮度图

cd/m²
g = 55.0°   g = 65.0°   g = 75.0°

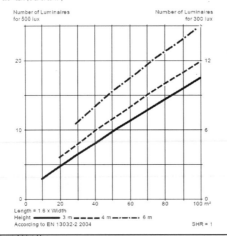

Number of Luminaires for 500 lux
Number of Luminaires for 300 lux

Length = 1.6 × Width
Height 3 m / 4 m / 6 m
According to EN 13032-2 2004
SHR = 1

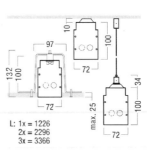

L: 1x = 1226
2x = 2296
3x = 3366

参照 UGR 的照射评估										
ρ 天花板	70	70	50	50	30	70	70	50	50	30
ρ 墙壁	50	30	50	30	30	50	30	50	30	30
ρ 地板	20	20	20	20	20	20	20	20	20	20
空间尺寸	纬向观察方向 向灯轴					平行观察方向 向灯轴				
X Y										
2H 2H	19.6	21.0	19.9	21.2	21.4	19.7	21.0	20.0	21.2	21.5
3H	21.3	22.5	21.6	22.7	23.0	21.3	22.5	21.6	22.7	23.0
4H	22.0	23.1	22.3	23.4	23.7	21.9	23.1	22.3	23.4	23.6
6H	22.6	23.6	22.9	23.9	24.2	22.5	23.5	22.9	23.8	24.2
8H	22.8	23.8	23.2	24.1	24.5	22.7	23.7	23.1	24.0	24.4
12H	23.0	24.2	23.4	24.3	24.6	22.9	23.8	23.2	24.2	24.5
4H 2H	20.3	21.5	20.7	21.7	22.0	20.4	21.5	20.7	21.8	22.1
3H	22.2	23.1	22.5	23.5	23.8	22.1	23.1	22.5	23.4	23.8
4H	23.0	23.9	23.4	24.2	24.6	23.0	23.8	23.4	24.2	24.6
6H	23.8	24.5	24.2	24.9	25.3	23.7	24.4	24.1	24.8	25.2
8H	24.1	24.8	24.5	25.2	25.6	23.9	24.6	24.4	25.0	25.4
12H	24.3	24.9	24.7	25.3	25.8	24.2	24.8	24.6	25.2	25.6
8H 4H	23.4	24.1	23.8	24.5	24.9	23.3	24.0	23.8	24.4	24.8
6H	24.3	24.9	24.7	25.3	25.8	24.2	24.8	24.8	25.2	25.7
8H	24.7	25.2	25.2	25.6	26.1	24.6	25.1	25.0	25.5	26.0
12H	25.0	25.4	25.5	25.9	26.4	24.9	25.3	25.4	25.8	26.3
12H 4H	23.4	24.0	23.9	24.5	24.9	23.4	24.0	23.8	24.4	24.8
6H	24.4	24.9	24.9	25.3	25.8	24.4	24.8	24.8	25.2	25.7
8H	24.8	25.3	25.3	25.7	26.2	24.7	25.1	25.2	25.6	26.1
对应照射距离,改变观察者位置 S										
S=1.0H	+0.1/−0.1					+0.1/−0.1				
S=1.5H	+0.2/−0.3					+0.2/−0.3				
S=2.0H	+0.3/−0.6					+0.3/−0.6				
标准表格	BK07					BK06				
更正加数	5.0					4.5				
更正的闪光指数,参照 8900lm 总光通量										

依据 CIE Publ. 117 计算 UGR 数据。
Spacing-to-Height-Ratio= 0.25

334

CLARIS II

悬 吊 式 灯 具

2×28W 直接/间接型悬吊式灯具,全封闭双抛格栅,数字式可调光电子镇流器,挤压成型自然阳极氧化铝灯体。

宽蝙蝠翼直接/间接配光特性(64:36),眩光限制符合 EN/2464:65°高度角以上的灯具亮度 L<1000cd/m^2。

吊索组件包括 1 只天花板灯线盒和四根 1m 长吊索。

灯具出厂已完成接线工作,带有光源和塑料保护薄膜。灯具电缆不含卤素。重量:3.7kg。

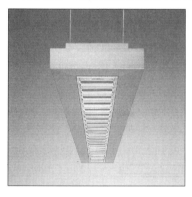

型号		CLARIS II
生产厂		
外形尺寸 /mm	宽 W	150
	高 H	50
光源		2×T16/28W
灯具效率		94%
上射光通比		59%
下射光通比		35%
最大允许距高比 L/h		

配光曲线

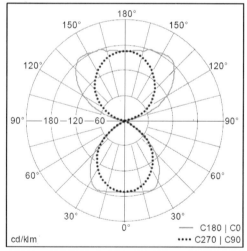

cd/klm
—— C180 | C0
•••• C270 | C90

- 光源:2×T16/54W
- 总光通量:5200lm
- 显色指数:1B
- 镇流器:EVG digital Tridonic one4all
- 系统功率:62W,功率因数=0.98
- 调光:电子镇流器到1%
- 节能等级:A1

	C0	C90	C180	C270
0°	169	169	169	169
5°	169	168	169	168
10°	171	165	171	165
15°	173	159	173	159
20°	177	152	177	152
25°	175	143	175	143
30°	163	32	163	132
35°	147	119	147	119
40°	129	106	129	106
45°	105	90	105	90
50°	71	70	71	70
55°	36	46	36	46
60°	11	20	11	20
65°	4	6	4	6
70°	2	2	2	2
75°	1	1	1	1
80°	1	1	1	1
85°	0	0	0	0
90°	0	0	0	0
95°	3	4	3	4
100°	10	13	10	13
105°	36	35	36	25
110°	65	38	65	38
115°	93	51	93	51
120°	117	65	117	65
125°	137	78	137	78
130°	155	91	155	91
135°	170	104	170	104
140°	182	114	182	114
145°	186	125	186	125
150°	183	135	183	135
155°	179	143	179	143
160°	180	151	180	151
165°	171	156	171	156
170°	169	161	169	161
175°	166	164	166	164
180°	165	165	165	165

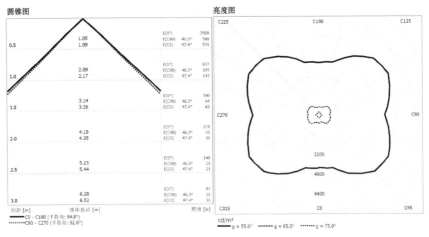

圆锥图 亮度图

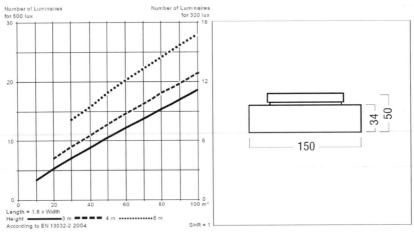

参照 UGR 的照射评估											
ρ 天花板		70	70	50	50	30	70	70	50	50	30
ρ 墙壁		50	30	50	30	30	50	30	50	30	30
ρ 地板		20	20	20	20	20	20	20	20	20	20
空间尺寸 X	Y	纬向观察方向 向灯轴					平行观察方向 向灯轴				
2H	2H	13.3	14.0	14.3	15.0	16.3	13.7	14.3	14.7	15.3	16.6
	3H	13.1	13.6	14.1	14.6	16.0	13.4	14.0	14.4	15.0	16.3
	4H	12.9	13.4	13.9	14.4	15.8	13.2	13.8	14.3	14.8	16.1
	6H	12.8	13.2	13.8	14.3	15.6	13.0	13.6	14.1	14.6	16.0
	8H	12.7	13.1	13.7	14.2	15.5	13.0	13.5	14.1	14.5	15.9
	12H	12.6	13.0	13.7	14.1	15.5	12.9	13.4	14.0	14.4	15.8
4H	2H	13.1	13.7	14.2	14.7	16.0	13.4	13.9	14.4	14.9	16.3
	3H	12.8	13.3	13.9	14.3	15.7	13.1	13.6	14.2	14.6	16.0
	4H	12.7	13.1	13.8	14.1	15.5	13.0	13.3	14.0	14.4	15.8
	6H	12.5	12.8	13.6	13.9	15.3	12.8	13.1	13.9	14.2	15.6
	8H	12.4	12.7	13.5	13.8	15.3	12.7	13.0	13.8	14.1	15.5
	12H	12.4	12.6	13.5	13.7	15.2	12.6	12.9	13.7	14.0	15.5
8H	4H	12.4	12.7	13.5	13.8	15.3	12.7	13.0	13.8	14.1	15.5
	6H	12.3	12.5	13.4	13.6	15.1	12.6	12.8	13.7	13.9	15.4
	8H	12.2	12.4	13.3	13.5	15.0	12.5	12.7	13.6	13.8	15.3
	12H	12.1	12.3	13.2	13.4	14.9	12.4	12.6	13.5	13.7	15.2
12H	4H	12.3	12.6	13.5	13.7	15.0	12.6	12.9	13.7	14.0	15.3
	6H	12.2	12.4	13.3	13.5	15.0	12.5	12.7	13.6	13.8	15.3
	8H	12.1	12.3	13.2	13.4	14.9	12.4	12.6	13.6	13.7	15.2
对应照射距离,改变观察者位置 S											
S=1.0H		+1.3/−2.6					+1.0/−1.5				
S=1.5H		+2.6/−10.0					+2.0/−6.8				
S=2.0H		+4.3/−14.4					+3.5/−13.5				
标准表格		BK00					BK00				
更正加数		−4.1					−3.8				
更正的闪光指数,参照 5200lm 总光通量											

依据 CIE Publ. 117 计算 UGR 数据。
Spacing-to-Height-Ratio＝ 0.25

MELLOW LIGHT IV   办公室用灯/嵌入式荧光灯具

　　嵌入式灯具,高频镇流器,1×55W TC-L 光源。高纯度亚克力漫射体;可选择彩色滤光片;3 位接线端子;无光泽高级铝制全方位眩光控制格栅。采用辅助滤镜满足眩光限制:65°高度角以上的灯具亮度小于 1000cd/m^2。符合立式显示器的眩光控制要求。灯具电缆不含卤素。模数:600,尺寸:598mm×598mm×102mm,重量:6.3kg。

型号		MELLOW LIGHT IV
生产厂		
外形尺寸 /mm	长 L_1	600
	宽 W	598
	高 H	102
光源		1×TC-L/55W
灯具效率		67%
上射光通比		0%
下射光通比		67%
最大允许距高比 L/h		

配光曲线

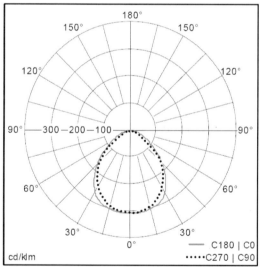

cd/klm
—— C180 | C0
••••• C270 | C90

- 光源:1×TC-L/55W
- 总光通量:4800lm
- 显色指数:1B
- 镇流器:EVG digital Tridonic one4all
- 系统功率:61W,功率因数=0.97
- 节能等级:A2

	C0	C90	C180	C270
0°	306	306	306	306
5°	306	305	306	305
10°	305	299	305	299
15°	301	299	301	299
20°	294	278	294	278
25°	283	261	283	261
30°	265	241	265	241
35°	237	217	237	217
40°	206	191	206	191
45°	171	159	171	159
50°	136	122	136	122
55°	101	57	101	57
60°	75	39	75	39
65°	56	31	56	31
70°	38	23	38	23
75°	27	15	27	15
80°	18	9	18	9
85°	6	3	6	3
90°	0	0	0	0
95°	3	4	3	4
100°	10	13	10	13
105°	36	35	36	25
110°	65	38	65	38
115°	93	51	93	51
120°	117	65	117	65
125°	137	78	137	78
130°	155	91	155	91
135°	170	104	170	104
140°	182	114	182	114
145°	186	125	186	125
150°	183	135	183	135
155°	179	143	179	143
160°	180	151	180	151
165°	171	156	171	156
170°	169	161	169	161
175°	166	164	166	164
180°	165	165	165	165

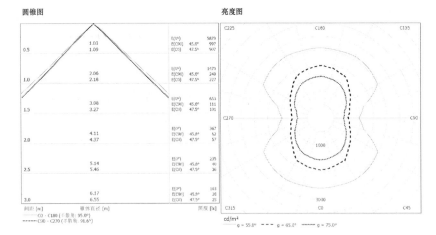

圆锥图 亮度图

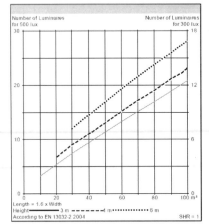

Number of Luminaires for 500 lux
Number of Luminaires for 300 lux

Length = 1.6 x Width
Height ——— 3 m ········· 6 m
According to EN 13032-2 2004   SHR = 1

□ 600

598 / 102

参照 UGR 的照射评估										
ρ 天花板		70	70	50	50	30	70	70	50	50	30
ρ 墙壁		50	30	50	30	30	50	30	50	30	30
ρ 地板		20	20	20	20	20	20	20	20	20	20
空间尺寸 X Y		纬向观察方向 向灯轴					平行观察方向 向灯轴				
2H	2H	15.7	16.8	16.0	17.0	17.3	14.3	15.5	14.6	15.7	15.9
	3H	16.5	17.5	16.8	17.8	18.0	14.8	15.8	15.1	16.0	16.3
	4H	16.9	17.8	17.2	18.1	18.4	14.9	15.9	15.3	16.2	16.5
	6H	17.2	18.1	17.5	18.3	18.7	15.1	16.0	15.4	16.3	16.6
	8H	17.3	18.1	17.6	18.4	18.7	15.1	16.0	15.5	16.3	16.6
	12H	17.3	18.1	17.7	18.5	18.8	15.1	15.9	15.5	16.2	16.6
4H	2H	15.9	16.9	16.3	17.2	17.4	14.8	15.7	15.1	16.0	16.3
	3H	16.9	17.8	17.3	18.1	18.4	15.4	16.2	15.8	16.5	16.8
	4H	17.4	18.1	17.8	18.5	18.9	15.7	16.4	16.1	16.7	17.1
	6H	17.9	18.5	18.3	18.9	19.3	15.9	16.5	16.3	16.9	17.3
	8H	18.1	18.6	18.5	19.2	19.5	16.0	16.5	16.4	16.9	17.3
	12H	18.1	18.7	18.6	19.1	19.5	16.0	16.5	16.5	16.9	17.4
8H	4H	17.6	18.1	18.0	18.5	18.9	15.9	16.5	16.4	16.9	17.3
	6H	18.1	18.6	18.6	19.0	19.5	16.3	16.7	16.7	17.2	17.6
	8H	18.4	18.8	18.8	19.2	19.7	16.4	16.8	16.9	17.3	17.7
	12H	18.5	18.8	19.0	19.3	19.8	16.5	16.8	17.0	17.3	17.8
12H	4H	17.5	18.0	18.0	18.5	18.9	16.0	16.5	16.5	16.9	17.3
	6H	18.2	18.5	18.6	19.0	19.5	16.4	16.9	16.8	17.2	17.7
	8H	18.4	18.8	18.9	19.2	19.7	16.5	16.9	17.0	17.3	17.8
对应照射距离,改变观察者位置 S											
S=1.0H		+0.3/−0.3					+0.5/−0.8				
S=1.5H		+0.5/−0.8					+1.1/−1.7				
S=2.0H		+1.0/−1.3					+1.9/−2.2				
标准表格		BK04					BK03				
更正加数		−0.7					−2.9				
更正的闪光指数,参照 4800lm 总光通量											

附录 5-5　L5 工矿灯

COPY I/D　　　　　　　　　　　　　　　　　　**工矿灯/高天棚灯具**

工矿灯,1×250W 高压汞灯,并联补偿,电感镇流器,压铸铝灯罩,防护等级 IP65,银色搪瓷处理;旋转对称;1.5m(1.5mm²)电缆结合 2 根应急照明电缆;链吊式安装;灯具电缆不含卤素。尺寸:φ165×445mm,重量:7.12kg。

型号		COPA I/D
生产厂		
外形尺寸 /mm	φ	544
	高 H	775
光源		1×HME/250W
灯具效率		79%
上射光通比		0%
下射光通比		79%
最大允许距高比 L/h		

配光曲线

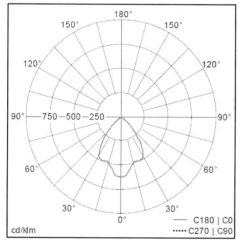

cd/klm
—— C180 | C0
····· C270 | C90

	C0	C90	C180	C270
0°	620	620	620	620
5°	607	607	607	607
10°	544	544	544	544
15°	492	492	492	492
20°	478	478	478	478
25°	487	487	487	487
30°	461	461	461	461
35°	375	375	375	375
40°	263	263	263	263
45°	155	155	155	155
50°	60	60	60	60
55°	17	17	17	17
60°	4	4	4	4
65°	1	1	1	1
70°	1	1	1	1
75°	0	0	0	0
80°	0	0	0	0
85°	0	0	0	0
90°	0	0	0	0
95°	0	0	0	0
100°	0	0	0	0
105°	0	0	0	0
110°	0	0	0	0
115°	0	0	0	0
120°	0	0	0	0
125°	0	0	0	0
130°	0	0	0	0
135°	0	0	0	0
140°	0	0	0	0
145°	0	0	0	0
150°	0	0	0	0
155°	0	0	0	0
160°	0	0	0	0
165°	0	0	0	0
170°	0	0	0	0
175°	0	0	0	0
180°	0	0	0	0

· 光源:1×HME/250W
· 总光通量:13000lm
· 显色指数:3
· 镇流器:VVG Tridonic OMB
· 系统功率:271W,功率因数=0.92
· 节能等级:K

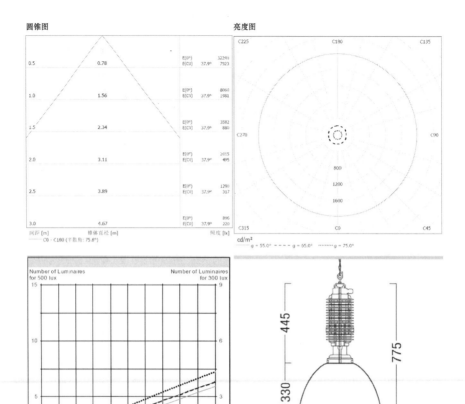

圆锥图　　　　　　　　　　　　　　　亮度图

cd/m²

g = 55.0°　---- g = 65.0°　······ g = 75.0°

Number of Luminaires for 500 lux　Number of Luminaires for 300 lux

Length = 1.6 × Width
Height ─── 3 m　---- 4 m　····· 6 m
According to EN 13032-2 2004　　SHR = 1

445　330　775　Ø 544

参照 UGR 的照射评估											
ρ 天花板		70	70	50	50	30	70	70	50	50	30
ρ 墙壁		50	30	50	30	30	50	30	50	30	30
ρ 地板		20	20	20	20	20	20	20	20	20	20
空间尺寸		纬向观察方向					平行观察方向				
X	Y	向灯轴					向灯轴				
2H	2H	18.0	18.8	18.2	19.0	19.2	18.0	18.8	18.2	19.0	19.2
	3H	17.8	18.5	18.1	18.8	19.0	17.8	18.5	18.1	18.8	19.0
	4H	17.7	18.4	18.1	18.7	18.9	17.7	18.4	18.1	18.7	18.9
	6H	17.7	18.3	18.0	18.6	18.9	17.7	18.3	18.0	18.6	18.9
	8H	17.6	18.2	18.0	18.5	18.8	17.6	18.2	18.0	18.5	18.8
	12H	17.6	18.2	18.0	18.5	18.8	17.6	18.2	18.0	18.5	18.8
4H	2H	17.8	18.4	18.1	18.7	18.9	17.8	18.4	18.1	18.7	18.9
	3H	17.6	18.2	18.0	18.5	18.8	17.6	18.2	18.0	18.5	18.8
	4H	17.5	18.0	17.9	18.4	18.7	17.5	18.0	17.9	18.4	18.7
	6H	17.5	17.9	17.9	18.2	18.6	17.5	17.9	17.9	18.2	18.6
	8H	17.4	17.7	17.8	18.1	18.5	17.4	17.7	17.8	18.1	18.5
	12H	17.4	17.7	17.8	18.1	18.5	17.4	17.7	17.8	18.1	18.5
8H	4H	17.4	17.8	17.8	18.2	18.6	17.4	17.8	17.8	18.2	18.6
	6H	17.3	17.6	17.8	18.0	18.5	17.3	17.6	17.8	18.0	18.5
	8H	17.3	17.5	17.8	18.0	18.5	17.3	17.5	17.8	18.0	18.5
	12H	17.2	17.5	17.7	17.9	18.4	17.2	17.5	17.7	17.9	18.4
12H	4H	17.4	17.7	17.8	18.1	18.5	17.4	17.7	17.8	18.1	18.5
	6H	17.3	17.5	17.8	18.0	18.5	17.3	17.5	17.8	18.0	18.5
	8H	17.2	17.5	17.7	17.9	18.4	17.2	17.5	17.7	17.9	18.4
对应照射距离,改变观察者位置 S											
S＝1.0H		+2.6/−11.0					+2.6/−11.0				
S＝1.5H		+5.1/−20.0					+5.1/−20.0				
S＝2.0H		+7.1/−22.7					+7.1/−22.7				
标准表格		BK00					BK00				
更正加数		−1.5					−1.5				
更正的闪光指数,参照 13000lm 总光通量											

依据 CIE Publ. 117 计算 UGR 数据。
Spacing-to-Height-Ratio＝ 0.25

附录 5-6 L6 嵌入式筒灯

PANOS H 嵌入式筒灯/嵌入式灯具

嵌入式灯具;光源:2/26W TC-DEL;光源水平安装;采用瞬动开关或 DIMLITE 可调光电子镇流器,调光范围 10～100%,控制通过瞬动开关直接输入或采用 DALI 广播信号(无需寻址,无需反馈信道);反射器:镜面铝,无彩虹色,UGR=16/19;白色法兰;反射器/法兰采用高品质抗紫外线聚碳酸酯制造;安装环采用压铸铝制造;电气连接:5 位接线端子;无需工具即可实现快速安装;适用吊顶厚度 1～25mm;吊顶开孔尺寸:200mm,安装高度:145mm;重量:0.94kg。

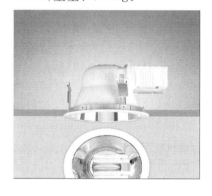

型号		PANOS H
生产厂		
外形尺寸 /mm	φ	218
	高 H	145
光源		2×TC-DEL/26 W
灯具效率		49%
上射光通比		0%
下射光通比		48%
最大允许距高比 L/h		

配光曲线

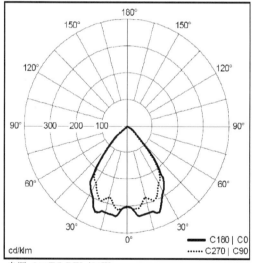

cd/klm
—— C180 | C0
······ C270 | C90

	C0	C90	C180	C270
0°	298	298	298	298
5°	316	309	316	309
10°	335	302	335	302
15°	332	273	332	273
20°	343	296	343	296
25°	318	278	318	278
30°	280	243	280	243
35°	247	222	247	222
40°	178	152	178	152
45°	102	75	102	75
50°	58	43	58	43
55°	28	20	28	20
60°	6	3	6	3
65°	0	0	0	0
70°	0	0	0	0
75°	0	0	0	0
80°	0	0	0	0
85°	0	0	0	0
90°	0	0	0	0
95°	0	0	0	0
100°	0	0	0	0
105°	0	0	0	0
110°	0	0	0	0
115°	0	0	0	0
120°	0	0	0	0
125°	0	0	0	0
130°	0	0	0	0
135°	0	0	0	0
140°	0	0	0	0
145°	0	0	0	0
150°	0	0	0	0
155°	0	0	0	0
160°	0	0	0	0
165°	0	0	0	0
170°	0	0	0	0
175°	0	0	0	0
180°	0	0	0	0

- 光源:2×TC-DEL/26W
- 总光通量:3600lm
- 显色指数:1B
- 镇流器:EVG dim2save Tridonic PCA ES
- 系统功率:57.5W,功率因数=0.37
- 调光:调光镇流器到 10%
- 节能等级:A1

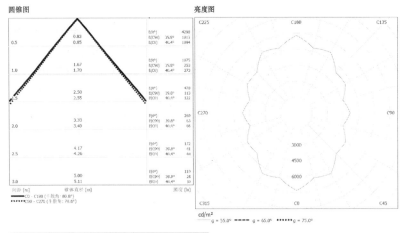

圆锥图   亮度图

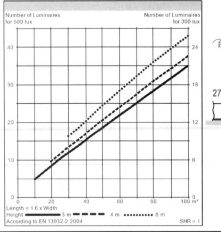

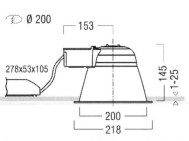

参照 UGR 的照射评估										
ρ 天花板		70	70	50	50	30	70	70	50	50	30
ρ 墙壁		50	30	50	30	30	50	30	50	30	30
ρ 地板		20	20	20	20	20	20	20	20	20	20
空间尺寸		纬向观察方向 向灯轴					平行观察方向 向灯轴				
X	Y										
2H	2H	19.7	20.5	19.9	20.7	20.9	18.8	19.6	19.0	19.8	20.0
	3H	19.5	20.2	19.8	20.5	20.7	18.5	19.4	18.9	19.6	19.8
	4H	19.4	20.1	19.7	20.4	20.6	18.6	19.2	18.9	19.5	19.8
	6H	19.3	19.9	19.7	20.3	20.6	18.5	19.1	18.8	19.4	19.6
	8H	19.3	19.9	19.7	20.2	20.5	18.5	19.1	18.8	19.3	19.6
	12H	19.3	19.9	19.6	20.2	20.5	18.4	19.0	18.8	19.3	19.6
4H	2H	19.5	20.1	19.8	20.4	20.7	18.6	19.3	18.9	19.5	19.8
	3H	19.3	19.9	19.7	20.2	20.5	18.5	19.0	18.8	19.3	19.6
	4H	19.3	19.7	19.6	20.1	20.4	18.4	18.9	18.8	19.2	19.6
	6H	19.2	19.6	19.6	20.0	20.3	18.3	18.7	18.7	19.1	19.5
	8H	19.1	19.5	19.6	19.9	20.3	18.3	18.6	18.7	19.0	19.4
	12H	19.1	19.4	19.5	19.8	20.2	18.2	18.6	18.7	19.0	19.4
8H	4H	19.1	19.5	19.5	19.9	20.3	18.3	18.6	18.6	19.0	19.4
	6H	19.1	19.3	19.5	19.8	20.2	18.2	18.5	18.6	18.9	19.3
	8H	19.0	19.3	19.5	19.7	20.2	18.1	18.4	18.6	18.8	19.3
	12H	19.0	19.2	19.4	19.6	20.1	18.1	18.3	18.6	18.8	19.3
12H	4H	19.1	19.4	19.5	19.7	20.2	18.2	18.6	18.7	19.0	19.4
	6H	19.0	19.3	19.5	19.7	20.2	18.1	18.4	18.6	18.8	19.3
	8H	19.0	19.2	19.4	19.6	20.1	18.1	18.3	18.6	18.8	19.3
对应照射距离,改变观察者位置 S											
S=1.0H		+2.3/−6.0					+2.8/−6.9				
S=1.5H		+4.6/−24.1					+4.8/−24.7				
S=2.0H		+6.5/−93.3					+6.8/−92.4				
标准表格		BK00					BK00				
更正加数		−1.5					−2.3				
更正的闪光指数,参照 3600lm 总光通量											

依据 CIE Publ. 117 计算 UGR 数据。
Spacing-to-Height-Ratio= 0.25

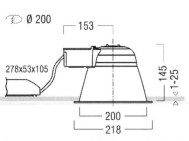

Ø 200

153

278×53×105

200

218

145

1-25

COPA A　　　　　　　　　　　　　　　　　　　　　　　　　　投光灯

1×250W 投光灯,HIT 电感电路,电感镇流器,压铸铝灯罩,防护等级 IP65,自然喷砂处理,采用散热片改善散热;凹纹反射器;强化玻璃面盖;电气连接通过电缆密封套;5 位接线端子;支架安装;灯具电缆不含卤素。尺寸:580mm×334mm×260mm,重量:14kg。

型号		PANOS H
生产厂		
外形尺寸 /mm	长 L_1	580
	宽 W	334
	高 H	260
光源		1×HST/250W
灯具效率		80%
上射光通比		0%
下射光通比		82%
最大允许距高比 L/h		

配光曲线

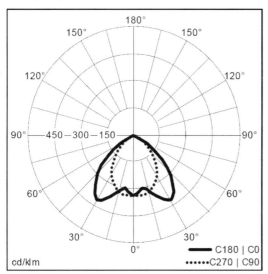

C180 | C0
C270 | C90

cd/klm

	C0	C90	C180	C270
0°	338	338	338	338
5°	317	335	317	335
10°	297	335	297	335
15°	316	325	316	325
20°	355	303	355	303
25°	392	278	392	278
30°	417	259	417	259
35°	387	227	387	227
40°	332	176	332	176
45°	287	132	287	132
50°	207	103	207	103
55°	120	73	120	73
60°	16	39	16	39
65°	6	17	6	17
70°	3	6	3	6
75°	2	2	2	2
80°	1	1	1	1
85°	1	0	1	0
90°	0	0	0	0
95°	0	0	0	0
100°	0	0	0	0
105°	0	0	0	0
110°	0	0	0	0
115°	0	0	0	0
120°	0	0	0	0
125°	0	0	0	0
130°	0	0	0	0
135°	0	0	0	0
140°	0	0	0	0
145°	0	0	0	0
150°	0	0	0	0
155°	0	0	0	0
160°	0	0	0	0
165°	0	0	0	0
170°	0	0	0	0
175°	0	0	0	0
180°	0	0	0	0

- 光源:1×HST/250W
- 总光通量:28000lm
- 显色指数:2B
- 镇流器:VVG Tridonic OGLS
- 系统功率:269.1W,功率因数=0.37
- 节能等级:I

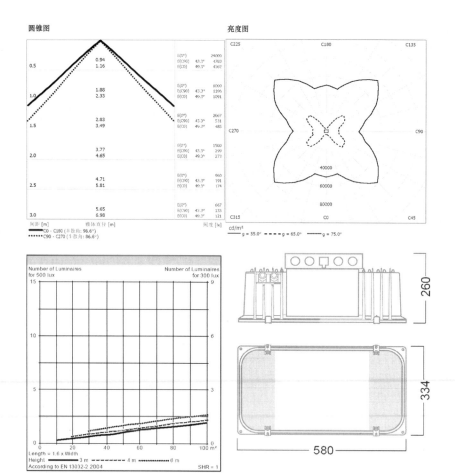

圆锥图   亮度图

参照 UGR 的照射评估											
ρ 天花板		70	70	50	50	30	70	70	50	50	30
ρ 墙壁		50	30	50	30	30	50	30	50	30	30
ρ 地板		20	20	20	20	20	20	20	20	20	20
空间尺寸		纬向观察方向 向灯轴					平行观察方向 向灯轴				
X	Y										
2H	2H	26.7	27.8	27.0	28.0	28.2	25.9	27.0	26.2	27.2	27.4
	3H	26.6	27.5	26.9	27.8	28.0	25.8	26.8	26.1	27.0	27.3
	4H	26.5	27.4	26.8	27.7	27.9	25.8	26.7	26.1	26.9	27.2
	6H	26.4	27.3	26.8	27.5	27.8	25.7	26.5	26.0	26.8	27.1
	8H	26.4	27.2	26.8	27.5	27.8	25.7	26.4	26.0	26.7	27.0
	12H	26.4	27.1	26.7	27.4	27.7	25.6	26.4	26.0	26.7	27.0
4H	2H	26.9	27.8	27.2	28.0	28.3	26.2	27.0	26.5	27.3	27.6
	3H	26.7	27.5	27.1	27.8	28.1	26.1	26.9	26.5	27.2	27.5
	4H	26.7	27.3	27.0	27.6	28.0	26.1	26.7	26.4	27.0	27.4
	6H	26.6	27.1	27.0	27.5	27.9	26.0	26.5	26.4	26.9	27.3
	8H	26.6	27.1	27.0	27.4	27.9	25.9	26.5	26.4	26.8	27.2
	12H	26.5	27.0	27.0	27.4	27.8	25.9	26.4	26.3	26.8	27.2
8H	4H	26.6	27.1	27.0	27.5	27.9	25.9	26.5	26.4	26.8	27.2
	6H	26.5	26.9	26.9	27.3	27.8	25.9	26.3	26.3	26.7	27.2
	8H	26.4	26.7	26.9	27.2	27.7	25.8	26.1	26.3	26.6	27.1
	12H	26.4	26.7	26.9	27.2	27.7	25.8	26.1	26.3	26.6	27.1
12H	4H	26.5	27.0	27.0	27.4	27.8	25.9	26.4	26.3	26.8	27.2
	6H	26.4	26.8	26.9	27.2	27.7	25.8	26.2	26.3	26.6	27.1
	8H	26.4	26.7	26.9	27.2	27.7	25.8	26.1	26.3	26.6	27.1
对应照射距离,改变观察者位置 S											
S=1.0H		+1.1/−1.8					+1.3/−1.6				
S=1.5H		+2.3/−11.6					+2.9/−5.6				
S=2.0H		+3.7/−17.9					+3.5/−10.0				
标准表格		BK00					BK00				
更正加数		7.6					7.4				
更正的闪光指数,参照 20000lm 总光通量											

依据 CIE Publ. 117 计算 UGR 数据。
Spacing-to-Height-Ratio= 0.25

附录 8-1   **教育建筑照明标准值(GB 表 5.2.7)**

房间或场所	参考平面及其高度	照度标准值/lx	UGR	U_0	R_a
教室、阅览室	课桌面	300	19	0.60	80
实验室	实验桌面	300	19	0.60	80
美术教室	桌　面	500	19	0.60	90
多媒体教室	0.75m 水平面	300	19	0.60	80
电子信息机房	0.75m 水平面	500	19	0.60	80
计算机教室、电子阅览室	0.75m 水平面	500	19	0.60	80
楼梯间	地　面	100	22	0.40	80
教室黑板	黑板面	500*	—	0.70	80
学生宿舍	地　面	150	22	0.40	80

注：* 指混合照明照度。

附录 8-2   **图书馆建筑照明标准值(GB 表 5.2.1)**

房间或场所	参考平面及其高度	照度标准值/lx	UGR	U_0	R_a
一般阅览室、开放式阅览室	0.75m 水平面	300	19	0.60	80
多媒体阅览室	0.75m 水平面	300	19	0.60	80
老年阅览室	0.75m 水平面	500	19	0.70	80
珍善本、舆图阅览室	0.75m 水平面	500	19	0.60	80
陈列室、目录厅(室)、出纳厅	0.75m 水平面	300	19	0.60	80
档案库	0.75m 水平面	200	19	0.60	80
书库、书架	0.25m 垂直面	50	—	0.40	80
工作间	0.75m 水平面	300	19	0.60	80
采编、修复工作间	0.75m 水平面	500	19	0.60	80

附录 8-3   **旅馆建筑照明标准值(GB 表 5.2.5)**

房间或场所		参考平面及其高度	照度标准值/lx	UGR	U_0	R_a
客房	一般活动区	0.75m 水平面	75	—	—	80
	床头	0.75m 水平面	150	—	—	80
	写字台	台面	300*	—	—	80
	卫生间	0.75m 水平面	150	—	—	80
中餐厅		0.75m 水平面	200	22	0.60	80
西餐厅		0.75m 水平面	150	—	0.60	80
酒吧间、咖啡厅		0.75m 水平面	75	—	0.40	80
多功能厅、宴会厅		0.75m 水平面	300	22	0.60	80
会议室		0.75m 水平面	300	19	0.60	80
大　堂		地　面	200	—	0.40	80
总服务台		台　面	300*	—	—	80
休息厅		地　面	200	22	0.40	80
客房层走廊		地　面	50	—	0.40	80
厨　房		台　面	500*	—	0.70	80
游泳池		水　面	200	22	0.60	80
健身房		0.75m 水平面	200	22	0.60	80
洗衣房		0.75m 水平面	200	—	0.40	80

注：* 指混合照明照度。

观演建筑照明标准值(GB 表 5.2.4)

房间或场所		参考平面及其高度	照度标准值/lx	UGR	U_0	R_a
门厅		地面	200	22	0.40	80
观众厅	影院	0.75m 水平面	100	22	0.40	80
	剧场、音乐厅	0.75m 水平面	150	22	0.40	80
观众休息厅	影院	地面	150	22	0.40	80
	剧场、音乐厅	地面	200	22	0.40	80
排演厅		地面	300	22	0.60	80
化妆室	一般活动区	0.75m 水平面	150	22	0.60	80
	化妆台	1.1m 高处垂直面	500 *	—	—	90

注:* 指混合照明照度。

附录 8-5 　　　　　　**交通建筑照明标准值(GB 表 5.2.10)**

房间或场所		参考平面及其高度	照度标准值/lx	UGR	U_0	R_a
售票台		台面	500 *	—	—	80
问讯处		0.75m 水平面	200	—	0.60	80
候车(机、船)室	普通	地面	150	22	0.40	80
	高档	地面	200	22	0.60	80
贵宾室休息室		0.75m 水平面	300	22	0.60	80
中央大厅、售票大厅		地面	200	22	0.40	80
海关、护照检查		工作面	500	—	0.70	80
安全检查		地面	300	—	0.60	80
换票、行李托运		0.75m 水平面	300	19	0.60	80
行李认领、到达大厅、出发大厅		地面	200	22	0.40	80
通道、连接区、扶梯、换乘厅		地面	150	—	0.40	80
有棚站台		地面	75	—	0.60	60
无棚站台		地面	50	—	0.40	20
走廊、楼梯、平台、流动区域	普通	地面	75	25	0.40	60
	高档	地面	150	25	0.60	80
地铁站厅	普通	地面	100	25	0.60	80
	高档	地面	200	22	0.60	80
地铁进出站门厅	普通	地面	150	25	0.60	80
	高档	地面	200	22	0.60	80

注:* 指混合照明照度。

医疗建筑照明标准值(GB 表 5.2.6)

房间或场所	参考平面及其高度	照度标准值/lx	UGR	U_0	R_a
治疗室、检查室	0.75m 水平面	300	19	0.70	80
化验室	0.75m 水平面	500	19	0.70	80
手术室	0.75m 水平面	750	19	0.70	90
诊 室	0.75m 水平面	300	19	0.60	80
候诊室、挂号厅	0.75m 水平面	200	22	0.40	80
病 房	地 面	100	19	0.60	80
走 道	地 面	100	19	0.60	80
护士站	0.75m 水平面	300	—	0.60	80
药 房	0.75m 水平面	500	19	0.60	80
重症监护室	0.75m 水平面	300	19	0.60	90

附录 8-7 **会展建筑照明标准值(GB 表 5.2.9)**

房间或场所	参考平面及其高度	照度标准值/lx	UGR	U_0	R_a
会议室、洽谈室	0.75m 水平面	300	19	0.60	80
宴会厅	0.75m 水平面	300	22	0.60	80
多功能厅	0.75m 水平面	300	22	0.60	80
公共大厅	地 面	200	22	0.40	80
一般展厅	地 面	200	22	0.60	80
高档展厅	地 面	300	22	0.60	80

其他建筑的照明标准值,请查阅《建筑照明设计标准》(GB 50034—2013)中的相关规定。

附录 10-1 **布线系统载流量相对应的敷设方式**

类别	示意图	敷设方式	备 注
A1	室内	绝缘导线或单芯电缆穿管敷设在热绝缘墙中	1. 管材可以是金属管或塑料管; 2. 热绝缘墙一般指保温墙或类似于木板的墙,砖墙不属于此类; 3. A1 类载流量=0.8×B1 类载流量; 4. A2 类载流量=0.76×B1 类载流量
A2	室内	多芯电缆穿管敷设在热绝缘墙中	
B1		绝缘导线或单芯电缆穿管明敷设在墙上或暗敷在墙内	1. 可以是砖墙或木质类墙; 2. 管线可水平或垂直敷设; 3. 线槽可以墙上明敷、嵌墙或嵌入地坪至少有一个面在空气中; 4. 多芯电缆穿管明敷、嵌墙或线槽敷设归入 B2 类; 5. B2 类载流量=0.91×B1 类载流量

类别	示意图	敷设方式	备　注
B2		绝缘导线或单芯电缆敷设在墙上线槽或悬吊线槽内	1. 可以是砖墙或木质类墙； 2. 管线可水平或垂直敷设； 3. 线槽可以墙上明敷、嵌墙或嵌入地坪至少有一个面在空气中； 4. 多芯电缆穿管明敷、嵌墙或线槽敷设归入 B2 类； 5. B2 类载流量 ＝ 0.91 × B1 类载流量
		绝缘导线或单芯电缆敷设在建筑物孔道中的管道内 $V \geqslant 20D_e$ 式中　V——砖砌孔道的狭边； D_e——管道外径或垂直深	1. 当 $1.5D_e \leqslant V \leqslant 5D_e$ 时归入 B2 类； 2. 载流量：B2 类 ＝ 0.91 × B1 类或 ＝ 0.78 × E 类
		绝缘导线或单芯电缆敷设在建筑物孔道中的管道内 $V \geqslant 20D_e$ 式中　V——砖砌孔道的狭边； D_e——管道外径或垂直深度	1. 当 $1.5D_e \leqslant V \leqslant 20D_e$ 时归入 B2 类； 2. B2 类载流量 ＝ 0.91 × B1 类载流量
		单芯或多芯电缆敷设在架空地板或天花板空间内 $5D_e \leqslant V \leqslant 50D_e$ 式中　V——架空地板或天花板有效空间； D_e——单芯电缆外接圆直径或多芯电缆外径	1. 当 $1.5D_e \leqslant V < 5D_e$ 时归入 B2 类； 2. 载流量：B2 类 ＝ 0.91 × B1 类或 ＝ 0.78 × E 类
C		单芯或多芯电缆明敷在墙上、天花板下或暗敷在墙内	
		单回路单芯或多芯电缆敷设在无孔托盘内 D_c 为单芯电缆外接圆直径或多芯电缆外径	1. 可以是砖墙或木质类墙； 2. C 类载流量 ＝ 0.93 × E 类载流量
D		单芯或多芯是缆直埋地或穿管埋地敷设	

类别	示意图	敷设方式	备　注
E		多芯电缆敷设在自由空气中	1. 单芯电缆相互接触敷设在自由空气中归入 F 类； 2. F 类载流量=1.087×E 类载流量
	≥0.3D_c ... ≥0.3D_c	单回路多芯电缆敷设在有孔托盘、梯架或网状桥架上 D_e 为单芯电缆外接圆直径或多芯电缆外径	
		多芯电缆敷设在钢索上	
G	至少为一根电缆外径	绝缘导线及单芯电缆有间距敷设在自由空气中	
		裸导线或绝缘导线敷设在绝缘子上	

附录 10-2　　　　　　　　　　电线、电缆线芯允许长期工作温度

电线、电缆种类		线芯允许长期工作温度/℃	电线、电缆种类		线芯允许长期工作温度/℃
橡皮绝缘电线	500V	60	通用橡套软电缆		60
塑料绝缘电线	450/750V	70	橡皮绝缘电力电缆	500V	60
交联聚乙烯绝缘电力电缆	1～10kV	90			
	35kV	90	裸铝、铜母线或裸铝、钢绞线		70
聚氯乙烯绝缘电力电缆	1～6kV	70	乙丙橡胶电力电缆		90

附录 10-3　　电线、电缆明敷时环境空气温度不等于 30℃ 的载流量校正系数 K_t

环境温度 /℃	PVC②	XLPE 或 EPR②	矿 物 绝 缘①	
			PV 外护层和易于接触的裸护套（70℃）	不允许接触的裸护套（105℃）
10	1.22	1.15	1.26	1.14
15	1.17	1.12	1.20	1.11
20	1.12	1.08	1.14	1.07
25	1.06	1.04	1.07	1.04
35	0.94	0.96	0.93	0.96
40	0.87	0.91	0.85	0.92
45	0.79	0.87	0.77	0.88
50	0.71	0.82	0.67	0.84
55	0.61	0.76	0.57	0.80
60	0.50	0.71	0.45	0.75
65		0.65		0.70
70		0.58		0.65
75		0.50		0.60
80		0.41		0.54
85				0.47
90				0.40
95				0.32

① 更高的环境温度，与制造厂协商解决。

② PVC 聚氯乙烯绝缘及护套电缆；XLPE 交联聚乙烯绝缘电缆；EPR 乙丙橡胶绝缘电缆。

附录 10-4　　埋地敷设时环境温度不等于 20℃ 时载流量的校正系数 K_t 值
（用于地下管道中的电缆载流量）①

埋地环境温度/℃	PVC②	XLPE 和 EPR②	埋地环境温度/℃	PVC②	XLPE 和 EPR②
10	1.10	1.07	50	0.63	0.76
15	1.05	1.04	55	0.55	0.71
25	0.95	0.96	60	0.45	0.65
30	0.79	0.93	65		0.60
35	0.84	0.89	70		0.53
40	0.77	0.85	75		0.46
45	0.71	0.80	80		0.38

① 本表适用于电缆直埋地及地下管道埋设。

② PVC 聚氯乙烯绝缘及护套电缆，XLPE 交联聚乙烯绝缘电缆，EPR 乙丙橡胶绝缘电缆。

附录 10-5   **敷设在埋地管道内多回路电缆的载流量校正系数**

电缆根数	单路管道内的多芯电缆				由两根或三根单芯电缆组成的回路数	单路管道内的单芯电缆			
	管道之间距离 a					管道之间距离 a			
	无间隙（互相接触）	0.25m	0.5m	1.0m		无间隙（互相接触）	0.25m	0.5m	1.0m
2	0.85	0.90	0.95	0.95	2	0.80	0.90	0.90	0.95
3	0.75	0.85	0.90	0.95	3	0.70	0.80	0.85	0.90
4	0.70	0.80	0.85	0.90	4	0.65	0.75	0.80	0.90
5	0.65	0.80	0.85	0.90	5	0.60	0.70	0.80	0.90
6	0.60	0.80	0.80	0.90	6	0.60	0.70	0.80	0.90

注：上表所给值适于埋地深度 0.7m，土壤热阻系数为 2.5(K·m)/W。

附录 10-6   **敷设在自由空气中的多芯电缆载流量的校正系数**

敷设方法		托盘数	电缆数					
			1	2	3	4	6	9
无孔托盘		1	1.00	0.85	0.79	0.75	0.72	0.70
		2	0.97	0.84	0.76	0.73	0.68	0.63
		3	0.97	0.83	0.75	0.72	0.66	0.61
		6	0.97	0.81	0.73	0.69	0.63	0.58
		1	0.97	0.96	0.94	0.93	0.90	
		2	0.97	0.95	0.92	0.9	0.86	—
		3	0.97	0.94	0.91	0.89	0.84	
		6	0.97	0.93	0.9	0.88	0.83	
有孔托盘（注2）		1	1.00	0.88	0.82	0.79	0.7	0.73
		2	1.00	0.87	0.80	0.77	0.73	0.68
		3	1.00	0.86	0.79	0.76	0.71	0.66
		6	1.00	0.84	0.77	0.73	0.68	0.63
		1	1.00	1.00	0.98	0.95	0.91	
		2	1.00	0.99	0.96	0.92	0.87	—
		3	1.00	0.98	0.95	0.91	0.85	
		6	1.00	0.97	0.94	0.90	0.84	

续表

敷设方法		托盘数	电缆数					
			1	2	3	4	6	9
垂直安装的有孔托盘（注3）		1	1.00	0.88	0.82	0.78	0.73	0.72
		2	1.00	0.88	0.81	0.76	0.71	0.70
		1	1.00	0.91	0.89	0.88	0.87	—
		2	1.00	0.91	0.88	0.87	0.85	
梯架夹板等（注2）		1	1.00	0.87	0.82	0.80	0.79	0.78
		2	1.00	0.86	0.80	0.78	0.76	0.73
		3	1.00	0.85	0.79	0.76	0.73	0.70
		6	1.00	0.83	0.76	0.73	0.69	0.66
		1	1.00	1.00	1.00	1.00	1.00	—
		2	1.00	0.99	0.98	0.97	0.96	
		3	1.00	0.98	0.97	0.96	0.93	
		6	1.00	0.97	0.96	0.94	0.91	

注:(1) 这些降低系数只适用于单层成束敷设电缆,如上所示。不适用于多层相互接触的成束电缆,多层敷设的降低系数见附录10-7。

(2) 所给值用于两个托盘间垂直距离为300mm而托盘与墙之间间距不少于20mm的情况,小于这一距离时,校正系数应当减小。

(3) 所给值为托盘背靠安装,水平距离为225mm,当小于这一距离时,校正系数应减小。

附录 10-7　　　　电缆在托盘、梯架内多层敷设时载流量校正系数

支架形式	电缆中心距	电缆层数	校正系数	支架形式	电缆中心距	电缆层数	校正系数
有孔托盘	紧靠排列	2	0.55	梯架	紧靠排列	2	0.65
		3	0.50			3	0.55

注:(1) 表中数据不适于交流系统中使用的单芯电缆。

(2) 多层敷设时,校正系数较小,工程设计应尽量避免2层及以上的敷设方式。

(3) 多层敷设时,平时载流的备用电缆或控制电缆应放置在中心部位。

(4) 本表的计算条件是按电缆束中50%电缆通过额定是流,另50%电缆不通电流。表中数据也适用于全部电缆载流85%额定电流的情况,特殊工程需要详细计算时,可采用 IEEE 电力传输学报 Vol13. No. 3. JULY1998 中"在槽盘和梯架上电缆束暂态或稳态温升的解析计算方法"。

附录 10-8　　　　　1～10kV 电缆户外敷设无遮阳时载流量校正系数

截面/mm²		35	50	70	95	120	150	185	240
电压	≤1kV	0.99	0.99	0.99	0.99	0.98	0.97	0.96	0.94
	6～10kV 三芯	0.96	0.95	0.94	0.93	0.92	0.91	0.90	0.88
	6～10kV 单芯	0.99	0.99	0.99	0.99	0.99	0.99	0.99	0.98

注:运用本表系数时,可按《工业与民用配电设计手册》(第三版)表 9-15 中室外无遮阳环境温度确定载流量,再乘以表中系数。

附录 10-9　　　　　不同类型土壤热阻系数 ρ_τ

不同土壤热阻系数 ρ_τ/(K·m·W^{-1})				
0.8	1.2	1.6	2.0	3.0
潮湿土壤,沿海、湖、河畔地带,雨量多的地区,如华东、华南地区等　湿度>9%的沙土或湿度>14%的沙泥土	普通土壤,如东北大平原夹杂质的黑土或黄土,华北大平原黄土、黄黏土沙土等　湿度为 7%～9%的沙土或湿度为 12%～14%的沙泥土	较干燥土壤,如高原地区,雨量较少的山区、丘陵、干燥地带　湿度为 8%～12%的沙泥土	干燥土壤,如高原地区,雨量少的山区、丘陵,干燥地带　湿度为 4%～7%的沙土或湿度为 4%～8%的沙泥土	非常干燥　湿度<4%的沙或湿度<1%的黏土

附录 10-10　　　　　不同土壤热阻系数的载流量修正系数

土壤热阻系数/(K·m·W^{-1})		1.00	1.20	1.50	2.00	2.50	3.00
载流量校正系数	电缆穿管埋地	1.18	1.15	1.10	1.05	1.00	0.96
	电缆直接埋地	1.30	1.23	1.16	1.06	1.00	0.93

附录 10-11　　　　　确定电缆载流量的环境温度

敷设场所	通风条件	择取的环境温度
直埋地		埋深处最热月平均地温
水下		最热月日最高水温平均值
有热源设备厂房		最热月的日最高温度月平均值另加 5℃;当隧道中电缆数量较多时(特别是交联电缆),还应核算电缆发热的影响
隧道、户内电缆沟	无机械通风或通风不良	
隧道、户外电缆沟或户外明敷有遮阳时	有机械通风或通风良好	最热月日最高温度平均值
无热源设备厂房		

敷设方式 B1

每管二线靠墙	每管三线靠墙

线芯	截面/mm²	不同环境温度的载流量/A				管径1/mm			管径2/mm			不同环境温度的载流量/A				管径1/mm			管径2/mm		
		25℃	30℃	35℃	40℃	SC	MT	PC	SC	MT	PC	25℃	30℃	35℃	40℃	SC	MT	PC	SC	MT	PC
铜芯	1.0					15	16	16	15	16	16					15	16	16	15	16	16
	1.5	19	18	17	16	15	16	16	15	16	16	17	16	15	14	15	16	16	15	16	16
	2.5	25	24	23	21	15	16	16	15	16	16	22	21	20	18	15	16	16	15	16	16
	4	34	32	30	28	15	19	16	15	16	16	30	28	26	24	15	19	20	15	19	20
	6	43	41	39	36	20	25	20	15	16	20	38	36	34	31	20	25	20	15	19	20
	10	60	57	54	50	20	25	25	20	25	25	53	50	47	44	25	32	25	25	32	32
	16	81	76	71	66	25	32	25	20	32	32	72	68	64	59	25	32	32	25	32	32
	25	107	101	95	88	32	38	32	25	32	32	94	89	84	77	32	38	40	32	38	40
	35	133	125	118	109	32	38	40	32	38	40	117	110	103	96	32	(51)	40	40	51	50
	50	160	151	142	131	40	(51)	50	40	51	50	142	134	126	117	40	(51)	50	50	51	50
	70	204	192	180	167	50	(51)	50	50	51	63	181	171	161	149	50	(51)	63	70		53
	95	246	232	218	202	50		63	50	(51)	63	219	207	195	180	65		63	70		
	120	285	269	253	234	65		63	70		63	253	239	225	208	65			80		
	150	(325)	(306)	(288)	(266)	65			70		(63)	(293)	(276)	(259)	(240)	65			80		
	185	(374)	(353)	(331)	(307)	65			80			(331)	(313)	(294)	(272)	80			100		
铝芯	2.5	20	19	17	16	15	16	16	15	16	16	17	17	16	14	15	16	16	15	19	20
	4	27	25	24	22	15	19	16	15	16	16	23	22	21	19	15	19	20	15	19	20
	6	34	32	30	28	20	25	20	15	16	20	30	28	26	24	20	25	20	15	19	20
	10	47	44	41	38	20	25	25	20	25	25	41	39	37	34	25	32	25	25	32	32
	16	64	60	56	52	25	32	25	20	32	32	56	53	50	46	25	32	32	25	32	32
	25	84	79	74	69	32	38	32	25	32	32	74	70	66	61	32	38	40	32	38	40
	35	103	97	91	84	32	38	40	32	38	40	91	86	81	75	32	(51)	40	40	51	50
	50	125	118	111	103	40	(51)	50	40	51	50	110	104	98	90	40	(51)	50	50	51	50
	70	159	150	141	131	50	(51)	50	50	51	63	141	133	125	116	50	(51)	63	70		63
	95	192	181	170	157	50		63	50	(51)	63	171	161	151	140	65		63	70		
	120	223	210	197	183	65		63	70		63	197	186	175	162	65			80		
	150					65			70		(63)					65			80		
	185					65			80							80			100		

续表

敷设方式 B1	每管四线靠墙或埋墙										每管五线靠墙或埋墙						
线芯截面 /mm²	不同环境温度的载流量/A				管径1/mm			管径2/mm			管径1/mm			管径2/mm			
	25℃	30℃	35℃	40℃	SC	MT	PC	SC	MT	PC	SC	MT	PC	SC	MT	PC	

铜芯

线芯截面/mm²	25℃	30℃	35℃	40℃	SC	MT	PC	SC	MT	PC	SC	MT	PC	SC	MT	PC
1					15	16	16	15	16	16	15	16	16	15	16	16
1.5	15	14	13	12	15	16	16	15	16	16	15	19	20	15	20	20
2.5	20	19	18	17	15	19	20	15	20	20	15	19	20	15	20	20
4	27	25	24	22	20	25	20	15	20	20	20	25	25	20	25	25
6	34	32	30	28	20	25	25	20	25	25	20	25	25	20	25	25
10	48	45	42	39	25	32	32	25	32	32	32	38	32	32	38	40
16	65	61	57	53	32	38	32	32	38	40	32	38	32	32	38	40
25	85	80	75	70	32	(51)	40	40	51	50	40	51	40	50	51	50
35	105	99	93	86	50	(51)	50	50	51	50	50	(51)	50	50	(51)	63
50	128	121	114	105	50	(51)	63	50	(51)	63	50		63	70		63
70	163	154	145	134	65		63	70			65			80		
95	197	186	175	162	65		63	80			80			100		
120	228	215	202	187	65		100	80			80			100		
150	(261)	(246)	(232)	(215)	80		100	100			100			100		
185	(296)	(279)	(262)	243	100		100	100			100			125		

铝芯

线芯截面/mm²	25℃	30℃	35℃	40℃	SC	MT	PC	SC	MT	PC	SC	MT	PC	SC	MT	PC
2.5	16	15	14	13	15	19	20	15	20	20	15	19	20	15	20	20
4	21	20	19	17	20	25	20	15	20	20	20	25	25	20	25	25
6	27	25	24	22	20	25	25	20	25	25	20	25	25	20	25	25
10	37	35	33	30	25	32	32	25	32	32	32	38	32	32	38	40
16	51	48	45	42	32	38	32	32	38	40	32	38	32	32	38	40
25	67	63	59	55	32	(51)	40	40	51	50	40	51	40	50	51	50
35	82	77	72	67	50	(51)	50	50	51	50	50	(51)	50	50	(51)	63
50	100	94	88	82	50	(51)	63	50	(51)	63	50		63	70		63
70	125	118	111	103	65		63	70			65			80		
95	154	145	136	126	65		63	80			80			100		
120	177	167	157	145	65		100	80			80			100		
150					80		100	100			100			100		
185					100		100	100			100			125		

注:(1) 管径1根据 GB 50303—2002《建筑电气安装工程施工质量验收规范》,按导线总截面≤保护管内孔面积的40%计。

管径2根据华北地区推荐标准:≤6mm² 导线,按导线总面积≤保护管内孔面积的33%计。

10～50mm² 导线,按导线总面积≤保护管内孔面积的27.5%计。

≥70mm² 导线,按导线总面积≤保护管内孔面积的22%计。

无论管径1或管径2都规定直管长度≤30m,一个弯管长度≤20m,二个弯管长率≤15m,三个弯管长度≤8m。超长应设拉线盒或放大一级管径。

(2) 保护管径打括号的不推荐使用。

(3) 括号内截流量编者计算数据,供参考。

(4) 每管五线中,四线为载流导体,故载流量数据同每管四线;若每管四线组成一个三相四线系统,则应按照每管三线的截流量。

(5) SC 为焊接钢管或 KBG 管;MT 为黑铁电线管;PC 为硬塑料管。

续表

| 敷设方式
C | | 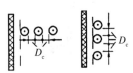 | | | | | | | |

线芯截面 /mm²		不同环境温度的载流量/A				线芯截面 /mm²	不同环境温度的载流量/A			
		25℃	30℃	35℃	40℃		25℃	30℃	35℃	40℃
铜 芯	1					70	298	281	264	244
	1.5	25	24	23	21	95	361	341	321	297
	2.5	34	32	30	28	120	420	396	372	345
	4	45	42	40	37	150	483	456	429	397
	6	58	55	52	48	185	552	521	490	453
	10	80	75	71	65	240	652	615	578	535
	16	111	105	99	91	300	752	709	666	617
	25	155	146	137	127	400	903	852	801	741
	35	192	181	170	157	500	1041	982	923	854
	50	232	219	206	191	630	1206	1138	1070	990

注:当导线垂直排列时,表中载流量×0.9。

附录 10-13 **多回路直埋地电缆的载流量校正系数**

回路数	电缆间的间距 a				
	无间距(电缆相互接触)	一根电缆外径	0.125m	0.25m	0.5m
2	0.75	0.80	0.85	0.90	0.90
3	0.65	0.70	0.75	0.80	0.85
4	0.60	0.60	0.70	0.75	0.80
5	0.55	0.55	0.65	0.70	0.80
6	0.50	0.55	0.60	0.70	0.80

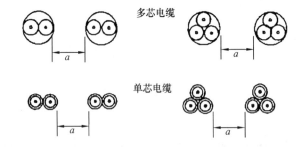

注:表中所给值适用埋地深度0.7m,土壤热阻系数为2.5(K·m)/W。

附录 10-14　交联聚乙烯及乙丙橡胶绝缘电线穿管敷设的载流量及管径　　$\theta_n = 90℃$

敷设方式 B1	每管二线靠墙								每管三线靠墙							
线芯截面 /mm²	不同环境温度的载流量/A				管径1 /mm		管径2 /mm		不同环境温度的载流量/A				管径1 /mm		管径2 /mm	
	25℃	30℃	35℃	40℃	SC	MT	SC	MT	25℃	30℃	35℃	40℃	SC	MT	SC	MT
铜芯 1.0																
1.5	24	23	22	21	15	16	15	16	21	20	19	18	15	16	16	16
2.5	32	31	30	28	15	16	15	16	29	28	27	25	15	16	15	16
4	44	42	40	38	15	19	15	16	38	37	36	34	15	19	15	19
6	56	54	52	47	20	25	15	16	50	48	46	44	20	25	15	19
10	78	75	72	68	20	25	20	25	69	66	63	60	25	32	25	32
16	104	100	96	91	25	32	25	32	88	84	80		25	32	25	
25	138	133	128	121	32	38	25	32	122	117	112	106	32	38	32	38
35	171	164	157	149	32	38	32	38	150	144	138	131	32	(51)	40	(51)
50	206	198	190	180	40	(51)	40	(51)	182	175	168	159	40	(51)	50	(51)
70	263	253	242	230	50	(51)	50	(51)	231	222	213	202	50	(51)	70	
95	318	306	294	278	50		50	(51)	280	269	258	245	65		70	
120	368	354	340	322	65		70		324	312	300	284	65		80	
150					65		70						65		80	
185					65		80						80		100	
铝芯 2.5	26	25	24	23	15	16	15	16	23	22	21	20	15	16	15	16
4	34	33	32	30	15	19	15	16	30	29	28	26	15	19	15	19
6	45	43	41	39	20	25	15	16	40	38	36	35	20	25	15	19
10	61	59	57	54	20	25	20	25	54	52	50	47	25	32	25	32
16	82	79	76	72	25	32	20	25	74	71	68	65	25	32	25	32
25	109	105	101	96	32	38	25	32	97	93	89	85	32	38	32	38
35	135	130	125	118	32	38	32	38	121	116	111	106	32	(51)	40	(51)
50	163	157	151	143	40	(51)	40	(51)	146	140	134	127	40	(51)	50	(51)
70	208	200	192	182	50	(51)	50	(51)	186	179	172	163	50	(51)	70	
95	252	242	232	220	50		50	(51)	226	217	208	197	65		70	
120	292	281	270	256	65		70		261	251	241	228	65		80	
150					65		70						65		80	
185					65		80						80		100	

续表

敷设方式 B1		每管四线靠墙						每管五线靠墙			
线芯截面 /mm²		不同环境温度的载流量/A				管径1/mm		管径2/mm		管径1/mm		管径2/mm
		25℃	30℃	35℃	40℃	SC	MT	SC	MT	SC	MT	SC	MT

材料	线芯截面/mm²	25℃	30℃	35℃	40℃	四线管径1 SC	四线管径1 MT	四线管径2 SC	四线管径2 MT	五线管径1 SC	五线管径1 MT	五线管径2 SC	五线管径2 MT
铜芯	1.0												
	1.5	19	18	17	16	15	16	15	16	15	19	15	19
	2.5	26	25	24	23	15	19	15	19	15	19	15	19
	4	34	33	32	30	20	25	15	19	20	25	20	25
	6	45	43	41	39	20	25	20	25	20	25	20	25
	10	61	59	57	54	25	32	25	32	32	38	32	38
	16	82	79	76	72	32	38	32	38	32	38	32	38
	25	109	105	101	96	32	(51)	40	(51)	40	(51)	50	(51)
	35	135	130	125	118	50	(51)	50	(51)	50	(51)	50	(51)
	50	164	158	152	144	50	(51)	50	(51)	50		70	
	70	208	200	192	182	65		70		65		80	
	95	252	242	232	220	65		80		80		100	
	120	292	281	270	256	65		100		80		100	
	150					80		100		100		100	
	185					100		100		100		125	
铝芯	2.5	21	20	19	18	15	19	15	19	15	19	15	19
	4	27	26	25	24	20	25	15	19	20	25	20	25
	6	35	34	33	31	20	25	20	25	20	25	20	25
	10	49	47	45	43	25	32	25	32	32	38	32	38
	16	67	64	61	58	32	38	32	38	32	38	32	38
	25	87	84	81	76	32	(51)	40	(51)	40	(51)	50	(51)
	35	108	104	100	95	50	(51)	50	(51)	50	(51)	50	(51)
	50	131	126	121	115	50	(51)	50	(51)	50		70	
	70	167	161	155	147	65		70		65		80	
	95	203	195	187	177	65		80		80		100	
	120	235	226	217	206	65		100		80		100	
	150					80		100		100		100	
	185					100		100		100		125	

注:(1)～(4)同附录10-12。

（5）SC 为焊接钢管或 KBC 管,MT 为黑铁电线管。

（6）表中数据适用于人不能触及处,若在人可触及处应放大一级截面。

交联聚乙烯及乙丙橡胶绝缘电线明敷载流量 $\theta_n = 90℃$

敷设方式 C	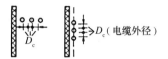

线芯截面		不同环境温度的载流量/A				线芯截面	不同环境度的载流量/A			
/mm		25℃	30℃	35℃	40℃	/mm²	25℃	30℃	35℃	40℃
铜芯						70	367	353	339	321
	1.5	31	30	29	27	95	447	430	413	391
	2.5	42	40	38	36	120	520	500	480	455
	4	55	53	51	48	150	600	577	554	525
	6	72	69	66	63	185	687	661	635	602
	10	98	94	90	86	240	812	781	750	711
	16	136	131	126	119	300	938	902	866	821
	25	189	182	175	166	400	1128	1085	1042	987
	35	235	226	217	206	500	1303	1253	1203	1140
	50	286	275	264	250	630	1512	1454	1396	1323

注:(1) 当导线垂直排列时表中载流量乘以 0.9。

　　(2) 表中数据适用于人不能触及处,若在人可触及处应放大一级截面。

铜芯塑料绝缘软线、塑料护套线明敷设的载流量 $\theta_n = 70℃$

敷设方式 C										

截　面		不同环境温度的载流量/A				不同环境温度的载流量/A			
/mm²		25℃	30℃	35℃	40℃	25℃	30℃	35℃	40℃
	0.12	4.2	4	3.8	3.5	3.2	3	2.8	2.6
	0.2	5.8	5.5	5.2	4.8	4.2	4	3.8	3.5
	0.3	7.4	7	6.6	6	5.3	5	4.7	4.4
RVV	0.4	9	8.5	8	7.4	6.4	6	5.6	5.2
RVB	0.5	10	9.5	9	8	7.4	7	6.6	6
RVS	0.75	13	12.5	12	11	9.5	9	8.5	7.8
RFB	1.0	16	15	14	13	12	11	10	9.6
RFS	1.5	20	19	18	17	18	17	16	15
BVV	2.0	23	22	20	19	20	19	18	17
BVNVB	2.5	29	27	25	24	25	24	23	21
	4	38	36	34	31	34	32	30	28
	6	50	47	44	41	44	41	39	36
	10	69	65	61	57	60	57	54	50

附录 10-17　　　　BV-105 型耐热聚氯乙烯绝缘铜芯电线的载流量　　　　$\theta_n = 105℃$

敷设方式	敷设方式 G 明敷 不同环境温度的载流量/A				敷设方式 B1 二根穿管 不同环境温度的载流量/A				管径1/mm		管径2/mm		敷设方式 B1 三根穿管 不同环境温度的载流量/A				管径1/mm		管径2/mm		敷设方式 B1 四根穿管 不同环境温度的载流量/A				管径1/mm		管径2/mm	
截面/mm²	50℃	55℃	60℃	65℃	50℃	55℃	60℃	65℃	SC	MT	SC	MT	50℃	55℃	60℃	65℃	SC	MT	SC	MT	50℃	55℃	60℃	65℃	SC	MT	SC	MT
1.5	25	23	22	21	19	18	17	16	15	16	15	16	17	16	15	14	15	16	15	16	16	15	14	13	15	16	15	16
2.5	34	32	30	28	27	25	24	23	15	16	15	16	25	23	22	21	15	16	15	16	23	21	20	19	15	19	15	20
4	47	44	42	40	39	37	35	33	15	19	15	16	34	32	30	28	15	19	15	19	31	29	28	26	20	25	15	20
6	60	57	54	51	51	48	46	43	20	25	15	16	44	41	39	37	20	25	15	25	40	38	36	34	20	25	20	25
10	89	84	80	75	76	72	68	64	20	25	20	25	67	63	60	57	25	32	25	32	59	56	53	50	25	32	25	32
16	123	117	111	104	95	90	85	81	25	32	20	25	85	81	76	72	25	32	25	32	75	71	67	63	32	38	32	38
25	165	157	149	140	127	121	114	108	32	38	25	32	113	107	102	96	32	38	32	40	101	96	91	86	32	(51)	40	(51)
35	205	191	185	174	160	152	144	136	32	38	32	38	138	131	124	117	32	(51)	40	(51)	126	120	113	107	50	(51)	50	(51)
50	264	251	238	225	202	192	182	172	40	(51)	40	(51)	179	170	161	52	40	(51)	50	(51)	159	151	143	135	50	(51)	50	(51)
70	310	295	280	264	240	228	217	204	50	(51)	50	(51)	213	203	192	181	50	(51)	70		193	184	174	164	65		70	
95	380	362	343	324	292	278	264	249	50		50	(51)	262	249	236	223	65		70		233	222	210	198	65		80	
120	448	427	405	382	347	331	314	296	65		70		311	296	281	265	65		80		274	261	248	234	65		100	
150	519	494	468	442	399	380	360	340	65		70		362	345	327	308	65		80		320	305	289	272	80		100	

注:(1) 本电线的聚氯乙烯绝缘中加了耐热增塑剂,线芯允许工作温度可达 105℃,适用于高温场所,但要求电线接头用焊接或铰接后表面锡焊处理。电线实际允许工作温度还取决于电线与电线及电线与电器接头的允许温度,当接头允许温度为 95℃时,表中数据应乘以 0.92;85℃时应乘以 0.84。

(2) 本表中载流量数据系编者经计算得出,仅供参考。

(3) 每管五线的管径同附录 10-12。

敷设方式		敷设方式E三芯				敷设方式F单芯				敷设方式E二芯		
线芯截面/mm²		不同环境温度的载流量/A										
主线芯	中性线	25℃	30℃	35℃	40℃	25℃	30℃	35℃	25℃	30℃	35	
1.5		20	18	17	16					23	22	21
2.5		27	25	24	22					32	30	28
4	4	36	34	32	30					42	40	38
6	6	46	43	40	37					54	51	48
10	10	64	60	56	52					74	70	66
16	16	85	80	75	70					100	94	88
25	16	107	101	95	88	117	110	103	96	126	119	112
35	16	134	126	118	110	145	137	129	119	157	148	139
50	25	162	153	144	133	177	167	157	145	191	180	169
70	35	208	196	184	171	229	216	203	188	246	232	218
95	50	252	238	224	207	280	264	248	230	299	282	275
120	70	293	276	259	240	326	308	290	268	348	328	308
150	70	338	319	300	278	377	356	335	310	402	379	356
185	95	386	364	342	317	434	409	384	356	460	434	408
240	120	456	430	404	374	514	485	456	422	545	514	483
300	150	527	497	467	432	595	561	527	488	629	593	557
400						695	656	617	571			
500						794	749	704	652			
630						906	855	804	744			
2.5		20	19	18	17					24	23	22
4	4	28	26	24	23					33	31	29
6	6	35	33	31	29					41	39	37
10	10	49	46	43	40					57	54	51
16	16	65	61	57	53					77	73	69
25	25	83	78	73	68	89	84	79	73	94	89	84
35	25	102	96	90	84	111	105	99	91	118	111	104
50	25	124	117	110	102	136	128	120	111	143	135	127
70	35	159	150	141	131	176	166	156	144	183	173	163
95	50	194	183	172	159	215	203	191	177	223	210	197
120	70	225	212	199	184	251	237	223	206	259	244	229
150	70	260	245	230	213	290	274	258	238	299	282	265
185	95	297	280	263	244	334	315	296	274	341	322	303
240	120	350	330	310	287	398	375	353	326	403	380	357
300	150	404	381	358	331	460	434	408	378	465	439	413
400						558	526	494	458			
500						647	610	573	531			
630						754	711	668	619			

（注：前16行为铜芯，后18行为铝芯）

注:(1) 二芯、三芯电缆敷设方式对应于附录 10-1(GB/T 16895.15—2002)中 E 类,即多芯电缆敷设在自由空气中或在有孔托盘、梯架上;单芯电缆为紧靠排列时敷设方式为 F 类。

(2) 当电缆靠墙敷设时,载流量×0.94。

(3) 单芯电缆有间距垂直排列时,载流量×0.9。

附录 10-19　　**0.6/1kV 聚氯乙烯绝缘及护套电缆埋地敷设载流量**

$\rho=2.5(K \cdot m)/W \quad \theta_n=70℃$

敷设方式 D		三、四芯或单芯三角形排列			二芯		
线芯截面/mm²		不同环境温度的载流量/A					
主线芯	中性线	20℃	25℃	30℃	20℃	25℃	30℃
铜 1.5		18	17	16	22	21	20
2.5		24	23	21	29	28	26
4	4	31	29	28	38	36	34
6	6	39	37	35	47	45	42
10	10	52	49	46	63	60	56
16	16	67	64	60	81	77	72
25	16	86	82	77	104	99	93
35	16	103	98	92	125	119	111
50	25	122	116	109	148	141	132
70	35	151	143	134	183	174	163
95	50	179	170	159	216	205	192
120	70	203	193	181	246	234	219
150	70230	219	205	278	264	247	
185	95	258	245	230	312	296	278
240	120	298	283	265			
300	150	336	319	299			
铝 2.5		18	17	16	22	21	20
4	4	24	23	19	29	28	26
6	6	30	29	27	36	34	32
10	10	40	38	36	48	46	43
16	16	52	49	46	62	59	55
25	25	66	63	59	80	76	71
35	25	80	76	71	96	91	85
50	25	94	89	84	113	107	101
70	35	117	111	104	140	133	125
95	50	138	131	123	166	158	148
120	70	157	149	140	189	180	168
150	70	178	169	158	213	202	190
185	95	200	190	178	240	228	214
240	120	230	219	205	277	263	247
300	150	260	247	231	313	297	279

注:敷设方式对应于附录 10-1(GB/T16895.15—2002)中的 D 类,适用于电缆直接埋地或敷设在地下的管道内。

附录 10-20　　0.6/1kV 交联聚乙烯绝缘电缆及乙丙橡胶绝缘电缆明敷载流量　　$\theta_n = 90℃$

敷设方式		敷设方式 E 三芯				敷设方式 F 单芯				敷设方式 E 二芯		
线芯截面/mm²		不同环境温度的载流量/A										
主线芯	中性线	25℃	30℃	35℃	40℃	25℃	30℃	35℃	40℃	25℃	30℃	35℃
铜芯 1.5		24	23	22	21					27	26	25
2.5		33	32	29	29					37	36	35
4	4	44	42	40	38					51	49	47
6	6	56	54	52	49					66	63	60
10	10	78	75	72	68					89	86	83
16	16	104	100	96	91					120	115	110
25	16	132	127	122	116	147	141	135	128	155	149	143
35	16	164	158	152	144	183	176	169	160	192	185	178
50	25	210	192	184	175	225	216	207	197	234	225	216
70	35	269	246	236	224	290	279	268	254	301	289	227
95	50	326	298	286	271	356	342	328	311	366	352	338
120	70	378	346	332	315	416	400	384	364	426	410	394
150	70	436	399	383	363	483	464	445	422	492	473	454
185	95	498	456	438	415	554	533	512	485	564	542	520
240	120	588	538	516	490	659	634	609	585	667	641	615
300	150	678	621	596	565	765	736	707	670	771	741	711
400						903	868	833	790			
500						1038	998	958	908			
630						1197	1151	1105	1047			
铝芯 2.5		25	24	23	22					29	28	27
4	4	33	32	31	26					40	38	36
6	6	43	42	40	38					51	48	47
10	10	60	58	56	53					70	67	64
16	16	80	77	74	70					95	91	87
25	25	101	97	93	88	111	107	103	97	112	108	104
35	25	125	120	115	109	140	135	130	123	140	135	130
50	25	152	146	140	133	172	165	158	150	171	164	157
70	35	194	187	180	170	224	215	206	196	219	211	203
95	50	236	227	218	207	275	264	253	240	267	257	247
120	70	274	263	252	239	320	308	290	280	312	300	288
150	70	316	304	292	277	372	358	344	326	360	346	332
185	95	361	347	333	316	430	413	396	376	413	397	381
240	120	425	409	393	372	512	492	472	448	489	470	451
300	150	490	471	452	429	594	571	548	520	565	543	521
400						722	694	666	632			
500						838	806	774	733			
630						980	942	904	857			

注:(1) 二芯、三芯电缆敷设方式对应于附录 10-1(GB/T16895.15—2002)中 E 类,即多芯电缆敷设在自由空气中或在有孔托盘、梯架上;单芯电缆紧靠排列时敷设方式为 F 类。

(2) 当电缆靠墙敷设时,载流量×0.94。

(3) 单芯电缆有间距垂直排列时,载流量×0.9。

附录 10-21   0.6/1kV 交联聚乙烯绝缘电缆及乙丙橡胶电缆埋地敷设载流量

$\rho=2.5(K \cdot m)/W$ $\theta_n=90℃$

敷设方式 D		三、四芯或单芯三角形排列		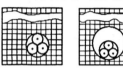	二芯		
线芯截面/mm²		不同环境温度的载流量/A					
主线芯	中性线	20℃	25℃	30℃	20℃	25℃	30℃
铜 1.5		22	21	20	26	25	24
2.5		29	28	27	34	33	32
4	4	37	36	34	44	42	41
6	6	46	44	43	56	54	52
10	10	61	59	57	73	70	68
16	16	79	76	73	95	91	88
25	16	101	97	94	121	116	113
35	16	122	117	113	146	140	136
50	25	144	138	134	173	166	161
70	35	178	171	166	213	204	198
95	50	211	203	196	252	242	234
120	70	240	230	223	287	276	267
150	70	271	260	252	324	311	301
185	95	304	292	283	363	349	338
240	120	351	337	326	(419)	(402)	(390)
300	150	396	380	368	(474)	(455)	(441)
铝 2.5		22	21	20	26	25	24
4	4	29	28	27	34	33	32
6	6	36	35	33	42	40	39
10	10	47	45	44	56	54	52
16	16	61	59	57	73	70	68
25	25	78	75	73	93	89	86
35	25	94	90	87	112	108	104
50	25	112	108	104	132	127	123
70	35	138	132	128	163	156	152
95	50	164	157	153	193	185	179
120	70	186	179	173	220	211	205
150	70	210	202	195	249	239	232
185	95	236	227	219	279	268	259
240	120	272	261	253	322	309	299
300	150	308	296	286	364	349	339

注:(1) 敷设方式对应于附录 10-1(GB/T16895.15—2002)中的 D 类,适用于电缆直接埋地或敷设在地下的管道内。

(2) 本表数据已计入水分迁移影响。

敷设方式		敷设方式 E 空气中 $\theta_n=30℃$				敷设方式 D 直埋地 $\rho_\tau=2.5(K·m)/W$ $\theta_a=25℃$			
线芯数×截面/mm²		铝芯		铜芯		铝芯		铜芯	
主线芯数×截面	中性线截面	XLV	XLF XLHF XLQ XLQ20	XV	XF XHF XQ XQ20	XLV22	XLQ2	XV22	XQ2
3×1.5	1.5			16	17			17	17
3×2.5	2.5	17	19	20	21			22	22
3×4	4	21	23	28	30	22	23	28	29
3×6	6	28	31	34	38	28	29	36	36
3×10	10	39	42	49	52	37	39	48	51
3×16	16	51	56	66	70	49	51	63	66
3×25	25(16)注3	69	73	87	93	62	65	80	83
3×35	25(16)注3	84	90	107	113	74	79	95	99
3×50	25(16)注3	107	115	137	147	92	97	118	133
3×70	25	130	140	166	178	110	116	140	148
3×95	35	159	170	203	218	132	138	167	176
3×120	35	183	196	232	250	145	153	184	194
3×150	50	212	228	269	292	166	174	210	220
3×185	50	246	262	311	336	186	193	235	248

注:(1) 表中数据为三芯电缆的载流量值,四芯电缆载流量可借用三芯电缆的载流量值。

(2) XLQ、XLQ20 型电缆最小规格为 3×4+1×2.5。

(3) 括号内为铜芯电缆中心线规格。

线芯截面 /mm²		YZ、YZW、YHZ 型								YQ、YQW、YHQ 型	
		二芯				三芯、四芯				二芯	三芯
		不同环境温度的载流量/A									
主线芯	中性线	25℃	30℃	35℃	40℃	25℃	30℃	35℃	40℃	30℃	30℃
0.5	0.5	11	10	9	8	8	7	6	6	9	7
0.75	0.75	13	12	11	10	10	9	8	8	12	10
1.0	1.0	13	14	13	12	12	11	10	9		
1.5	1.5	20	18	17	15	16	15	14	13		
2.0	2.0	24	22	20	18	21	19	17	16		
2.5	2.5	28	26	24	22	23	21	19	18		
4	4	38	35	32	29	33	30	28	25		
6	6	49	45	41	38	43	39	36	33		

续表

线芯截面 /mm²		YC、YCW、YHC 型							
		二芯				三芯、四芯			
		不同环境温度的载流量/A							
主线芯	中心线	25℃	30℃	35℃	40℃	25℃	30℃	35℃	40℃
2.5	2.5	29	27	25	23	24	22	20	18
4	4	36	33	30	28	32	29	27	24
6	6	48	44	40	37	40	37	34	31
10	10	70	64	59	54	59	54	50	45
16	16	92	84	77	70	78	72	66	60
25	16	128	117	108	78	108	99	91	83
35	16	157	144	133	121	133	122	112	102
50	16	196	180	166	151	166	152	140	127
70	25	244	224	206	188	210	193	178	162
95	35	300	275	253	231	257	236	217	198
120	35	349	320	294	268	298	273	251	229

注:三芯电缆中一根线芯不载流时,其载流量按二芯电缆数据计算。

附录 10-24　　　　　　　办公建筑照明功率密度值(GB 表 6.3.3)

房间或场所	照度标准值/lx	照明功率密度限制/(W/m²)	
		现行值	目标值
普通办公室	300	9.0	8.0
高档办公室、设计室	500	15.0	13.5
会议室	300	9.0	8.0
服务大厅	300	11.0	10.0

附录 10-25　　　　　　　商店建筑照明功率密度值(GB 表 6.3.4)

房间或场所	照度标准值/lx	照明功率密度限制/(W/m²)	
		现行值	目标值
一般商店营业厅	300	10.0	9.0
高档商店营业厅	500	16.0	14.5
一般超市营业厅	300	11.0	10.0
高档超市营业厅	500	17.0	15.5
专卖店营业厅	300	11.0	10.0
仓储超市	300	11.0	10.0

　　　　　旅馆建筑照明功率密度值(GB 表 6.3.5))

房间或场所	照度标准值/lx	照明功率密度限制/(W/m²)	
		现行值	目标值
客房	—	7.0	6.0
中餐厅	200	9.0	8.0
西餐厅	150	6.5	5.5
多功能厅	300	13.5	12.0
客房层走廊	50	4.0	3.5
大堂	200	9.0	8.0
会议室	300	9.0	8.0

附录 10-27　　　　　**医疗建筑照明功率密度值(GB 表 6.3.6)**

房间或场所	照度标准值/lx	照明功率密度限制/(W/m²)	
		现行值	目标值
治疗室、诊室	300	9.0	8.0
化验室	500	15.0	13.5
候诊室、挂号厅	200	6.5	5.5
病房	100	5.0	4.5
护士站	300	9.0	8.0
药房	500	15.0	13.5
走廊	100	4.5	4.0

附录 10-28　　　　　**教育建筑照明功率密度值(GB 表 6.1.7)**

房间或场所	照度标准值/lx	照明功率密度限制/(W/m²)	
		现行值	目标值
教室、阅览室	300	9.0	8.0
实验室	300	9.0	8.0
美术教室	500	15.0	13.5
多媒体教室	300	9.0	8.0
计算机教室、电子阅览室	500	15.0	13.5
学生宿舍	150	5.0	4.5

附录 10-29　　公共和工业建筑通用房间或场所照明功率密度限值(GB6.3.13)

房间或场所		照度标准值/lx	照明功率密度限制/(W/m²)	
			现行值	目标值
走廊	一般	50	2.5	2.0
	高档	100	4.0	3.5
厕所	一般	75	3.5	3.0
	高档	150	6.0	5.0
试验室	一般	300	9.0	8.0
	精细	500	15.0	13.5
检验	一般	300	9.0	8.0
	精细,有颜色要求	750	23.0	21.0
计量室、测量室		500	15.0	13.5
控制室	一般控制室	300	9.0	8.0
	主控制室	500	15.0	13.5
电话站、网络中心、计算机站		500	15.0	13.5
动力站	风机房、空调机房	100	4.0	3.5
	泵房	100	4.0	3.5
	冷冻站	150	6.0	5.0
	压缩空气站	150	6.0	5.0
	锅炉房、煤气站的操作层	100	5.0	4.5
仓库	大件库	50	2.5	2.0
	一般件库	100	4.0	3.5
	半成品库	150	6.0	5.0
	精细件库	200	7.0	6.0
公共车库		50	2.5	2.0
车辆加油站		100	5.0	4.5

附录 10-30　　　　　　住宅建筑照明功率密度值(GB 表 6.3.1)

房间或场所	照度标准值/lx	照明功率密度限制/(W/m²)	
		现行值	目标值
起居室	100	6	5
卧室	75		
餐厅	150		
厨房	100		
卫生间	100		
职工宿舍	100	4.0	3.5
车库	30	2.0	1.8

　　其他建筑的照明功率密度限值,请查阅《建设照明设计标准》(GB 50034—2013)中的相关规定。

参考文献

[1] 中华人民共和国建设部,国家质量监督检验检疫总局.GB50034—2013 建筑照明设计标准[S].北京:中国建筑工业出版社,2014.

[2] 中华人民共和国住房和城乡建设部,中华人民共和国国家质量监督检验检疫总局.GB50582—2010 室外作业场地照明设计标准[S].北京:中国建筑工业出版社,2010.

[3] 中华人民共和国国家质量监督检验检疫总局,中国国家标准化管理委员会.GB/T 24824—2009 普通照明用 LED 模块测试方法[S].北京:中国建筑工业出版社,2010.

[4] 中华人民共和国国家质量监督检验检疫总局.GB7000.1—2002 灯具一般安全要求与试验[S].北京:中国建筑工业出版社,2002.

[5] 中华人民共和国国家质量监督检验检疫总局,中国国家标准化管理委员会.GB/T 7329—2008 电力线载波结合设备[S].北京:中国建筑工业出版社,2008.

[6] 中华人民共和国住房和城乡建设部.JGJ/T119—2008 建筑照明术语标准[S].北京:中国建筑工业出版社,2008.

[7] 中华人民共和国住房和城乡建设部.J/T163—2008 城市夜景照明设计规范[S].北京:中国建筑工业出版社,2008.

[8] 中华人民共和国建设部.CJJ45—2006 城市道路照明设计标准[S].北京:中国建筑工业出版社,2006

[9] 中华人民共和国建设部.JGJ153—2007 体育场馆照明设计及检测标准[S].北京:中国建筑工业出版社,2007.

[10] 中华人民共和国建设部.JGJ16—2008 民用建筑电气设计规范[S].北京:中国建筑工业出版社,2008.

[11] 中华人民共和国交通部.JTJ 026.1—1999 公路隧道通风照明设计规范[S].北京:人民交通出版社,2000.

[12] 中华人民共和国住房与城乡建设部.JGJ/T 307—2013 城市照明节能评价标准(报批稿).2013.

[13] CIE191:2010. Recommended System for Mesopic Photometry Based on Visual Performance.

[14] CIE115:2010. Lighting of Roads For Motor and Pedestrian Traffic.

[15] CIE88:2004. Guide for the lighting of road tunnel.

[16] CIE117:1995. Discomfort Glare Interior Lighting.

[17] CIES008/E-2001. Lighting of Inder Work Places.

[18] CIE136:2000. Guide to the lighting of urban areas.

[19] CIE15:2004. Colorimetry.

[20] IES:A Guide to Designing Quality Lighting for People and building.

[21] IES:〈Lighting Handbook〉Ninth Edition.

[22] 许兴在编著.传感器近代应用技术[M].上海:同济大学出版社,1994.

[23] 周太明等编著.光学原理与设计[M].2 版.上海:复旦大学出版社,2006.

[24] [英]J·R·柯顿编著.光源与照明[M].4 版.陈大华等,译.上海:复旦大学出版社,2000.

[25] 中国航空工业规划设计研究院组编.工业与民用配电设计手册[M].3 版.北京:中国电力出版社,2005.

[26] 肖辉乾著.城市夜景照明规划设计与实录[M].北京:中国建筑工业出版社,2000.

[27]　机械部第二设计研究院主编.机电工程手册[M].2 版.北京:中国机械工业出版社,1997.

[28]　北京照明学会照明设计专业委员会编.照明设计手册[M].2 版.北京:中国电力出版社,2006.

[29]　瞿元龙主编.电气工程师手册(第 19 篇)[M].北京:中国机械工业出版社,1986.

[30]　赵振民编著.实用照明工程设计[M].天津:天津大学出版社,2003.

[31]　日本照明学会编.照明手册[M].2 版.李农,杨燕,译.北京:科学出版社,2005.

[32]　韦课常编.电气照明技术基础与设计[M].北京:水利电力出版社,1980.

[33]　杨公侠编著.视觉与视觉环境(修订版)[M].上海:同济大学出版社,2002.

[34]　詹庆旋著.建筑光环境[M].北京:清华大学出版社,1986.

[35]　庞蕴凡著.视觉与照明[M].北京:中国铁道出版社,1993.

[36]　[德]Erich Helbig 著.测光技术基础[M].佟兆强,译.北京:轻工业出版社,1984.

[37]　工程建筑标准设计强电、弱电专家委员会.建筑电气工程设计常用图形和文字符号(00DX001)[S].北京:中国建筑标准设计研究所,2001.

[38]　同济大学制图教研室编.建筑工程制图[M].上海:同济大学出版社,1984.

[39]　阳宪慧著.现场总线技术及其应用.北京:清华大学出版社,1999.

[40]　杨贵庆编.城市社会心理学[M].上海:同济大学出版社,2000.

[41]　黄伟康编著.城市空间设计[M].南京:东南大学出版社,1997.

[42]　王柯,夏健,杨新海编著.城市广场设计[M].南京:东南大学出版社,1999.

[43]　沈季平.绿色照明应大力推广高强气体放电灯[J].光源与照明,1997(2-3).

[44]　杨公侠.照明控制[J].光源与照明,1986(3-4).

[45]　罗安.现场总线技术[J].测控技术,1996(1).

[46]　蔡忠勇等.DeviceNet 现场总线讲座[J].低压电器,2000(2).

[47]　张泌等.数字调光系统新标准[J].照明工程学报,2000(1).

[48]　罗红,俞丽华.关于体育馆眩光控制指标的探讨[J].照明工程学报,2000(3).

[49]　谷青编译.白色 LED 及其灯具的开发[J].光源与照明,2001(1).

[50]　中国工控网.KNX/EIB 技术.KNX/EIB 总线系统介绍,2009.

[51]　俞丽华.智能照明控制技术及发展[J].智能建筑与城市信息,2007.10.

[52]　全国照明电器标准化技术委员会编.照明用 LED 系列标准宣贯教材[M].北京:中国标准出版社,2010.

[53]　上海市照明学会.美国能源部 SSL 固态照明产品能源之星认证有关文件Ⅲ.光源与照明(2012 增刊).

[54]　俞志龙.应用"照明功率密度系数"科学评价 LED 功能照明节能效果之探讨//海峡两岸第二十届照明技术与营销研讨会论文集.台北:台湾区照明灯具输出业同业公会,中国照明学会,2013.12.

[55]　Peter R·Boyce. HUMAN FACTORS IN LIGHTING 2nd Edition Lighting Research Center,2003.

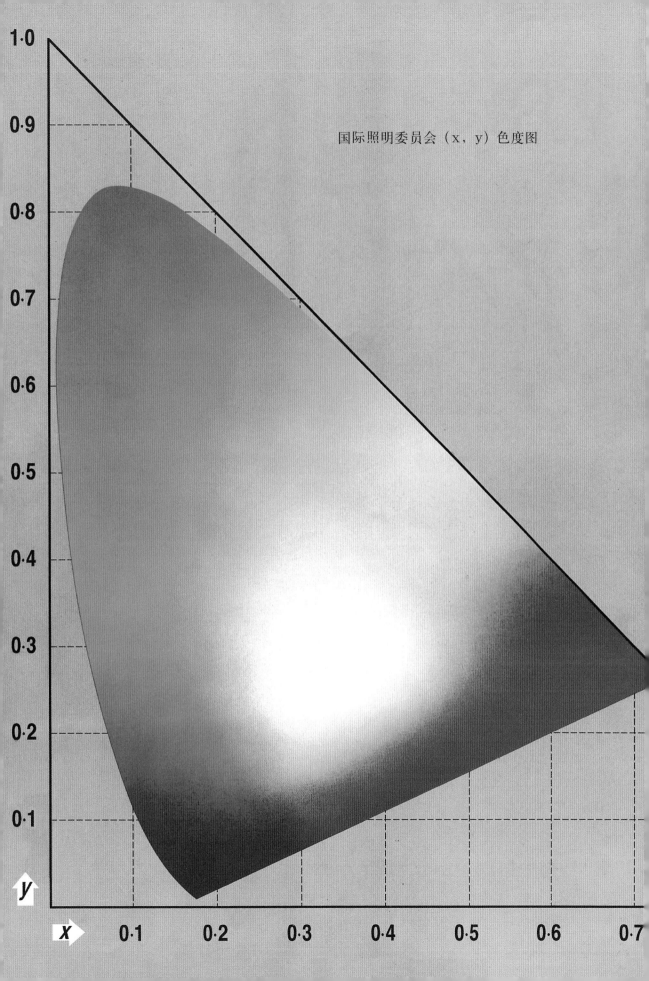

国际照明委员会（x，y）色度图

在镜子中反射的盖塞尔系统